U0150012

国家科学技术学术著作出版基金资助出版

超导电磁固体力学（下）

Electromagneto-Thermo-Solid Mechanics in Application of Superconductors（Ⅱ）

周又和 著

科学出版社
北京

内 容 简 介

超导现象是 20 世纪最重要的科学发现之一。随着新型超导材料的不断研发，超导材料及其强磁场超导磁体的研制设计已成为各类高性能前沿科学装置与工程装置研发的基础，是一极具前沿战略性的高新科技领域，具有很强的学科交叉特征，其中力学变形影响已成为制约强场超导磁体开发研制的关键环节之一。本书作者及其研究团队自 20 世纪 90 年代以来一直围绕超导材料及结构的力学特性开展研究，本书主要围绕强磁场超导磁体研制设计过程中所涉及的极低温、强载流和强磁场极端使役环境下的电—磁—热—力多场相互作用的非线性力学行为研究，详细介绍了超导材料及其复合材料结构的宏观物理与力学行为的理论建模、数值计算、实验测量与实验装置研制等，包括已有实验结果的理论预测、理论方法的实验验证、新的实验特征揭示和基于力学研究的超导磁体成功设计与研制等。

本书适用于力学、电工、物理等学科的学者、研究生和工程技术人员阅读使用。

图书在版编目(CIP)数据

超导电磁固体力学.下 / 周又和著.—北京：科学出版社，2022.11
ISBN 978-7-03-073545-4

Ⅰ.①超… Ⅱ.①周… Ⅲ.①超导磁体-固体力学 Ⅳ.①TM26

中国版本图书馆 CIP 数据核字（2022）第 195187 号

责任编辑：刘信力 / 责任校对：彭珍珍
责任印制：吴兆东 / 封面设计：无极书装

科学出版社 出版
北京东黄城根北街 16 号
邮政编码：100717
http://www.sciencep.com

北京建宏印刷有限公司 印刷
科学出版社发行　各地新华书店经销
*
2022 年 11 月第 一 版　开本：720×1000 B5
2022 年 11 月第一次印刷　印张：21
字数：420 000
定价：198.00 元
（如有印装质量问题，我社负责调换）

序

超导电性发现已经 110 年了。直到 20 世纪 60 年代，因实用超导材料的发现和超导唯像及微观理论的先后建立，产生了有应用价值的"低温超导技术"。特别是用 NbZr 线绕制出第一个 6T 的超导磁体之后，与超导磁体技术有关的研究取得了突破性进展，包括相关的超导材料、结构材料以及低温技术，为超导材料在强电方面的应用奠定了基础。

随着重大需求的增加和超导材料及低温技术性能的不断提高，近 30 年来超导在重大科学装置、医疗健康、电工技术等方面获得广泛应用并显示出不可替代的作用，如磁约束核聚变和高能加速器等大型科学装置使用的超导磁体，特别是超导磁体应用于医疗诊断的 1.5T、3T 核磁共振成像系统。随着健康事业的发展，人均临床核磁共振成像系统的数量将会显著增加，市场需求相当可观。近十多年来，基于铜氧化合物高温超导带材绕制的强磁体，研究者发展出了新原理的电磁感应加热装置，大大提高了电热转换效率。如，铝锭加工过程，通过铝锭在强非均匀磁场中旋转产生涡流加热，其电热转换效率从传统电磁感应加热的 60% 提高到80%。以每年加工 2000 万吨计算全年可以节电 40 亿度电。超导在输电、电网限流保护、超导磁悬浮交通、超导电机和基于超导磁分离的污水处理和选矿等这些强电应用领域也取得显著成效。

由于超导磁体处于极低温、高载流和强磁场的极端环境之下，超导材料以及有关结构材料的力学特性及物理问题在设计和研制的过程非常关键。从 20 世纪 60年代起这方面的研究工作一直没有停止。对超导磁体不断增长的新需求使得这些问题也越来越突出。以 Nb_3Sn 超导材料为例，材料自身较脆。为了满足极端使役环境下磁体稳定的需求，在复合超导材料的设计和制备方面已经采用了很多措施。包括采用镶嵌在铜基体内线径只有几微米的多股超导细丝组合等设计和加工工艺。特别是还需要在绕制成磁体之后经过高温反应来实现超导性，使之成为超导磁体。这对超导材料、结构材料、绝缘材料等都提出很严苛的要求。对于那些磁结构特殊的磁体，如四六极超导磁体，其固体力学的问题就会更复杂。实际上用于绕制磁体的超导材料在运行过程是处于超导态与正常态的混合，处于磁场中的超导材料存在大量的量子磁通线，或称涡旋。而涡旋芯就是正常态的。量子磁通线运动会产生热，而这种发热如果不能很好地控制住就会产生雪崩效应，从而导致失超。这有可能毁掉磁体。这正是超导磁体最核心的问题。总之在超导材料的应用中需要不断深入研究与电—磁—热相互作用有关的固体力学问题，达到既满足指标又保证磁体安全的目标。对于近年研制的超强场、大尺寸以及复杂磁结构的超导磁体，弄清力学量及其对超导性能影响的研究就成为这一领域突出和具有挑战性的科学问题。

　　周又和院士带领团队针对实践中存在的问题和要求，挖掘出关键力学问题，组织攻关并取得显著成效。他们从力—电—磁—热多场强耦合与材料物性—结构制备—力学响应多重非线性交织的全新视角出发，开展了理论建模、装置研制、关键技术、实验和数值模拟等系统深入的研究并取得了多项成果，实现了固体力学研究支撑我国超导磁体研制设计"零"的突破，有力地提升了我国超导应用水平及其国际影响力。

　　周又和院士撰写的这一专著，是他带领团队开拓这一力学新领域长期研究成果的系统总结。该书主要特色是从力—电—磁—热多场强耦合与材料物性—结构制备—力学响应多重非线性交织的全新视角出发研究超导材料应用中的问题，成为国际上相关领域首部著作。该书适宜于超导电工和力学等领域学者、研究生和工程师使用和参考。该书的出版，不仅有助于超导与力学领域的交叉研究，也会推动和吸引更多不同领域学者参与一些重大高新技术的前沿领域的交叉研究。我深信，随着对超导应用需求的增加和研究工作的深入进展，该书的下一版本将会有新的进步。

赵忠贤

中国科学院院士　中国科学院物理研究所研究员

2021 年 12 月 10 日

前　言

　　1911 年，当 K. Onnes 在 4.2K 的极低温环境下发现汞具有零电阻现象，即电导率可达无穷大的超导现象以来，物理与材料科学界广泛高度关注，大量研究人员投入到这类具有高载流能力的新材料研发和超导电流传输机理揭示的研究热潮。通过不断探索各类材料的超导机理，以期提高临界温度、临界电流和临界磁场的超导材料研发进度。在这三个临界特征物理量之下，其材料由具有电阻的常导态转变为超导态。对于工程应用，提升超导材料的这三个临界特征量具有极端重要性，这对于高场超导磁体的研制尤为重要。目前已发现不同金属材料、氧化物和陶瓷材料等在极低温环境下具有超导现象。由于这三个临界特征量所构成的三维曲面，致使超导物理的本构关系具有局地的强非线性特征。已发现的超导材料可分别具有临界电流密度 $\sim 10^{10 \sim 12}\,A/m^2$、临界磁场 $\sim 100T$ 和临界温度 $\sim 150K$，进而为研制高场超导磁体奠定了材料基础。

　　我国著名科学家赵忠贤院士领衔研发的高温铁基超导材料，除了在其超导机理研究方面的国际领先的前沿性外，在赵先生的推动下已制备出铁基超导线材并由此制备出了小型验证性的超导磁体，正在走向高场大空间超导磁体的工程应用论证。与此同时，超导电工界也在利用成熟的超导材料，如 Nb_3Sn、NbTi、MgB_2 和 YBCO 等开展不同用途的新型大科学与工程电磁装置研制开发的应用研究，其中超导磁体是核心部件、工作温度往往在 10K 以下。例如，新能源的受控热核聚变实验堆、超导磁成像仪、超导电缆、超导电机、超导储能与超导磁悬浮列车等，有力地促进了人类社会科学技术的进步。为此，掌握高场超导磁体的研制技术已成为各发达国家竞相开发的新兴高新科技领域。

　　在超导材料的工程应用过程中，随着所期待磁体的磁场强度的逐渐提升，超导材料及磁体结构的性能不仅受到极低温、强电流、强磁场自身的物理影响，而且也受到极端使役环境作用下所产生的力学变形的强烈影响，这些严重制约着新型高场超导磁体的有效研发。围绕这些工程需求的功能性实现与存在的安全性问题，电工界学者从不同角度开展了一系列的实验与理论研究，发现了一些新现象和特征，如交流损耗生热、热-磁相互作用的磁通跳跃失稳、失超机制与检测技术、三个临界特征量的应变降低敏感性、超导块材断裂破坏、超导丝线断裂、超导带材层间开裂、超导电流随环境温度和局地磁场的增大而降低、超导磁体极低温与强电磁力联合作用下的结构变形对磁体性能的影响及控制、超导线/带材的超导接头材料生热等。对于超导磁体在极低温环境下的电磁场计算已相对成熟，如中国科学院电工研究所（中科院电工所）的王秋良院士针对复杂电磁结构的极高磁场超导磁体的基础科学与技术问题，建立了复杂电磁结构特殊冷却方式超导磁体的理论体系，解决了在特种科学仪器等国家重大需求方面的科学与技术问题，取得了一系列创新性的科学研究成果，成功地制备出了相关的超导电磁装置。

与高场超导磁体研制开发相伴生的力学变形及其影响的研究，在超导电工界开展得仍不理想，已成为制约超导电磁装置有效研制设计与制备的瓶颈科学问题。在大型超导磁体装置中，超导材料及结构往往具有跨尺度、多物理场耦合和多重强非线性的特征。尤其在强场情形，力学变形同时对磁体内部的局地超导物理本构关系和结构层面上的电磁力、电磁场计算的影响十分显著，是当前超导电工界遇到的一个棘手课题。与之相应，在极低温封闭环境下的力学实验测量、多场相互作用的非线性理论建模和定量分析均存在很大的难度与挑战。正如国际著名应用超导科学家 T. H. Johansen 于 2000 年在超导权威期刊 *Superconductor Science and Technology* 上撰写的综述性论文中开宗明义地指出：超导材料的研究已经进入一个关键点，即对高磁场的力学响应比对超导性能的研究更为重要。由此可见，超导电磁固体力学研究的必要性和重要性已引起超导电工界与物理学界的重视，但力学学者的参与仍十分有限。

在 20 世纪 60～80 年代，美国工程院院士、电磁固体力学的开创人、康奈尔大学的 Y. X. Pao 和 F. C. Moon 两位力学教授建立了电磁固体力学研究的初步框架，并提出"磁刚度"的概念来反映磁—力相互作用；日本应用电磁材料与力学学会原会长、东京大学的 K. Miya 教授从电磁物理拓展到电磁固体力学研究。他们针对热核聚变实验堆的超导磁体开展了小型化的模拟力学实验测量与理论研究，实验发现了超导线圈从磁弹性弯曲发展到失稳的力学特征。然而他们的理论均未能预测出实验中的磁弹性弯曲，且失稳的临界电流预测值与实验相差近 30%。对于超导复合材料及其管内电缆导体（简称为 CICC）基本结构的力学参数性能表征，超导电工界主要开展了一些实验测量研究并采用传统复合材料力学的理论方法开展研究。我国在 2007 年加入到国际热核聚变实验堆（简称为 ITER）这一大科学装置的国际合作研究后，国内超导材料及磁体制备的主导单位如西部超导、白银长通电缆厂、中科院等离子体物理研究所（等离子所）分别负责超导材料、超导绞缆和超导磁体的制备，其中中科院等离子所还开展了相关力学测量及分析研究。目前，国内在开发高性能超导材料及磁体大科学装置研究的主导单位还有：中科院物理研究所（物理所）、中科院理化技术研究所（理化所）、中国科学技术大学（中科大）、中科院电工所、中科院高能物理研究所（高能所）、中科院兰州近代物理研究所（近物所）、南京大学、西北有色金属研究院超导材料研究所、上海超导科技股份有限公司等。

作者自 20 世纪 90 年代从传统的板壳非线性力学研究转入到电磁固体力学后，在国内率先开拓了这一新兴交叉的与高新科学技术相关联的力学研究，从多场耦合非线性力学理论出发解决了一些典型的力学与物理实验特征的机制揭示问题。在我国加入国际热核聚变实验堆国际合作后，将其研究重点转到了超导材料及磁体结构的关键力学理论与实验研究，为中科院近物所的百余台超导磁体的成功研制设计与制备提供了从"0"到"1"的力学支撑，并为国内其他主导研究单位提供了力学测量等有效服务。在此情形下，我国超导物理与电工界也逐渐认识到了力学研究对超导材料及磁体研制设计的必要性与重要性，如 2018 年获批立项的中科院先导计划 B"下一代高场超导磁体的关键科学与技术"在执行近一年后，于 2019 年将作者及其研究组的超导电磁固体力学研究纳入到了该研究计划。该研究计划聚集了我国超导物理与电工界的主导研究与生产单位。作者通过参与该计划的多次定期学术交流后，知晓了这一研究计划主要针对我国将来自主建堆的 14T 大空间超导磁体开展高性能材料选型与新型材料研发以及相关超导磁体研发的基础论证研究。正如这一研究计划的学术顾问、著名超导科学家赵忠贤院士在近年的学术会议上所指出：**搞物理与材料的人要加强与兰州大学力学的合作，要围绕卡脖子问题进行攻关。超导电工界好多人都不做力学研究，兰州大学长期坚持做，且做得很好，相当不容易。**他反复强调：**要抓紧开展铁基超导材料力学性能的研究、尽快实施其磁体性能设计与制备的论证，力学研究是卡脖子的关键问题。**在赵先生的这些对力学研究的肯定性鼓励下，作者萌生了撰写《超导电磁固体力学》的想法，通过系统介绍超导电磁固体力学的有效方法与研究途径的体系集成及其研究成果，以期推动更多力学工作者与电工界学者和工程技术人员能有效进入到这一力学研究领域，进而推动我国超导材料及其磁体结构研制设计与制备水平的提升。

本书主要围绕超导电磁固体力学研究所涉及的超导宏观物理、热传导、力学、跨尺度复合材料、多物理场相互作用、多重非线性等交织的力学与物理问题，详细介绍了其理论建模、定量分析方法与基础实验测量等内容。书中的内容主要为作者所领衔的兰州大学电磁固体力学研究组在这一领域长期研究工作的总结与梳理，是国内外仅见地专门介绍超导电磁固体力学的专著。本书紧密结合当前多类工程应用前沿领域的力学研究，着重针对超导磁体研制设计中所遇到的各类关键力学问题，全面介绍了超导材料及结构的力—电—磁—热多物理场力学特性的理论与实验研究方法及其各类典型超导力学问题的研究进展，包括对不同典型物理与力学实验特征的理论模型预测的有效验证等。本书以多物理场相互作用的非线性力学为主线，从一般力学理论与研究方法出发，结合各类典型应用中的力学与物理问题进行了分门别类的具体介绍，以期在使读者了解超导力学研究基本方法的同时，也能体验到其研究的有效性和可达性，进而为读者能有效地进入这一复杂力学研究提供参考并奠定坚实基础。与其他力学研究一样，随着高性能新型超导磁体研发需求的不断推动，超导电磁固体力学仍然在发展中，仍然存在很多力学问题需要我们去研究和解决，例如高场超导磁体的多次启动和长时稳定与安全运行，还将会遇到迟滞非线性等更加复杂因素的力学问题。作者深信，通过力学工作者和超导电工学者及其工程师们的不懈努力，超导电磁固体力学必将日臻完善并将在超导磁体研制设计、制备与运行中的功能性实现和安全性保障方面发挥出更加强劲的作用。由于时间仓促，本书中难免存在错误，对此特向读者致歉。并请读者发现后能不吝赐教，以便作者今后能给予改正和完善，在此也特向读者致以深切的感谢！

借此本书出版之际，作者要特别感谢科学出版社及刘信力编辑对本著作选题的大力支持！在胡海岩院士、郭万林院士和王秋良院士的强力推荐下，经科学出版社申报，国家科学技术学术著作出版基金委员会组织专家评审，本著作获得了国家科学技术学术著作出版基金的资助。在此，对于各位专家的大力支持和基金的资助表示衷心感谢！与此同时，对于著名超导科学家赵忠贤院士在百忙之中抽出时间阅读本书初稿并欣然为本书作序表示崇高敬意和衷心感谢！作者还要特别感谢对本书相关研究资助的各部委和参与的博士生及团队成员！在作者的主导下，超导力学的相关研究受到国家自然科学基金委员会（面上项目、重点项目、杰出青年基金项目、重大仪器研制专项和创新研究群体项目）、教育部（留校回国人员基金、重点项目、长江学者特聘教授、长江学者创新团队项目）、科技部（"973 项目"与"国家磁约束能发展规划项目"一级课题）等的长期持续资助，所取得成果是与上述支持分不开的，在此特致衷心的感谢！与此同时，近 20 年来所培养的博士成长为团队骨干成员的王省哲（教育部新世纪人才、长江学者特聘教授）、高原文（教育部新世纪人才）、张兴义（全国优秀博士学位论文获得者、教育部新世纪人才、国家优青、中组部万人计划青年拔尖人才）、雍华东（全国优秀博士学位论文获得者提名、教育部新世纪人才、青年长江学者）和团队成员高志文、周军、刘聪、高配峰、他吴睿、刘东辉以及在校外工作的苟晓凡（教育部新世纪人才、获 IEEE 超导委员会颁发的 Van Duzer Prize 最佳贡献论文奖）、杨小斌、薛峰、黄晨光、薛存（中国力学首届优秀博士学位论文获得者）、何安、景泽（获超导电工权威国际期刊 *Superconductor Science and Technology* 的 "The Jan Evetts SUST Award 2020" 一等奖）、夏劲、关明智（中科院西部之光青年学者、中科院青年创新促进会学者）、辛灿杰、宿星亮、朱纪跃、黄毅、刘伟、李瀛栩、岳动华、刘勇、贾淑明、王旭、茹雁云、赵俊杰、段育洁等参与了此项研究，加之部分在读研究生陈浩、吴昊伟、冯易鑫、王存洪、王珂阳、刘洋、孙策、李东科、王斯坚等人，在此对他们与作者一道所付出的辛勤努力来推进超导力学研究工作的不断向前发展表示由衷的感谢！此外，雍华东、张兴义、王省哲和高原文以及一些研究生为本书收集和整理了基本素材，并对书稿进行了多次校核，在此也一并致以衷心感谢！

周又和

2022 年 1 月 28 日于兰州大学

目　录

（下）

目　　录

（上）

第九章 超导线绞缆复合材料结构的多场耦合力学

由于单根 Nb_3Sn 超导股线的载流能力有限,通常需要将多根股线绞扭绕制成 CICC 或者 Rutherford 电缆。因此,这些超导电缆因其具有高的载流能力和力学性能已广泛用于制备各类超导磁体。然而,无论是 CICC 还是 Rutherford 电缆,亦或是绕制超导电缆或磁体的结构单元超导股线,都可视为具有绞扭特征的复合结构,研究其有效的材料性能或力学行为是安全设计和评估超导磁体的基础,也是研究其超导电学行为的基础。本章节将从超导股线开始,依次介绍股线的多丝绞扭模型,CICC 电缆和 Rutherford 电缆的多层级建模,以期使读者对超导结构的复合材料力学特点有所了解。

9.1 绞缆结构的制备概述及主要特征

超导磁体广泛的应用于国际热核聚变实验堆(ITER)、欧洲强子对撞机(LHC)、核磁共振成像仪、超导电机等大型科学与工程项目以及医疗装置。因此,超导磁体结构在人类社会、科学技术和日常生活领域扮演着非常重要的角色。超导磁体系统是由其电缆结构绕制而成的,如 ITER 磁体装置 Tokamak 中的四种线圈均由 CICC 超导电缆组成。加速器磁体系统由 Rutherford 电缆绕制,这些超导电缆都具有多层级的绞缆结构特点。

CICC 电缆的概念要追溯到 20 世纪 60 年代,1975 年 Westinghouse 实验室[1]首先采用 CICC 电缆制备超导磁体。尽管 CICC 电缆具有不同的构型,但它们具有相同的特征:CICC 电缆是由一定数目的超导股线和 Cu 导线绞扭形成,中间有一个导管作为冷媒传输通道。电缆内部保持一定的孔隙率用于冷却流体的循环,孔隙率和股线的尺寸、绞扭长度有关,而且存在额外的冷却路径,其充当压降释放通道和确保在有限的低温泵功率下具有足够的冷却流体流速。对于 ITER 用的 CICC 电缆,其具有多层级绞扭结构。首先三根股线以一定的螺距绞扭在一起形成三元组,然后三个三元组以另一种螺距绞扭在一起形成第二级子缆,这种子缆称之为 3×3 子缆。之后将五个二级子缆绞扭形成第三级的 3×3×5 子缆,如此直到最后一级子缆。最后一级子缆也称之为花瓣子缆,花瓣子缆被一层薄不锈钢带包裹，不锈钢带为花瓣子缆提供力学支撑，同时增加股线之间的接触电阻来减小耦合电流和交流损耗。随着子缆层级的增大，子缆绞扭的扭矩逐渐增大以避免子缆之间的耦合损耗。为了提高电缆的稳定性，CICC 在绞扭的过程中会使用一些 Cu 导线。最后一级的六个花瓣级电缆和中心氦管装配到横截面是圆形或是方形的不锈钢套中，最终形成 CICC 电缆。

　　Rutherford 电缆的概念首先来自卢瑟福阿普尔顿实验室（Rutherford Appleton Laboratory)[2,3]，其具有扁平线缆的结构。采用矩形横截面，可以使得成缆以后获得较大的电流密度。另外，Rutherford 电缆股线绕组的填充系数比起圆截面线缆提高了 1.27 倍，比起辫编线缆构型而言，可以更好的避免局部股线的损伤破坏，具有更好的成缆性和结构稳定性。Rutherford 电缆在制备的过程中，由于超导股线材料的不同可以分为两种不同工艺："反应绞扭（React & Wind）"和"绞扭反应（Wind & React）"。由于线圈和相应的支撑结构不需要经历高温反应，"反应绞扭"方法可以实现许多超导材料的使用，它把股线的制备过程和电缆的绞扭过程实现了分离。这种方法的缺点就是当电缆缠绕成磁体线圈构型时，超导股线要承受较大的弯曲变形。"绞扭反应"方法为先进行 Rutherford 缆的缠绕而后进行高温反应，避免了电缆中股线承受较大的弯曲应变导致的超导股线临界电流密度的退化。在绞扭成缆过程中，先将股线绞扭成圆形，之后通过四个滚轮对绞扭缆进行挤压得到最终尺寸的扁平线缆构型，电缆中股线的变形可以通过作用于缆的拉伸应力来进行调控。为了进一步提高 Rutherford 电缆的稳定性，Nb_3Sn Rutherford 电缆将用环氧树脂浸渍，最外层再包裹一层绝缘层。

9.2　超导股线的理论建模及其力学行为

　　Nb_3Sn 超导股线的制备工艺主要包括青铜法、内锡法，以及粉末装管法等。青铜法的加工过程为：首先将 NbTa 棒材装入高纯的 CuSn 基体中，封焊后挤压、反复拉伸和退火后得到青铜、NbTa 六方形棒材，将得到的六方形棒材密排集束后置于稳定的无氧 Cu 壳中，并将六方棒和无氧 Cu 壳用阻隔层隔开，封焊后挤压、反复拉拔、退火得到胚料，最后在 650℃的温度下进行近 100 多小时的高温热处理得到 Nb_3Sn 复合超导线[4,5]。内锡法的加工过程为：首先将 Cu/Nb 单芯复合棒拉伸至一定尺寸后进行组装，然后经过热挤压加工成多芯复合管；将 Sn-2％Ti 合金棒装入复合管中后拉伸得到亚组元，将亚组元和 Ta 阻隔层装入稳定体 Cu 管得到胚料，胚料再经过拉拔以及最终真空环境下的高温热处理后得到 Nb_3Sn 复合超导线[4,5]。Nb_3Sn 超导股线的结构与其制备工艺有关。利用青铜法、粉末装管法（PIT 方法），以及 RRP 方法制备的 Nb_3Sn 超导股线的横截面如图 9.1 所示。

图 9.1 青铜法（a）、粉末装管法（b）和 RRP 方法（c）制备的 Nb_3Sn 股线横截面[6]

通常，青铜法制备的 Nb_3Sn 股线直径约为 $0.5 \sim 1.5mm$，由上千根被 Nb_3Sn 超导相包裹着的 Nb 芯组成的超导丝镶嵌在 Cu 基体中构成。股线中超导丝通常以丝组的形式存在。单根超导丝的直径约为 $3 \sim 4\mu m$，超导丝中 Nb_3Sn 层的厚度约为 $1 \sim 2\mu m$。为了提高 Nb_3Sn 超导股线的磁热稳定性以及在电流过载时起到失超保护的作用等，超导丝的外层还会增加一个 Cu 稳定层。另外，为了降低股线在交变磁场中的耦合损耗，Nb_3Sn 超导复合股线在制备过程中通常在热处理之前还会经扭绞形成空间螺旋形结构。图 9.2 为 Nb_3Sn 超导股线纵向剖面示意图，从中可以明显看出超导芯丝的扭绞结构。

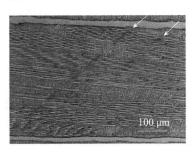

图 9.2 Nb_3Sn 超导股线纵向剖面[7]

已有许多实验工作对 Nb_3Sn 超导股线的力-电行为进行了研究。例如，轴向拉伸、横向压缩以及弯曲载荷作用下，Nb_3Sn 超导芯丝内部的应力及股线整体临界性能的实验测量[8,9]。虽然通过实验能够直接测得超导股线在外部载荷作用下的真实变形及临界性能，但是实验研究也有许多缺点，比如需要耗费大量的时间和资源，另外，低温环境下需要特殊的加载装置、不容易得到股线内部 Nb_3Sn 超导芯丝的变形情况等。因此，有必要通过建立理论模型对超导股线在外部载荷作用下的受力、变形以及临界性能进行分析和预测。Nb_3Sn 超导股线作为一种典型的多丝复合材料，其宏观的力学及电磁学行为可以通过细观力学的方法进行研究。以下对复合材料细观力学理论进行简要介绍。

9.2.1　复合材料细观力学基础

复合材料细观力学[10-12] 为超导股线的分析和建模提供了有效的途经。复合材料细观力学研究的目的是建立复合材料宏观性能与其组分材料性能及微观结构之间的关系。细观力学建立在 Hill 提出的代表性单元（RVE）的基础上。RVE 代表材料当中宏观上的非常微小的点，同时微观上又能包含足够多的材料微结构信息。用微观代表性单元的平均性能参数来代替材料的宏观性能是细观力学分析的核心思想。复合材料细观力学方法很多，其中成熟的理论有：Eshelby 等效夹杂理论、广义自洽方法、Mori-Tanaka 方法、微分介质法以及基于变分原理的 Hashin-Shtrikman 上、下限方法等。本节主要应用 Mori-Tanaka 方法对超导股线的力—电性能进行理论建模和分析。所以，这里只简要介绍 Eshelby 等效夹杂理论及 Mori-Tanaka 方法，其他方法详见参考文献 [10-12]。

细观力学的核心是建立在平均化的基础之上，其平均化算子定义为

$$\langle g(\boldsymbol{x})\rangle_\Omega = \frac{1}{V}\int_\Omega g(\boldsymbol{x})\mathrm{d}V \tag{9.1}$$

其中，g 为在区域 Ω 内的任意场量，$\langle g(\boldsymbol{x})\rangle_\Omega$ 为取值随坐标 $\boldsymbol{x}$ 改变的物理量 g 在域 Ω 内的体积平均。对 g 在整个区域的体积平均还可以表示为各个子域的平均。

$$\langle g(\boldsymbol{x})\rangle_\Omega = \frac{1}{V}\sum_k \int_{\Omega_k} g(\boldsymbol{x})\mathrm{d}V_k \tag{9.2}$$

定义 $c_k = V_k/V$，式（9.2）可以表示为

$$\langle g(\boldsymbol{x})\rangle_\Omega = \sum_k c_k \langle g(\boldsymbol{x})\rangle_k \tag{9.3}$$

Eshelby 等效夹杂理论[13] 考虑弹性常数为 C_{ijkl}^0 的无限大基体中存在一个区域 Ω 发生热应变、塑性应变、相变应变等不可恢复的应变 ε_{kl}^* 的问题，称之为本征应变问题。与无夹杂区域存在时相比，夹杂的存在会使得夹杂周围的应力场出现扰动。Eshelby 通过格林函数方法分析了无限大体中椭球形夹杂的本征应变问题，给出了无限大体中椭球形夹杂的本征应变 ε_{kl}^* 与夹杂内应变 $\varepsilon_{ij}^{(\mathrm{inc})}$ 之间的关系

$$\varepsilon_{ij}^{(\mathrm{inc})} = S_{ijkl}\varepsilon_{kl}^* \tag{9.4}$$

式中，S_{ijkl} 称为 Eshelby 张量。同时利用本构关系即可得到椭球区域内的应力

$$\sigma_{ij}^{(\mathrm{inc})} = C_{ijkl}^0 (S_{klmn} - I_{klmn})\varepsilon_{mn}^* \tag{9.5}$$

其中，$\sigma_{ij}^{(\mathrm{inc})}$ 表示夹杂内应力张量，I_{klmn} 为四阶单位张量。Eshelby 张量给出了椭球

体内应力和本征应变之间的关系。当弹性模量为 C^0_{ijkl} 的无限大体还受到边界处均匀宏观应力 $\bar{\sigma}_{ij}$（或应变 $\bar{\varepsilon}_{ij}$）的作用时，利用叠加原理，椭球体内的应变和应力可以表示为

$$\varepsilon^{(\text{inc})}_{ij} = \bar{\varepsilon}_{ij} + S_{ijkl}\varepsilon^*_{kl} \tag{9.6}$$

$$\sigma^{(\text{inc})}_{ij} = \bar{\sigma}_{ij} + C^0_{ijkl}(S_{klmn} - I_{klmn})\varepsilon^*_{mn} \tag{9.7}$$

将基体和夹杂的本构关系代入式（9.6）和式（9.7），可得

$$\varepsilon^*_{ij} = \left[(C^{(\text{inc})}_{ijkl} - C^0_{ijkl})S_{klmn} + C^0_{ijkl}\right]^{-1}(C^0_{mnrs} - C^{(\text{inc})}_{mnrs})\bar{\varepsilon}_{rs} \tag{9.8}$$

记 $\delta C = C^{(\text{inc})}_{ijkl} - C^0_{ijkl}$，同时略去张量下标可得

$$\boldsymbol{\varepsilon}^* = -(\delta\boldsymbol{C}\boldsymbol{S} + \boldsymbol{C}^0)^{-1}\delta\boldsymbol{C}\bar{\boldsymbol{\varepsilon}} \tag{9.9}$$

因此夹杂内的总应变为

$$\boldsymbol{\varepsilon}^{(\text{inc})} = \left[\boldsymbol{I} - \boldsymbol{S}(\delta\boldsymbol{C}\boldsymbol{S} + \boldsymbol{C}^0)^{-1}\delta\boldsymbol{C}\right]\bar{\boldsymbol{\varepsilon}} = \left[\boldsymbol{I} + \boldsymbol{P}\delta\boldsymbol{C}\right]^{-1}\bar{\boldsymbol{\varepsilon}} \tag{9.10}$$

其中，$\boldsymbol{P} = \boldsymbol{S}\boldsymbol{C}_0^{-1}$，$\boldsymbol{A} = [\boldsymbol{I} + \boldsymbol{P}\delta\boldsymbol{C}]^{-1}$ 称为应变集中张量（Strain Concentration Tensor）。得到了夹杂内的应变就可以得到其应力，以及整个无限大体中的应力和应变分布。

Mori-Tanaka 方法[14] 是在 Eshelby 等效夹杂理论的基础上考虑了夹杂的存在对周围基体应力（应变）的影响，认为夹杂周围远场作用的应变等于周围基体当中的平均应变 $\langle\boldsymbol{\varepsilon}\rangle_0$，因此 Mori-Tanaka 方法也称为背应力方法。通过 Eshelby 张量可以建立夹杂内应变和夹杂周围基体内应变之间的关系，由式（9.10）可知

$$\langle\boldsymbol{\varepsilon}\rangle_r = [\boldsymbol{I} + \boldsymbol{P}_r\delta\boldsymbol{C}_r]^{-1}\langle\boldsymbol{\varepsilon}\rangle_0 \tag{9.11}$$

其中，$\langle\boldsymbol{\varepsilon}\rangle_0$ 为基体内的平均应变，$\langle\boldsymbol{\varepsilon}\rangle_r$ 为第 r 相夹杂内的平均应变，$\boldsymbol{P}_r = \boldsymbol{S}_r\boldsymbol{C}_0^{-1}$，$\delta\boldsymbol{C}_r = \boldsymbol{C}^{(\text{inc})} - \boldsymbol{C}^0$，其他量的定义与之前的定义相同。夹杂和基体内总的平均应变可以表示为 $\bar{\boldsymbol{\varepsilon}} = c_0\langle\boldsymbol{\varepsilon}\rangle_0 + \sum_{r=1}^{N_{\text{inc}}} c_r\langle\boldsymbol{\varepsilon}\rangle_r$，这里，$c_r$ 为第 r 相夹杂材料的体积分数。将式（9.11）代入 $\bar{\boldsymbol{\varepsilon}}$ 可以得到基体中的平均应变

$$\langle\boldsymbol{\varepsilon}\rangle_0 = \left\{c_0\boldsymbol{I} + \sum_{r=1}^{N_{\text{inc}}} c_r[\boldsymbol{I} + \boldsymbol{P}_r\delta\boldsymbol{C}_r]^{-1}\right\}^{-1}\bar{\boldsymbol{\varepsilon}} \tag{9.12}$$

从而得到

$$\langle\boldsymbol{\varepsilon}\rangle_r = \boldsymbol{T}_r\left[c_0\boldsymbol{I} + \sum_{r=1}^{N_{\text{inc}}} c_r\boldsymbol{T}_r\right]^{-1}\bar{\boldsymbol{\varepsilon}} \tag{9.13}$$

其中，$\boldsymbol{T}_r = [\boldsymbol{I} + \boldsymbol{P}_r\delta\boldsymbol{C}_r]^{-1}$，$\boldsymbol{P}_r = \boldsymbol{S}_r\boldsymbol{C}_0^{-1}$，$\boldsymbol{C}_r$ 和 $\boldsymbol{S}_r$ 是第 r 相夹杂的刚度矩阵和 Eshelby 张量。

同时可以得到 Mori-Tanaka 方法对复合材料等效模量的预测

$$\bar{\boldsymbol{C}} = \boldsymbol{C}_0 + \sum_{r=1}^{N_{\text{inc}}} c_r(\boldsymbol{C}_r - \boldsymbol{C}_0)\boldsymbol{T}_r\left[c_0\boldsymbol{I} + \sum_{r=1}^{N_{\text{inc}}} c_r\boldsymbol{T}_r\right]^{-1} \tag{9.14}$$

式（9.14）经过化简后，可得

$$\overline{C} = C_0 + \sum_{r=1}^{N_{\text{inc}}} c_r \left[(C_r - C_0)^{-1} + c_0 P_r \right]^{-1} \tag{9.15}$$

对于热应力问题[12]，采用与之前相类似的推导步骤也可得到。基体和夹杂由于热膨胀系数的不匹配而导致的热失配应变为 $\boldsymbol{\alpha}^* = (\boldsymbol{\alpha}_{\text{inc}} - \boldsymbol{\alpha}_0)\Delta T$，其中 $\boldsymbol{\alpha}_{\text{inc}}$ 和 $\boldsymbol{\alpha}_0$ 分别为纤维和基体的热膨胀系数。夹杂当中的应变包括基体中平均扰动应变 $\boldsymbol{\varepsilon}'$，夹杂引起的扰动应变 $\boldsymbol{\varepsilon}^d = S(\boldsymbol{\varepsilon}^* + \boldsymbol{\alpha}^*)$ 以及热应变 $\boldsymbol{\alpha}^*$。因此，夹杂中的平均应力 $\boldsymbol{\sigma}_r$ 可以表示为

$$\boldsymbol{\sigma}_r = C_r [\boldsymbol{\varepsilon}' + \boldsymbol{\varepsilon}^d - \boldsymbol{\alpha}^*] = C_0 [\boldsymbol{\varepsilon}' + \boldsymbol{\varepsilon}^d - \boldsymbol{\alpha}^* - \boldsymbol{\varepsilon}^*] \tag{9.16}$$

通过一定的简化可以得到

$$\boldsymbol{\varepsilon}^* = -[\delta C_r (S_r - I) + C_r]^{-1} [\delta C_r \boldsymbol{\varepsilon}' + \delta C_r (S_r - I) \boldsymbol{\alpha}^*] \tag{9.17}$$

另外，温度变化以后基体和夹杂中的平均应力为零，即 $1/V \int_V \sigma \, \mathrm{d}v = 0$，所以

$$c_0 \boldsymbol{\sigma}_0 + \sum_{r=1}^{N_{\text{inc}}} c_r \boldsymbol{\sigma}_r = 0 \tag{9.18}$$

其中，$\boldsymbol{\sigma}_0 = C_0 \boldsymbol{\varepsilon}'$ 为基体中的扰动应力，

$$\boldsymbol{\varepsilon}' = -\sum_{r=1}^{N_{\text{inc}}} c_r (S_r - I)(\boldsymbol{\varepsilon}^* + \boldsymbol{\alpha}^*) \tag{9.19}$$

将式（9.17）代入式（9.19）可得

$$\boldsymbol{\varepsilon}' = -\sum_{r=1}^{N_{\text{inc}}} c_r (S_r - I) \{ \boldsymbol{\alpha}^* - [\delta C_r (S_r - I) + C_r]^{-1} [\delta C_r \boldsymbol{\varepsilon}' + \delta C_r (S_r - I) \boldsymbol{\alpha}^*] \} \tag{9.20}$$

夹杂体内的平均应变为

$$\langle \boldsymbol{\varepsilon} \rangle_r = \boldsymbol{\varepsilon}' + S_r (\boldsymbol{\varepsilon}^* + \boldsymbol{\alpha}^*) \tag{9.21}$$

复合材料体整体的平均应变 $\overline{\boldsymbol{\varepsilon}}_{\text{thermal}}$ 为

$$\overline{\boldsymbol{\varepsilon}}_{\text{thermal}} = \boldsymbol{\varepsilon}' + \sum_{r=1}^{N_{\text{inc}}} c_r S_r (\boldsymbol{\varepsilon}^* + \boldsymbol{\alpha}^*) \tag{9.22}$$

将式（9.21）与式（9.17），以及热失配应变 $\boldsymbol{\alpha}^*$ 代入式（9.22）可以得到复合材料的等效热膨胀系数为

$$\overline{\boldsymbol{\alpha}} = \boldsymbol{\alpha}_0 + \overline{\boldsymbol{\varepsilon}}_{\text{thermal}} / \Delta T \tag{9.23}$$

9.2.2　Nb$_3$Sn 超导股线的理论建模[15,16]

本节主要考虑扭绞对超导股线有效模量以及力—电性能的影响。选取如图 9.3 所示含有 N 层超导芯丝，第 i 层有 n_i 根芯丝的圆柱为研究对象（即代表性单元）。在分析过程中将超导丝看作嵌入铜基体当中的空间螺旋线。圆柱的半径为 R，长度为 L。第 i 层超导芯丝的半径为 r_0^i，螺旋半径为 R_i，螺旋角度为 α_0^i。具体计算过程中，

每一根超导芯丝看作由无限多微元（圆片）构成。每个圆片半径为 r_0^i，厚度为 h。

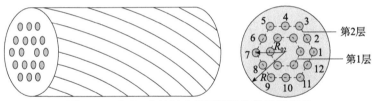

图 9.3 Nb$_3$Sn 多丝复合超导股线结构及横截面

代表性单元的体积为 $V_{\text{RVE}} = \pi R^2 L$。第 i 层单根超导芯丝的长度为 $s_i = L/\cos\alpha_{0i}$，体积为 $V_{ei} = \pi r_{0i}^2 L/\cos\alpha_{0i}$；第 i 层超导芯丝总的体积为 $V_{fi} = n_i \pi r_{0i}^2 L/\cos\alpha_{0i}$，代表性单元内超导芯丝总的体积为 $V_f = \sum_{i=1}^{N} n_i \pi r_{0i}^2 L/\cos\alpha_{0i}$。因此，Cu 基体材料的体积分数 $c_0 = 1 - c_f$。根据 Mori-Tanaka 方法，超导复合股线的有效模量为

$$\overline{\boldsymbol{C}} = \boldsymbol{C}_0 + \sum_{i=1}^{N}\sum_{r=1}^{n_i} \int \mathrm{d}c_{fi}\left[(\boldsymbol{C}_r - \boldsymbol{C}_0)^{-1} + c_0\boldsymbol{P}_r\right]^{-1} \tag{9.24}$$

其中，$\boldsymbol{C}_0$ 和 $\boldsymbol{C}_r$ 分别为基体（Cu）和超导芯丝的刚度系数，超导芯丝每个微元的体积分数 $\mathrm{d}c_{fi} = r_{0i}^2/(2\pi R_0^2 \cos\alpha_{0i})\mathrm{d}\varphi$，$\boldsymbol{P}_r = \boldsymbol{S}_r\boldsymbol{C}_0^{-1}$，$\boldsymbol{S}_r$ 为微元的 Eshelby 张量。对于每一个芯丝微元，由于其取向随着位置的改变而变化，因此其 Eshelby 张量是随空间位置和方位而变化的。因此，具体求解过程中需要进行一定的坐标转换以得到全局坐标系下的有效性能。对于图 9.4（a）所示的芯丝微元，建立与其相关的 Frenet 局部坐标系 τ-n-b，其中 τ 轴与微元的对称轴重合。对于任意矢量，局部坐标 $\boldsymbol{y}'$ 和全局坐标 $\boldsymbol{y}$ 之间的关系可以表示为 $\boldsymbol{y}' = \boldsymbol{Q}\boldsymbol{y}$，其中，$\boldsymbol{Q}$ 为二阶转换张量[11]。对于任意矢量在图 9.4（b）所示的局部坐标 τ-n-b 与整体直角坐标系之间的转换矩阵 $\boldsymbol{Q}$ 为

$$\boldsymbol{Q} = \begin{bmatrix} -\sin\alpha_0\sin\varphi & \sin\alpha_0\cos\varphi & \cos\alpha_0 \\ -\cos\varphi & -\sin\varphi & 0 \\ \cos\alpha_0\sin\varphi & -\cos\alpha_0\cos\varphi & \sin\alpha_0 \end{bmatrix} \tag{9.25}$$

其中，α_0 为股线的螺旋角度，φ 为任意点的扭转角，如图 9.4（a）所示。

对于二阶张量，其局部坐标 a_{ij}' 和全局坐标 a_{ij} 之间的转换关系为 $a_{ij}' = Q_{im}Q_{jn}a_{mn}$，其矩阵形式为 $\boldsymbol{A}' = \boldsymbol{Q}^{\mathrm{T}}\boldsymbol{A}\boldsymbol{Q}$。对于四阶张量，转换关系为 $D_{ijkl} = Q_{mi}Q_{nj}D_{mnpq}'Q_{pk}Q_{ql}$，其中，$D_{ijkl}$ 和 D_{ijkl}' 分别为全局和局部坐标下的分量。考虑二阶张量（如应力、应变）和四阶张量（Eshelby 张量 $\boldsymbol{S}$、刚度系数 $\boldsymbol{C}$）的对称性，以上的张量转换关系也可用矩阵形式表示。二阶张量的转换关系可表示为 $a_I = T_{IJ}a_J'$，其中，$I = 1, 2, \cdots, 6$；$J = 1, 2, \cdots, 6$；a_I 和 a_J' 为二阶对称张量 a_{ij} 的向量表示，T_{IJ} 可以表示为

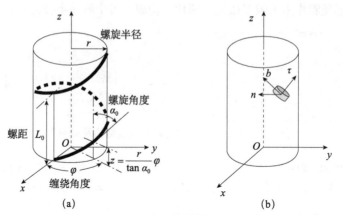

图 9.4　Nb_3Sn 超导股线中超导芯丝的螺旋结构（a）及微元与局部坐标系（b）

$$T = \begin{bmatrix} T_1 & 2T_2 \\ T_3 & T_4 \end{bmatrix} \tag{9.26}$$

其中，$T_1 = \begin{bmatrix} Q_{11}^2 & Q_{21}^2 & Q_{31}^2 \\ Q_{12}^2 & Q_{22}^2 & Q_{32}^2 \\ Q_{13}^2 & Q_{23}^2 & Q_{33}^2 \end{bmatrix}$，$T_2 = \begin{bmatrix} Q_{21}Q_{31} & Q_{31}Q_{11} & Q_{11}Q_{21} \\ Q_{22}Q_{32} & Q_{32}Q_{12} & Q_{12}Q_{22} \\ Q_{23}Q_{33} & Q_{33}Q_{13} & Q_{13}Q_{23} \end{bmatrix}$，

$T_3 = \begin{bmatrix} Q_{12}Q_{13} & Q_{22}Q_{23} & Q_{32}Q_{33} \\ Q_{13}Q_{11} & Q_{23}Q_{21} & Q_{33}Q_{31} \\ Q_{12}Q_{11} & Q_{21}Q_{22} & Q_{31}Q_{32} \end{bmatrix}$，

$T_4 = \begin{bmatrix} Q_{22}Q_{33}+Q_{23}Q_{32} & Q_{32}Q_{13}+Q_{33}Q_{12} & Q_{12}Q_{23}+Q_{13}Q_{22} \\ Q_{23}Q_{31}+Q_{21}Q_{33} & Q_{33}Q_{11}+Q_{31}Q_{13} & Q_{13}Q_{21}+Q_{11}Q_{23} \\ Q_{21}Q_{32}+Q_{22}Q_{31} & Q_{31}Q_{12}+Q_{32}Q_{11} & Q_{11}Q_{22}+Q_{12}Q_{21} \end{bmatrix}$。

另外，四阶张量的矩阵坐标转换关系可以表示为 $D = TD'T^{-1}$。因此，Eshelby 张量在全局坐标下的表示为

$$S = TS'T^{-1} \tag{9.27}$$

将式（9.27）等相关表达式代入式（9.24）即可得到超导股线的有效模量。同时股线在外加机械载荷以及热应力作用下的应变也可以用类似的方法得到。

依据 Markiewicz[17,18] 所提出的基于应变不变量的标度率，超导材料临界温度，以及上临界磁场对变形的依赖关系可以表示为

$$T_c(\varepsilon) = s_t(\varepsilon) T_c(0), \quad B_{c2}(\varepsilon) = s_b(\varepsilon) B_{c2}(0) \tag{9.28}$$

其中，$s_t = 1/(1 + a_{11}I_1 + a_{12}I_1^2) \approx 1/(1 + a_t I_1)$，$s_b = 1/[(1 + a_1 I_1)(1 + a_2 J_2 + a_3 J_3 + a_4 J_2^2)]$，$a_1, a_2, a_3, a_4, a_{11}$ 和 a_{12} 均为常数。对于 Nb_3Sn 材料，其具体取值为 $a_1 = -2.3$，$a_2 = 4.63 \times 10^3$，$a_3 = 6.54 \times 10^5$，$a_4 = 3.4 \times 10^6$，$a_t = -2.3$。I_1，J_2，J_3 分别为第一、第二和第三应变不变量，其具体的表达形式为

$$I_1 = \varepsilon_x + \varepsilon_y + \varepsilon_z$$
$$J_2 = 1/6[(\varepsilon_x - \varepsilon_y)^2 + (\varepsilon_y - \varepsilon_z)^2 + (\varepsilon_z - \varepsilon_x)^2] + (\varepsilon_{xy}^2 + \varepsilon_{yz}^2 + \varepsilon_{xz}^2) \quad (9.29)$$
$$J_3 = (\varepsilon_x - I_1/3)(\varepsilon_y - I_1/3)(\varepsilon_z - I_1/3)$$

Hampshire 等通过实验研究了超导临界参数与应变之间的关系，并且给出临界电流密度与应变、温度及磁场之间的关系[19,20]

$$J_c = A(\varepsilon)[T_c(\varepsilon)(1-t^2)]^2[B_{c2}(\varepsilon)(1-t^v)]^{n-3}b^{p-1}(1-b)^q \quad (9.30)$$

其中，$A(\varepsilon) = A_0(T_c(\varepsilon)/T_c(0))^u$，$t = T/T_c(\varepsilon)$，$b = B/B_{c2}(\varepsilon)$。$A_0$，$T_c(0)$，$B_{c2}(0)$，$u$，$v$，$p$，$q$ 和 n 的值如表 9.1 所示。

表 9.1 超导临界性能的应变标度率中相关参数[20]

$A_0(Am^{-2}T^{3-n}K^{-2})$	$T_c(0)/K$	$B_{c2}(0)/T$	u	v	n	p	q
9.46e6	17.58	29.59	0.051	1.225	2.457	0.4625	1.452

9.2.3 Nb$_3$Sn 超导股线的弹性变形及临界参数

Nb$_3$Sn 超导股线的制备温度通常高达 1000K 左右，而在运行过程中需要处于 4.2K 的液氦低温环境下。在温度从 1000K 降低到室温再到运行温度的过程中，Nb$_3$Sn 复合股线必然会受到较大的热应力作用。另外，在装配和运行过程中超导股线还会受到机械和电磁载荷等的作用而发生变形。我们假设 Nb$_3$Sn 超导芯丝和 Cu 基体材料均处于弹性变形阶段，并且材料参数如杨氏模量和 Poisson 比均不随温度变化。Nb$_3$Sn 超导芯丝的杨氏模量 $E=50GPa$，剪切模量 $G=17GPa$，Poisson 比 $\nu=0.47$，热膨胀系数 $\alpha=5 \times 10^{-6}/K$；Cu 基的杨氏模量 $E=140GPa$，剪切模量 $G=52GPa$，Poisson 比 $\nu=0.35$，热膨胀系数 $\alpha=1 \times 10^{-5}/K$。在此假设下，直接利用 9.2.1 节中的 Mori-Tanaka 方法对超导股线在降温以及外加机械载荷作用下的应力、应变进行分析。

a）只含一层 Nb$_3$Sn 超导芯丝的复合股线

为了验证模型的准确性，首先考虑仅含有一层共六根超导芯丝的复合股线。计算过程中芯丝的半径取为 $r_{01}=50\mu m$，螺旋半径为 $R_1=200\mu m$，螺距 L_0 分别取为 3mm、5mm 和 10mm。图 9.5 为受到 0.1% 的拉伸应变时，不同螺距的超导股线内超导芯丝内的平均应变随扭转角度的变化。可以看出，芯丝沿 z 轴方向的应变保持常数而其他分量在芯丝轴向方向随扭转角度呈现周期性的变化。其主要原因在于，超导芯丝因扭绞而具有空间的旋转对称性，在外部拉伸载荷的作用下超导芯丝与铜基之间的相互作用导致其内部应变沿轴向方向发生周期性变化。此外，还可看出应变分量周期性变化的幅值随着螺距的增大而逐渐减小。当螺距足够大时，股线 x 和 y 轴方向的应变基本保持一个常值。

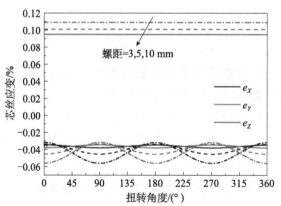

图 9.5　超导股线在 0.1% 的拉伸应变下，超导芯丝内应变分量

图 9.6 为股线轴向应变在 −0.6%～0.6% 变化时，芯丝内部的平均应变分量和 von Mises 等效应变的变化。随着轴向拉伸应变的增大芯丝内的轴向应变随之增大，而其他分量则减小。得到了股线内的应变分布就可以通过应变标度关系研究超导芯丝临界电流密度的变化情况。

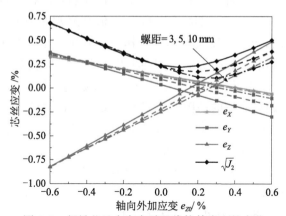

图 9.6　超导芯丝内应变随股线拉伸应变的变化

图 9.7 给出了超导股线在轴向拉、压应变作用下，超导芯丝内部的临界电流密度。在压应变的作用下芯丝的扭绞对临界电流密度的影响非常小。而在拉伸应变作用下，芯丝的扭绞对临界电流密度的影响十分明显。从图中可以看出，螺距越小拉应变下超导临界电流密度的退化越明显，这一结论与文献 [9] 所得到的实验结果一致。另外，由于降温过程中热应变的存在，超导芯丝临界电流密度的最大值并不在外加应变为零时取得，而是向拉应变方向有一个偏移值。

图 9.8 给出了超导股线整体有效性能参数随超导芯丝螺距的变化。图 9.8（a）为超导股线的宏观等效杨氏模量随着超导芯丝螺距的变化，从图中可以看出超导

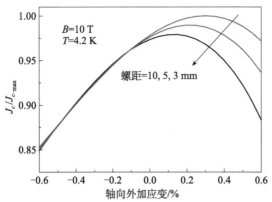

图 9.7 超导芯丝临界电流密度随轴向应变的变化

股线的等效杨氏模量随芯丝螺距的增大而增大。当螺距增大到一定的值（此情形为 4mm 左右）时等效杨氏模量趋于一个恒定值，并且股线沿轴向方向的等效杨氏模量（E_{33}）略大于径向方向（E_{11} 和 E_{22}）。图 9.8（b）为超导股线等效 Poisson 比随芯丝螺距的变化。可以看出等效 Poisson 比均随芯丝螺距的增加而减小且最终趋于一个常值。同时，股线在纵向方向（x-z 和 y-z 平面）的 Poisson 比大于横截面（x-y 平面）内的值。

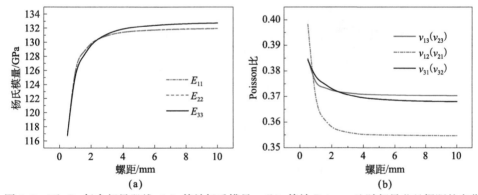

图 9.8 Nb_3Sn 复合超导股线 （a）等效杨氏模量，（b）等效 Poisson 比随超导芯丝螺距的变化

此外，我们还研究了超导芯丝的绞扭螺距对 Nb_3Sn 超导复合股线等效热膨胀系数的影响。图 9.9 为等效热膨胀系数随芯丝螺距的变化。从图中可知，复合股线横截面内方向的等效热膨胀系数随芯丝螺距的增大而增大，而其沿轴向方向的热膨胀系数则是先增大后减小最终趋于一个常值。

b）含 14 层超导芯丝的复合股线

在目前的设计中 Nb_3Sn 超导股线的直径约为 0.82mm，螺距为 15mm，内部有 14 层 577 个超导丝组，每组包含 19 根超导芯丝[9]。图 9.10 为青铜法制备的

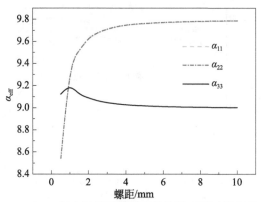

图 9.9　Nb_3Sn 复合超导股线等效热膨胀系数随螺距的变化

Nb_3Sn 超导股线的横截面。为了更好地理解 ITER 用 Nb_3Sn 超导股线在外加载荷作用下的性能退化，本节对图 9.10 所示的股线结构进行建模。将问题简化为一个圆柱形铜基中含有 14 层螺旋形超导芯丝的力学模型，使用 9.1.2 节中所建立的理论模型计算芯丝内部的受力及变形。

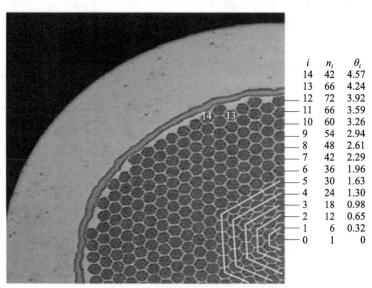

图 9.10　青铜法制备的 Nb_3Sn 超导股线横截面[9]

图 9.11 为超导股线温度从 300K 降低到 4.2K 的过程中，第 7 层和第 14 层超导芯丝内的热应变分布。从中可以看出内层超导芯丝所受的正应变高于外层芯丝，而剪切应变（ε_{xy}，ε_{xz} 和 ε_{yz}）则低于外层芯丝。芯丝沿 z 轴方向的正应变基本保持一个常值，而剪切应变沿着芯丝的长度方向周期性的变化，且内层芯丝变化的

幅值低于外层芯丝。同时可以看出 x-y 平面内的剪切应变几乎为零，其远小于剪切应变的 xz 和 yz 分量，也就是说热膨胀引起的剪切主要发生在芯丝的长度方向上。

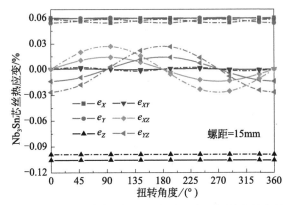

图 9.11　温度从 300K 降低到 4.2K 的过程中，超导芯丝内的热应变
实线和虚线分别代表第 7 层和第 14 层芯丝的应变

图 9.12 为螺距为 15mm 的超导股线在 0.1% 的拉伸应变下，内部第 1 层、第 7 层和第 14 层超导芯丝内的应变分布。可以明显看出，z 轴方向的应变几乎不沿芯丝的长度方向发生变化，x 和 y 轴方向的应变则在一定的范围内发生周期性的变化。内层超导芯丝所受的应变远低于外层芯丝。

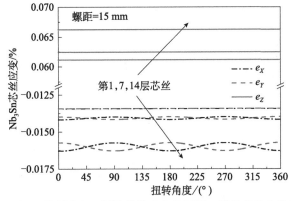

图 9.12　Nb_3Sn 股线在 0.1% 的拉伸应变作用下，超导芯丝内的应变分布

图 9.13 为螺距分别为 10mm、15mm 和 20mm 的 Nb_3Sn 股线在 0.1% 的拉伸应变下，超导芯丝内的应变分布。与只含有单层超导芯丝的 Nb_3Sn 股线类似，超导芯丝内应变发生周期性的变化。螺距越小应变的值越大，且周期性变化的幅值越大。当螺距足够大时，所有的应变分量均不随扭转角度发生变化。这一结果与

实际相符，因为当螺旋线的螺距足够大时可以近似看作直线。

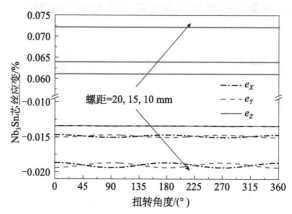

图 9.13　Nb₃Sn 股线在 0.1％的拉伸应变作用，不同螺距下超导芯丝内的应变分布

图 9.14 为外加应变从 -0.6% 增大到 0.6% 的过程中超导芯丝内的应变。芯丝 z 轴方向的应变随拉伸应变的增加而增大，而 x 和 y 轴方向的应变则减小。图中符号▲和■分别代表螺距为 10mm 与 20mm 的超导芯丝内的应变。对比所得结果，可以看出当螺距与螺旋半径的比值较大（也就是螺旋角度较小）时，螺距的大小对股线内的应变影响较小。

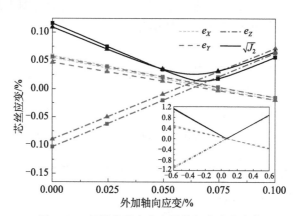

图 9.14　超导芯丝内应变随外加应变的变化

图 9.15 给出了 Nb₃Sn 超导股线内的临界电流密度随拉伸应变的变化曲线，并且将模拟结果与实验进行了对比。发现理论预测所得的结果与实验结果吻合良好。超导芯丝在降温过程中，由于热膨胀系数不匹配而会有残余压应力存在，在拉伸过程中当芯丝所受的拉伸应力和残余压应力相等时超导股线的临界电流密度最大。

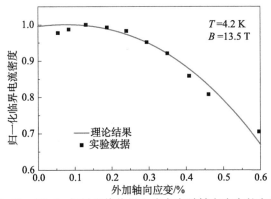

图 9.15　Nb_3Sn 超导股线临界电流密度随轴向应变的变化[9]

9.3　超导股线的跨尺度有限元模型及力学行为研究

作为 CICC 超导电缆或者磁体的基本组元，超导股线本身的结构设计同样要求兼顾安全性、稳定性和性能优化等多方面因素。每种超导股线都具有各自独特的结构特征，但按照生产过程，常用的超导股线可以分为三类，即 Bronze Route 超导股线、Internaltin 超导股线和 Powder-In-Tube 超导股线。

超导股线在工作环境中，由于热扩张效应以及自身承载的交流电（部分股线）导致的 Lorentz 力作用而不停地处于轴向的循环变形中。在以往的研究中，大部分学者将超导股线等效成一种均匀的、单一的材料，以达到简化的目的。然而，在进行超导股线应变分布、超导电性的退化特征等方面的深入研究时，这样的等效过于粗糙。

目前，使用 TARSIS 实验装置，科学家们得到了大量的超导股线在循环载荷作用下的变形数据。需要注意的是，2005 年 Eijnden 等[21] 测量的 SMI-PIT 超导股线在轴向循环载荷作用下的应力—应变曲线出现滞回特征，并且当股线的应变足够大时其承受的应力的增长突然变得缓慢，使得股线的应力应变曲线出现一个平台。这些独特的性质将会导致对股线超导电性的预测出现严重的误差。之后，Ilyin 等[22] 于 2006 年同样在 EAS 超导股线（青铜法（Bronze Route）所制的超导股线）的轴向循环加载测量中观测到了这些特殊的特征，并且通过测量也验证了滞后环的面积随着股线轴向应变增大而增大这一性质。与 SMI-PIT 超导股线相同，这些特征同样不是 EAS 超导股线内任一组分材料所具有的。更进一步，Nijhuis 等[23] 于 2013 年测量的多根超导股线都具有这样的滞回特征。这证实了这种滞回特征与超导股线的制作工艺及组成材料无关，而是由股线本身的多丝绞扭结构导致的。然而目前为止，关于这些特征的形成机理的研究非常少见。从实验研究中，人们很难解释这些特征出现的原因，以及准确定量的预测它的面积、卸载模量等力学参数。

超导股线的力学行为的理论建模与数值模拟方面，Boso 等[24] 所建立的 GSCL 方法、Luo 等[25] 依据自洽模型建立的超导股线等效模量的计算方法和 Jing 等[15] 基于复合材料的 Mori-Tanaka 方法所建立的理论模型都能够对超导股线在弹性情形下的等效材料参数进行表征和描述（参见 9.2 节）。这些方法在描述股线在循环载荷作用下的变形时都存在自身的局限性：在 GLSC 方法中，超导丝的断裂只能作为一个恒定长度的裂纹被考虑在模型中，而不能实现超导丝的断裂的演化过程（在这篇工作中，我们采用一张超导股线经过加载后的纵截面 SEM 照片进行统计分析得到了等效裂纹的长度）；Luo 所建立的股线等效模量的计算方法功能在于预测超导丝在制备过程中产生的断裂对股线初始模量的影响，并没有考虑超导股线的绞扭结构与组分材料的塑性；如 9.2 节中介绍，Jing 的模型同样没能考虑超导股线各组分材料的塑性变形以及超导丝的断裂。并且，这些模型并未能实现对股线在循环载荷作用下的力学行为以及平台现象的描述。2005 年，Mitchell[26] 通过一个简单的三至四根平行圆柱模型计算了超导股线在制备和热处理过程中产生的热残余应力系。在这个模拟过程中，股线受循环载荷作用的应力应变曲线中出现了明显的滞后环结构。然而，这个简化的模型距离超导股线的真实结构较远，无法准确的预测滞后环的相关参数，而且对于滞后环的成因和相关的影响因素也没有做进一步的细致讨论。

总之，到目前为止，已有的理论和数值模型对于超导股线的力学性质的研究仍然不够细致，对于超导股线的多丝绞扭结构、组分材料的塑性、制备过程中产生的热残余应力、超导丝的断裂等因素不能全面的考虑，对于滞后环这一特殊结构的出现原因以及相关的影响因素也不能深入讨论。在本节中，我们以 LMI 股线（内锡法（Internal Tin）所制的超导股线）和 SMI-PIT 股线（粉末管装法（Powder-In-Tube）所制的超导股线）为例，建立多丝绞扭股线的有限元模型并对超导股线的轴向力学性质做了系统细致的研究，分析了超导股线的多丝绞扭结构、组分材料的塑性、制备过程中产生的热残余应力、超导丝的断裂等因素对于超导股线轴向力学性质的影响。这两种超导股线的横截面如图 9.16 所示。

如图 9.16 所示，在即将研究的 LMI 超导股线中，Nb_3Sn 超导丝组成 36 个超导丝组，每个超导丝组中含有多根圆柱形的超导丝，这 36 个超导丝组以不同的回转半径呈螺旋结构排布在超导股线中；而在 SMI-PIT 超导股线中有多达 504 个超导丝组，而每个超导丝组中只含有一根圆筒形的 Nb_3Sn 超导丝，在这些超导丝的中心具有粉末状的未反应材料，这些超导丝被六棱柱形的包裹材料 Nb 包裹起来，

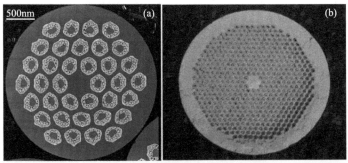

图 9.16 (a) LMI 超导股线横截面；(b) SMI-PIT 超导股线（504 芯）横截面[27-29]

并呈螺旋形排布在超导股线中。两根股线的半径均为 0.81mm，并且两者中超导丝的螺距均为 10mm。表 9.2 列出了这两种股线的相关参数，以及其中各组分材料的组分比、杨氏模量等参数[21,26,27,30,31]。

表 9.2 两种股线的相关参数

组分材料	LMI 股线中的体积分数	SMI-PIT 股线中的体积分数	杨氏模量/($\times 10^{11}$Pa)
Nb₃Sn	0.148	0.157	1.35
Copper	0.600	0.415	1.37
Bronze	0.204	—	1.42
Nb	0.080	0.298	1.10
Powder	—	0.130	0.40

9.3.1 组分材料的宏观塑性力学行为

超导股线是由多种金属材料复合而成，其中，Copper 和 Bronze 是最主要的基体材料，也是典型的弹塑性材料。在以往的研究中，为了计算简化，这两种材料通常简化为等向强化材料[26] 或者完全随动强化材料[32]。然而，根据这两种材料在循环载荷下单独的应力—应变曲线[26,31,33] 可以看出，这两种材料既不是完全等向强化材料也不是完全随动强化材料，而是非常明显的混合强化材料，具有非常明显的 Bauschinger 效应。由于本节研究的目的是考察超导股线在轴向循环载荷作用下的应变分布，因此，在接下来的模拟中将采用混合强化模型来描述这两种弹塑性材料的性质。

在模拟中采用 Mises 屈服准则，其表达式为

$$F = \sqrt{\frac{3}{2}(S - \alpha^{\mathrm{dev}}):(S - \alpha^{\mathrm{dev}})} - \sigma^0 \leqslant 0 \qquad (9.31)$$

其中，S 表示应力张量的偏量部分，α^{dev} 表示背应力张量，σ^0 表示屈服面的大小（在 Mises 屈服准则中 σ^0 等于屈服面的半径）。根据实验数据[26,31]，在无加载历史的前提

下 Copper 和 Bronze 在 4.2K 的低温下的屈服应力分别为 86.1853MPa 和 141.9MPa。

为了更精确地描述具有 Bauschinger 效应的材料在循环加载作用下的变形[34]，方程（9.31）中的背应力张量的表达形式可以写为

$$\dot{\boldsymbol{\alpha}} = C \frac{1}{\sigma^0}(\boldsymbol{\sigma} - \boldsymbol{\alpha})\dot{\bar{\varepsilon}}^{pl} - \gamma \boldsymbol{\alpha}\dot{\bar{\varepsilon}}^{pl} \tag{9.32}$$

其中，$\dot{\bar{\varepsilon}}^{pl}$ 表示等效塑性应变率，C 表示初始随动强化模量，γ 表示随动强化模量随着塑性应变的增加而减小的比率。

超导股线中未反应的 Nb 同样是弹塑性材料，然而根据实验发现 Nb 在 4.2K 下具有非常高的屈服极限，这导致超导股线即使在应变大到接近失效时 Nb 仍然能较好的保持在弹性阶段，所以在模拟中没有考虑 Nb 的塑性变形。Nb_3Sn 是脆性材料，在其内部应力达到断裂极限之前它仍然是弹性的，所以在模拟中 Nb_3Sn 也同样用弹性模型来描述（Nb_3Sn 超导丝的断裂行为将在之后的章节中描述）。

9.3.2　股线的多层级跨尺度模型及多丝绞扭模型[35-38]

如前文所说，超导丝在超导股线里呈螺旋结构。由于 SMI-PIT 超导股线的超导丝分布较为均匀且成圆筒形（如图 9.16（b）所示），这里我们采用 LMI 股线为例，通过建立不同的模型来研究超导丝的绞扭对于超导股线力学行为的影响。

a）多层模型

多层级模型是将超导股线等效成一根多层的圆柱体，其长度等于 LMI 超导股线内超导丝的一个螺距长度（9.9mm），半径等于 LMI 超导股线的外径（0.81mm），如图 9.17 所示。

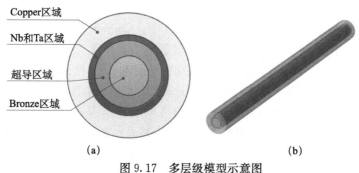

图 9.17　多层级模型示意图

（a）横截面示意图；（b）整体示意图

按照 LMI 股线中各组分材料的体积分数将等效的股线（圆柱体）划分为多个同心圆柱区域（如图 9.17 所示），每一个区域分别代表 LMI 超导股线中一种组分材料。根据 LMI 超导股线的实际构型以及各组分材料之间的包裹关系，将中心区域划分为 Bronze 区域，代表着超导股线中的 Bronze 材料，而在 Bronze 区域的外

圈是超导区域,代表超导股线中的超导材料 Nb_3Sn。再外一圈是包裹材料复合区域,代表股线中 Nb、Ta 等包裹材料[26],由于在加载过程中,Nb 和 Ta 因为其自身的高屈服应力而都表现为弹性[21,26],因此,为了简化计算和节省时间,这里将Nb 和 Ta 合并在一个区域之内,并且由于在 LMI 超导股线中 Nb 的体积分数要明显大于 Ta[21],所以将这一区域命名为 Nb 区域。最外一圈是 Copper 区域,代表超导股线里的 Copper 基体。各个区域的半径都是根据不同的组分材料在股线中占据的体积分数(表 9.2)来确定。在模型中,相邻区域的相邻表面被紧密贴合在一起,也就是说,相邻区域的相邻表面之间没有相对滑动发生。将该模型的一端固支,另一端施加均匀的轴向循环载荷,就可以考察该等效模型在循环载荷作用下的力学性质。

在该模型的模拟中,采用商业有限元软件 ABAQUS 中的三维八节点减缩积分单元(C3D8R),动态显示算法(ABAQUS/Explicit)来求解该循环加载问题。图 9.18 给出了多层级模型计算所得的 LMI 超导股线在 4.2K 低温下受轴向循环载荷作用的应力—应变曲线,并与实验[21] 进行了对比。从对比中我们可以看出,当股线完全卸载并重新加载回原点时,模型计算出的应力—应变曲线已经呈现出滞后环这一特殊结构。这是由于股线中具有塑性性质的组分材料在加载过程中发生反向屈服造成的。当股线被加载到一个足够大的应力水平并开始卸载时,股线中所有的组分材料将要恢复它们的弹性变形。在卸载的过程中,由于材料的塑性变形,Copper 和 Bronze 材料内部的拉伸应力将会在股线外载消失前消失。在这时,Nb 和 Nb_3Sn 仍然处于拉伸状态(因为这两种材料并没有发生塑性变形),所以随着外载的继续减小,这两种材料将继续恢复他们的弹性变形,这就导致了 Copper 和 Bronze 将要受到压缩作用(因为相邻材料之间没有相对滑动发生,位移连续)。因此,如果股线开始卸载时的应力足够大的话,Copper 和 Bronze 材料将会发生反向(压缩)的屈服,导致整根股线的卸载曲线斜率发生变化。在此基础上,滞后环这一特殊结构就出现了。也就是说,超导股线中组分材料的反向屈服是滞后环出现的根本原因。然而,从图 9.18 中可以看出,无论是模型的加载应力—应变曲线还是滞后环的面积、形态都与实验有着明显的差别。

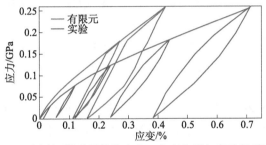

图 9.18 多层级模型所得的应力—应变曲线与实验的对比[21]

b）修正多层级模型

为了考察超导丝扭转对于超导股线的力学性质的影响，需要将超导丝的扭转这一几何特征考虑进模型中。为此，我们对多层级模型进行了修正。

如图 9.19 所示，我们将多层级模型中的超导区域、Nb 区域和 Bronze 区域绕着整根股线模型的轴线扭转，形成螺旋形的结构，这三个区域的回转半径通过平均真实 LMI 超导股线（图 9.16（a））中超导丝组的回转半径值得到。这样一来这三个区域将超导股线中不同组分材料的不同力学性质考虑进来，又从一定基础上体现了超导股线中部分组分材料的螺旋结构特征。各个区域之间的连接条件与多层级模型相同，即没有相对滑动产生。需要注意的是，修正之后的模型不再是一个关于整根股线轴线对称的结构，如果沿用多层级模型中的加载条件的话会使得整个模型发生沿着股线轴向的扭转，这与真实的实验条件不相符。所以，在沿用多层级模型的加载边界条件（一端固支，另一端施加均匀的轴向循环载荷）的基础上还要限制加载端的扭转位移。如此，通过考察修正多层级模型在循环载荷下的应力—应变曲线并与多层级模型对比，就可以得到超导丝等部分组分材料的螺旋结构对超导股线的力学性质的影响。

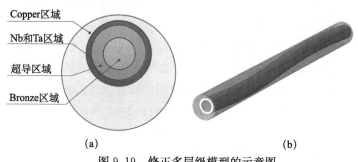

图 9.19　修正多层级模型的示意图

（a）横截面示意图；（b）整体示意图

在修正多层级模型中采用的单元和算法，以及加载速率、阻尼系数等与多层级模型中完全相同。

图 9.20 给出了多层级模型与修正多层级模型计算的应力—应变曲线的对比。从对比中可以看出，超导区域、Nb 区域和 Bronze 区域的螺旋结构对于整根超导股线的力学性质有着非常明显的影响。这同样证明了这三个区域的回转半径是一个影响整根超导股线力学性质的重要因素。

c）多丝绞扭模型

由前可见，超导丝的绞扭是一个影响整根超导股线力学性质的重要因素，摒弃之前一部分过于简单的简化假设，发展一个多丝绞扭模型并用于研究 LMI 超导股线的真实结构对于其力学性质的影响非常必要。

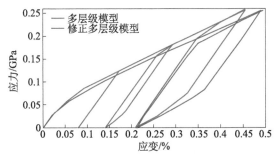

图 9.20 多层级模型与修正多层级模型计算的应力—应变曲线

依据 LMI 超导股线的真实结构，建立了 36 个超导区域、36 个 Nb 区域和 36 个 Bronze 区域。这些区域在整个模型中呈相应的螺旋形状（如图 9.21（b）所示），他们的回转半径是根据图 9.16（a）中的比例确定的。需要注意的是，为了节省计算时间和空间资源，由于包裹材料 Nb 和 Ta 在加载过程中较为简单的全程弹性变形行为，以及在股线中 Nb 和 Ta 包裹材料与 Bronze 材料的形状具有很强的相似性（相同回转半径的螺旋结构），将 Bronze 区域与 Nb 区域合并为一个基体区域（该区域的杨氏模量等力学性质按真实组分进行相应等效），方便起见，仍然称这个区域为 Bronze 区域。

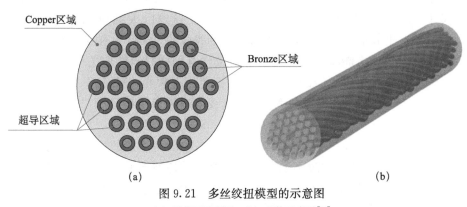

图 9.21 多丝绞扭模型的示意图

（a）横截面示意图；（b）整体示意图[36]

图 9.22 给出了多丝绞扭模型与修正多层级模型计算的应力—应变曲线的对比。从图中可以看出，当应变小于 0.2％时，两种模型的计算结果近乎一致，然而，当应变超过 0.2％时两种结果渐渐表现出了不同。当应变大于 0.3％时两种模型的计算结果已经明显不同，这种差异已经不能被忽略。这说明，当外载足够小时，修正多层级模型能够较为准确地预测整根超导股线的力学行为，然而当外载达到一定程度后修正多层级模型将会失效，而多丝绞扭模型的计算结果明显更接近实验

测量数据。根据经验以及超导电缆的工作环境，可以很容易地知道超导股线的变形基本都要超过 0.2% 的轴向应变，而且这个 0.2% 的临界值只能适用于 LMI 超导股线，对于其他类型的超导股线需要重新计算。

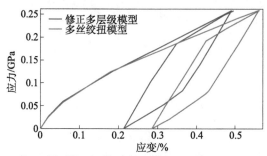

图 9.22　多丝绞扭模型与修正多层级模型计算的应力—应变曲线

以上结果说明，修正多层级模型并不能很好地适用于超导股线的力学行为的预测，而多丝绞扭模型能够更好地描述超导股线在更广应变范围内的力学行为，这也同时说明，超导股线内部超导丝的结构分布也是一个影响股线力学性质的重要因素，不能将其等效为含有同样材料性质的聚合在一起的材料区域。

d) 用于 SMI-PIT 股线模拟的均匀化模型

不同于 LMI 超导股线的 36 个超导丝组，SMI-PIT 的超导丝组多达 504 个（如图 9.16（b）），如果按照多丝绞扭模型模拟将会导致巨大的单元数量，又由于 9.3.2 节的 c) 小节中论证的超导丝的分布对于股线的力学行为有着很重要的影响，在 SMI-PIT 股线里不能将各组分材料等效成含有同样材料性质的一个连续区域，所以用于研究 LMI 超导股线的三种模型均不能用于模拟 SMI-PIT 超导股线。然而，从图 9.16（b）中可以看出 SMI-PIT 股线的超导丝组都呈相对规则的六边形这种对称结构，这使得使用均匀化模型来模拟 SMI-PIT 股线的力学行为成为可能。

均匀化模型由 Boso[30] 提出。其主要思想是在结构复杂的区域中寻找一个代表体元，要求该代表体元通过不断地自身堆叠能够还原出原来的复杂区域。该代表体元要包含足够多的微元数量（即复杂区域中的独立个体），使得该代表体元具有普遍的适用性，能够代表该单元所覆盖区域的所有材料集合的力学性质；与此同时该代表体元又要有足够小的体积，使得需要代表的复杂区域要包含足够多的这种代表体元，以避免因为单元数量太少而导致的遗失信息和计算精度的降低。如此一来，整个复杂区域被选定的代表体元所代替，这就使得原本需要花费大量资源建模的复杂区域的细节结构被远远小于其代价的代表体元模拟实现，从而大大提高了建模的可行性。而对于选定的代表体元的性质可以通过均匀化方法计算得出。

如图 9.23 所示，将 SMI-PIT 股线分成内外两个 Copper 区域，这两个区域由单纯的 Copper 这一材料组成，而中间的复杂区域划分为一个由代表体元所组成的复合区域，代表体元如图所示。这样的代表体元能够通过自身的不断堆叠来还原原先处在复合区域的复杂结构。需要注意的是，由于超导丝的螺距相同而绞扭半径不同，复合区域就必须是一种各向异性材料，并且在复合区域内随着距股线轴线的距离不同材料的主方向也不同。图 9.23 中 SMI-PIT 股线模型的超导区域、Nb 区域和 Copper 区域与 LMI 股线多丝绞扭模型中的代表意义相同，而在 SMI-PIT 超导股线中没有 Bronze 材料。在管装的超导丝中心存在着粉末状的未反应材料，在该均匀化模型中我们采用一种只承受压力而不能承受拉力的材料模拟，其材料参数来自文献 [39]。

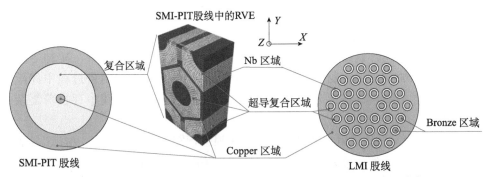

图 9.23　用于 SMI-PIT 股线模拟的均匀化模型及代表体元示意图[37]

要得到代表体元的等效力学性质，需要求解一系列边界问题。根据 Hill 均匀化条件[26]：

$$\langle \boldsymbol{\sigma} : \boldsymbol{\varepsilon} \rangle_\Omega = \langle \boldsymbol{\sigma} \rangle_\Omega : \langle \boldsymbol{\varepsilon} \rangle_\Omega \tag{9.33}$$

其中，$\boldsymbol{\sigma}$ 与 $\boldsymbol{\varepsilon}$ 分别表示在体积 Ω 内的代表体元的应力张量与应变张量，同时

$$\langle \cdot \rangle_\Omega = \frac{1}{|\Omega|} \int_\Omega \cdot \, \mathrm{d}\Omega \tag{9.34}$$

对于一个完美黏合的非均匀区域，在代表体元的边界上施加如下的纯线性位移边界条件同样满足 Hill 均匀化条件：

$$\boldsymbol{u}\big|_{\partial\Omega} = \boldsymbol{\varepsilon} \cdot \boldsymbol{x} \tag{9.35}$$

其中，$\boldsymbol{\varepsilon}$ 为常应变张量，$\boldsymbol{x}$ 为位置矢量。

在这样的均匀化条件下，代表体元的本构方程可以写为

$$\langle \boldsymbol{\sigma} \rangle_\Omega = \boldsymbol{D} : \langle \boldsymbol{\varepsilon} \rangle_\Omega \tag{9.36}$$

其中，$\boldsymbol{D}$ 是一个等效的对称四阶刚度张量，可以等效为一个 6×6 的矩阵。考虑最普遍的情况，即代表体元是完全各向异性的，则刚度矩阵中含有 36 个独立的未知数。当由方程（9.35）确定一组边界条件时代入方程（9.36）可以得到 6 个互相独立的方程。如此，只需选定 6 个相互独立的边界条件就能建立 36 个相互独立的方

程，从而求解出 $\boldsymbol{D}$ 的每一个元素。在本节中模拟 SMI-PIT 股线时采取的边界条件如下：

$$\boldsymbol{\varepsilon} = \begin{bmatrix} \lambda & 0 & 0 \\ 0 & 0 & 0 \\ 0 & 0 & 0 \end{bmatrix}, \begin{bmatrix} 0 & 0 & 0 \\ 0 & \lambda & 0 \\ 0 & 0 & 0 \end{bmatrix}, \begin{bmatrix} 0 & 0 & 0 \\ 0 & 0 & 0 \\ 0 & 0 & \lambda \end{bmatrix}, \begin{bmatrix} 0 & \lambda & 0 \\ \lambda & 0 & 0 \\ 0 & 0 & 0 \end{bmatrix}, \begin{bmatrix} 0 & 0 & 0 \\ 0 & 0 & \lambda \\ 0 & \lambda & 0 \end{bmatrix}, \begin{bmatrix} 0 & 0 & \lambda \\ 0 & 0 & 0 \\ \lambda & 0 & 0 \end{bmatrix}$$

$$\tag{9.37}$$

如此求得所选代表体元的等效力学参数，就可以根据前文所述的均匀化模型对 SMI-PIT 股线进行模拟。

9.3.3　考虑影响股线力学行为的主要因素[35-37]

a) 制备过程中产生的热残余应力的影响

超导股线的生产制备过程包括初期的拉拔、升温热处理、退火、冷却等多道工序，而股线中的各组分材料的热扩张系数并不相同，所以在制备过程中伴随着温度的变化，股线内部各组分材料之间不协调的变形将导致股线中存在着复杂的残余应力。

2005 年 Mitchell 采用一个较为简单的多根平行圆柱模型模拟了 LMI 超导股线生产过程中产生的残余应力。如图 9.24 所示，两个等长的圆柱体用来模拟初始股线中的 Copper 材料和 Nb 材料（在升温至 923K 的过程中忽略 Sn 和 Ta 的影响）。在热处理之前，为了模拟拉拔过程中产生的残余应力，给 Nb 材料施加 5％的轴向应变，并将 Copper 与 Nb 的端部绑定，然后放松系统直至平衡。平衡之后 Nb 仍处于拉伸状态，而 Copper 处于压缩状态。然后将系统升温至热处理温度 923K，在这一温度下 Nb 与 Sn 化合反应生成 Nb_3Sn，部分 Sn 与部分 Copper 结合形成 Bronze 材料，与此同时退火过程使得材料中的应力应变消失。之后将系统降温至工作温度（4.2K），再升至实验温度（室温 293K），这样就模拟了一根股线从最初的拉拔到最后开始实验的过程中内部应力的变化历程。

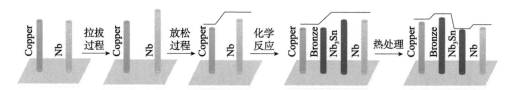

图 9.24　LMI 股线生产制备过程中的变形历程[26,36]

图 9.25 给出了各个组分材料随着温度的变化而产生的应力变化历程。从 Mitchell 工作的结果中可以看出残余应力普遍存在于超导股线中，是一个不可忽略的因素。在本节后续的 LMI 股线的模拟之中将直接引用 Mitchell 的计算结果。

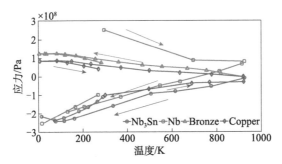

图 9.25 LMI 股线各个组分材料随着温度的变化而产生的应力变化历程[26]

图 9.26 给出了多丝绞扭模型计算出的考虑与不考虑热残余应力的股线的应力—应变曲线。从图中可以看出，热残余应力对于股线的轴向力学行为有着非常明显的影响。在同一应变水平下，考虑了热残余应力的模型中的应力明显小于没有考虑的模型，这是因为在热处理并且冷却至工作温度之后，股线中的 Copper 和 Bronze 这两种弹塑性材料都处于拉伸状态，并且这两种材料的应力状态都临近于他们各自的屈服面。在开始加载之后，Bronze 材料首先发生屈服，这也是图 9.26 中两组结果曲线出现差异的开始。之后，Copper 材料过早的屈服使得整根股线更早地进入等效的塑性阶段，两组曲线的差异变得更加明显。相对应地，当股线完全卸载时残余应变更大。考虑了热残余应力所计算的滞后环的面积较没有考虑的略大，这主要是由 Copper 和 Bronze 不同的硬化状态导致的。在拉伸情形下，热残余应力使得 Copper 和 Bronze 的塑性应变较没考虑的更大，因此，当卸载完全时他们的反向塑性应变也会发生相应的改变，从而影响滞后环的面积。

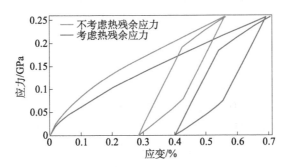

图 9.26 考虑与不考虑热残余应力计算出的股线应力—应变曲线的对比

对于 SMI-PIT 股线来说，目前为止对于其生产过程中产生的热残余应力的相关研究较少。然而，本节中对其建立的均匀化模型，可以通过对其生产制备过程的模拟直接计算出其力学性质，以及内部应力状态随着温度的变化过程。为了进行这一生产制备过程的模拟，首先要得到模型中代表体元的等效热膨胀系数。

当通过方程（9.36）以及边界条件（9.37）计算出刚度矩阵 D 之后通过求逆的方式得到相应的柔度矩阵 C。之后对代表体元施加一个温度差 ΔT 并限制该代表体元各边界上的位移。运用同样的均匀化方法方程（9.33），就可以通过如下方程求得代表体元的等效热扩张系数 α（完全各向异性）：

$$C:\langle\sigma\rangle_\Omega + \Delta T\alpha = 0 \tag{9.38}$$

如此，可以通过模拟计算得到代表体元在不同温度下的杨氏模量及热扩张系数，如图 9.27 所示。

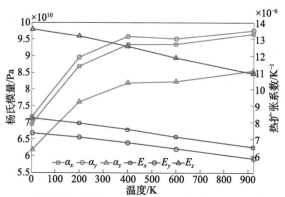

图 9.27　SMI-PIT 股线均匀化模型中代表体元的杨氏模量和热扩张系数随温度的变化

该代表体元在 4K 温度下的刚度矩阵为

$$D = \begin{bmatrix} 1.0634 & 0.5633 & 0.5691 & 0.0011 & 0.0005 & 0.0002 \\ 0.4886 & 0.9911 & 0.5215 & 0.0006 & 0.0002 & 0.0001 \\ 0.5748 & 0.5683 & 1.3801 & 0.0005 & 0.0005 & 0.0002 \\ 0.0001 & 0 & 0 & 0.2602 & 0 & 0.0001 \\ 0.0002 & 0.0002 & 0.0001 & 0 & 0.2901 & 0.0001 \\ 0 & 0.0001 & 0 & 0 & 0 & 0.2917 \end{bmatrix} \times 10^{11}\,\mathrm{Pa} \tag{9.39}$$

从图 9.27 和方程（9.39）中可以看出，代表体元的力学性质和热传导性质都是近似横观各向同性的，其沿超导丝轴向的杨氏模量比另外两个垂直方向的稍大，而沿超导丝轴向的热传导系数略小于另外两个垂直于超导丝轴线方向。

在得到了代表体元的等效力学和热学系数之后，将该均匀化模型升温至热处理温度，并用生死单元来模拟消除内部应力的退火过程，之后降温至工作温度，就可以计算出股线内部的热残余应力。

b）超导丝脱黏与相对滑动的影响

在许多的陶瓷基纤维加强材料中普遍存在着沿着纤维轴向的裂纹（脱黏）和纤维和基体之间的相对滑动。在材料卸载和重新加载过程中不同的滑动情况就会使得材料在循环载荷作用下的应力—应变曲线出现滞后特征。然而，与一般的陶瓷基纤维加强材料具有脆性的基体（陶瓷）不同，超导股线中的基体材料 Copper 和 Bronze 都为弹塑性材料，而超导丝 Nb_3Sn 是脆性的，所以这些横向的裂纹、超导丝与基体之间的滑动，包括股线中许多空隙对于超导股线力学性质的影响仍不能确定。此处将对这些因素的影响做系统性分析。

为了模拟这些切向裂纹和空隙以及超导丝与基体之间的相对滑动，采用一种黏结单元。以 LMI 股线为例（多丝绞扭模型），在超导区域与其相邻的区域之间建立一层零厚度的黏结层，该层均由黏结单元组成，如图 9.28（a）所示，通过这些黏结层的力学性质的变化来模拟以上可能出现的情况。

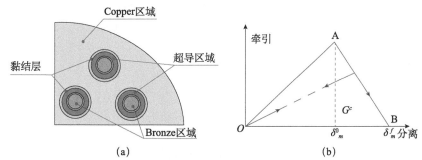

图 9.28 多丝绞扭模型中的黏结层（a）以及黏结单元的 Traction-Separation（牵引—分离）关系（b）

黏结单元的本构关系为经典的 Traction-Separation 关系[40]（如图 9.28（b））。当这种黏结单元承受载荷时首先发生弹性变形，其杨氏模量与超导区域材料相同。当某黏结单元的应力应变达到初始断裂准则时，该单元将会被删除，此时原本被该单元所连接的相邻两表面就会失去约束，从而发生相对滑动。如图 9.28（b）所示，δ_m^0 和 δ_m^f 分别代表断裂发生的初始时刻与两表面完全脱黏时刻该黏结单元相对两表面的有效相对位移。图 9.28（b）中 A 点与 B 点之间的曲线描述了脱黏的过程。这里采用一个标量 D 来描述一个黏结单元的断裂情况。初始时刻，D 的值为 0，当黏结单元的应力应变状态达到断裂初始条件时 D 的值开始发生变化，随着进一步的加载从 0 单调递增到 1，当 D 的值等于 1 时两个原本被黏结的表面将完全脱黏（即黏结单元被删除）。如此，黏结单元的应力是与断裂情况有关的[40]：

$$t_n = \begin{cases} (1-D)\bar{t}_n, & \bar{t}_n \geqslant 0 \\ \bar{t}_n, & \text{其他} \end{cases}$$

$$t_s = (1-D)\bar{t}_s$$

$$t_t = (1-D)\bar{t}_t$$

(9.40)

其中，t_n，t_s 和 t_t 分别代表单元法向和另两个切向的正应力。相应地，$\bar{t}_n$，$\bar{t}_s$ 和 $\bar{t}_t$ 是在当前应变下不考虑断裂的发生时由 Traction-Separation 本构关系所预测的应力分量。与此同时，引入一个"有效位移"来描述单元受到法向与切向共同作用时的断裂扩展情况：

$$\delta_m = \sqrt{\langle\delta_n\rangle^2 + \delta_s^2 + \delta_t^2} \tag{9.41}$$

其中，δ_n，δ_s 和 δ_t 分别表示单元法向与另两个切向的有效相对位移。

对于断裂初始准则以及断裂扩展描述的选择有很多种，比如线性断裂扩展模型，指数型断裂扩展模型，Benzeggagh-Kenane（BK）[41] 断裂模型等。需要注意的是，在超导股线中，超导丝与基体之间的断裂韧性（用于判断断裂的发生和扩展）是一个非常难以测量的值，而且，在多丝绞扭模型中该采用的断裂韧性值并不是准确的超导丝与基体之间的断裂韧性值，而是一个经过等效的断裂韧性值，这些使得我们几乎不可能确定一个很精确地用于多丝绞扭模型的断裂韧性值。然而，可以将这个等效的值取得足够小，以确保在加载过程中产生足够大的脱黏面积，以此来考察脱黏对于超导股线力学性质的影响。本节中采用最大正应力准则方程（9.42）作为断裂初始准则，线性断裂扩展模型方程（9.43）作为描述断裂扩展的模型：

$$\max\left\{\frac{\langle t_n\rangle}{t_n^o}, \frac{t_s}{t_s^o}, \frac{t_t}{t_t^o}\right\} = 1 \tag{9.42}$$

$$D = \frac{\delta_m^f(\delta_m^{\max} - \delta_m^o)}{\delta_m^{\max}(\delta_m^f - \delta_m^o)} \tag{9.43}$$

其中，t_n^o，t_s^o 和 t_t^o 分别代表当黏结单元的变形仅沿法向或另两个切向发生时所能达到的正应力峰值。方程（9.43）中的 $\delta_m^{\max}$ 表示有效位移的最大值。因为 t_n^o，t_s^o 和 t_t^o 的值非常难以确定，作为估算，可以得知在轴向的循环加载中，一般情况下超导丝与基体之间的脱黏是由剪切作用引起的，因此，t_s^o 和 t_t^o 需要足够小，使得脱黏能够充分的发生。如此将脱黏这一行为考虑进多丝绞扭模型，重新对股线的轴向循环加载进行模拟。

图 9.29 展示了 LMI 循环加载后股线轴向位移等值线和超导丝与基体之间的断裂变量 D 的分布。从图 9.29（a）中可以看出，超导丝与 Copper 基体之间的滑动情况要强于 Bronze 基体。而且，轴向位移等值面呈波浪形，这说明在该横截面上分布着许多较小的垂直于股线轴向的局部弯矩。图 9.29（b）展示了股线在加载之后的脱黏情况。可以看出在前面尽可能小地选择断裂韧性的前提下超导丝组表面积的几近 1/8 都发生了脱黏，这远远大于了超导股线中真实的脱黏情况。然而，从图 9.30 所展示的整根股线的应力—应变曲线中可以看出如此大面积的脱黏几乎对股线的应力—应变曲线没有影响，这与一般陶瓷基纤维加强材料的情况并不相同。所以，经此研究我们发现，不同于一般陶瓷基纤维加强材料，超导丝与基体之间的脱黏对整根股线的力学性质的影响几乎可以忽略。基于此结果，没有对 SMI-PIT 股线中可能出现的这种脱黏进行研究。

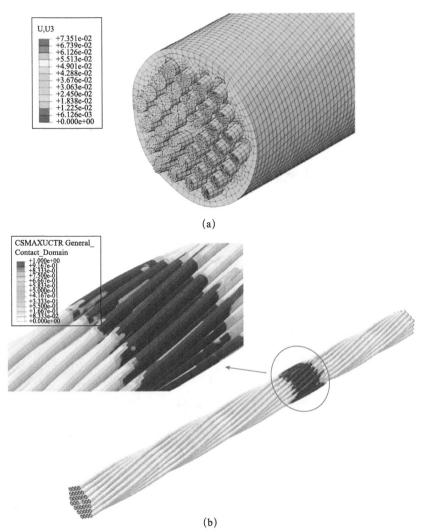

(a)

(b)

图 9.29 LMI 循环加载后股线轴向位移等值线（a）和超导丝与基体之间的脱黏情况（b）

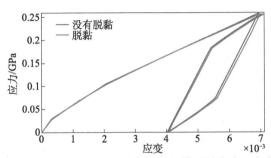

图 9.30 考虑脱黏的 LMI 股线多丝绞扭模型的应力—应变曲线

c）超导丝的断裂的影响[36-38]

由于在前面的计算中忽略了 Nb_3Sn 超导丝的脆性，所以超导区域的杨氏模量就等于 Nb_3Sn 材料在 4.2K 低温下的杨氏模量[30]。然而，随着载荷的增加，由于 Nb_3Sn 材料的脆性和超导丝极细的几何结构，超导丝将不断的发生断裂，这将会影响到超导股线的力学性质。因此，多丝绞扭模型中超导区域的有效模量实际上应该随着应变的改变发生变化。基于 Curtin 和 Zhou 发展的断裂模型[42]，将对超导区域的等效力学性质进行计算，并且研究其对于整根超导股线力学性质的影响。

如图 9.31 所示，假设在加载过程中单根超导丝的断裂不被其他超导丝的断裂所影响，选择一个代表体元，其形状如同一个由基体材料组成的包含一根超导丝的圆柱体，如图 9.32（a）所示。这个代表体元和其内部线丝的半径由超导丝的真实半径和超导丝与基体材料的体积比决定。

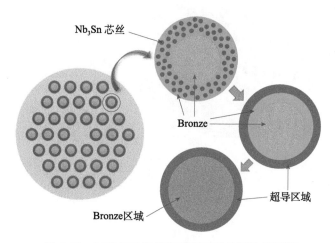

图 9.31   LMI 超导股线横截面超导丝组示意图[36]

如图 9.32（a）所示，在外载作用下代表体元中的超导丝断裂成不同长度的数个碎片。由于线丝的断裂，超导丝碎片中断点处的轴向应力为零。然而，碎片与基体之间存在切向作用，这一切向阻力 τ 使得断裂的超导丝碎片仍然能承载作用力。当超导丝中某一缺陷处的应力达到该处的断裂极限，断裂现象就会在该处发生。在这一断裂点处，超导丝碎片中的应力在一个"滑动长度" $l = rT/2\tau$ 从 0 连线变化至 T，其中，T 是超导丝碎片中远离断点处的应力，如图 9.32（b）所示。需要注意的是，这里我们采用 Global Load Sharing（GLS）假设来消除应力集中。

在统计学角度上，代表体元中的这根超导丝沿长度方向的平均轴向应力应该等于在某一横截面上各个超导丝轴向应力的平均值。这种相等关系可以表示为[42]

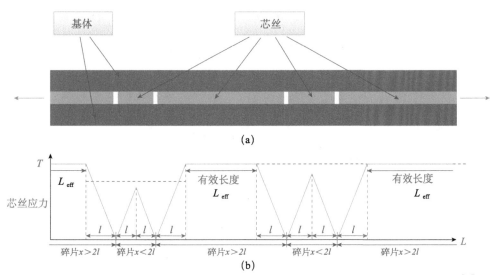

图 9.32   超导丝组中代表体元示意图（a）以及代表体元中超导丝的轴向应力分布（b）[37]

$$\frac{\sigma}{f} = \frac{1}{L}\int_0^L \mathrm{d}z\sigma_z(z) + \left(\frac{1-f}{f}\right)\sigma_M \tag{9.44}$$

其中，σ 和 σ_M 代表超导丝组横截面上的平均轴向应力和基体的平均轴向应力。σ_z 代表在外载作用下超导丝中的真实轴向应力，如图 9.32（b）所示。f 代表超导丝组中超导丝的体积分数，L 代表体元的长度。

假设代表体元中超导丝的断点分布服从 Poisson 分布，则相邻两个端点之间的距离 $F(x)$（即超导丝碎片的长度）就将服从指数形式：

$$F(x) = \rho\,\mathrm{e}^{-\rho x} \tag{9.45}$$

其中，x 表示碎片的长度，ρ 表示断裂数密度，即如果在长度为 L 的线丝中共有 N 个断点，则

$$\rho = \frac{N}{L} \tag{9.46}$$

如图 9.32（b）所示，超导丝碎片根据其长度的不同可以分为两类：一类是长度在 $0\sim2l$ 的碎片，称为短碎片；另一类是长度大于 $2l$ 的碎片，称为长碎片。在加载之前代表体元中的超导丝的缺陷数量是一个近乎随机的值，因此，采用一个 Weibull 函数来描述这样的随机过程。因此，长度为 L 的超导丝中的断裂数 $N(L_{\mathrm{eff}}(L), T)$ 可以表示为[42]

$$N(L_{\mathrm{eff}}(L), T) = \frac{L_{\mathrm{eff}}(L)}{L_0}\left(\frac{T}{\sigma_0}\right)^m \tag{9.47}$$

$$L_{\mathrm{eff}} = L\int_{2l}^{\infty} \mathrm{d}x\,(x - 2l)F(x) = L\mathrm{e}^{-2\rho l} \tag{9.48}$$

其中，σ_0 是在标距长度 L_0 下的线丝特征强度，m 是 Weibull 模量。L_{eff} 代表线丝有效长度，即随着载荷的增加会继续发生断裂的线丝碎片的长度之和（因为短碎片之中线丝的轴向应力将不随着外载的增加而变化，即不会继续发生断裂）。

如此，经过一定的无量纲化处理，就可以得到超导丝组的本构方程[42]：

$$\frac{\tilde{\sigma}}{f} = \frac{1}{\tilde{\rho}}\left[1 - \mathrm{e}^{-\tilde{\rho}\tilde{T}}\right] + \left(\frac{1-f}{f}\right)\frac{\sigma_M}{\sigma_c} \tag{9.49}$$

$$\mathrm{d}\tilde{\rho} = \mathrm{e}^{-\tilde{\rho}\tilde{T}}m\tilde{T}^{m-1}\mathrm{d}\tilde{T} \tag{9.50}$$

其中，$\tilde{\sigma}$ 是代表体元无量纲的平均应力，$\tilde{T}$ 和 $\tilde{\rho}$ 分别代表无量纲的线丝轴向应力和断裂数密度，σ_c 是应力无量纲化过程中的参数。具体无量纲化过程可以参考文献[42]。

如此就得到代表体元无量纲化的平均应力 $\tilde{\sigma}$ 与无量纲化的线丝轴向应力 $\tilde{T}$ 间的关系。同时，线丝的无量纲化应力正比于代表体元的平均应变（$T = \varepsilon E_f$），这样就得到了代表体元的等效本构关系。方程（9.49）等号右边第一项是线丝对平均应力的贡献；也就是多丝绞扭模型中的超导区域的贡献；而第二项是代表体元中基体对平均应力的贡献。需要注意的是，股线中基体的变形和硬化都是三维的，比代表体元断裂模型中描述得更复杂，但是这部分材料的变形已经被考虑在多丝绞扭模型中了（多丝绞扭模型中的 Bronze 区域），因此，去除方程（9.49）等号右边第二项的影响，我们就得到了多丝绞扭模型中超导区域的有效本构关系。图 9.33 给出了超导区域在不同 Weibull 模量 m 与无量纲化参数 σ_c 下的应力—应变关系。

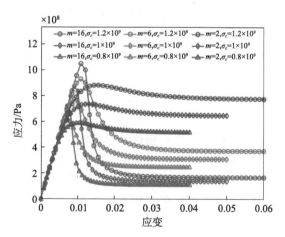

图 9.33　超导区域在不同 Weibull 模量 m 与无量纲化参数 σ_c 下的应力—应变关系[37]

从图 9.33 中可以看出在加载初始时，超导区域发生弹性变形，其有效模量与材料 Nb_3Sn 本身相同，然而随着应变的增加其有效模量不断减小，直到应力达到峰值。随后，随着应变的增加，超导区域中的应力反而开始减小，直到应变足够大时应力稳定在一个常值上。从图中可以看出 Weibull 模量对超导区域的有效模量的影响是非常明显的，Weibull 模量对于曲线的应力峰值影响并不明显，然而较小的 Weibull 模量对应的曲线的应力最终的稳定值将大于较大 Weibull 模量对应的曲线，并且在应力下降阶段中，小 Weibull 模量对应的曲线下降得更平缓，这意味着在这一阶段中随着应变的增大时刻都有断裂在发生，而大 Weibull 模量对应的曲线下降得更迅速，这意味着在这段区域中突然间发生了大量的断裂现象。从图中同一 Weibull 模量的曲线组对比中，还可以看出无量纲化过程中的参数 σ_c 对曲线中应力峰值的大小有着明显的影响，而对曲线的斜率（即超导区域的模量）影响不大。

将这个本构关系代入多丝绞扭模型中，就可以对 LMI 股线的力学性质进行模拟，所得的应力应变特征曲线见图 9.34。从图 9.34 中可以看到，当应变较小时，两组曲线并没有很明显的区别，这是因为在小应变下超导丝断裂的很少，超导区域的模量几乎没有变化。随着应变的增加，由超导丝的断裂产生的影响开始出现并且越来越明显，直到应变达到一定水平之后产生不可忽视的影响。

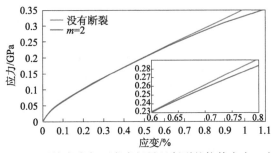

图 9.34　LMI 股线考虑与不考虑超导丝断裂的拉伸应力—应变曲线

图 9.35 给出了当股线轴向应变为 0.7% 时考虑超导丝断裂（图（a）和图（b））与不考虑超导丝断裂（图（b）和图（d））的股线横截面上 Copper 区域与超导区域的应力分布。从图中可以明显地看出，考虑断裂的模型的基体部分比不考虑断裂的模型的应力更大，而相应的超导区域承受的应力更小。对于超导区域来说，无论是否考虑断裂，处于内圈的超导区域承受的应力都要大于外圈，另外，对于同一超导丝组来说，超导丝的断裂使得其横截面上应力大小的分布规律产生了变化，这说明横截面上的局部弯矩发生了改变。

以上计算结果证明了超导丝的断裂对于股线横截面上的应力分布产生了明显的影响。对于整根股线来说，当应变较小时其影响并不明显，而当应变足够大时其影响是不可忽略的。对于 SMI-PIT 股线的模拟，也采用同样的断裂模型来描述超导丝的断裂行为，只是采用的参数不同，会在 9.3.4 节中详细讨论。

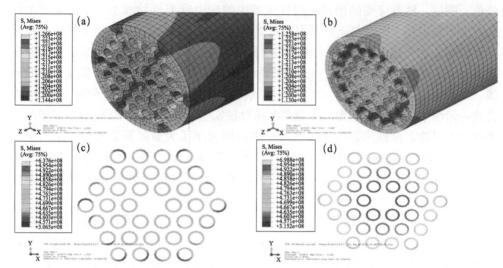

图 9.35　当股线轴向应变为 0.7% 时考虑超导丝断裂（a），（c）与不考虑超导丝断裂（b），
（d）的股线中 Copper 区域与超导区域的应力分布

9.3.4　定量预测结果对典型实验的模型验证及结果讨论[35]

根据 9.3.3 节中建立的多丝绞扭模型和均匀化模型，考虑股线的内部复杂结构、热残余应力、内部切向相对滑动和超导丝的断裂，对 LMI 超导股线和 SMI-PIT 超导股线在轴向力作用下的力学行为进行模拟。本节中将对计算结果进行详细讨论。

a）与实验结果的对比验证

首先，对模型的准确性进行验证。Eijnden 等[21] 于 2005 年测量了多种超导股线在不同温度下的应力—应变曲线，其中就包括 LMI 股线和 SMI-PIT 股线，这里我们采用其实验数据来对我们的模型进行验证。图 9.36 给出了不同温度下两种股线受拉伸载荷时模型计算的应力—应变曲线与实验结果[21] 的对比（LMI 股线的模拟中 $m=2$，$\sigma_c=9\times10^8\,\mathrm{Pa}$，SMI-PIT 股线的模拟中 $m=16$，$\sigma_c=1.1\times10^9\,\mathrm{Pa}$）。

图 9.36（a）给出了在 4K 温度下模型计算出的 LMI 股线与 SMI-PIT 股线的应力—应变曲线，并与实验[21] 对比。从图中可以看出，模型计算结果与实验数据吻合得很好。图中 SMI-PIT 股线的应力—应变曲线出现了一个"平台"，即当应变达到某一特定值的时候，应力的增长突然变得极其缓慢。然而，LMI 股线的应力—应变曲线中并没有这种特征。该特征与相关的影响因素将在后文中讨论。图 9.36（b）给出了 SMI-PIT 股线分别在 4K、77K 和 293K 温度下均匀化模型计算出的应力—应变曲线，并与实验[21] 进行了对比。从图中可以看出，对于各个温度

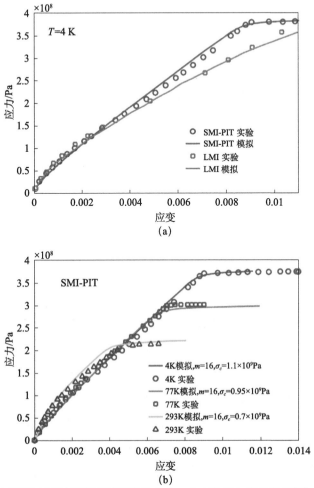

图 9.36 不同温度下计算的两种股线的应力—应变曲线与实验数据[21] 的对比[37]

下的曲线，模型的计算结果都与实验数据吻合得很好。这一组曲线普遍都含有"平台"这一特殊结构，然而"平台"出现的位置，即临界的应力并不相同。

图 9.37 给出了多丝绞扭模型计算的 LMI 股线在循环加载作用下的应力—应变曲线与实验[21] 对比。从图中可以看出，模型计算的卸载模量与完全卸载后的重新加载模量与实验数据吻合得很好，而且完全卸载时与重新加载回原点时，曲线的斜率与实验数据同样吻合得很好。对于股线完全卸载后的残余应变，多丝绞扭模型也有较为准确的预测。图中模型预测的滞后环面积略大于实验数据，并且在卸载与重新加载过程中，在等效的"弹性"与"塑性"之间的转变比实验数据更生硬，形成一个尖角。这是由于 Copper 与 Bronze 材料都含有等向强化性质导致的。在循环加载过程中，这两种材料的屈服面已经在卸载前的拉伸过程中经过一次扩

大，这导致材料在回到卸载原点时，由弹性进入塑性时力学性质发生一次突然性的转变，所以在整根股线的应力—应变曲线中产生了一个尖角。相比于模拟，实际工程中的股线内部的局部应变远远更复杂，由于各种各样的原因，比如股线中分布的孔隙或者不均匀的热膨胀效应，股线内部会出现局部的应力集中，而这些局部的应力集中导致在卸载过程中，股线里的弹塑性材料并不是在同一时间屈服，从而使得股线的卸载曲线呈现出光滑的转变特性。如果能将这些因素考虑进模型中从而得到一个光滑的循环加载曲线的话，其面积将会有相应的减小，与实验数据会更相符。

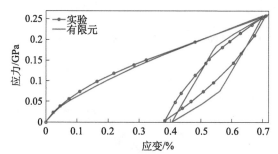

图 9.37　多丝绞扭模型计算的 LMI 股线在循环加载作用下的应力—应变曲线
与实验[21] 对比[36]

b) 参数敏感性分析

在上面的模型建立过程中，除去被排除的超导丝与基体间的相对滑动因素之外共有两个不确定的参数，即 Weibull 模量 m 和无量纲化过程中的参数 σ_c，本节中将基于 LMI 股线对 Weibull 模量 m 进行敏感性分析，而无量纲化过程中的参数 σ_c 将在后文中分析。

图 9.38 给出了采用不同 Weibull 模量的模型在循环载荷（图（a））和拉伸载荷（图（b））作用下的应力—应变曲线。从图 9.38（a）中可以看出，Weibull 模量对该应变水平下的股线整体拉伸行为和循环加载行为的影响很小。这是因为在该应变水平下股线中超导丝的断裂相对并不是很严重，所以不同 Weibull 模量下模型中超导区域的模量近似相等。而从图 9.38（b）中可以看出，当应变较大时，$m=2$所对应的曲线与其他曲线之间产生了较为明显的差别，并且随着应变的不断增大，这种差别越来越明显。这说明当股线的轴向应变大于某一临界值时，不同于小应变的情况，Weibull 模量对股线力学行为的影响将变得不可忽视。

c) 螺距的影响[36]

超导丝在股线中呈螺旋结构，由于超导丝与基体之间力学性质存在差异，这种螺旋结构会明显地影响整根股线的力学性质，因此，基于多丝绞扭模型，以 LMI 超导股线为例，对超导丝的螺距对股线力学性质的影响做了分析。

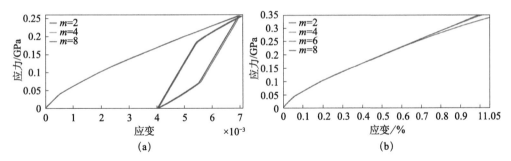

图 9.38 采用不同 Weibull 模量的模型在循环载荷（a）和拉伸载荷（b）作用下的
应力—应变曲线

如上所述，由于超导丝和基体材料之间的力学性质差异以及超导丝的螺旋结构，在承受载荷时股线中超导丝组的横截面上会存在局部弯矩，这将影响整根超导股线的超导性质。因此，在本节中选择两个不同的超导丝螺距（一个大于 LMI 股线中超导丝的真实螺距，另一个小于真实螺距），并与真实螺距的结果做对比，来研究其影响。

图 9.39（b）给出了循环载荷下不同螺距的 LMI 超导股线的应力—应变曲线。从图中可以看出超导丝的螺距对股线的力学性质有明显的影响，这也佐证了前文得出的组分材料的螺旋结构对股线轴向力学行为有明显影响的结论。如图中所示，对于拉伸部分，短螺距对应的曲线的斜率更小，也就是说，短螺距的超导股线在轴向的力学行为更"软"。这是由于短螺距超导股线超导区域比长螺距超导股线更容易发生轴向应变。超导区域沿股线轴向的应变由两部分组成：超导区域拉伸变形对股线轴向的贡献和超导区域弯曲变形对股线轴向的贡献。超导区域的弯曲变形，类似于普通的曲梁，比拉伸变形更容易产生。垂直于超导区域轴向的外载分量正比于该超导区域扭转角 α 的余弦值（如图 9.39（a）所示），这意味着如果该超导区域的扭转角越小，即超导丝的螺距越短，则弯曲效应就越大（在沿股线的轴向载荷下）。对于曲线中的滞后环结构，可以看出螺距对其有着轻微的影响。这并不是由于超导丝螺距本身产生的影响，而是因为螺距的改变使得超导区域中材料的应力状态发生变化，对应的基体材料也要产生相应的应力—应变状态的改变，而如前文所述，基体材料（弹塑性材料）的应变状态是产生滞后环结构和决定完全卸载时整根股线的残余应变的一个主要因素，因此，图 9.39（b）一组曲线中滞后环也跟随着螺距的改变产生了相应的变化。

d）拉伸曲线中出现的"平台"现象的解释和研究[37]

图 9.36 所示的两种股线的拉伸曲线中，SMI-PIT 股线当应变达到某一临界值时，应力的增加会突然变得非常缓慢，使得曲线中出现一个"平台"，然而，LMI

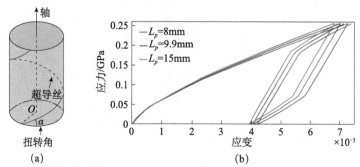

图 9.39　（a）超导丝扭转角示意图；（b）不同螺距下 LMI 超导股线的应力—应变曲线

股线的应力—应变曲线中就没有这一特征。这一特殊结构并不存在于超导股线任一组分材料的力学性质之中。通过分析发现，这种"平台"特征是由超导股线中超导丝断裂所引起的。如前文中所讨论，超导丝的断裂会导致超导区域应力—应变曲线中一段"负刚度"阶段出现（如图 9.33 所示）。当超导区域的应变处于这一阶段时随着应变的增加，超导区域的应力会减小，而股线中基体材料的应力会增加，这导致了整根股线的平均应力增长突然变缓。如图 9.36 所示，模型很好地预测了这种特殊结构的存在，并且与实验数据[21] 非常吻合。需要注意的是，LMI 超导股线的应力—应变曲线实验数据[21] 中并没有这一特殊结构，但这并不意味着 LMI 股线中超导丝的断裂不会导致这种现象，而是因为在这组 LMI 股线的实验数据中的外载并没有达到 LMI 股线的这一临界值。

　　图 9.36（b）展示的 SMI-PIT 超导股线，在不同温度下的应力—应变曲线中都存在"平台"这一特殊结构，然而，不同温度下"平台"出现的位置，即相应的临界应力（或者应变）并不相同。这种差异是由 Nb_3Sn 这种材料在不同温度下的极限应力的差别导致的。如前文所说这种"平台"特殊结构是由超导丝断裂所引起，所以 Nb_3Sn 材料的断裂极限应力自然是这种特殊现象的关键影响因素。在前文的描述超导丝断裂模型中，无量纲化过程中的参数 σ_c 就是用于描述超导丝中第一个断点发生时的应力，某种程度上与超导丝的断裂极限有着相同的意义，必然是一个依赖于温度的参数，所以 σ_c 将是影响平台出现的关键参数。图 9.36（b）中所选取的无量纲化过程中的参数 σ_c 所得的计算结果与实验数据吻合得很好。

9.3.5　模型的推广——Bi-2212 线材的多丝模型[43]

　　相比于低温超导线材（Nb_3Sn/NbTi），REBCO（$Rare\text{-}Earth_1Ba_2Cu_3O_{7-x}$）二代高温超导带材有更高的临界磁场、临界电流、比热和热导率，这些优点使高温超导电缆被认为是未来聚变堆磁体的备选磁体，极大地激发了众多物理和材料工作者的研究热情。其中，Bi-2212 高温超导线材具有优异的电磁特性，例如较高的上临界磁场（在 4.2K 下的不可逆场超过 100T）和较高的临界电流密度（在 4.2K，45T 下可达到 $105A/cm^2$）[44,45]，使其能应用于高磁场环境；其次，它是唯一能够被制作成各向同性的圆导线的超导体[46]，圆导线对于磁体结构的优化设计具有重要的意义，即优化绕制工艺。因此，成为中国聚变工程实验堆（CFETR）的备选线材之一。

作为 CICC 超导电缆模型的推广，利用相同的描述超导丝体断裂损伤演化模型可以建立起 Bi-2212 线材的多丝模型。

Bi-2212 高温超导线材是一种圆截面线材[47]，其横截面如图 9.40 所示，图中黑色区域为 Bi-2212 超导丝，包裹超导丝的部分为 Ag 基底，外层由一层 Ag-Mg 合金包裹。可以看到，超导丝按区域不规则排列，形成了 18 个区域，如图中红色线框区域所示。

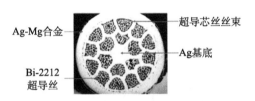

图 9.40 Bi-2212 高温超导线材横截面[47]

由于 Bi-2212 超导线材由粉末管装法（PIT）制备而成，线材内超导丝相互独立且不接触，因此，在 ABAQUS 中建模可以通过横截面扫掠而成，如图 9.41 所示。

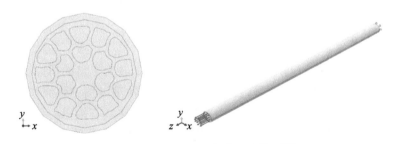

图 9.41 ABAQUS 中建立的模型[43]

考虑 9.3.3 节中所用的 Curtin 和 Zhou[42] 所建立的描述含断裂的超导丝的应力应变—关系，以及热处理过程，模型计算结果如图 9.42 所示，可以看到，采用类似于低温超导线材建模方法，考虑热处理过程和断裂损伤演化能够很好地描述 Bi-2212 超导丝在轴向载荷下的力学行为。

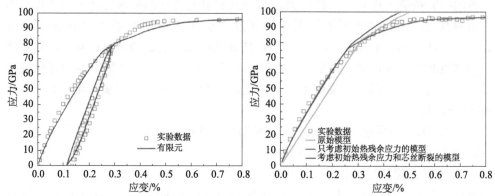

图 9.42　未考虑热处理和断裂模型、考虑热处理模型,以及两者均考虑的模型与实验数据[47]
的对比[43]

9.4　多层级复合绞缆结构的力学行为分析

　　CICC 超导电缆的复杂结构导致其内部股线的变形情况非常复杂,而根据 9.2
节中介绍的 Nb$_3$Sn 材料的应变敏感性,这将会对股线的超导性能产生影响,从而
影响整个电缆的超导性质。因此,在单根股线的力学分析的基础上,对于 CICC 超
导电缆的多层级绞扭结构的分析将是非常必要的。本节中,将建立对于电缆内部
股线中的超导丝轴向应变的多层级计算方法和内部股线变形状态的研究方法,同
时通过有限元方法对前三层级子缆在外载作用下的力学变形进行模拟。

9.4.1　超导电缆力学行为研究方法概述

　　近年来,科学家们对超导电缆的力学行为进行了较为丰富的研究。CICC 超导
电缆复杂的多级绞扭结构使得其内部股线的变形非常难以预测,而作为研究电缆
的超导电性的基础,对于电缆力学行为的理论研究往往具有极强的针对性,例如,
Mitchell 的多层传递模型[48,49] 能够描述电缆中股线之间力的传递情况;Nijhuis 等
的 EMLOP[50] 模型在 Mitchell 的基础上将股线的变形等效为两端固支梁的弯曲变
形,从而进一步解释股线间力的传递;Zhai 等的 FEMCAM 模型[51,52] 在 Nijhuis 的基
础上,将热收缩考虑进股线的变形中;Chiesa 的模型[53] 估算了电缆中接触点的数
量,并对接触点处的变形进行了细致的计算;而 Egorov 的模型[54] 将电缆中的接
触点连成接触线,用来描述电缆的变形等。这些模型具有鲜明的特点,在其针对
的领域具有较好的计算结果,对电缆的超导电性的预测起到相当大的帮助,但其

中都包含了大量的简化，无法描述电缆中每根股线的变形情况，因此，对电缆超导电性的预测含有较大误差。

　　需要注意的是，不仅仅超导领域的研究中涉及这种绞扭结构电缆的变形计算。在力学领域中，对于 6＋1 型的普通电缆的建模也很丰富。早在 1951 年，Hruska 等[55-57] 就对这种结构的电缆，在受拉伸和扭转作用时的力学行为进行了计算，如图 9.43 所示。在该模型中，股线被等效成了一根只能承受拉伸载荷的曲线。之后 Knapp[58] 于 1975 年重新推导了该模型，接着 McConnell 等[59] 于 1982 年对 Hruska 的模型进行了修正，考虑了股线的剪切刚度对整根电缆变形的影响。而在 1973 年 Machida 等[60] 将股线的局部弯曲效应考虑进了电缆的变形计算中。Knapp[61] 也于 1979 年在 Machida 的基础上考虑了股线在变形中半径以及股线绕中心管绞扭半径的变化。Costello[62] 于 1997 年基于 Love 所发展的曲杆理论，对于股线的大变形情形进行了研究，随后 Kumar 等[63] 将 Costello 的计算结果线性化，得到了考虑 Costello 所有因素的电缆的线性变形表达。这些对于 6＋1 结构的普通电缆的力学模型经过扩展和修改，同样可以应用于 CICC 超导电缆的力学行为计算之中，但遗憾的是，这些方法并不涉及电缆的多级绞扭（仅绞扭了一次），并且没有对电缆的弯曲变形做出研究，同时也忽略了股线相邻截面的相对转动。

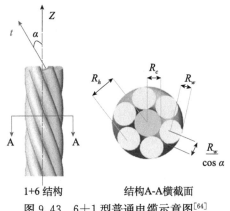

1+6 结构　　　　　结构A-A横截面
图 9.43　6＋1 型普通电缆示意图[64]

　　综上所述，对于 CICC 超导电缆变形的理论计算仍然是有待研究的领域。基于此发展了两种计算模型，一种用于快速的计算电缆内部股线的轴向应力，结合 9.3 节的内容可以进一步对电缆中股线的断裂情况、临界电流等性质进行估算；而第二种模型用于精细计算多级电缆在受到拉伸、扭转、弯曲和组合变形时其内部股线的精确变形、接触情况等。同时，我们还通过有限元方法对前三层级子缆受拉伸、扭转、弯曲载荷作用下的变形进行了模拟，并基于 3×3 子缆对整根电缆力学行为的影响进行了研究。

9.4.2　考虑绞缆特征的超导电缆有限元模式[65]

CICC 超导电缆中含有上千根超导股线，而电缆的多级绞扭结构使得股线的形状复杂化，同时也导致股线间的接触情况难以预测，这些都导致了大量的计算量和冗长的计算时间。由于计算条件的限制，我们将基于 ABAQUS 有限元计算软件对 TF 线圈 CICC 超导电缆的前三层级子缆（三元组、3×3 子缆、3×3×5 子缆）进行有限元建模，而对于更高层级子缆和电缆以及其他结构的电缆的建模方法是相同的。

a) CICC 超导电缆多级绞扭结构的建立

首先，我们需要计算超导电缆中每根股线中心线的轨迹，以建立超导电缆的形状。2009 年 Feng[66] 和 2010 年 Qin 等[67] 分别建立了超导电缆的模型，这里沿用 Feng 的方法。

如图 9.44 所示，假设在一个 x-y-z 坐标系中，有一条沿 z 方向的直线，然后将这根线沿着一个圆柱体以起始扭转角缠绕扭曲（圆柱体轴线方向 w 方向，如图 9.29 所示）形成三元组中股线的螺旋形结构，圆柱体底面半径为 r，旋转螺距为 p。定义 x-y-z 坐标系为局部坐标系（z 轴方向始终沿股线的方向），定义 u-v-w 为整体坐标系。根据图 9.44，当局部坐标系 x-y-z 在线上任意一点时，为了便于计算电缆模型，我们假设一根电缆的股线在任一层级的扭转中，其扭转半径保持不变。局部坐标系 x-y-z 规定：

（1）在缠绕扭转操作中，局部坐标系的 z 轴始终保持沿被缠绕圆柱（其半径是 r）表面的切线方向。

（2）局部坐标系的 y 轴始终保持在 v-w 平面内，并始终垂直于整体坐标系的 u 坐标轴。

（3）在缠绕扭曲操作中，局部坐标系的 x-y 面始终保持平面，不做扭曲操作，并且始终垂直于局部坐标系的 z 轴。

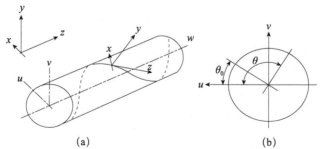

图 9.44　(a) 电缆建模中的整体与局部坐标系；(b) 第一次绞扭的横截面示意图[66]

依此可以计算出两坐标系之间的坐标转换关系：

$$\begin{bmatrix} u \\ v \\ w \end{bmatrix} = \begin{bmatrix} \sqrt{1-\sin^2\theta\sin^2\alpha} & 0 & 0 \\ \dfrac{\sin\theta\cos\theta\sin^2\alpha}{\sqrt{1-\sin^2\theta\sin^2\alpha}} & \dfrac{\cos\alpha}{\sqrt{1-\sin^2\theta\sin^2\alpha}} & 0 \\ \dfrac{\sin\alpha\cos\alpha\sin\theta}{\sqrt{1-\sin^2\theta\sin^2\alpha}} & -\dfrac{\sin\alpha\cos\theta}{\sqrt{1-\sin^2\theta\sin^2\alpha}} & \cos\alpha \end{bmatrix} \begin{bmatrix} x \\ y \\ z \end{bmatrix} + \begin{bmatrix} r\cos\theta \\ r\sin\theta \\ 0 \end{bmatrix} \qquad (9.51)$$

其中,

$$\theta = 2\pi \frac{z}{\sqrt{(2\pi r)^2 + p^2}} + \theta_0 \qquad (9.52)$$

即得到了整体坐标系与局部坐标系之间的坐标转换关系。超导股线在局部坐标系中的表达非常简单（沿 z 轴的直线），通过方程（9.51）的转换就能得到整体坐标系中，经过一次绞扭的超导股线的轨迹表达式。而对于更高层级的转换，方法与第一次绞扭相同，通过逐层转换最终得到在整体坐标系下的轨迹表达式。根据这样的表达式可以对 CICC 超导电缆进行建模，如图 9.45 所示。模型中选取的各层级子缆的螺距与真实 TF 电缆[66] 和 CS 电缆的螺距[66] 相同。

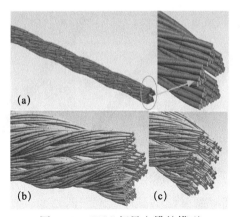

图 9.45　CICC 超导电缆的模型
(a) 3×3×5 结构；(b) 3×3×4×4 结构；(c) 3×3×5×5+3×4 结构

b) ABAQUS 建模

首先，由于子缆在变形中存在复杂的接触情况，所以选用一阶单元来描述股线。为了保证计算效率，单元的数量不宜太多，但子缆在变形中其内部股线会发生局部弯曲变形，而为了描述这一变形形式，在垂直于弯矩的方向上至少需要布置四层一阶单元。在股线的轴线方向也需要足够的单元密度以保证计算的精度。由于子缆中复杂的接触情况，加之超导股线的复杂结构使得许多调整计算收敛性的方法无法运用，这里，我们采用显式动态算法，运用 ABAQUS/Explicit 求解器对模型进行求解。由于采用显示动态算法来求解准静态问题，需要消除显示动态算法中惯性项的影响，即在模型中采用一个阻尼系数（Damping）来模拟整个结构在运动中耗散的能量。需要注意的是，这个阻尼系数仅用于模拟准静态过程中结构内部耗散的能量。该阻尼系数的选取是经验性的，需要保证它的加入并不能影响模型最后的计算结果。与此同时，由于显示动态算法的计算时间与材料的模量成正比，而与材料的密度成反比，为了节省计算时间，提高计算效率，在模型中采用适当的质量放大因子（Mass Scaling）来加速计算。需要注意的是，与阻尼系数的引入相同，该因子必须在保证不影响计算结果的前提下加入。表 9.3 列出了在建模过程中选用的重要参数，图 9.46 展示了前三层级子缆模型的网格划分情况。

表 9.3　ABAQUS 建模过程中选用的重要参数[68]

单元类型	单元特征尺寸	求解器	接触类型
C3D8R	0.2mm	ABAQUS 显示	面面接触
密度	杨氏模量	摩擦系数	Poisson 比
8920kg/m³	117.7GPa	0.3	0.3

图 9.46　前三层级子缆模型网格划分情况

c）前三层级子缆的变形

图 9.47 给出了三元组在受拉伸（图 (a) 和图 (b)）、扭转（图 (c) 和图 (d)）、弯曲（图 (e) 和图 (f)）作用时，股线的应力分布（图 (a)、图 (c) 和图 (e)）和位移曲线（图 (b)、图 (d) 和图 (f)）。从拉伸的应力分布图中可以看出股线的横截面上存在明显的弯矩作用，而扭转的应力分布图告诉我们，股线绕三元组轴线的扭转产生的应力相比于股线自身扭转产生的应力很小，几乎可以忽略。而在弯曲情况中，股线横截面上的应力分布基本与边界相同。从三组位移曲线中可以看出，三元组变形的位移曲线与连续体变形的位移曲线具有相似的形状特征，即曲线可以明显的分为弹性和塑性两个区域。尤其是在拉伸载荷下的应力—应变曲线基本与材料本身的应力应变曲线相同，而在弯曲与扭转情况中，股线之间的相对位置会发生变化，所以最终的位移曲线与材料本身不同，其模量要明显小于材料本身的扭转和弯曲位移曲线。

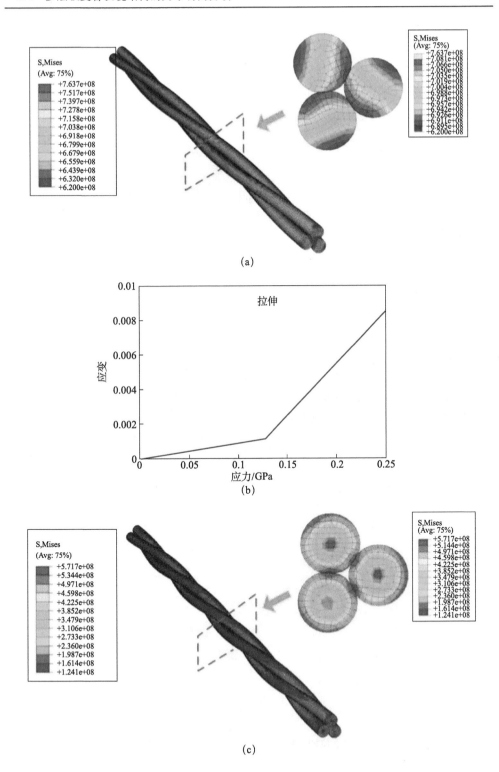

(a)

(b)

(c)

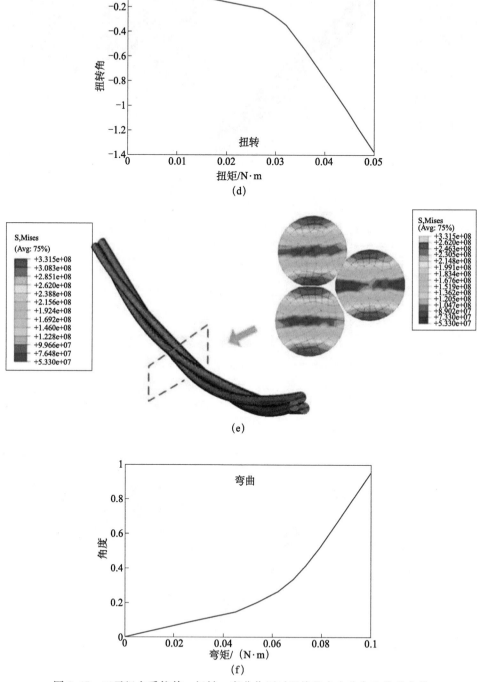

图 9.47　三元组在受拉伸、扭转、弯曲作用时股线的应力分布和位移曲线

图 9.48 给出了 3×3 子缆在受拉伸（图（a）和图（b））、扭转（图（c）和图（d））、弯曲（图（e）和图（f））作用时股线的应力分布（图（a）、图（c）和图（e））和位移曲线（图（b）、图（d）和图（f））。从应力分布图中可以看出，拉伸情况下（图 9.48（a））股线横截面上的应力分布，除了体现出股线受到弯矩作用之外，在发生接触处显得杂乱。这是由于子缆中的空隙导致股线的位移，以及股线间的接触混合作用造成的，并且股线的弯矩方向也显得没有规律。在扭转情况下（图 9.51（c）），股线除了自身扭转产生的应力之外，由其绕着子缆轴线扭转产生的应力开始体现出作用，这使得股线与股线之间横截面上的应力平均值出现了差异。这与三元组的情况不同，因为在 3×3 子缆扭转时股线绕子缆中心扭转的半径明显增大，使得由该作用产生的应力变得明显。从图中也可以看出股线间的接触对 3×3 子缆扭转情况下股线的应力分布影响较小。在弯曲的情况下（图 9.48（e）），股线与股线之间横截面上的应力分布也出现了差异，这是股线位置的差别以及不同的摩擦滑动情况导致的。但股线横截面上的弯矩方向仍大致的与边界处一致。对于子缆的位移曲线（图 9.48（b）、图 9.32（d）和图 9.32（f）），可以看出虽然仍然能勉强地根据材料参数将位移曲线分为弹性区域与塑性区域（拉伸与扭转情况较为明显），但在这两个区域之中已经出现了明显的非线性特征，这是子缆中的空隙容纳了股线的位移造成的。

图 9.49 给出了 3×3×5 子缆在受拉伸（图（a）和图（b））、扭转（图（c）和图（d））、弯曲（图（e）和图（f））作用时股线的应力分布（图（a）、图（c）和图（e））和位移曲线（图（b）、图（d）和图（f））。从应力分布图中可以看出，拉伸情况下（图 9.49（a））股线横截面上的应力分布更加复杂，因为更高一层级的绞扭带来了更复杂的几何形状和接触情况。但对整根子缆来说，处于内圈的股线应力要大于外圈，这意味着子缆横截面上分布着弯矩作用。而在扭转情况下（图 9.49（c）），可以明显地看出，处于内圈的股线横截面上的应力要小于外圈，这是由于股线绕子缆轴线的扭转引起的剪力，相比于三元组中这种剪力几乎可以忽略，在 3×3×5 子缆中，该剪力相较于股线自身扭转产生的剪力已经占据了主导地位。在弯曲的情况下（图 9.49（e）），股线横截面上的应力分布已经杂乱，弯矩的方向也不再统一。可以看出，从三元组到 3×3×5 子缆，在弯曲情况下股线横截面上的弯矩，由低层级的近乎严格等于外载向高层级的复杂化发展。总体来说，在该子缆中股线横截面上应力的分布规律已经杂乱，但这些股线排布在一起却体现出了一定的规律性，就如同三元组中的股线，以及 3×3 子缆中的三元组一样，体现了 CICC 超导电缆多级绞扭结构之间的递推关系。从子缆端面的位移曲线图（图 9.49（b）、（d）和（f））中可以看出，曲线的非线性进一步增加，已经很难划分出符合子缆内股线材料参数的弹塑性区域。

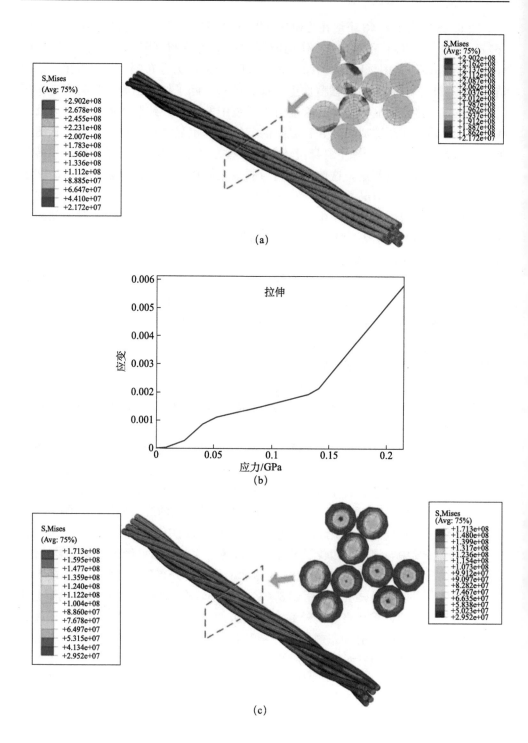

(a)

(b)

(c)

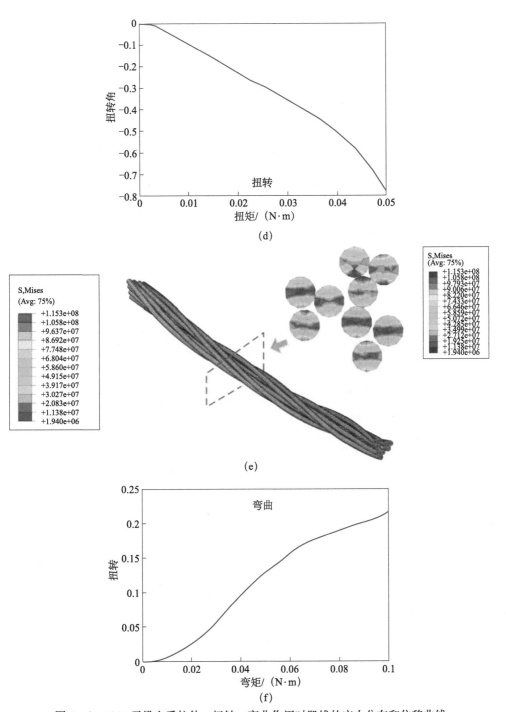

图 9.48　3×3 子缆在受拉伸、扭转、弯曲作用时股线的应力分布和位移曲线

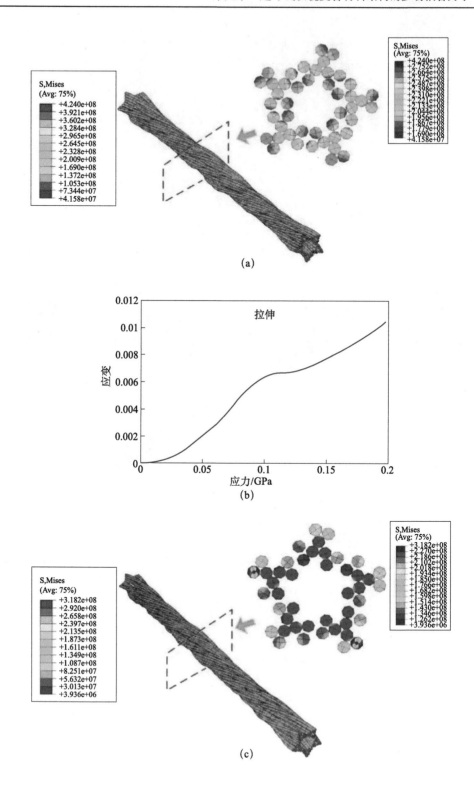

(a)

(b)

(c)

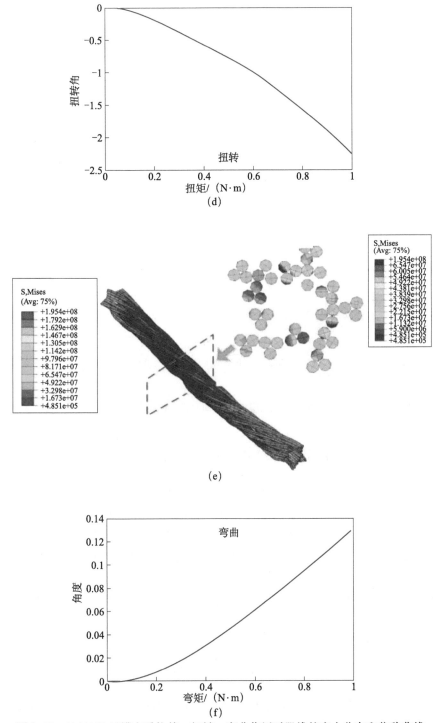

图 9.49 3×3×5 子缆在受拉伸、扭转、弯曲作用时股线的应力分布和位移曲线

d) 股线螺距的影响

CICC 超导电缆的许多力—电性质都与其内部的股线的螺距有着密不可分的关系。下面我们将利用有限元模型，以 3×3 子缆为例来分析股线螺距对子缆力学行为的影响。

图 9.50（a）给出了 3×3 子缆不同第二层级螺距（即 3×3 子缆的螺距）与图（b）不同第一层级螺距（即 3×3 子缆中三元组的螺距）下的等效轴向应变。从图中可以看出，不论 3×3 子缆还是其内部的三元组，增大螺距都意味着股线的曲率的减小，即在子缆拉伸变形中股线的局部弯曲越来越小，这导致股线沿子缆轴向发生同样的位移所需要的力增大，所以图 9.50 展示的子缆随着这两层级的螺距增大都展示出了更小的变形，即更大的模量。

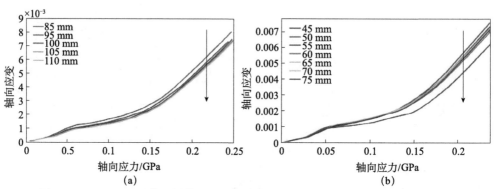

图 9.50　（a）3×3 子缆不同第二层级螺距与（b）不同第一层级螺距下的拉伸位移

9.4.3　电缆中超导丝的力学分析与电流分布特征[65]

由于 Nb_3Sn 超导丝的脆性以及其非常小的直径（4～20μm）[30]，在股线变形中超导丝的轴向变形成为其主要的变形方式，再结合 Nb_3Sn 材料本身的脆性以及应变敏感性，可以得出超导丝的轴向应变是决定超导股线及电缆性能退化的关键因素之一。因此，对超导丝轴向应变的估算具有非常重要的研究意义。本节中我们建立了一种超导丝轴向应变的估算方法，能够从整根电缆的变形推导至其内部超导丝变形，从而对电缆中超导丝的变形情况、断裂情况等给出计算，进而计算电缆的电学性能。

a) 方法的建立

以图 9.51 所示的 3×3 子缆为基础开始分析，更高层级的子缆可以通过递推关系获得。

图 9.52 给出了 3×3 子缆在受拉伸和扭转变形时子缆与其内部三元组变形间的关系。长为 l 的 3×3 子缆受到拉伸变形和扭转变形 $\tau(m^{-1})$，三元组的回转半径为

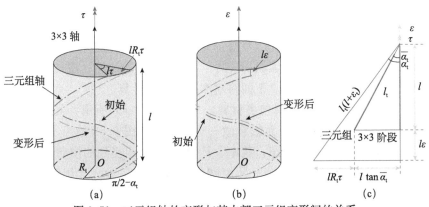

图 9.51　三元组轴的变形与其内部三元组变形间的关系

(a) 扭转；(b) 拉伸；(c) 拉扭结合[68]

R_t，则由几何关系可得

$$\varepsilon_t = \sqrt{(1+\varepsilon)^2 \cos^2 \overline{\alpha}_t + (\sin \overline{\alpha}_t + R_t \cos \overline{\alpha}_t \tau)^2} - 1 \tag{9.53}$$

其中，$\overline{\alpha}_t$ 表示变形前三元组的螺旋角，如图 9.52 (c) 所示。经过简化后该式可以表达为

$$\varepsilon_t = \cos^2 \overline{\alpha}_t \varepsilon + R_t \sin \overline{\alpha}_t \cos \overline{\alpha}_t \tau \tag{9.54}$$

如此就得到了三元组的轴向应变 ε_t 与 3×3 子缆的轴向应变 ε 之间的关系。

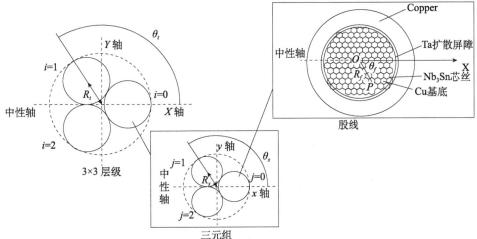

图 9.52　3×3 子缆、三元组、股线中层级（分别为三元组、股线、超导丝）的位置[68]

现在假设 3×3 子缆受到弯曲作用，其轴线的曲率为 κ，为了研究其内部每个三元组的变形情况，首先要用数学方式来表达三元组的位置，即三元组的定位角可以表示为

$$\theta_t = 2\pi i / K_t + l \tan\alpha_t / R_t \tag{9.55}$$

其中，定位角 θ_t 与 i 的定义如图 9.52 所示，K_t 为子缆中三元组的数量。

由于三元组的弯曲对于三元组本身的平均轴向应力/应变并不产生影响，所以此时造成三元组轴向应变的因素共有三个：3×3 子缆的拉伸、扭转，以及三元组与其他股线接触产生的摩擦力。下面将对摩擦力进行计算。

假设 3×3 子缆之外有一层包裹材料，如图 9.53（a）所示，其与子缆内部三元组间的摩擦系数为 μ_0。将三元组看做一个连续体，图 9.53 给出了 3×3 子缆在变形中其内部三元组的受力状态，其中，P_t 表示三元组受到的横向外部压力，N_t 表示子缆中另外两个三元组与该三元组间的接触力，μ_t 为三元组间的摩擦系数，T_t 表示三元组的轴向力。由此可以列出平衡方程：

$$N_t = \frac{\sqrt{3}}{3}(P_t + T_t \sin\alpha_t) \tag{9.56}$$

$$dT_t = \mu_0 P_t d\theta_t + 2\mu_t N_t d\theta_t \tag{9.57}$$

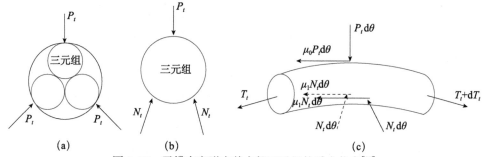

图 9.53　子缆在变形中其内部三元组的受力状态[69]

其中，α_t 表示三元组的螺旋角。需要注意的是，当 3×3 子缆受到弯曲作用时，其中性轴上由弯曲作用带来的应变为 0，因此，有边界条件：

$$T_t|_{\theta_t=0} = \hat{T}_t \tag{9.58}$$

其中，$\hat{T}_t$ 表示 3×3 子缆的拉伸与扭转造成的三元组的轴向力，可由式（9.57）求得。

通过对方程（9.57）进行求解，可以得到

$$T_t = B_t e^{\frac{2\sqrt{3}}{3}\mu_t \sin\alpha_t \theta_t} + A_t \tag{9.59}$$

其中，

$$A_t = -\frac{P_t\left(\mu_t + \frac{\sqrt{3}}{2}\mu_0\right)}{\mu_t \sin\alpha_t} \tag{9.60}$$

$$B_t = \hat{T}_t - A_t \tag{9.61}$$

进而可以求得三元组所受的摩擦力大小：

$$T_{t,f} = T_t - \hat{T}_t \tag{9.62}$$

需要注意的是，三元组所受的摩擦力并不是无限制上涨的，其上限就是保证三元组之间无滑动，即可将 3×3 子缆的弯曲变形看做连续体的弯曲变形。在此种情况下，可直接求得三元组的轴向应变为

$$\varepsilon_t = \cos^2\bar{\alpha}_t \varepsilon + R_t \sin\bar{\alpha}_t \cos\bar{\alpha}_t \tau + \kappa R_t \sin\theta_t \cos^2\alpha_t \tag{9.63}$$

此式可以确定三元组可能受到的摩擦力上限 $T_{t,b}$，因此，可以判断三元组之间的滑动情况，即当 $T_{t,f} < T_{t,b}$ 时三元组间是相互滑动的，采用方程（9.59）来计算三元组的轴向力。而当 $T_{t,f} > T_{t,b}$ 时三元组间无滑动发生，子缆的弯曲变形可以等效为连续体的弯曲变形，采用方程（9.63）来计算三元组的轴向作用力。

由上述方式，就得到了当 3×3 子缆受拉伸、弯曲、扭转作用时，其内部三元组的轴向应变和作用力的表达式。下面将对三元组的扭转和弯曲进行计算。

建立如图 9.54 所示的局部与整体坐标系，其中 $[n, b, t]$，为沿着三元组轴向的自然坐标系，即 n 指向正法向，b 指向副法向，t 指向切向。则局部坐标系 $[n, b, t]$ 与整体坐标系 $[x, y, z]$ 之间的转换关系为

$$\begin{bmatrix} t \\ n \\ b \end{bmatrix} = \begin{bmatrix} -\sin\alpha_t \sin\theta_t & \sin\alpha_t \cos\theta_t & \cos\alpha_t \\ -\cos\theta_t & -\sin\theta_t & 0 \\ \cos\alpha_t \sin\theta_t & -\cos\alpha_t \cos\theta_t & \sin\alpha_t \end{bmatrix} \begin{bmatrix} x \\ y \\ z \end{bmatrix} = A \begin{bmatrix} x \\ y \\ z \end{bmatrix} \tag{9.64}$$

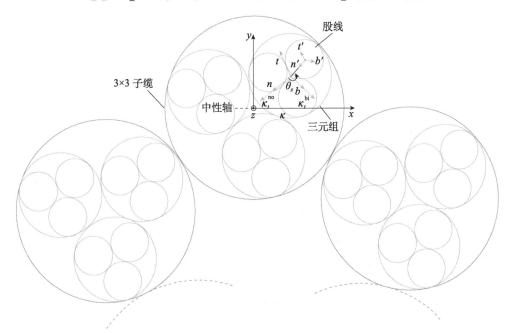

图 9.54 子缆每个层级中的整体坐标系与局部坐标系间的关系[68]

其中，A 代表转换矩阵。子缆内部的三元组除了会发生轴向应变 ε_t 之外，还会发生主法线和副法线方向的弯曲，以及切线方向的扭转。将子缆的弯曲在三元组的切线、主法线和副法线上投影，可以得到三元组的局部扭转和弯曲变形：

$$\tau_t = \kappa \sin\alpha_t \cos\alpha_t \sin\theta_t \tag{9.65}$$

$$\kappa_t^{\mathrm{no}} = \kappa \cos\alpha_t \cos\theta_t \tag{9.66}$$

$$\kappa_t^{\mathrm{bi}} = -\kappa \cos^2\alpha_t \sin\theta_t \tag{9.67}$$

其中，κ_t^{no} 和 κ_t^{bt} 是曲率在三元组主法向和副法向的分量。

再由 3×3 子缆的变形，就可导出其内部三元组的变形。与此同时，三元组内部的股线变形也采用同样的传递推导方式。

同样，如图 9.52 所示，在三元组中的股线的定位角为

$$\theta_s = 2\pi j / K_s + (\pi - \theta_t) + (\theta_t - 2\pi i / K_t)[\tan\alpha_t R_t / (\sin\alpha_t R_s)] \tag{9.68}$$

其中，K_s 为三元组中股线的数量。将上面所计算得到的三元组的轴向拉伸、弯曲和扭转当做此时的外载，则使用同样的方法，我们可以计算出当股线间不发生滑动时的轴向应变：

$$\varepsilon_s = \cos^2\bar{\alpha}_s\varepsilon_t + R_s\sin\bar{\alpha}_s\cos\bar{\alpha}_s\tau_t + \cos^2\alpha_s(-\kappa_t^{\mathrm{bi}}R_s\sin\theta_s + \kappa_t^{\mathrm{no}}R_s\cos\theta_s) \tag{9.69}$$

而对于滑动情况，我们需要建立三元组的摩擦力到股线的摩擦力间的传递关系，即子缆所受的横向载荷 P_t 和三元组所受横向载荷 P_s 之间的关系。P_t 与 P_s 会在子缆和三元组的外包材料（假设存在）的横截面上产生剪切力，其表达式为

$$\tau_{33j} = \frac{K_t P_t}{2\pi t_{33j} E_{33j} \cos\alpha_t} \tag{9.70}$$

$$\tau_{tj} = \frac{K_s P_s}{2\pi t_{tj} E_{tj} \cos\alpha_s} \tag{9.71}$$

其中，t_{33j} 和 t_{tj} 表示子缆与三元组外包材料的厚度，E_{33j} 和 E_{tj} 表示子缆与三元组的等效模量。这里因为外包材料是假设的，所以我们可以认为其非常薄，进一步通过分析，根据文献 [69] 可以假设：

$$\tau_{33j} = \tau_{tj} \tag{9.72}$$

由此就建立了 P_t 与 P_s 之间的关系。根据前文所述的计算摩擦力和轴向应变的方法，可以对子缆内部股线的轴向应变进行计算。

对于股线的弯曲以及扭转的计算我们也采用同样的推导，建立如图 9.54 所示的股线的局部自然坐标系 $[\boldsymbol{n}', \boldsymbol{b}', \boldsymbol{t}']$，其与三元组局部坐标系之间的关系可以用转换矩阵 $\boldsymbol{A}'$ 来表达，$\boldsymbol{A}'$ 与 $\boldsymbol{A}$ 的表达形式近似，将 $\boldsymbol{A}$ 中相应的三元组的螺旋角和定位角换成股线的即可。如此根据同样的投影方法，我们可以得到股线的弯曲和扭转：

$$\tau_s = (\kappa_t^{\mathrm{no}}\sin\theta_s - \kappa_t^{\mathrm{bi}}\cos\theta_s)\sin\alpha_s\cos\alpha_s \tag{9.73}$$

$$\kappa_s^{\mathrm{no}} = (\kappa_t^{\mathrm{no}}\cos\theta_s + \kappa_t^{\mathrm{bi}}\sin\theta_s)\cos\alpha_s \tag{9.74}$$

$$\kappa_s^{\mathrm{bi}} = (-\kappa_t^{\mathrm{no}}\sin\theta_s + \kappa_t^{\mathrm{bi}}\cos\theta_s)\cos^2\alpha_s \tag{9.75}$$

如此就求得了 3×3 子缆在变形时其内部股线的变形。同样的，对于股线内部的超导丝可以采用同样的方法计算其轴向应变。在几何结构上，与上几层子缆不同的是，股线内超导丝的排布是多层的（三元组和 3×3 子缆中次一级结构都是单层的），如图 9.52 所示，用 n 表示股线中从最内圈超导丝开始的层数，m 表示第 n 层超导丝中超导丝的序号，因此，每个超导丝都有 n 和 m 两个参数来确定其位置。于是超导丝的定位角可以表示为

$$\theta_{fn} = 2\pi m/K_{fn} + (\pi - \theta_s) + (\theta_t - 2\pi i_t/K_t)[\tan\alpha_{fn}R_t/(\sin\alpha_t R_{fn}\cos\alpha_s)] \quad (9.76)$$

由于超导丝是嵌套在股线基体材料中的，一般情况下发生滑动的概率较小，因此，超导丝的轴向应变可以表示为

$$\begin{aligned}\varepsilon_{fn} = {}&\cos^2\overline{\alpha}_{fn}\varepsilon_s + R_{fn}\sin\overline{\alpha}_{fn}\cos\overline{\alpha}_{fn}\tau_s \\ &+ \cos^2\alpha_{fn}(-\kappa_s^{\mathrm{bi}}R_{fn}\cos\theta_{fn} + \kappa_s^{\mathrm{no}}R_{fn}\sin\theta_{fn}) \end{aligned} \quad (9.77)$$

由于超导丝极其小的直径（4～20μm[30]），我们忽略超导丝的局部弯曲和扭转。

于是通过已知 3×3 子缆的变形，就可推导计算其内部股线中超导丝的轴向应变，这样就建立起了各层级子缆之间变形的传递关系。在工程实际中，整根电缆的平均轴向变形和弯曲等往往可以测量得到，而采用上述的计算方法，就可以计算出整根电缆在特定变形下其内部股线中超导丝的变形情况，从而对电缆的超导性能进行计算和预测。

　　b）计算结果及验证

由于在计算中采用的三元组间的摩擦系数是一个等效值，其精确值难以测量，而这个摩擦系数又关系着子缆在变形过程中其内部三元组、股线间是否发生滑动现象，所以我们对子缆内部的单元间不同的滑动情况对应的变形进行讨论，如图 9.55 所示。

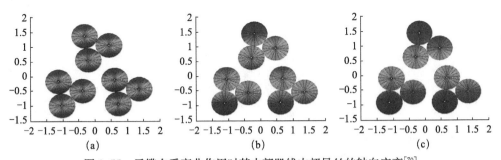

　　(a)　　　　　　　　　　(b)　　　　　　　　　　(c)

图 9.55　子缆在受弯曲作用时其内部股线中超导丝的轴向应变[70]

图 9.55 给出了 3×3 子缆在受弯曲作用下其内部不同摩擦系数对应的超导丝轴向应变分布情况。从图中可以看出，当所有单元都发生滑动时（如图 9.55（a）所示），超导丝轴向应变的分布与每根股线单独受弯曲作用时的分布极其类似，而当所有单元都不发生相对滑动时（如图 9.55（c）所示），其变形分布与连续体的变

形分布规律类似。下面我们取出 3×3 子缆中处于不同位置的股线，计算在子缆受弯曲与拉伸共同作用时其在不同的横向压力下的轴向应变（以该股线中超导丝的平均应变代替），以此来体现其滑动状态的改变，如图 9.56 所示。

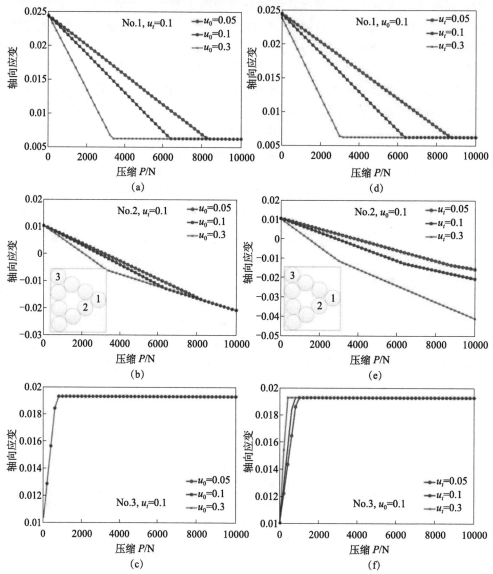

图 9.56　不同 μ_0 和 μ_t 下选定股线的轴向应变与所受横向载荷间的关系

3×3 子缆的拉伸应变为 1.3%，弯曲曲率为 $1.1×10^{-3}$[70]

从图 9.56 中可以看出，处于不同位置的股线具有不同的接触和滑动情况（所选取的股线在图 9.56（b）和（e）中标出）。初始时，1 号股线的轴向应变随着横向压力的增加而显著的减小（如图 9.56（a）和（d）所示），这是其所受的摩擦力与子缆所受拉伸外载的方向相反导致。当横向载荷增大到一定程度时，1 号股线的轴向应变出现一个拐点，并不再随着横向载荷的增加而增加，这说明在此横向载荷下 1 号股线所在的三元组与其他三元组间的滑动消失，而该三元组内部的滑动也消失了。3 号股线的轴向应变变化情况与 1 号股线类似，但在变形中 3 号股线所受摩擦力与子缆外载提供的拉力方向相同（如图 9.56（c）和（f）所示），所以在仍然存在滑动情况时横向载荷的增大使其轴向应变也随之增加。而对于 2 号股线（如图 9.56（b）和（e）所示），初始时子缆中所有单元都处在滑动状态，随着横向载荷的增加 2 号股线的轴向应变出现拐点，但其会继续随着横向载荷的增加而减小，这一阶段的变化率要小于拐点之前的。这是由于当横向载荷增加到一定程度时（拐点处），2 号股线所在的三元组与其他三元组之间已经停止滑动，但三元组内部的各个股线间仍然在继续滑动。

下面对三元组和 3×3 子缆在弯曲作用下内部股线横截面上的应变进行计算。由于股线间的摩擦系数很难获得，这里只计算了完全滑动（即不考虑摩擦）和没有滑动发生（即摩擦力足够大）的两种极端情况，如图 9.57 所示。

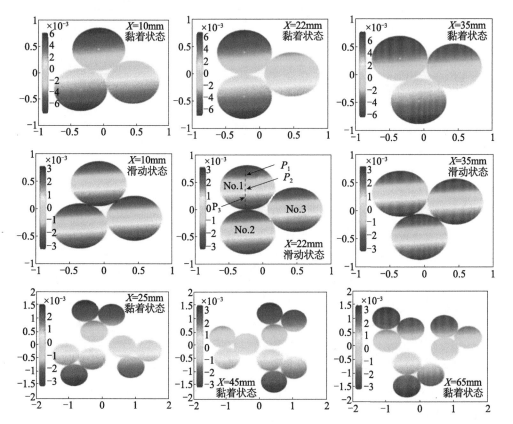

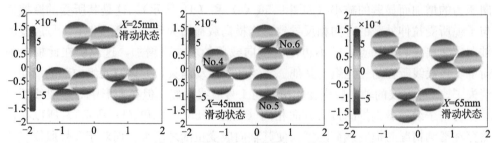

图 9.57　三元组和 3×3 子缆在弯矩作用下不同横截面（横截面坐标如图所示）上两种极端
情形下的轴向应变分布[68]

　　根据前文的研究发现，子缆在受弯曲作用时的变形与完全滑动结果相类似，所以我们选取图 9.57 所示的 6 个股线，每根股线横截面上取 3 个点，将完全滑动情况的计算结果与有限元模型进行对比，结果如表 9.4 所示。从结果中可以看出，计算结果存在一定误差，这是忽略摩擦力导致的。

表 9.4　理论计算结果（完全滑动情形）与有限元的对比[68]

三元组	$P1$	$P2$	$P3$
	No. 1		
理论	−1.679	0.452	1.671
有限元	−1.352	0.421	1.591
	No. 2		
理论	−1.679	0.452	1.672
有限元	−1.65	0.451	1.636
	No. 3		
理论	−1.679	0.452	1.67
有限元	−1.51	0.493	1.759
3×3 子缆	$P1$	$P2$	$P3$
	No. 4		
理论	−0.373	0.062	0.416
有限元	−0.312	0.191	0.448
	No. 5		
理论	−0.3727	0.062	0.416
有限元	−0.381	0.059	0.423
	No. 6		
理论	−0.373	0.062	0.416
有限元	−0.325	0.069	0.447

　　图 9.58 给出了 SMI-PIT 股线（图（a）和图（c））和 LMI 股线（图（b）和图（d））在不同 Weibull 模量 m 和无量纲化过程中的参数 σ_c 下的应力—应变曲线。

从图 9.58（a）和（b）中可以看出，Weibull 模量 m 对于股线在达到"平台"临界点之前的拉伸曲线有较为轻微的影响，这与 9.4 节中前面的讨论结果一致。同时，Weibull 模量 m 对于"平台"出现的临界应力几乎没有影响。然而，Weibull 模量 m 对于股线应力达到临界值之后的"平台"的斜率有着明显的影响。大 Weibull 模量意味着超导丝组的应力在"负刚度"阶段会非常迅速的下降，如图 9.58 所示，因此，对应"平台"的斜率会较小。然而，小 Weibull 模量对应的超导丝组的应力—应变曲线"负刚度"阶段会相对平缓，因此，对应的股线的应力—应变曲线中"平台"的斜率就会相对较大。

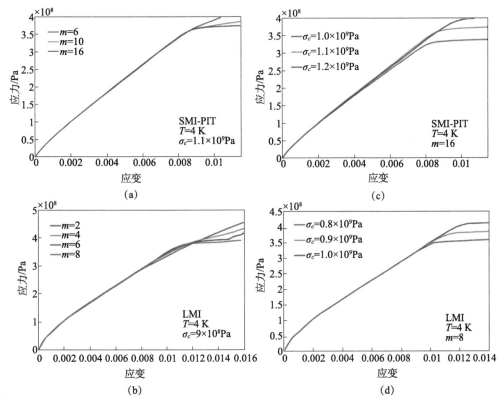

图 9.58 SMI-PIT 股线（a），（c）和 LMI 股线（b），（d）在不同 Weibull 模量 m 和无量纲化过程中的参数 σ_c 下的应力—应变曲线

无量纲化过程中的参数 σ_c 描述的是断裂开始时超导丝中的应力，因此，该参数与股线中"平台"出现的临界应力值密切相关。在图 9.58（c）和（d）中可以看出，σ_c 决定了"平台"出现的位置，并且其随着温度的变化规律与 Nb_3Sn 材料的断裂极限应力随温度变化的规律相同。然而，股线的其他力学性质，比如到达临界点之前的拉伸曲线以及临界点之后的"平台"曲线，基本不受参数 σ_c 的影响。

9.5　Rutherford 电缆的力学行为分析

Rutherford 电缆主要用在对撞机超导磁体当中，它是由多丝绞扭的超导股线、股线与股线之间填充浸渍的环氧树脂，以及最外层绝缘材料构成。为了分析由这些电缆构成的复杂磁体结构的力学行为，需要由等效方法赋予电缆有效材料参数，因此，对于 Rutherford 电缆的有效材料参数的研究就显得很有必要。Rutherford 电缆是扁平线缆结构，由十几到几十根的超导股线绞扭再经横向挤压形成，超导股线是由几千根超导丝镶嵌在基体材料上构成的复合材料。从超导丝层级对 Rutherford 电缆进行材料参数预测分析是一个多尺度、跨层级问题。本节通过理论和数值建模的方法对 Rutherford 电缆的有效材料参数进行了预测。

9.5.1　Rutherford 电缆概述

Nb_3Sn Rutherford 电缆是由 Nb_3Sn 股线绞扭形成的，Nb_3Sn 股线是由几千根超导丝与基体绞扭形成的多丝绞扭复合股线，股线直径有几个毫米，而超导丝的直径在微米量级。Rutherford 电缆是由十几到几十根超导股线构成的双层扁平线缆，其厚度接近两根股线直径，宽度在十几到二十几毫米之间，长度在几米到几百米之间，从微观尺度直接分析和模拟宏观尺度的问题是比较困难的。因此，需要从多尺度方法出发，分析 Rutherford 电缆的有效材料参数。

本节中我们提出多尺度理论分析模型和数值模拟方法来预测浸渍的 Nb_3Sn Rutherford 电缆的有效材料参数。理论分析建立在两个层级上：股线层级和电缆层级，在股线层级，利用代表体单元对超导股线丝区有效材料参数和超导股线横向杨氏模量进行预测。在电缆层级，对整体电缆有效材料参数的预测建立在对电缆两步均匀化的基础上。为了验证理论模型，还建立了三维有限元分析模型来预测 Rutherford 电缆的有效材料参数。利用理论模型预测了两种 Rutherford 电缆的力学性能，进一步讨论了绝缘层厚度、绝缘层和股线杨氏模量，以及电缆绞扭角对于 Rutherford 电缆有效材料参数的影响。

9.5.2　Rutherford 电缆的均匀化模型[71,72]

Rutherford 电缆几何构型复杂，需要在分析前对其进行简化。有些 Rutherford 电缆存在梯形角，电缆横截面一端宽一端窄，此外电缆中的股线在制备过程存在热残余应力。本节的研究不考虑电缆的梯形角和股线中的热残余应力。考虑到电缆在长度方向结构的对称性，存在一个最小可重复周期长度 p（该长度定义为在轴向距离上电缆代表体单元的长度,如图 9.59 所示)。在该长度范围内,超导股线的排布具有纤维基体复合材料的特点。最小周期性长度依赖于电缆的螺旋角 θ 和股线直径 d[73]:

$$p = \frac{d}{\sin\theta} \qquad (9.78)$$

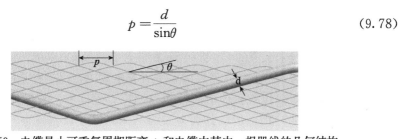

图 9.59 电缆最小可重复周期距离 p 和电缆中其中一根股线的几何结构

a) 均匀化步骤[72]

分析超导电缆的力学性能,如果从构成股线的超导丝层级建模将是困难的。因此,对于 Rutherford 电缆的力学性能分析中,采用均匀化方法,用等效材料性能来代替复杂的具体股线结构。对于超导纤丝和 Cu 基体组成的超导复合股线,其超导丝区域的有效性能可采用代表体单元均匀化方法给出[30,74]。在本节股线层级的分析中,代表体单元法用来确定超导丝区域和股线横向有效材料参数。在电缆层级分析中,我们将均匀化的过程分为两步。第一步,股线和环氧树脂构成的复合材料利用纤维基体复合材料理论来均匀化[75,76]。第二步,均匀化后的股线环氧树脂复合材料与绝缘层采用复合材料理论来均匀化[75,77]。股线横向材料参数将用到电缆层级第一步均匀化过程中。整个电缆均匀化的过程如图 9.60 所示,均匀化过程中的具体步骤和细节将在下面的章节中依次给出。

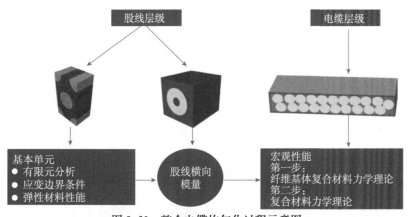

图 9.60 整个电缆均匀化过程示意图

b) 超导股线有效材料参数[72]

Rutherford 超导电缆在装配过程和低温运行过程中主要承受横向载荷,因而电缆的横向力学性能分析在对撞机磁体设计中具有重要意义。要分析电缆的横向力学性能，前提需要知道构成电缆股线的横向力学性能。在这里我们考虑 RRP 型 Nb_3Sn 超导股线，这种股线的横截面可以划分为三个区域：Nb_3Sn 超导丝区域、最里层的 Cu 核区域和最外层的 Cu 基体区域。超导丝区域的有效力学材料参数可以通过代表体单元法来获得。超导丝区域的代表体单元包含三种成分[78]：Nb_3Sn 丝束，在制备过程未反应的 Cu 粉和 Sn 粉混合物以及 Cu 基体。

在本节中考虑两种电缆几何尺寸，一种是电缆 A，另一种是电缆 B。这两种尺寸的电缆拟用在新一代欧洲环形对撞机（FCC）磁体中，其尺寸参数如表 9.5 所示[79]。构成这两种电缆的股线分别为股线 A 和股线 B，其超导丝区域的代表体元的尺寸如表 9.3 所示。表 9.6 中还给出了本节中用于建模分析的股线参数。图 9.61 展示了超导丝区域复合材料代表体单元和股线横截面示意图。

表 9.5　两种电缆尺寸及其构成股线参数[79]

材料参数	数值		单位
	A	B	
股线直径	1.1	0.7	mm
股线数目	21	34	
电缆宽度	12.6	12.6	mm
电缆厚度	2.00	1.27	mm
铜与非铜的比率	0.8	2.0	
绝缘层厚度	0.15	0.15	
电缆中股线螺距	93	93	mm

表 9.6　股线代表体元参数[80]

股线信息	A	B
制备工艺	RRP	RRP
股线直径/mm	1.1	0.7
Nb 六角边心距/μm	30.9	21.6
Sn 核半径/μm	18.3	13.5
Cu 间距/μm	4.8	4.6
Cu 壳厚度/mm	0.08	0.115
Cu 核直径/mm	0.15	0.05

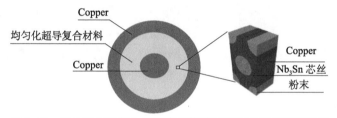

图 9.61　超导丝区域复合材料代表体单元和股线横截面示意图

代表体元的均匀化方法已在 9.3.2 节中进行了介绍,利用代表体单元法得到两种股线超导丝区的等效材料参数。分析得到的两种股线超导丝区域的等效材料参数,可以将超导丝区域材料看成横观各向同性材料。计算中代表体单元所用到的材料参数如表 9.7 所示。下面给出股线 A 超导丝区域代表体单元室温下的柔度系数矩阵 f:

$$
\begin{bmatrix}
1.1895 & -0.36078 & -0.30875 & 0 & 0 & 0 \\
-0.36078 & 1.2026 & -0.30875 & 0 & 0 & 0 \\
-0.30875 & -0.30875 & 1.0292 & 0 & 0 & 0 \\
0 & 0 & 0 & 3.0367 & 0 & 0 \\
0 & 0 & 0 & 0 & 3.0192 & 0 \\
0 & 0 & 0 & 0 & 0 & 3.1238
\end{bmatrix} \times 10^{-11}\,\mathrm{Pa}^{-1}
\tag{9.79}
$$

表 9.7 代表体元组分材料参数

组分材料	单位	数值
Cu 杨氏模量（室温）	GPa	110
Cu 杨氏模量（4.2K）	GPa	120
Nb$_3$Sn 杨氏模量	GPa	135
Powder 杨氏模量	GPa	40

股线横向力学性能,采用纤维基体复合材料力学性能分析模型来得到。在分析中考虑股线的几何尺寸,将股线用基体包裹,这样的结构可以看成是纤维基体复合材料,其中股线扮演纤维的角色。为了预测股线的横向杨氏模量,建立用基体和股线构成的代表体单元模型,如图 9.62 所示。根据纤维基体复合材料理论,复合材料的横向杨氏模量表示为[81]

$$
E_t = E_m \left[\frac{x}{1 - x(1-R)} + (1-x) \right]
\tag{9.80}
$$

其中,E_t 是股线与基体构成的复合材料的横向杨氏模量,E_m 是基体的杨氏模量,x 是股线的等效尺寸,R 是 E_m/E_s 的比率,E_s 是股线的横向杨氏模量。x 可以通过公式 $x = \sqrt{V_f/\pi}$ 得到,这里 V_f 是代表体元中股线的体积分数。

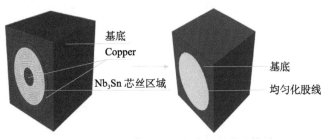

图 9.62 股线与基体构成的复合材料代表体单元

将股线看成是由三层同心圆柱构成的结构，为了简便计算，将超导股线丝区看成均匀各向同性材料，用超导丝区域的横向模量来表示丝区的性能。通过代表体单元法可以得到复合材料等效的横向杨氏模量 E_t。从公式（9.80）反解得到 R 的值，股线的横向模量 E_s 可以通过下面的公式给出：

$$E_s = E_m / R \qquad (9.81)$$

综上所示，不同类型股线的横向杨氏模量可通过公式（9.81）得到。对于不同温度环境下的有效材料参数，计算中考虑不同温度下组分的材料参数即可。在电缆层级对 Rutherford 电缆的横向力学性能分析中，可将股线看成均匀材料，依据公式（9.81）得到其横向杨氏模量，并将其用到电缆层级均匀化过程中。股线超导丝区域的代表体单元和确定股线横向杨氏模量代表体单元的建立和分析都是在 ABAQUS 中完成的。

c）股线和环氧树脂均匀化模型

股线和环氧树脂构成的复合材料可以看成是纤维基体复合材料。图 9.63 给出了股线环氧树脂复合材料分析的全局坐标系 XYZ 和局部坐标系 xyz。

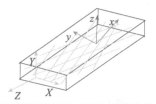

图 9.63　股线环氧树脂复合材料力学性能分析中的坐标系

根据纤维基体复合材料理论，股线环氧树脂复合材料的材料弹性常数在局部坐标系 xyz 中可以表示为[75,82]

$$E_{xx} = \frac{E_{11} E_{22}}{E_{22} \cos^4\theta + E_{11} E_{22} \left(\dfrac{1}{G_{12}} - \dfrac{2\nu_{12}}{E_{11}} \right) \sin^2\theta \cos^2\theta + E_{11} \sin^4\theta} \qquad (9.82)$$

$$E_{yy} = \frac{E_{11} E_{22}}{E_{11} \cos^4\theta + E_{11} E_{22} \left(\dfrac{1}{G_{12}} - \dfrac{2\nu_{12}}{E_{11}} \right) \sin^2\theta \cos^2\theta + E_{22} \sin^4\theta} \qquad (9.83)$$

$$\nu_{xy} = E_{xx} \left[\frac{\nu_{12}}{E_{11}} \left(\sin^4\theta + \cos^4\theta \right) - \left(\frac{1}{E_{11}} + \frac{1}{E_{22}} - \frac{1}{G_{12}} \right) \sin^2\theta \cos^2\theta \right] \qquad (9.84)$$

$$G_{xy} = \frac{G_{12}}{2 G_{12} \left(\dfrac{2}{E_{11}} + \dfrac{2}{E_{22}} + \dfrac{4\nu_{12}}{E_{11}} - \dfrac{1}{G_{12}} \right) \sin^2\theta \cos^2\theta + \left(\sin^4\theta + \cos^4\theta \right)} \qquad (9.85)$$

$$G_{yz} = \frac{0.5 \left[V_s + V_m \times 0.5 \left(1 + \dfrac{E_m}{E_s} \right) \right]}{V_s \left(\dfrac{1}{E_s} + \dfrac{\nu_s}{E_s} \right) + V_m \times 0.5 \left(1 + \dfrac{E_s}{E_s} \right) \left(\dfrac{1}{E_m} + \dfrac{\nu_m}{E_m} \right)} \qquad (9.86)$$

$$E_{zz} = \frac{E_s E_m}{V_s E_m + V_m E_s} \tag{9.87}$$

$$\nu_{yz} = V_s \nu_s + V_m \nu_m \tag{9.88}$$

$$\nu_{xz} = V_s \nu_s + V_m \nu_m \tag{9.89}$$

$$G_{xz} = \frac{0.5\left[V_s + V_m \times 0.5\left(1 + \dfrac{E_m}{E_s}\right)\right]}{V_s\left(\dfrac{1}{E_s} + \dfrac{\nu_s}{E_s}\right) + V_m \times 0.5\left(1 + \dfrac{E_s}{E_s}\right)\left(\dfrac{1}{E_m} + \dfrac{\nu_m}{E_m}\right)} \tag{9.90}$$

$$E_{11} = V_s E_s + V_m E_m \tag{9.91}$$

$$\nu_{12} = V_s \nu_s + V_m \nu_m \tag{9.92}$$

$$G_{12} = G_m \frac{(G_s + G_m) + V_s(G_s - G_m)}{(G_s + G_m) - V_s(G_s - G_m)} \tag{9.93}$$

$$G_{23} = G_{13} = \frac{0.5\left[V_s + V_m \times 0.5\left(1 + \dfrac{E_m}{E_s}\right)\right]}{V_s\left(\dfrac{1}{E_s} + \dfrac{\nu_s}{E_s}\right) + V_m \times 0.5\left(1 + \dfrac{E_s}{E_s}\right)\left(\dfrac{1}{E_m} + \dfrac{\nu_m}{E_m}\right)} \tag{9.94}$$

$$E_{33} = \frac{(1 + 5\beta V_s)E_m}{1 - \beta V_s}, \quad \beta = \frac{(E_s/E_m) - 1}{(E_s/E_m) + 5} \tag{9.95}$$

$$E_{22} = E_{33} \tag{9.96}$$

$$\nu_{13} = \nu_{23} = \nu_{12} = V_s \nu_s + V_m \nu_m \tag{9.97}$$

其中，E_{ij} 表示杨氏模量，G_{ij} 表示剪切模量，ν_{ij} 表示 Poisson 比。下标 x，y，z 表示局部坐标系的三个主方向，1，2，3 表示材料的三个主方向。V_s 和 V_m 分别表示股线和环氧树脂在股线—环氧树脂组成的复合材料中所占的体积分数。

d）整体电缆均匀化模型

整体电缆的有效参数可以通过复合材料均匀化理论获得。在均匀化过程中考虑的电缆复合材料构型如图 9.64 所示。对于绝缘层材料，我们将其分为两部分：(1) $P1$ 部分位于股线环氧树脂复合材料的水平表面上；(2) $P2$ 部分位于股线环氧树脂复合材料的垂直面上（图 9.64）。根据复合材料均匀化理论，整个电缆的弹性常数在全局坐标系下的解析表达式可以表示为：

$$E_{XX} = V_{p1} E_{\mathrm{In}} + V_c \frac{E_{xx}^G E_{\mathrm{In}}}{V_{p2} E_{xx}^G + V_n E_{\mathrm{In}}} \tag{9.98}$$

$$E_{YY} = \frac{E_{\mathrm{In}}(V_n E_{yy}^G + V_{p2} E_{\mathrm{In}})}{V_c E_{\mathrm{In}} + V_{p1}(V_n E_{yy}^G + V_{p2} E_{\mathrm{In}})} \tag{9.99}$$

$$E_{ZZ} = V_{p1} E_{\mathrm{In}} + V_c \frac{E_{zz}^G E_{\mathrm{In}}}{V_{p2} E_{zz}^G + V_n E_{\mathrm{In}}} \tag{9.100}$$

$$G_{XY} = \frac{G_{\mathrm{In}} G_{\mathrm{In}} G_{xy}^G}{V_{p1} G_{xy}^G G_{\mathrm{In}} + V_c G_{\mathrm{In}}(V_{p2} G_{xy}^G + V_n G_{\mathrm{In}})} \tag{9.101}$$

$$G_{YZ} = \frac{G_{\mathrm{In}} G_{\mathrm{In}} G_{yz}^G}{V_{p1} G_{yz}^G G_{\mathrm{In}} + V_c G_{\mathrm{In}} (V_{p2} G_{yz}^G + V_n G_{\mathrm{In}})} \tag{9.102}$$

$$G_{XZ} = V_c (V_{p2} G_{\mathrm{In}} + V_n G_{xz}^G) + V_{p1} G_{xz}^G \tag{9.103}$$

$$v_{XY} = V_c (V_{p2} \nu_{\mathrm{In}} + V_n \nu_{xy}^G) + V_{p1} \nu_{\mathrm{In}} \tag{9.104}$$

$$v_{YZ} = V_c (V_{p2} \nu_{\mathrm{In}} + V_n \nu_{yz}^G) + V_{p1} \nu_{\mathrm{In}} \tag{9.105}$$

$$v_{XZ} = \frac{\nu_{\mathrm{In}} \nu_{\mathrm{In}} \nu_{xz}^G}{V_{p1} \nu_{\mathrm{In}} \nu_{xz}^G + V_c \nu_{\mathrm{In}} (V_{p2} \nu_{xz}^G + V_n \nu_{\mathrm{In}})} \tag{9.106}$$

其中，E_{In} 和 G_{In} 表示绝缘层的杨氏模量和剪切模量，E_{ij}^G 和 G_{ij}^G 分别表示股线—环氧树脂复合材料在整体坐标系下的杨氏模量和剪切模量，下标 x，y，z 表示股线—环氧树脂复合材料局部坐标系。X，Y，Z 表示分析中考虑的整体坐标系，V_{p1} 表示 $P1$ 部分占整个 Rutherford 电缆的体积分数，V_c 表示等效的股线—环氧树脂复合材料和 $P1$ 部分占整个 Rutherford 电缆的体积分数。V_{p2} 表示 $P2$ 部分占股线—环氧树脂复合材料和 $P2$ 部分组成区域的体积分数，V_n 表示等效的股线—环氧树脂复合材料占股线—环氧树脂复合材料和 $P2$ 部分组成区域的体积分数。

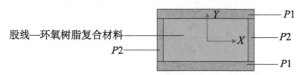

图 9.64　Rutherford 电缆均匀化示意图[72]

由此，我们通过股线层级和电缆层级的等效，可从理论角度得到 Rutherford 电缆的等效材料参数。

9.5.3　有限元的定量分析计算[71,72]

本节中通过建立 Rutherford 电缆的有限元模型，用数值模拟的方法给出 Rutherford 电缆的等效材料参数，同时也用来验证理论分析模型。

Rutherford 电缆几何模型建立的方法有两种。第一种方法先获得电缆中的变形的股线形状，在几何辅助建模软件 CAD 中建立横截面是圆截面的股线，考虑股线的绞扭，将股线沿着圆周方向均匀排布，在有限元软件中通过定义四个刚性平面挤压股线结构，将股线挤压成最终成缆时的几何尺寸，如此可以得到电缆中变形的股线形状[83]。或是模拟电缆的成缆过程，在有限元中建立股线几何模型，模拟股线在成缆过程中受横向压轮的挤压，成缆后的股线形状就可以得到[84]。进一步考虑 Rutherford 电缆中的环氧树脂和最外层的绝缘层材料，在 CAD 辅助建模软件的帮助下就可以得到最终的 Rutherford 电缆的几何模型。这种方法的不足之处是，由于股线挤压变形后股线与股线之间的间距比较小，在 CAD 中环氧树脂的几何模型存在小尺寸和不规则区域，建模之后在有限元软件中几何网格划分存在一定困难。另一种方法是通过直接用网格来构建 Rutherford 电缆几何的方法[85]，这种方法需要精细地考虑股线几何形状。首先建立一个划分了八节点六面体单元的长方体，Rutherford 电缆中股线结构、环氧树脂以及绝缘层几何根据位置坐标映射到划分了网格的长方体中，在有限元分析中对不同的网格赋予不同的材料属性，将划分了网格的长方体挤压成最终的电缆构型。这种方法的不足之处是，该方法不能考虑电缆压缩过程中股线与股线之间的接触情况。

本节中通过有限元法来获得股线压缩后的形状，然后考虑压缩变形后的股线、环氧树脂和绝缘层的几何位置，将其映射到划分了网格的长方体上来得到划分了网格的 Rutherford 电缆构型。股线横向挤压过程不考虑真实的成缆过程，通过在 CAD 辅助建模软件中建立圆截面的股线，考虑电缆中股线数目，让股线沿着圆周均匀排布，在 ABAQUS 中通过刚性平面挤压股线获得变形后的电缆。

初始建模中电缆中的股线横截面为圆形，挤压后的电缆尺寸与最终电缆不考虑绝缘层的尺寸一致。在 ABAQUS 分析中，股线网格单元选择 C3D8R 一阶单元，股线与股线之间的摩擦系数选取为 0.2，接触类型选择为通用接触，法线行为定义为硬接触，切向行为定义为摩擦，采用罚函数描述，股线两端的面采用绑定约束，采用 ABAQUS/Explicit 求解器进行求解。

图 9.65 展示了在有限元中建立的电缆初始构型和挤压变形后的构型。挤压变形后的电缆，考虑环氧树脂和绝缘层，通过位置坐标映射到划分了网格的长方体中。为了将电缆的几何特征都用网格来表示，需要将长方体的网格较为精细的划分。为了减少有限元分析中的网格单元，取电缆最小可重复性周期长度 P。电缆在长度方向的构型可以看成是由该构型周期性排布构成的，在实际的磁体中横向方向上可以看成该电缆构型无数次重复（不考虑端部效应），如此建立的电缆构型可以看作是电缆的代表体单元，将该构型看作是电缆的代表体单元是一种合理的近似，根据代表体单元法可以分析 Rutherford 电缆的力学性能。Rutherford 电缆代表体单元有限元分析模型在商用有限元软件 COMSOL 中建立。

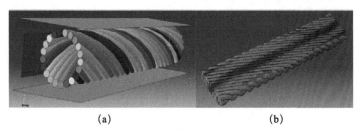

(a)   (b)

图 9.65 在 ABAQUS 中建立的电缆横向挤压模型

(a) 挤压前股线构型；(b) 挤压后股线构型

在有限元分析中，我们将变形后的股线以电缆代表体元长度 P 进行截取，该长度作为划分了网格单元长方体的长度。A 型电缆的截取长度为 4.2mm，B 型电缆截取的长度为 2.7mm。图 9.66 给出了 A 型电缆将变形后的股线、环氧树脂以及绝缘层映射到用八节点六面体单元划分了网格的长方体中的电缆代表体单元构型。图 9.66（d）展示了将电缆中的各组分映射到划分了网格的长方体后的几何构型，该几何构型将用在后续的代表体单元有限元分析中。为了能使网格充分体现 Rutherford 电缆的几何特征，同时考虑相应的计算能力，在分析中对于 A 型电缆划分 504000 个网格单元，该模型在 COMSOL 分析中具有 6200000 多个自由度。对于 B 型电缆划分 528000 个网格单元，该模型具有 6500000 多个自由度。表 9.8 给出了用于 Rutherford 电缆力学性能分析的材料参数。

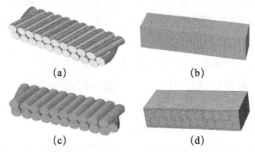

图 9.66　变形后的股线构型和整个电缆代表体单元构型

（a）变形后截取的长度为周期性长度 P 的股线构型；（b）划分了网格的长方体；（c）将变形后的股线构型映射到划分了网格的长方体中的几何构型；（d）划分了网格的整个电缆代表体单元

表 9.8　电缆力学性能分析的材料参数

参数	单位	数值	
股线杨氏模量（室温）	GPa	股线 A	91.4
		股线 B	95.7
股线杨氏模量（4.2K）	GPa	股线 A	94.9
		股线 B	101
环氧树脂杨氏模量	GPa	3.8	
绝缘层杨氏模量（室温）	GPa	12.9	
绝缘层杨氏模量（4.2K）	GPa	16.7	

9.5.4　理论预测结果及讨论

目前超导对撞机磁体结构力学分析中，大多采用二维有限元模型，分析两种电缆的横向杨氏模量。图 9.67 给出了用理论方法得到解析解和有限元法预测的两种 Rutherford 电缆的横向杨氏模量，对于 A 型电缆，电缆在 X 方向的模量要比在 Y 方向的模量低。而对于 B 型电缆而言，X 方向和 Y 方向模量的大小却刚好相反。

在室温和 4.2K 时，对于两种电缆构型用理论公式计算的结果和有限元计算的结果吻合得较好。用理论公式计算的 A 型电缆在 4.2K 时 X 方向的模量为 31.64GPa，而 B 型电缆在 4.2K 时 X 方向的模量为 35.27GPa。对于这两种电缆，在 4.2K 时 X 方向的模量最大相差 11.5%。在目前的对撞机磁体力学分析中，不同电缆构型被赋予相同的材料力学参数，本节对于两种电缆材料参数预测结果最大相差 11.5%，该结果表明两种电缆构型在 4.2K 时横向模量具有显著的差异。

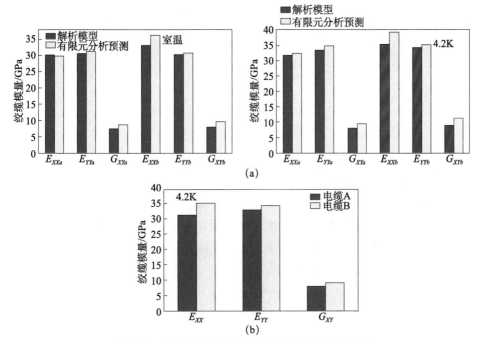

图 9.67　两种电缆在室温和 4.2K 时电缆力学性能

(a) 两种电缆的力学性能在室温和 4.2K 时用理论和有限元分析结果，下标 a 和 b 代表 A 型和 B 型电缆；

(b) 两种电缆的力学性能在 4.2K 时理论计算结果

此外，对股线模量、绝缘层模量、绝缘层厚度，以及电缆螺旋角对电缆横向力学性能的影响开展参数化研究，本节中的参数化研究对象只是考虑 A 型电缆构型。图 9.68 给出了股线模量和绝缘层模量对于电缆横向力学性能的影响。随着股线模量从 80～100GPa 有着 25% 的升高，电缆在 X 方向的模量只升高了 8.8%，而在 Y 方向的模量只升高了 8%。绝缘层的模量从 8～17GPa 变化，有着 112.5% 的增加，电缆在 X 方向的模量只是增大了 8.7%，而在 Y 方向的模量增加了 29%。这说明随着股线模量的增大，电缆的模量在 X 方向和 Y 方向同时增大。随着绝缘层模量的增大，电缆的模量在 X 方向和 Y 方向增量不相同，绝缘层模量更能影响电缆在 Y 方向的模量。

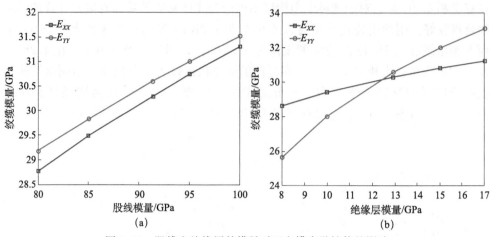

图 9.68　股线和绝缘层的模量对于电缆力学性能的影响

(a) 股线模量的影响；(b) 绝缘层模量的影响

图 9.69 给出了绝缘层厚度和电缆螺旋角对于电缆横向力学性能的影响。从图 9.69 (a) 可以看出，随着绝缘层厚度的增加，电缆的横向力学性能是降低的。这是由于随着绝缘层厚度的增加，在理论分析中第二步均匀化过程中，股线和环氧树脂构成的等效复合材料的体积分数减小，理论分析得到的电缆的横向力学性能减小。图 9.69 (b) 给出了电缆螺旋角对于电缆横向力学性能的影响。随着电缆螺旋角的增大，电缆在 X 方向的模量先减小后增大，在 40° 的时候取得最小值；而电缆在 Y 方向的模量几乎没有变化，电缆螺旋角对于电缆在 Y 方向的模量几乎没有影响。

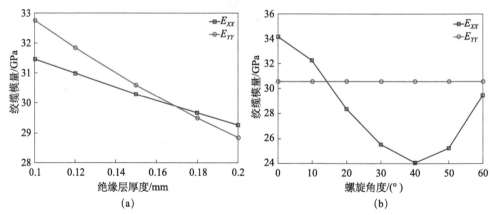

图 9.69　绝缘层厚度和电缆的螺旋角对于电缆等效力学性能的影响

(a) 绝缘层厚度的影响；(b) 电缆螺旋角的影响

本章首先采用复合材料细观力学，对具有多丝绞扭特征的超导股线进行理论建模。在此基础上以 LMI 超导股线和 SMI-PIT 超导股线为例，通过建立三维有限元模型，对其在轴向拉伸和循环载荷作用下的力学行为进行了细致的分析。模型的建立尽量接近实际工程情形，考虑了超导股线内部的复杂结构、内部弹塑性材料在循环载荷下的强化规则、超导股线在生产制备过程中产生的内部残余应力系统、超导丝与基体之间脱黏，以及股线内部空隙表面产生的相对滑动、超导丝的断裂及其扩展等因素。在考虑上述诸多因素后，有限元模型的数值模拟结果与实验数据非常吻合。

从模拟中发现股线中的弹塑性材料在加载过程中的反向屈服是股线应力—应变曲线产生滞后环结构的最根本原因。与此同时，通过不同模型的对比发现，股线内部超导丝的螺旋结构对股线的力学性质有着非常明显的影响。同样从模型的结果中发现，股线的生产制备过程所产生的内部残余应力对股线的力学行为有着不可忽视的影响。超导丝与基体之间的脱黏，以及股线内部空隙沿股线轴向的相对滑动，对股线力学行为的影响非常轻微，可以忽略不计。对于局部应力的分布，超导丝的断裂及其扩展使得超导丝组中的应力要小于不考虑这种因素的预测值；对于整根股线的轴向力学行为，当应变较小时其影响很小，可以忽略，而随着应变的增加，其影响越来越明显。超导丝的断裂同样是 SMI-PIT 股线应力—应变曲线中"平台"出现的根本原因，并且不同的断裂情况会对在该应变水平下的股线的力学行为产生较为明显的影响。

基于超导股线的有限元模型，讨论了其内部超导丝的断裂情况与螺距对于股线力学性质的影响。结果表明，当应变较小时，股线中超导丝的断裂很轻微，断裂的影响可以被忽略，而随着应变的增加，断裂的影响将越来越明显。同时，超导丝的初始断裂应力对股线应力—应变曲线中的"平台"出现位置起决定作用。而对于超导丝的螺距，其影响在全程变形中都是不可忽略的，螺距越短则股线的应力—应变曲线斜率越小，即股线的轴向力学行为越"软"，相反螺距越长则股线的应力—应变曲线斜率越大，即股线的轴向力学行为越"硬"。

对一根股线考虑每个细节的模拟将导致大量的计算时间和资源浪费，并且会产生大量的未知情形。因此，在模拟中忽略了一些经过初步估计不会过于影响到计算精度的小细节，这导致了在 LMI 股线的循环加载模拟中滞后环的等效弹性与塑性之间的转换很生硬，产生一个尖角，与实验数据稍微不符，在之后的延伸工作中探寻产生这一现象的原因。

根据 CICC 超导电缆的多级绞扭结构，通过有限元方法对前三层级 CICC 超导电缆子缆在受拉伸、扭矩、弯矩等基本力学载荷作用下的力学行为进行了模拟。从模拟中可以看出，三元组由于其紧密贴合的结构，其最终的外载—位移曲线与连续体的相关曲线具有相同的特征；而当层级增高时，由于子缆中空隙的影响，子缆最终的位移曲线已经难以划分弹性和塑性区域，即使在外载较小，内部股线都处于弹性变形阶段的情形下，子缆的位移曲线仍是非线性的，并且这种非线性随着层级的增高越来越明显。同时我们采用有限元手段对子缆中股线的各向异性，对子缆整体变形的影响进行了研究。通过研究发现，股线的各向异性对子缆的位移曲线影响较小，对子缆内部股线的轴向应变分布也依不同的边界条件有或多或少的影响，但对子缆内部股线间的接触应力分布的影响较为明显。股线的横向模量越小，股线间的接触面积就越大，小接触应力所占比例也就越高。利用有限元模型，还对各层级子缆的螺距对电缆的位移曲线的影响进行了研究。结果发现螺距的增大使得同一应变下电缆承受的应力越大。

另外，建立了对于超导电缆在载荷作用下，其内部股线中超导丝的轴向应变的多层级快速算法。该方法具有计算简单、结构清晰、计算速度快等优点。依赖这一算法，我们可以从测量得到的最高层级电缆的变形，预测出内部每根股线中超导丝的轴向应变。该模型考虑了各层级子缆间的摩擦力作用，同时也建立了摩擦力在各层级子缆间的传递关系。根据该模型，我们以 3×3 子缆为例，计算了不同滑动状态下内部股线的轴向应变（以超导丝的平均应变代替），并采用有限元模型对方法进行了验证。

最后，从理论和数值模拟的方法对 Rutherford 电缆的有效性能进行了预测。利用理论和有限元分析方法预测了两种 Rutherford 电缆在室温和 4.2K 情形下的有效材料参数，两种电缆的有效材料参数最大相差 11.5%。参数化研究显示，随着股线杨氏模量和绝缘层杨氏模量的增大，电缆横向杨氏模量也增大，同时绝缘层杨氏模量对于电缆厚度方向的杨氏模量具有更加明显的影响。随着绝缘层厚度增加，电缆的横向杨氏模量是减小的，电缆绞扭角对于电缆厚度方向的模量没有影响，而对于宽度方向有重要影响。

参 考 文 献

[1] P. Joskow. Commercial impossibility, the uranium market, and the westinghouse case. *The Journal of Legal Studies*, 1976, 6 (1): 119-176.

[2] R. Apsey, D. Baynham, P. Clee, D. Cragg, N. Cunliffe, R. Hopes, R. Stovold. Design of a 5.5 metre mdameter superconducting solenoid for the delphi particle physics experiment at LEP. *IEEE Transactions on Magnetics*, 1985, 21 (2): 490-493.

[3] A. Kario, M. Vojenciak, F. Grilli, A. Kling, B. Ringsdorf, U. Walschburger, S. I. Schlachter, W. Goldacker. Investigation of a Rutherford cable using coated conductor Roebel cables as strands. *Superconductor Science and Technology*, 2013, 26 (8): 085019.

[4] A. Godeke. A review of the properties of Nb_3Sn and their variation with A15 composition, morphology and strain state. *Superconductor Science and Technology*, 2006, 19 (8): R68-R80.

[5] 梁明，张平祥，卢亚锋，李金山，李成山，唐先德. 磁体用 Nb_3Sn 超导体研究进展. 材料导报，2006，20：1-4.

[6] C. Scheuerlein, M. D. Michiel, F. Buta, B. Seeber, C. Senatore, R. Flükiger, T. Siegrist, T. Besara, J. Kadar, B. Bordini, A. Ballarino, L. Bottura. Stress distribution and lattice distortions in Nb_3Sn multifilament wires under uniaxial tensile loading at 4.2 K. *Superconductor Science and Technology*，2014，27 (4)：044021.

[7] M. C. Jewell, The Effect of Strand Architecture on the Fracture Propensity on Niobium-tin Composite Wires. Madison：The University of Wisconsin，2008.

[8] L. Muzzi, V. Corato, A. D. Corte, G. D. Marzi, T. Spina, J. Daniels, M. D. Michiel, F. Buta, G. Mondonico, B. Seeber, R. Flükiger, C. Senatore. Direct observation of Nb_3Sn lattice deformation by high-energy X-ray diffraction in internal-tin wires subject to mechanical loads at 4.2 K. *Superconductor Science and Technology*，2012，25 (5)：054006.

[9] K. Osamura, S. Machiya, Y. Tsuchiya, H. Suzuki, T. Shobu, M. Sato, T. Hemmi, Y. Nunoya, S. Ochiai. Local strain and its influence on mechanical-electromagnetic properties of twisted and untwisted ITER Nb_3Sn strands. *Superconductor Science and Technology*，2012，25 (5)：054010.

[10] T. Mura. Micromechanics of Defects in Solids. Leiden：Martinus Nijhoff，1982.

[11] 沈观林，胡更开. 复合材料力学. 北京：清华大学出版社，2006.

[12] 王彪，杜善义. 复合材料细观力学. 北京：科学出版社，1998.

[13] J. D. Eshelby. The determination of the elastic field of an ellipsoidal inclusion, and related problems. *Proceedings of the Royal Society of London. Series A. Mathematical and Physical Sciences*，1957，241：376-396.

[14] T. Mori, K. Tanaka. Average stress in matrix and average elastic energy of materials with misfitting inclusions. *Acta Metallurgica*，1973，21 (5)：571-574.

[15] Z. Jing, H. D. Yong, Y. H. Zhou. Theoretical modeling for the effect of twisting on the properties of multifilamentary Nb_3Sn superconducting strand. *IEEE Transactions on Applied Superconductivity*，2013，23 (1)：6000307.

[16] 景泽. 超导材料力—热—电—磁多场环境下的性能分析. 兰州大学博士学位论文，2015.

[17] W. D. Markiewicz. Invariant temperature and field strain functions for Nb_3Sn composite superconductors. *Cryogenics*，2006，46 (12)：846-863.

[18] W. Markiewicz. Invariant strain analysis of the critical temperature Tc of Nb_3Sn. *IEEE Transactions on Applied Superconductivity*，2005，15：3368-3371.

[19] X. F. Lu, D. M. J. Taylor, D. P. Hampshire. Critical current scaling laws for advanced Nb_3Sn superconducting strands for fusion applications with six free parameters. *Superconductor Science and Technology*，2008，21 (10)：132512.

[20] D. M. J. Taylor, D. P. Hampshire. The scaling law for the strain dependence of the critical current density in Nb_3Sn superconducting wires. *Superconductor Science and Technology*，2005，18 (12)：S241-S252.

[21] N. C. van den Eijnden, A. Nijhuis, Y. Ilyin, W. A. J. Wessel, H. H. J ten Kate. Axial tensile stress-strain characterization of ITER model coil type Nb_3Sn strands in TARSIS. *Superconductor Science and Technology*, 2005, 18 (11): 1523 - 1532.

[22] Y. Ilyin, A. Nijhuis, N. C. van den Eijnden, W. A. J. Wessel, H. H. J. ten Kate. Axial tensile stress strain characterisation of 36 strands cable. *IEEE Transactions on Applied Superconductivity*, 2006, 16 (2): 1249 - 1252.

[23] A. Nijhuis, R. P. Pompe van Meerdervoort, H. J. G. Krooshoop, W. A. J. Wessel, C. Zhou, G. Rolando, C. Sanabria, P. J. Lee, D. C. Larbalestier, A. Devred, A. Vostner, N. Mitchell, Y. Takahashi, Y. Nabara, T. Boutboul, V. Tronza, S. H. Park, W. Yu. The effect of axial and transverse loading on the transport properties of ITER Nb_3Sn strands. *Superconductor Science and Technology*, 2013, 26 (8): 084004.

[24] D. Boso, M. Lefik, B. Schrefler. Generalized self-consistent like method for mechanical degradation of fibrous composites. *Zamm-Journal of Applied Mathematics and Mechanics/ Zeitschrift für Angewandte Mathematik und Mechanik*, 2011, 91 (12): 967 - 978.

[25] W. Luo, X. J. Zheng. Initial damage influence of stiffness reduction for bronze route Nb_3Sn strands. *Physica C: Superconductivity and its Applications*, 2011, 471 (19): 558 - 562.

[26] N. Mitchell. Finite element simulations of elasto-plastic processes in Nb_3Sn strands. *Cryogenics*, 2005, 45 (7): 501 - 515.

[27] A. Nijhuis, Y. Ilyin, W. A. J. Wessel. Spatial periodic contact stress and critical current of a Nb_3Sn strand measured in TARSIS. *Superconductor Science and Technology*, 2006, 19 (11): 1089 - 1096.

[28] A. Nijhuis, Y. Ilyin, W. A. J. Wessel, W. Abbas. Critical current and strand stiffness of three types Nb_3Sn strand subjected to spatial periodic bending. *Superconductor Science and Technology*, 2006, 19 (11): 1136 - 1145.

[29] A. Nijhuis, Y. Ilyin, W. Abbas, W. A. J. Wessel. Spatial periodic bending and critical current of bronze and pit Nb_3Sn strands in a steel tube. *IEEE Transactions on Applied Superconductivity*, 2007, 17 (2): 2680 - 2683.

[30] D. P. Boso. A simple and effective approach for thermo-mechanical modelling of composite superconducting wires. *Superconductor Science and Technology*, 2013, 26 (4): 045006.

[31] D. S. Easton, D. M. Kroeger, W. Specking, C. C. Koch. A prediction of the stress state in Nb_3Sn superconducting composites. *Journal of Applied Physics*, 1980, 51 (5): 2748 - 2757.

[32] H. Bajas, D. Durville, A. Devred. Finite element modelling of cable-in-conduit conductors. *Superconductor Science and Technology*, 2012, 25 (5): 054019.

[33] N. Koizumi, H. Murakami, T. Hemmi, H. Nakajima. Analytical model of the critical current of a bent Nb_3Sn strand. *Superconductor Science and Technology*, 2011, 24 (5): 055009.

[34] J. L. Chaboche. Constitutive equations for cyclic plasticity and cyclic viscoplasticity. *International Journal of Plasticity*, 1989, 5 (3): 247 - 302.

［35］ 王旭. 超导线缆的多层级建模及力—电—磁行为研究. 兰州大学博士学位论文，2016.

［36］ X. Wang，Y. X. Li，Y. W. Gao. Mechanical behaviors of multi-filament twist superconducting strand under tensile and cyclic loading. *Cryogenics*，2016，73：14 – 24.

［37］ X. Wang，Y. W. Gao. Tensile behavior analysis of the Nb_3Sn superconducting strand with damage of the filaments. *IEEE Transactions on Applied Superconductivity*，2015，26 (4)：6000304.

［38］ X. Wang，Y. W. Gao，Y. H. Zhou. Electro-mechanical behaviors of composite superconducting strand with filament breakage. *Physica C：Superconductivity and its Applications*，2016，529：26 – 35.

［39］ C. Calzolaio，G. Mondonico，A. Ballarino，B. Bordini，L. Bottura，L. Oberli，C. Senatore. Electro-mechanical properties of PIT Nb_3Sn wires under transverse stress：experimental results and FEM analysis. *Superconductor Science and Technology*，2015，28 (5)：767 – 774.

［40］ K. Hibbit. Abaqus theory and user manuals version 6. 9，Providence：MARC，2009.

［41］ M. L. Benzeggagh，M. Kenane. Measurement of mixed-mode delamination fracture toughness of unidirectional glass/epoxy composites with mixed-mode bending apparatus. *Composites Science and Technology*，1996，56 (4)：439 – 449.

［42］ W. A. Curtin，S. J. Zhou. Influence of processing damage on performance of fiber-reinforced composites. *Journal of the Mechanics and Physics of Solids*，1995，43 (3)：343 – 363.

［43］ Y. Liu，X. Wang，Y. W. Gao. Three-dimensional multifilament finite element models of Bi-2212 high-temperature superconducting round wire under axial load. *Composite Structures*，2019，211：273 – 286.

［44］ H. Miao，Y. Huang，S. Hong，J. A. Parrell. Recent advances in Bi-2212 round wire performance for high field applications. *IEEE Transactions on Applied Superconductivity*，2013，23 (3)：6400104.

［45］ J. M. Rey，A. Allais，J. -L. Duchateau，P. Fazilleau，J. M. Gheller，R. L. Bouter，O. Louchard，L. Quettier，D. Tordera. Critical current measurement in HTS Bi2212 ribbons and round wires. *IEEE Transactions on Applied Superconductivity*，2009，19：3088 – 3093.

［46］ D. C. Larbalestier，J. Jiang，U. P. Trociewitz，F. Kametani，C. Scheuerlein，M. Dalban-Canassy，M. Matras，P. Chen，N. C. Craig，P. J. Lee，E. E. Hellstrom. Isotropic round-wire multifilament cuprate superconductor for generation of magnetic fields above 30T. *Nature Materials*，2014，13 (4)：375 – 381.

［47］ C. Dai，B. Liu，J. Qin，F. Liu，Y. Wu，C. Zhou. The axial tensile stress-strain characterization of Ag-Sheathed Bi2212 round wire. *IEEE Transactions on Applied Superconductivity*，2015，25 (3)：6400304.

［48］ N. Mitchell. Operating strain effects in Nb_3Sn cable-in-conduit conductors. *Superconductor Science and Technology*，2005，18 (12)：S396 – S404.

［49］ N. Mitchell. Analysis of the effect of Nb_3Sn strand bending on CICC superconductor performance. *Cryogenics*, 2002, 42 (5): 311 - 325.

[50] A. Nijhuis, Y. Ilyin. Transverse load optimization in Nb_3Sn CICC design: influence of cabling, void fraction and strand stiffness. *Superconductor Science and Technology*, 2006, 19 (9): 945 - 962.

[51] Y. Zhai. Electro-mechanical modeling of Nb_3Sn CICC performance degradation due to strand bending and inter-filament current transfer. *Cryogenics*, 2010, 50 (3): 149 - 157.

[52] Y. Zhai, M. D. Bird. Florida electro-mechanical cable model of Nb_3Sn CICCs for high-field magnet design. *Superconductor Science and Technology*, 2008, 21 (11): 115010.

[53] L. Chiesa, M. Takayasu, J. V. Minervini. Contact mechanics model for transverse load effects on superconducting strands in cable-in-conduit conductors. *AIP Conference Proceedings*, 2010, 1219 (1): 208 - 215.

[54] S. Egorov, I. Rodin, M. Astrov, S. Fedotova. Periodicity of contacts between subcables in the multistage cable-in-conduit conductors and its effect on computation of AC losses and supercoupling currents. *IEEE Transactions on Applied Superconductivity*, 2009, 19 (3): 2379 - 2382.

[55] F. H. Hruska. Calculation of stresses in wire ropes. *Wire and Wire Products*, 1951, 26: 766 - 767.

[56] F. H. Hruska. Radial forces in wire ropes. *Wire and Wire Products*, 1952, 27: 459 - 463.

[57] F. H. Hruska. Tangential forces in wire ropes. *Wire and Wire Products*, 1953, 28: 455 - 460.

[58] R. Knapp. Nonlinear analysis of a helically armored cable with nonuniform mechanical properties in tension and torsion. *OCEAN 75 Conference*, 1975.

[59] K. G. McConnell, W. P. Zemke. A model to predict the coupled axial torsion properties of ACSR electrical conductors. *Experimental Mechanics*, 1982, 22 (7): 237 - 244.

[60] S. Machida, A. J. Durelli. Response of a strand to axial and torsional displacements. *Journal of Mechanical Engineering Science*, 1973, 15 (4): 241 - 251.

[61] R. H. Knapp. Derivation of a new stiffness matrix for helically armoured cables considering tension and torsion. *International Journal for Numerical Methods in Engineering*, 1979, 14 (4): 515 - 529.

[62] G. A. Costello. Theory of Wire Rope. New York: Springer, 1997.

[63] K. Kumar, J. E. Cochran. Closed-form analysis for elastic deformations of multilayered strands. *Journal of Applied Mechanics*, 1987, 54 (4): 898 - 903.

[64] S. R. Ghoreishi, T. Messager, P. Cartraud, P. Davies. Validity and limitations of linear analytical models for steel wire strands under axial loading, using a 3D FE model. *International Journal of Mechanical Sciences*, 2007, 49 (11): 1251 - 1261.

[65] 李瀛栩. 超导磁体导体的宏观力电行为和微观机理的研究. 兰州大学博士学位论文, 2015.

[66] J. Feng. A cable twisting model and its application in CSIC multi-stage cabling structure. *Fusion Engineering and Design*, 2009, 84 (12): 2084 - 2092.

［67］ J. Qin，Y. Wu. A 3D numerical model study for superconducting cable pattern. *Fusion Engineering and Design*，2010，85（1）：109 - 114.

［68］ Y. X. Li，X. Wang，Y. W. Gao，Y. H. Zhou. Modeling for mechanical response of CICC by hierarchical approach and ABAQUS simulation. *Fusion Engineering and Design*，2013，88（11）：2907 - 2917.

［69］ K. Inagaki，J. Ekh，S. Zahrai. Mechanical analysis of second order helical structure in electrical cable. *International Journal of Solids and Structures*，2007，44（5）：1657 - 1679.

［70］ Y. X. Li，X. Wang，Y. W. Gao. Computational method for elastic-plastic and anisotropic superconducting cable under simple load. *International Journal of Computational Methods*，2014，11：1344006.

［71］ 赵俊杰. 超导线缆及超导对撞机磁体的电磁与力学性能研究. 兰州大学博士学位论文，2019.

［72］ J. Zhao，A. Stenvall，Y. Gao，T. Salmi. Analytical and numerical methods to estimate the effective mechanical properties of Rutherford cables. *IEEE Transactions on Applied Superconductivity*，2020，30（5）：8400808.

［73］ D. Pulikowski，F. Lackner，C. Scheuerlein，M. Pajor. Numerical modelling of a superconducting coil winding process with Rutherford type Nb_3Sn cable. *Journal of Machine Construction and Maintenance*，2017，3：13 - 19.

［74］ N. Mishra，B. Krishna，R. Singh，K. Das. Evaluation of effective elastic，piezoelectric，and dielectric properties of SU8/ZnO nanocomposite for vertically integrated nanogenerators using finite element method. *Journal of Nanomaterials*，2017：1924651.

［75］ W. Sun，J. T. Tzeng. Effective mechanical properties of EM composite conductors：an analytical and finite element modeling approach. *Composite Structures*，2002，58（4）：411 - 421.

［76］ Z. M. Huang. The mechanical properties of composites reinforced with woven and braided fabrics. *Composites Science and Technology*，2000，60（4）：479 - 498.

［77］ L. Liu，W. Chen，H. Zhang，C. Li，Q. Hao，X. Yang，Y. Zhao. Experimental and numerical analysis of equivalent elastic properties for Bi-2212 and YBCO conductors. *Journal of Superconductivity and Novel Magnetism*，2017，30（4）：885 - 891.

［78］ P. Manil，F. Nunio，Y. Othmani，V. Aubin，J. Buffière，M. S. Commisso，P. Dokladal，D. Durville，G. Lenoir，N. Lermé，E. Maire. A numerical approach for the mechanical analysis of superconducting Rutherford-Type cables using bimetallic description. *IEEE Transactions on Applied Superconductivity*，2017，27（4）：4803006.

［79］ C. Lorin. 9-10 Oct Block-coil electromagnetic design. *2nd review of the EuroCirCol WP*5，(40-S2-D01-Salle Dirac (CERN))：https：//indico. cern. ch/event/661257/，2017.

［80］ E. Barzi，G. Gallo，P. Neri. FEM analysis of Nb_3Sn Rutherford-Type cables. *IEEE Transactions on Applied Superconductivity*，2012，22：4903305.

［81］ M. G. Phillips. Simple geometrical models for Young's modulus of fibrous and particulate composites. *Composites Science and Technology*，1992，43（1）：95 - 100.

[82] P. Xue, J. Cao, J. Chen. Integrated micro/macro-mechanical model of woven fabric composites under large deformation. *Composite Structures*, 2005, 70 (1): 69 - 80.

[83] P. Manil, B. Baudouy, S. Clement, M. Devaux, M. Durante, P. Fazilleau, P. Ferracin, P. Fessia, J. Garcia, L. Garcia, R. Gauthier, L. Oberli, J. Perez, S. Pietrowicz, J. -M. Rifflet, G. de Rijk, F. Rondeaux, E. Todesco. Development and coil fabrication test of the Nb₃Sn dipole magnet FRESCA2. *IEEE Transactions on Applied Superconductivity*, 2014, 24: 4001705.

[84] J. Cabanes, M. Garlasche, B. Bordini, A. Dallocchio. Simulation of the cabling process for Rutherford cables: an advanced finite element model. *Cryogenics*, 2016, 80: 333 - 345.

[85] D. Arbelaez, S. O. Prestemon, P. Ferracin, A. Godeke, D. R. Dietderich, G. Sabbi. Cable deformation simulation and a hierarchical framework for Nb₃Sn Rutherford cables. *Journal of Physics: Conference Series*, 2010, 234 (2): 022002.

第十章　超导带材及其复合材料结构的力学行为分析

二代高温超导带材因其具有优异的电磁性能已成为高场超导磁体研制的主要候选材料。为了满足未来高场超导磁体的发展需求，超导带材已被绕制成各类超导电缆，而这些电缆具有更好的电学和力学性能。然而，作为典型多层复合结构的高温超导带材，其内部的剥离损伤行为是制约其超导性能发挥的重要因素。因此，在本章我们首先对超导薄膜－基底系统、超导带材的剥离行为展开研究。在此基础上我们分别对几种典型的电缆如 CORC 的绕制过程的力学仿真，TSSC 电缆的力—磁—热耦合行为进行系统的讨论。

10.1　主要制备特征概述

近年来，稀土钡铜氧（REBCO）基二代高温超导带以其高转变温度、高临界电流密度、高磁场极限等方面的优异性能得到迅速发展。二代高温超导带是一种典型的多层复合结构，由力学强度较高的基体和稳定层材料复合而成，能够承载较大的轴向应力。SuperPower 公司分别采用金属有机化学气相沉积法和离子束辅助沉积法制备超导层和基体层，复合而成的 SCS4050 二代高温超导带在 77K 时轴向拉伸屈服应力可达 800MPa～900MPa[1,2]。基于优良的力电性能，二代高温超导带材广泛应用于磁体和电缆中。

相比于低温超导材料，高温超导材料展现出了高临界磁场、高临界电流密度、高比热、高导热系数和较低的制冷功率等优点。尤其是第二代 REBCO 高温超导带材，非常有可能满足聚变磁体的要求。它有希望实现高磁场、减少结构材料、降低导体性能的退化，避免复杂的绞扭和热处理过程，不再使用液氦冷却，提高冷却效率。这些优点使得 REBCO 高温超导带材被认为是未来聚变磁体的备选磁体。目前，在世界范围内有一些研究机构和公司发展和设计出了几种可以被用作聚变磁体的高温超导电缆。如 CORC 电缆、TSSC 高温电缆、RACC 电缆、TSTC 电缆等，如图 10.1 所示。这些电缆均是将 REBCO 超导带材经过堆叠、绞扭，然后根据使用目的不同形成不同的布局和结构。

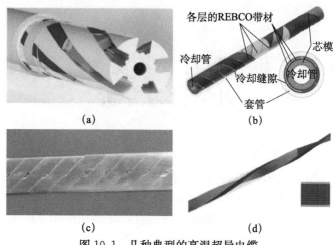

图 10.1　几种典型的高温超导电缆
(a) TSSC 缆；(b) CORC 缆；(c) RACC 缆；(d) TSTC 缆

10.2　二代高温超导带材的界面应力分析[3-5]

10.2.1　超导薄膜—基底系统的力学建模

为了简单起见，本节建立一个仅由 YBCO 超导薄膜和基体组成的双层薄膜基底系统，如图 10.2 所示。整个带材置于垂直于薄膜面、强度为 H_a 的磁场环境中，并且载有大小为 I_a 的传输电流。带材宽度为 $2a$，其远小于带材长度 $L(2a \ll L)$。因此，可以将超导薄膜和基底的薄膜应力问题当作平面应变问题来处理。薄膜和基底的厚度分别为 h_f 和 h_s，并且薄膜厚度远小于基底厚度 $(h_f \ll h_s)$。因此，在分析中忽略薄膜的弯曲刚度以及界面应力的垂直分量而只考虑界面剪切应力。分析过程中假设超导薄膜和基底材料均为线弹性、各向同性材料。在超导薄膜和基底之间的界面处建立如图 10.2（b）所示原点位于薄膜中心的笛卡儿直角坐标系（$o\text{-}x\text{-}y$）。

图 10.2（c）为 $-a$ 到 x 部分的超导薄膜的受力情况。根据薄膜所受到的剪切应力 $\tau(x)$，电磁力 $f(x)$ 以及薄膜横向面内合力 $q(x)$ 之间的平衡关系可以得到

$$q(x) = \int_{-a}^{x} \left[\tau(s) + f(s) \right] \mathrm{d}s \tag{10.1}$$

因此，薄膜内的正应力 σ_f 可以表示为

$$\sigma_f(x) = q(x)/h_f = 1/h_f \int_{-a}^{x} \left[\tau(s) + f(s) \right] \mathrm{d}s \tag{10.2}$$

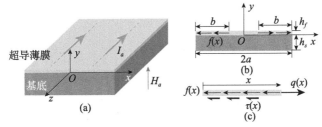

图 10.2 超导薄膜—基底系统模型示意图

(a) 超导薄膜基底几何结构；(b) 薄膜基底横截面；(c) 超导薄膜受力分析

薄膜内部的横向正应变 ε_f 为

$$\varepsilon_f(x) = \frac{1}{\overline{E}_f h_f} \int_{-a}^{x} \left[\tau(s) + f(s)\right] \mathrm{d}s \tag{10.3}$$

薄膜下方基底表面正应力 $\sigma_s(x)$ 可以表示为[6]

$$\sigma_s(x)\big|_{y=0} = \frac{2}{\pi} \int_{-a}^{a} \frac{\tau(s)}{s-x} \mathrm{d}s + \sigma_0 \tag{10.4}$$

相应的基底表面横向正应变 $\varepsilon_s(x)$ 为

$$\varepsilon_s(x) = \frac{1}{\overline{E}_s}\left(\frac{2}{\pi} \int_{-a}^{a} \frac{\tau(s)}{s-x} \mathrm{d}s + \sigma_0\right) \tag{10.5}$$

其中，$\overline{E}_f = E_f/(1-\nu_f^2)$ 和 $\overline{E}_s = E_s/(1-\nu_s^2)$ 分别为薄膜和基底材料在平面应变条件下的杨氏模量，$\sigma_0 (=\sigma_{\text{Thermal}} + \sigma_{\text{Lattice}})$ 为薄膜因热膨胀系数和晶格参数不匹配引起的残余应力，σ_{Thermal} 为由于热膨胀系数不匹配而引起的热应力，σ_{Lattice} 为由晶格参数不匹配而导致的错配应力。下面分两种情况考虑超导薄膜内正应力和界面剪切应力问题：(1) 薄膜和基底完美黏结；(2) 薄膜和基底界面有部分脱黏。

1. 界面完美黏结

在界面完美黏结的情况下，薄膜和基底在界面处位移连续。因此，界面处应变的相容性条件为

$$\varepsilon_f(x) = \varepsilon_s(x)\big|_{y=0} \tag{10.6}$$

将式 (10.3) 和式 (10.5) 代入式 (10.6)，可以得到以下关于界面剪切应力 $\tau(x)$ 的带有 Cauchy 核的奇异积分方程[6]

$$\frac{1}{\overline{E}_f h_f} \int_{-a}^{x} \left[\tau(s) + f(s)\right] \mathrm{d}s - \frac{2}{\pi \overline{E}_s} \int_{-a}^{a} \frac{\tau(s)}{s-x} \mathrm{d}s = \frac{\sigma_0}{E_s}, \quad -a < x < a \tag{10.7}$$

另外，界面剪切应力 $\tau(x)$ 还应满足薄膜整体受力平衡条件

$$\int_{-a}^{a} \tau(x) + f(x) \mathrm{d}x = 0 \tag{10.8}$$

引入归一化参数 $(r, \xi) = x/a$，则方程 (10.7) 和式 (10.8) 可以化简为

$$\int_{-1}^{r} \left[\tau(a\xi) + f(a\xi)\right] \mathrm{d}\xi - \frac{2}{\pi} \frac{h_f \overline{E}_f}{a \overline{E}_s} \int_{-1}^{1} \frac{\tau(a\xi)}{\xi - r} \mathrm{d}\xi = \frac{h_f \overline{E}_f}{a \overline{E}_s} \sigma_0, \quad -1 < r < 1 \tag{10.9}$$

$$\int_{-1}^{1} \left[\tau(a\xi) + f(a\xi) \right] \mathrm{d}\xi = 0 \tag{10.10}$$

令 $\tau_x(x) = \tau(a\xi)$，$f_x(x) = f(a\xi)$，$c = h_f \overline{E}_f / a\overline{E}_s$，则方程可以化简为

$$\int_{-1}^{r} \left[\tau_x(\xi) + f_x(\xi) \right] \mathrm{d}\xi - \frac{2}{\pi} c \int_{-1}^{1} \frac{\tau_x(\xi)}{\xi - r} \mathrm{d}\xi = c\sigma_0, \quad -1 < r < 1 \tag{10.11}$$

$$\int_{-1}^{1} \left[\tau_x(\xi) + f_x(\xi) \right] \mathrm{d}\xi = 0 \tag{10.12}$$

求解方程（10.11）和式（10.12）即可得到超导薄膜内的正应力及界面剪切应力分布。

2. 界面处有部分脱黏

超导材料在制备以及加工装配的过程中会不可避免地在薄膜和基底之间的界面上引入缺陷。为了分析简单起见，以下考虑超导薄膜和基底在界面处没有完美黏结的情况。图 10.3 为简化分析模型。为了以后分析和计算方便，将坐标原点取为脱黏部分区域的中心。超导薄膜和基底在 $-a_d < x < a_d$ 的区域部分脱黏。系统的其他参数与完美黏结的情况相同。

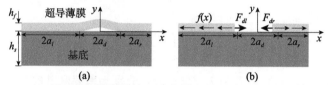

图 10.3　（a）界面有初始脱黏情况下薄膜基底系统；（b）薄膜受力示意图

超导薄膜受力平衡如图 10.4 所示。由图 10.4（a）所示薄膜脱黏区域左侧（$-2a_l - a_d < x < -a_d$）部分整体平衡条件可以得到脱黏部分左侧边界处的内力 $F_{dl} = \int_{-2a_l - a_d}^{-a_d} \left[q(s) + f(s) \right] \mathrm{d}s$；类似地，考虑图 10.4（b）右侧部分平衡条件可得脱黏部分右边界的内力为 $F_{dr} = \int_{-2a_l - a_d}^{-a_d} \tau(s) \mathrm{d}s + \int_{-2a_l - a_d}^{a_d} f(s) \mathrm{d}s$，其中，$2a_l$，$2a_r$ 和 $2a_d$ 分别为脱黏区域左侧、右侧以及脱黏部分的长度。

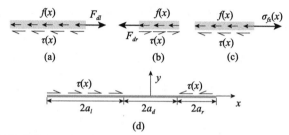

图 10.4　（a）超导薄膜脱黏区域左侧部分受力平衡图；（b）超导薄膜脱黏区域右侧部分受力平衡图；（c）薄膜任意部分受力平衡分析；（d）基底表面所受界面剪切应力示意图，其中 $-a_d < x < a_d$ 脱黏部分界面剪切应力为零

考虑图 10.4（c）所示从 $-a$ 到 x 区域薄膜微元的平衡可以得到超导薄膜内横向正应力 σ_{fx} 的表达式

$$\sigma_{fx}(x) = \frac{1}{h_f} \begin{cases} \displaystyle\int_{-2a_l-a_d}^{x} [\tau(s)+f(s)]\mathrm{d}s, & -2a_l-a_d < x < -a_d \\[2mm] \displaystyle\int_{-2a_l-a_d}^{-a_d} \tau(s)\mathrm{d}s + \int_{-2a_l-a_d}^{x} f(s)\mathrm{d}s, & -a_d < x < a_d \\[2mm] \left[\displaystyle\int_{-2a_l-a_d}^{-a_d} \tau(s)\mathrm{d}s + \int_{a_d}^{x} \tau(s)\mathrm{d}s\right] \\[2mm] \quad + \displaystyle\int_{-2a_l-a_d}^{x} f(s)\mathrm{d}s, & a_d < x < a_d+2a_r \end{cases} \quad (10.13)$$

图 10.4（d）为基底表面所受界面剪切应力示意图。因此，超导薄膜 x 方向的横向正应变 ε_{fx} 可以表示为 $\varepsilon_{fx}(x) = \sigma_{fx}/\overline{E}_f + \varepsilon_0$，其中，$\varepsilon_0 = \varepsilon_{\text{Thermal}} + \varepsilon_{\text{Lattice}}$，$\varepsilon_{\text{Thermal}} = \overline{\alpha}_f \Delta T$，$\overline{\alpha}_f = (1+\nu_f)\alpha_f$ 为平面应变情况下的热膨胀系数，ΔT 为降温过程中的温度变化，$\varepsilon_{\text{Lattice}}$ 为晶格失配导致的应变。此外，基底表面 x 方向的正应变 $\varepsilon_{sx}(x)$ 可以表示为[6]

$$\varepsilon_{sx}(x)\big|_{y=0} = -\frac{2}{\pi \overline{E}_s}\left[\int_{-2a_l-a_d}^{-a_d} \frac{\tau(s)}{x-s}\mathrm{d}s + \int_{a_d}^{a_d+2a_r} \frac{\tau(s)}{x-s}\mathrm{d}s\right] + \varepsilon_0 \quad (10.14)$$

其中，$\overline{E}_s = E_s/(1-\nu_s^2)$，$\overline{\alpha}_s = (1+\nu_s)\alpha_s$。由薄膜和基底在界面完美黏结处的位移连续性条件 $u_{fx}(x) = u_{sx}(x)\big|_{y=0}$，可以得到变形相容性条件

$$\varepsilon_{fx}(x) = \varepsilon_{sx}(x)\big|_{y=0}, \quad -2a_l-a_d < x < -a_d, \quad a_d < x < 2a_r+a_d \quad (10.15)$$

另外，薄膜和基底在脱黏区域的位移还满足

$$u_{fx}(a_d) - u_{fx}(-a_d) = u_{sx}(a_d) - u_{sx}(-a_d) \quad (10.16)$$

其中，u_{fx} 和 u_{sx} 分别表示薄膜和基底在 x 方向的横向位移。将式（10.13）和式（10.14）代入方程（10.15）可以得到以下方程

$$\frac{2}{\pi \overline{E}_s}\left[\int_{-2a_l-a_d}^{-a_d} \frac{\tau(s)}{x-s}\mathrm{d}s + \int_{a_d}^{a_d+2a_r} \frac{\tau(s)}{x-s}\mathrm{d}s\right]$$

$$+ \frac{1}{\overline{E}_f h_f} \begin{cases} \displaystyle\int_{-2a_l-a_d}^{x} [\tau(s)+f(s)]\mathrm{d}s = -\varepsilon_T, & -2a_l-a_d < x < -a_d \\[2mm] \left[\displaystyle\int_{-2a_l-a_d}^{-a_d} \tau(s)\mathrm{d}s + \int_{a_d}^{x} \tau(s)\mathrm{d}s\right] \\[2mm] \quad + \displaystyle\int_{-2a_l-a_d}^{x} f(s)\mathrm{d}s = -\varepsilon_0, & a_d < x < a_d+2a_r \end{cases} \quad (10.17)$$

方程（10.16）可以表示为

$$\frac{1}{\overline{E}_f h_f}\int_{-a_d}^{a_d}\left[\int_{-2a_l-a_d}^{-a_d} \tau(s)\mathrm{d}s + \int_{-2a_l-a_d}^{x} f(s)\mathrm{d}s\right]\mathrm{d}x + 2a_d\varepsilon_0$$

$$=-\frac{2}{\pi \overline{E}_s}\int_{-a_d}^{a_d}\left[\int_{-2a_l-a_d}^{-a_d}\frac{\tau(s)}{x-s}\mathrm{d}s+\int_{a_d}^{a_d+2a_r}\frac{\tau(s)}{x-s}\mathrm{d}s\right]\mathrm{d}x \tag{10.18}$$

其中，$\varepsilon_0=\varepsilon_{\text{Thermal}}+\varepsilon_{\text{Lattice}}$，$\varepsilon_{\text{Thermal}}=(\overline{a}_f-\overline{a}_s)\Delta T$，$\varepsilon_{\text{Lattice}}=(a_f-a_s)/a_s$。通过引入归一化参数 $\xi_l=(s+a_l+a_d)/a_l$，$\xi_r=(s-a_r-a_d)/a_r$，$\eta_l=(x+a_l+a_d)/a_l$，$\tau_l(\xi_l)=\tau(a_l\xi_l-a_l-a_d)$，$\tau_r(\xi_r)=\tau(a_r\xi_r+a_r+a_d)$ 就可以得到关于界面剪切力的控制方程。

对于脱黏区域左侧部分 $-1<\eta_l<1$，有

$$\frac{2}{\pi \overline{E}_s}\left[\int_{-1}^{1}\frac{\tau_l(\xi_l)}{\eta_l-\xi_l}\mathrm{d}\xi_l+\int_{-1}^{1}\frac{\tau_r(\xi_r)}{\eta_r-\xi_r}\mathrm{d}\xi_r\right]+\frac{a_l}{E_fh_f}\int_{-1}^{\eta_l}\tau_l(\xi_l)\mathrm{d}\xi_l$$

$$=-\frac{1}{E_fh_f}\int_{-2a_l-a_d}^{x}f(s)\mathrm{d}s-\varepsilon_T \tag{10.19}$$

对于脱黏区域右侧部分 $-1<\eta_r<1$，有

$$\frac{2}{\pi \overline{E}_s}\left[\int_{-1}^{1}\frac{\tau_l(\xi_l)}{\eta_l-\xi_l}\mathrm{d}\xi_l+\int_{-1}^{1}\frac{\tau_r(\xi_r)}{\eta_r-\xi_r}\mathrm{d}\xi_r\right]+\frac{1}{E_fh_f}\left[a_l\int_{-1}^{1}\tau_l(\xi_l)\mathrm{d}\xi_l+a_r\int_{-1}^{\eta_r}\tau_r(\xi_r)\mathrm{d}\xi_r\right]$$

$$=-\frac{1}{E_fh_f}\int_{-2a_l-a_d}^{x}f(s)\mathrm{d}s-\varepsilon_T \tag{10.20}$$

对于薄膜整体受力平衡条件，有

$$-\frac{2}{\pi \overline{E}_s}\int_{-a_d}^{a_d}\left[\int_{-1}^{1}\frac{\tau_l(\xi_l)}{\eta_l-\xi_l}\mathrm{d}\xi_l+\int_{-1}^{1}\frac{\tau_r(\xi_r)}{\eta_r-\xi_r}\mathrm{d}\xi_r\right]\mathrm{d}x-\frac{1}{E_fh_f}\int_{-a_d}^{a_d}a_l\int_{-1}^{1}\tau_l(\xi_l)\mathrm{d}\xi_l\mathrm{d}x$$

$$=\frac{1}{E_fh_f}\int_{-a_d}^{a_d}\int_{-2a_l-a_d}^{x}f(s)\mathrm{d}s\mathrm{d}x+2a_d\varepsilon_0 \tag{10.21}$$

3. 求解方法

方程（10.11）、式（10.12）以及方程（10.19）～式（10.21）均为含有 Cauchy 核的奇异积分方程，无法直接解析求解，只能通过数值方法近似求解。Erdogan 和 Gupa[7] 利用第一类与第二类 Chebyshev 多项式求解 Cauchy 核奇异积分方程。根据不同的边界和端点类型，将方程中待求的未知量用不同的 Chebyshev 多项式进行展开，从而将问题转化为关于展开系数的线性代数方程组，求得展开系数即可得到方程的解。下面对 Chebyshev 多项式的性质进行简要介绍。第一类 Chebyshev 多项式 $T_n(t)$ 通过下面的等式定义：

$$T_n(t)=\cos[n\arccos(t)] \tag{10.22}$$

其中，$0\leqslant\arccos(t)\leqslant\pi$，$n$ 为多项式的阶数。第一类 Chebyshev 多项式 $T_n(t)$ 构成了 $[-1,1]$ 区间关于权函数 $(1-t)^{-1/2}$ 的完备正交基，

$$\int_{-1}^{1}\frac{T_n(t)T_m(t)}{\sqrt{1-t^2}}\mathrm{d}t=\begin{cases}\pi/2, & n=m\neq 0\\ \pi, & n=m=0\\ 0, & n\neq m\end{cases} \tag{10.23}$$

第二类 Chebyshev 多项式 $U_n(t)$ 定义为

$$U_n(t) = \frac{\sin((n+1)\arccos(t))}{\sin(\arccos(t))} = \frac{T'_{n+1}(t)}{n+1} \qquad (10.24)$$

其中，$T'_{n+1}(t)$ 为第一类 Chebyshev 多项式对变量 t 的导数。第二类 Chebyshev 多项式关于权系数 $(1-t^2)^{1/2}$ 正交，即

$$\int_{-1}^{1} U_n(t)U_m(t)\sqrt{1-t^2}\,\mathrm{d}t = \frac{\pi}{2}\delta_{nm} \qquad (10.25)$$

由定义式（10.22）和式（10.24），并将 $t = \cos(\theta)$ 代入可以得到以下积分表达式

$$\int_{-1}^{1} U_{k-1}(t)\,\mathrm{d}t = \begin{cases} 2/k, & k \text{ 为奇数} \\ 0, & k \text{ 为偶数} \end{cases} \qquad (10.26)$$

$$\int_{-1}^{1} T_i(\xi)U_{k-1}(\xi)\,\mathrm{d}\xi = \begin{cases} 2k/(k^2-i^2), & k+i \text{ 为奇数} \\ 0, & k+i \text{ 为偶数} \end{cases} \qquad (10.27)$$

$$\int_{-1}^{1} \frac{T_n(t)}{(t-x)\sqrt{1-t^2}}\,\mathrm{d}t = \pi U_{n-1}(x) \qquad (10.28)$$

$$\int_{-1}^{1} \frac{U_{n-1}(t)}{t-x}\sqrt{1-t^2}\,\mathrm{d}t = -\pi T_n(x) \qquad (10.29)$$

$$\int_{x}^{1} \frac{T_n(t)}{\sqrt{1-t^2}}\,\mathrm{d}t = \frac{1}{n}U_{n-1}(x)\sqrt{1-x^2} \qquad (10.30)$$

1）界面完美黏结

对于界面处完美黏结的超导薄膜基底系统，控制方程（10.11）和式（10.12）为 Cauchy 奇异积分方程。将界面剪切应力 $\tau_x(\xi)$ 展开为 Chebyshev 多项式的形式

$$\tau_x(\xi) = \frac{1}{\sqrt{1-\xi^2}} \sum_{n=0,1,2}^{N} C_n T_n(\xi) \qquad (10.31)$$

其中，$C_n, n = 0, 1, \cdots, N$ 为展开系数，$T_n(\xi)$ 为第一类 Chebyshev 多项式。将式（10.31）代入式（10.11）和式（10.12），即可得到关于 $\tau_x(\xi)$ 展开系数的代数方程组

$$\sum_{n=1,2}^{N} \left[(\sqrt{1-r^2}/n + 2c)U_{n-1}(r)\right]C_n = \int_{-1}^{r} f_n(\xi)\,\mathrm{d}\xi - c\sigma_0 - C_0(\pi - \arccos(r))$$

$$(10.32)$$

$$\pi C_0 + \int_{-1}^{1} f_x(\xi)\,\mathrm{d}\xi = 0 \qquad (10.33)$$

通过求解式（10.32）和式（10.33）组成的线性代数方程组，得到系数 C_n 就可以得到薄膜基底系统的界面应力及薄膜应力。

2）界面处有脱黏

不同于界面完美黏结情况，在界面有脱黏的情况下问题的控制方程（10.19）、

式（10.20）和式（10.21）比之前的略微复杂一些，对整个带材内部的应力需要分段求解。具体过程为：首先将脱黏区域左侧和右侧部分归一化的界面剪切应力分别展开为如下 Chebyshev 多项式的形式

$$\tau_l(\xi) = \frac{1}{\sqrt{1-\xi_l^2}} \sum_{n=0,1,2}^{N} C_{ln} T_n(\xi_l) \tag{10.34}$$

$$\tau_r(\xi) = \frac{1}{\sqrt{1-\xi_r^2}} \sum_{n=0,1,2}^{N} C_{rn} T_n(\xi_r) \tag{10.35}$$

其中，$C_{ln}, C_{rn}, n=0,1,\cdots,N$ 均为展开系数。将式（10.34）和式（10.35）代入方程（10.19）～式（10.21）中，考虑 Chebyshev 多项式的基本性质并经过一定的化简可以得到如下线性代数方程组

$$\sum_{n=1,2,\cdots}^{N} C_{ln} \left(2 + \frac{\overline{E}_s a_l}{E_f h_f} \frac{1}{n} \sqrt{1-\eta_l^2} \right) U_{n-1}(\eta_l) + 2 \sum_{n=0,1,2,\cdots}^{N} C_{rn} \frac{(\eta_r + \sqrt{\eta_r^2-1})^n}{\sqrt{\eta_r^2-1}}$$

$$= \frac{\overline{E}_s a_l}{E_f h_f} C_{l0} [\pi - \arccos(\eta_l)] + \frac{1}{E_f h_f} \int_{-2a_l-a_d}^{x} f(s)\mathrm{d}s + (\alpha_f - \alpha_s)\Delta T, \quad -1 < \xi_l < 1 \tag{10.36}$$

$$- \sum_{n=1,2,\cdots}^{N} C_{rn} \left(2 + \frac{\overline{E}_s a_r}{E_f h_f} \frac{1}{n} \sqrt{1-\eta_r^2} \right) U_{n-1}(\eta_r) + \sum_{n=0,1,2,\cdots}^{N} 2 C_{ln} \frac{(\eta_l - \sqrt{\eta_l^2-1})^n}{\sqrt{\eta_l^2-1}}$$

$$= \frac{\overline{E}_s a_r}{E_f h_f} C_{r0} \arccos(\eta_r) - \frac{1}{E_f h_f} \int_{-2a_l-a_d}^{x} f(s)\mathrm{d}s - (\alpha_f - \alpha_s)\Delta T, \quad -1 < \xi_r < 1 \tag{10.37}$$

$$2\left(C_{l0}A_{l0} + \sum_{n=1}^{N} c_{ln}A_{ln} - C_{r0}A_{r0} - \sum_{n=1}^{N} C_{rn}A_{rn} \right)$$

$$= \frac{\overline{E}_s a_l}{E_f h_f} 2a_d C_{l0}\pi + \frac{1}{E_f h_f} \int_{-a_d}^{a_d} \int_{-2a_l-a_d}^{x} f(s)\mathrm{d}s\mathrm{d}x + 2a_d(\alpha_f - \alpha_s)\Delta T \tag{10.38}$$

其中，A_{l0}，A_{ln}，A_{r0} 和 A_{rn} 的表达式如下：

$$A_{l0} = -a_l[\ln a_l - 2\ln(\sqrt{a_d} + \sqrt{a_d + a_l})],$$

$$A_{ln} = -a_l[-1 + (2a_d/a_l + 1 - \sqrt{-1 + (2a_d/a_l + 1)^2})^n]/n$$

$$A_{r0} = -a_r[-\ln a_r + 2\ln(\sqrt{a_d + a_r} - \sqrt{a_d})],$$

$$A_{rn} = a_r[(-1)^n + (2a_d/a_r + 1 - \sqrt{-1 + (2a_d/a_r + 1)^2})^n]/n$$

求解方程（10.36）～式（10.38）即可得到薄膜内的正应变和界面剪切应力。

10.2.2　超导薄膜电磁分析

　　无论是未来用于传输电流的超导电缆还是产生强磁场的超导磁体，二代高温

超导带材都是其中最基本的组成部分。在强磁场环境中，超导体会受到强大的 Lorentz 力作用而承受巨大的电磁应力。为了分析外加磁场环境下超导带材在传输电流过程中的受力和变形，就必须计算得到超导体内的电流以及磁场分布。对于无限长的超导薄带，Norris[8] 和 Brandt[9,10] 等分别通过解析和数值的方法进行了求解，得到了超导薄带在外加磁场和传输电流分别作用的情况下内部的电流和磁场分布。根据文献 [9] 的分析结果，传输电流情况下超导带材内的电流和磁场分布可以表示为

$$J(x) = \begin{cases} 2J_c/\pi\arctan[\sqrt{(a^2-b^2)/(b^2-x^2)}], & |x| < b \\ J_c, & b < |x| < a \end{cases} \tag{10.39}$$

其中，b 为超导带材的穿透深度，可以表示为 $b = a\sqrt{1-F^2}$。F 为传输电流 I_a 和饱和电流 $I_c = 2aJ_c$ 之比，即 $F = I_a/I_c$。$J_c(=j_c h_f)$ 为带材临界电流。超导薄膜中的磁场为

$$H(x) = \begin{cases} 0, & |x| < b \\ -\operatorname{sgn}(x)H_c\operatorname{arctanh}\sqrt{(x^2-b^2)/(a^2-b^2)}, & b < |x| < a \end{cases} \tag{10.40}$$

其中，$H_c = J_c/\pi$，$\operatorname{sgn}(x)$ 为符号函数。当传输电流从 I_a 降低到 I_d 时，超导带材内的电流密度和磁场分布可以表示为

$$J(x) = \begin{cases} \dfrac{2J_c}{\pi}\Big[\arctan\sqrt{(a^2-b^2)/(b^2-x^2)} \\ \qquad -2\arctan\sqrt{(a^2-\tilde{b}^2)/(\tilde{b}^2-x^2)}\Big], & |x| < b \\ J_c - \dfrac{4J_c}{\pi}\arctan\sqrt{(a^2-\tilde{b}^2)/(\tilde{b}^2-x^2)}, & b < |x| < \tilde{b} \\ -J_c, & \tilde{b} < |x| < a \end{cases} \tag{10.41}$$

$$H(x) = \begin{cases} 0, & |x| < b \\ \operatorname{sgn}(x)H_c\operatorname{arctanh}\sqrt{(x^2-b^2)/(a^2-b^2)}, & b < |x| < \tilde{b} \\ \operatorname{sgn}(x)H_c\Big[\operatorname{arctanh}\sqrt{(x^2-b^2)/(a^2-b^2)} \\ \qquad -2\operatorname{arctanh}\sqrt{(x^2-\tilde{b}^2)/(a^2-\tilde{b}^2)}\Big], & \tilde{b} < |x| < a \end{cases} \tag{10.42}$$

其中，$\tilde{b} = a\sqrt{1-[(I_a-I_d)/2I_c]^2}$，$\tilde{c} = \sqrt{1-\tilde{b}^2/a^2}$。

在垂直磁场 H_a 而无传输电流的情况下，超导带材内的电流和磁场分布可以通过相同的方式得到。超导带材内的电流密度和磁场分布为

$$J(x) = \begin{cases} \dfrac{2J_c}{\pi}\arctan\left[\dfrac{cx}{\sqrt{b^2-x^2}}\right], & |x| < b \\ J_c x/|x|, & b < |x| < a \end{cases} \tag{10.43}$$

$$H(x) = \begin{cases} 0, & |x| < b \\ H_c\,\mathrm{arctanh}\left[\dfrac{(x^2-b^2)^{1/2}}{c|x|}\right], & b < |x| < a \end{cases} \quad (10.44)$$

其中, $b = a/\cosh(H_a/H_c)$, $c = \tanh(H_a/H_c)$。外加磁场从 H_0 降低为 H_d 时,超导带材中的电流和磁场分布可以通过式（10.43）和式（10.44）的线性叠加得到

$$J(x, H_d, J_c) = J(x, H_0, J_c) - J(x, H_0 - H_d, 2J_c) \quad (10.45)$$

$$H(x, H_d, J_c) = H(x, H_0, J_c) - H(x, H_0 - H_d, 2J_c) \quad (10.46)$$

其中, $\tilde{b} = a/\cosh[(H_0 - H_d)/2H_c]$, $\bar{c} = \tanh[(H_0 - H_d)/2H_c]$。对于处于外加磁场 H_a 中同时载有传输电流 I 的超导带材, 其内部的电流密度和磁场分布分别为

$$J(x) = J_c\left[j(x+w, a+w, b) + pj(-x-w, a-w, b)\right] \quad (10.47)$$

$$H(x) = H_c\left[h(x+w, a+w, b) - ph(-x-w, a-w, b)\right] \quad (10.48)$$

其中, 函数 j 和 h 定义如下

$$j(x,a,b) = \begin{cases} 1, & b \leqslant x \leqslant a \\ \dfrac{1}{\pi}\left\{\mathrm{arctan}\left(\dfrac{a^2-b^2}{b^2-x^2}\right) + \mathrm{arctan}\left[\dfrac{x}{a}\left(\dfrac{a^2-b^2}{b^2-x^2}\right)\right]\right\}, & -b \leqslant x \leqslant b \\ 0, & -\infty < x < -b \end{cases} \quad (10.49)$$

$$h(x,a,b) = \begin{cases} 0, & |x| < b \\ \dfrac{x}{2|x|}\,\mathrm{arctanh}[p/(ax-b^2)], & b \leqslant |x| < \infty \end{cases} \quad (10.50)$$

这里 $b = \sqrt{(1-f^2)(1-c^2)}$, $w = fc$, $f = I/I_{\max}$, $f = I/I_{\max}$, $g = H_a/H_c$, $c = \tanh(H_a/H_c)$。$p = -1$, $H_a > H_a^*$; $p = +1$, $H_a < H_a^*$; $H_a^* = H_c\,\mathrm{arctanh}(I/I_{\max})$。最终得到超导带材传输电流过程中, 在外加磁场中的电流和磁场分布。

通过电磁分析得到超导薄膜内的电流和磁场分布, 即可得到超导薄膜所受的电磁力。以下为了方便引入归一化的参数 $\sigma_{s0} = \mu_0 j_c^2 h_f^2/\pi$ 对剪切应力, $\sigma_{t0} = \mu_0 j_c^2 h_f a/\pi$ 对薄膜内的横向正应力进行无量纲化处理。

10.2.3　简化的超导薄膜—基底系统中的应力和变形

1. 传输电流情况

1）传输电流增加过程

图 10.5（a）和（b）为参数 $c = 2h_f\bar{E}_f/a\bar{E}_s$ 分别为 50 和 0.1 时, 传输电流增大过程中超导薄膜内的横向正应力分布。从图中可以看出, 随着传输电流的增大超导薄膜内的正应力也相应地增加, 并且主要是压应力。当 c 取值非常大时（如图 10.5（a）所示）, 薄膜内的正应力与无基底材料时单层超导薄膜传输电流过程中的

应力分布相同[11]。当电流并未达到临界电流时，超导薄膜只在靠近边缘区域受到 Lorentz 力的作用，薄膜内的压应力从边缘向磁通穿透前沿区域逐渐增大，在磁通并未穿透区域压应力保持恒定的值。随着传输电流的增大，磁通穿透前沿逐渐向超导薄膜中心靠近，压应力的值也不断增大。当 c 取值较小时，薄膜内横向正应力明显降低，同时随着传输电流的增大薄膜边缘附近区域出现比较小的拉伸应力。图 10.6 给出了传输电流增大过程中超导薄膜和基底界面剪切应力的变化。随着传输电流的增大，界面剪切应力也随之增大。薄膜边缘出现远高于其他区域的界面剪切应力。对比不同参数 c 下的界面剪切应力大小可知，参数 c 的取值越大界面剪切应力越小。

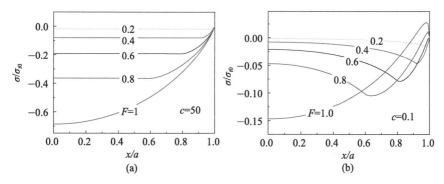

图 10.5 传输电流增大过程中超导薄膜内正应力分布

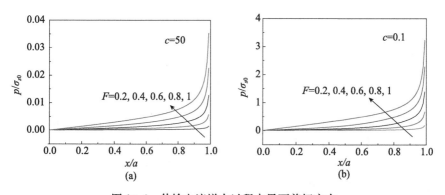

图 10.6 传输电流增大过程中界面剪切应力

为了更加清楚地看到超导薄膜内正应力，以及界面处剪切应力分布与材料杨氏模量和几何尺寸相关的参数 c 之间的关系。图 10.7 给出了不同参数 c 下，传输电流从零增加到 $I_a = 0.8I_c$ 时，超导薄膜内的正应力分布和界面剪切应力分布。通过对比发现，参数 c 的取值决定着超导薄膜内的正应力和界面剪切应力的大小和分布。当 c 取值比较小时，超导薄膜内的正应力较小而界面剪切应力较大；当 c 较大时，薄膜内正应力和界面剪切应力的大小情况则恰好相反。出现这一现象也不难理解，因为在超导薄膜的厚度 h_f 和宽度 a 给定的情况下，c 的大小取决于薄膜和基底杨氏模量的比值。c 取较大的值意味着薄膜的刚度大于基底刚度，极限情况下（$c \gg 1$）可以认为基底材料为空气，此时薄膜内的正应力与单纯超导带材的应力分布相同，而界面剪切应力则接近于零。c 取较小的值则对应于基底相对于薄膜"较硬"的情况，此时基底对薄膜具有较强的约束作用。这些结果表明相对"较硬"的基底能够有效地限制薄膜的变形而降低薄膜内的正应力，但与此同时也会导致薄膜和基底之间的界面处产生较大的剪切应力。而相对较"软"的基底，界面剪切应力很小，但超导薄膜会受到较大的压应力作用。

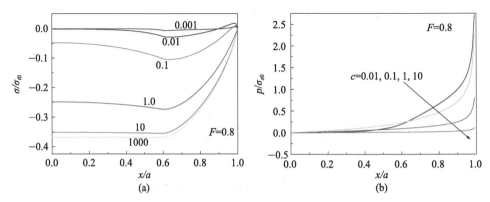

图 10.7　不同参数 c 下传输电流从零增加到 $I_a = 0.8 I_c$ 过程中，
（a）超导薄膜内横向正应力和（b）界面剪切应力

2) 传输电流减小过程

图 10.8 为不同参数 c 下，传输电流由临界电流 $I_a = I_c$ 降低的过程中超导薄膜内的横向正应力分布。对比不同参数 c 下正应力的值，可以看出与电流增加过程类似，c 越大超导薄膜内横向正应力越大。当 c 足够大时，超导薄膜内的正应力与单纯超导带的结果相同。在电流下降的过程中，薄膜边缘将出现一定大小的拉应力。特别是当 c 比较小时，薄膜边缘附近出现拉应力的区域范围变大。因为 c 取值较小对应基底相对超导薄膜"较硬"，当传输电流降低时，超导薄膜边缘附近的电流反向从而引起电磁力反向，使得薄膜在边缘附近受到拉应力作用。基底越硬对薄膜的约束越强，从而使得薄膜所受的应力减小、界面剪切应力增大。

图 10.9 给出了不同 c 下超导薄膜和基底之间的界面剪切应力分布。可以看出，随着传输电流的减小界面剪切应力逐渐降低。当传输电流减低为零时，界面剪切应力随之消失。另外，与上升过程类似，电流下降过程中参数 c 比较小的超导薄膜基底系统界面剪切应力较大。

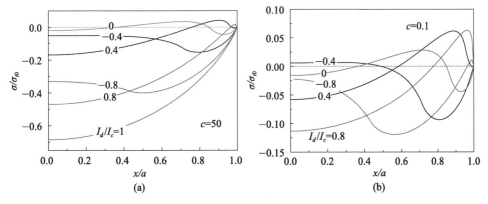

图 10.8 传输电流减小过程超导薄膜内正应力

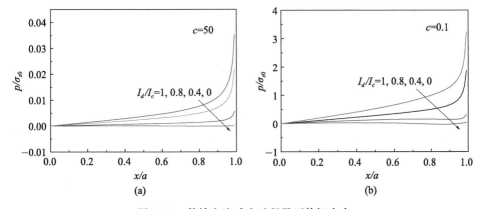

图 10.9 传输电流减小过程界面剪切应力

图 10.10 分别给出了不同参数 c 下，传输电流从 $I_a = I_c$ 降低为零的过程中超导薄膜内的正应力和界面剪切应力分布。参数 c 取值较大，传输电流降低为零的过程中超导薄膜内仍有一定的"残余"正应力存在，而界面剪切应力较小。当 c 取值比较小时，超导薄膜内"残余"正应力很小，而界面剪切应力较大。

2. 外加磁场情况

实际应用中尤其是在强磁应用中，超导材料多处于高磁场环境。极端情况下，超导材料在应用过程中还可能受到脉冲磁场的冲击作用。在磁场上升和下降的过程中超导薄膜会受到较大的电磁力作用。本节假设超导带材受到垂直于表面的外部磁场作用，研究超导薄膜内部正应力和界面剪切应力。图 10.11（a）和（b）给出了在强度为 $H_a = 4H_c$ 的方形脉冲磁场（如图 10.11（b）中插图所示）作用过程中，超导薄膜内的电流密度和磁场分布。从图中可以看出，在脉冲磁场上升时磁通首先迅速穿透超导薄膜并保持一段时间，而在磁场降低时超导薄膜边缘的

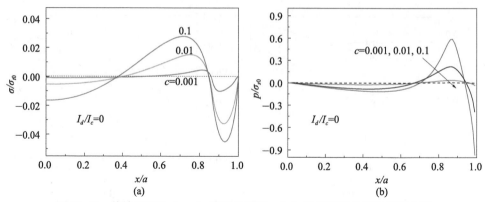

图 10.10　传输电流从 $I_a = I_c$ 降低为零时，（a）超导薄膜内横向正应力和
（b）界面剪切应力分布

电流方向迅速反向，同时超导薄膜内的磁场从边缘附近开始逐步降低。在磁场降低的过程中超导体会受到拉伸应力的作用，此时容易导致超导材料发生脆性破坏。

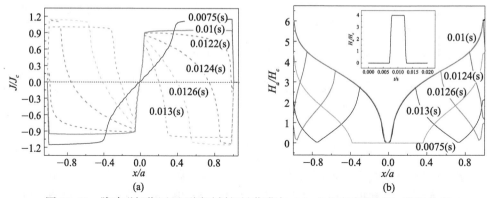

图 10.11　脉冲磁场作用下不同时刻超导薄膜内（a）电流密度和（b）磁场分布

　　图 10.12（a）和（b）分别为参数 $c = 0.1$，外加磁场上升时超导薄膜内的正应力和界面剪切应力分布。从图中可以看出随着外加磁场的上升，薄膜内正应力和界面剪切应力均随之增大。与电流增大过程类似，磁场上升时超导薄膜主要受压应力作用，且薄膜中心区域所受的压应力最大而界面剪切应力接近于零。界面剪切应力在薄膜边缘具有一定的奇异性。另外，本节研究了基底材料模量以及尺寸等因素对超导薄膜内正应力和界面剪切应力的影响。图 10.13 给出了外加磁场从零开始增大到 $H_a = 4H_c$ 时，不同参数 c 下超导薄膜内正应力和界面剪切应力分布。从中可以看出随着参数 c 的增大，上升过程中超导薄膜内正应力增大而界面剪切应力减小。当 c 很小时，薄膜内正应力接近于零而界面剪切应力很大；当 c 取值很大

时则正好相反。

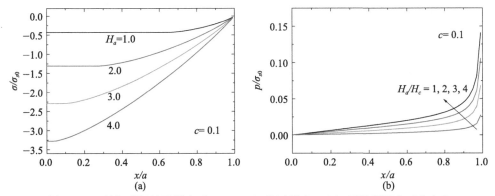

图 10.12 外加磁场从零增大到 $H_a = 4H_c$ 的过程中，（a）超导薄膜内正应力和
（b）界面剪切应力

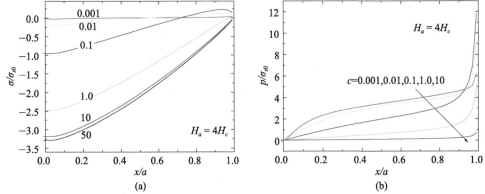

图 10.13 不同参数 c 下、外加磁场从零增大到 $H_a = 4H_c$ 时，（a）薄膜内正应力和
（b）界面剪切应力分布

本节还研究了磁场下降过程中超导薄膜内正应力和界面剪切应力分布。图 10.14 为 $c = 0.1$ 时，外加磁场从 $H_a = 4H_c$ 逐渐减小的过程中超导薄膜内正应力和界面剪切应力分布。随着外加磁场的降低，超导薄膜边缘附近的电流发生反向，从而使得超导薄膜边缘附近区域受到一定的拉伸应力作用，直至外加磁场完全反向超导薄膜的应力状态才又恢复为压应力。同样对于界面剪切应力由于超导薄膜内电流的反向，也经历了方向的改变。磁场逐渐减小但尚未反向时界面剪切应力的幅值逐渐减小，当磁场继续反向上升时界面剪切应力的幅值又逐渐增大。

图 10.15 为磁场从 $H_a = 4H_c$ 降低为零时，不同参数 c 下超导薄膜内正应力和界面剪切应力分布。可以看出，磁场降低为零时超导薄膜内有残余正应力及界面剪切应力存在。参数 c 越大，磁场降低过程中超导薄膜内正应力越大而界面剪切应

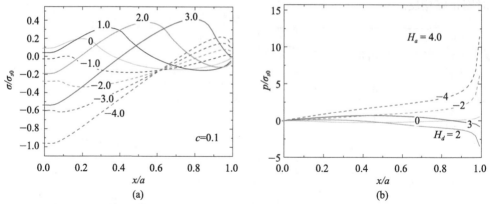

图 10.14　磁场下降过程中，（a）超导薄膜内正应力和（b）界面剪切应力分布

力越小，反之亦然。同时，当 c 较大，也就是说基底相对较 "软" 时，超导薄膜中心附近区域有较大的拉伸应力存在。也就是说，相对较 "硬" 的基底能有效抑制超导薄膜的拉伸应力，而同时使其在界面处的剪切作用增强。

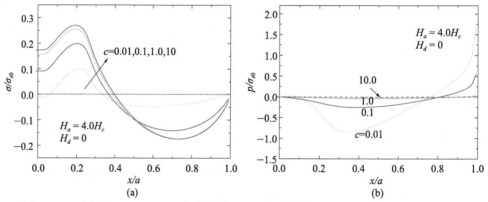

图 10.15　磁场从 $H_a = 4H_c$ 下降为零时，（a）超导薄膜内正应力和（b）界面剪切应力

3. 外加磁场和传输电流同时作用

图 10.16 为外加磁场 $H_a = 4H_c$，传输电流从零增大到 $I_a = I_c$ 时，超导薄膜内的电流密度分布以及相应垂直方向的磁场分布。可以看出，在外加磁场和传输电流同时作用于超导薄膜时，随着传输电流的增大，屏蔽电流与传输电流同向的部分增强而反向的部分相互抵消，电流密度逐渐从对称分布转变为一边较大而另一边较小的非对称分布。传输电流较小时，超导薄膜内电流和磁场表现为 "磁场型" 的分布形式；随着外加磁场的增大则表现出 "电流型" 分布特征。

图 10.17（a）和（b）分别为传输电流 $I_a = 0.5I_c$，外加磁场逐渐增大的过程中，超导薄膜内的电流密度以及磁场分布。同样在外加磁场增大过程中，超导薄

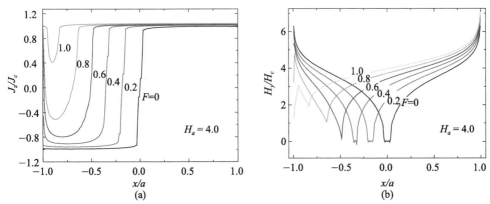

图 10.16 外加磁场 $H_a = 4H_c$，传输电流从零增大到 $I_a = I_c$ 时，超导薄膜内
（a）电流密度和（b）磁场

膜内的电流和磁场分布逐渐从"电流型"分布转变为"磁场型"分布，并且也表现出明显的非对称分布。

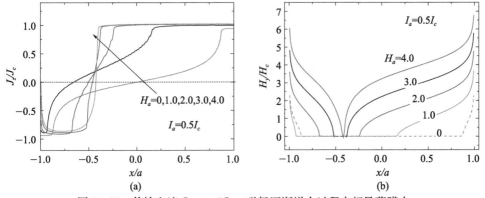

图 10.17 传输电流 $I_a = 0.5I_c$，磁场逐渐增大过程中超导薄膜内
（a）电流密度和（b）磁场分布

图 10.18（a）为外加磁场 $H_a = 4H_c$，传输电流从零逐渐增大的过程中超导薄膜内的电磁体力分布。图 10.18（b）为传输电流 $I_a = 0.5I_c$，外加磁场分别为 1.0、2.0、3.0 和 4.0H_c 时超导薄膜内的电磁体力分布。可以明显看出，外加磁场和传输电流同时作用时，由于电流密度和磁场分布的不对称，超导薄膜所受的 Lorentz 力也呈现出一定的非对称分布。此时超导薄膜所受的电磁力的合力并非为零。Lorentz 力产生的合力将会使超导薄膜像受到机械载荷向同一方向的撕扯作用一样。因此，为使超导薄膜保持平衡，基底会对薄膜施加一定的约束作用。这种情况下超导薄膜内的正应力和薄膜基底界面处的剪切应力也会不同于单纯传输电流和施加磁场的情况。

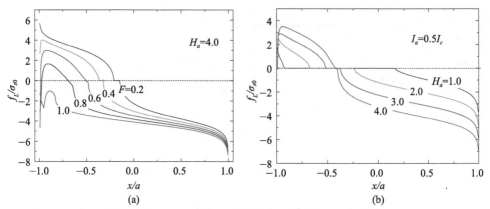

图 10.18 （a）外加磁场 $H_a=4H_c$ 下，传输电流逐渐增大；（b）传输电流 $I_a=0.5I_c$，
磁场逐渐增大过程中超导薄膜所受 Lorentz 力分布

图 10.19（a）和（b）分别给出了参数 $c=0.1$、外加磁场 $H_a=4H_c$ 下，传输电流逐渐增大的过程中超导薄膜内的正应力和界面剪切应力分布。从图中可以看出，在外加磁场恒定的情况下，随着传输电流的增大薄膜右侧边缘处界面剪切应力逐渐增大，同时右侧边缘附近出现较大的拉应力区。与仅受外加磁场或者传输电流的情况不同，在同时受到外部磁场和传输电流作用时，电流增大的过程中导体右侧边缘处界面剪切应力逐步增大的同时，左侧边缘附近界面剪切应力的方向发生变化。出现这一现象的原因在于，电流的增大使得超导薄膜内 Lorentz 力向相同方向转变，因此，薄膜受到一个较大的合力作用，该合力的作用相当于同时向一边撕扯超导薄膜，使其在整个区域都受到界面剪切应力的作用。

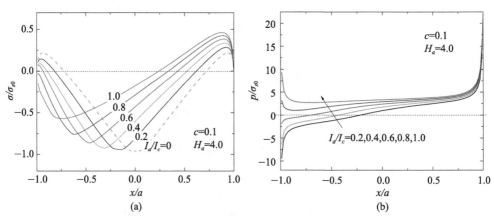

图 10.19　外加磁场 $H_a=4H_c$，传输电流增大过程中超导薄膜内
（a）正应力和（b）界面剪切应力

图 10.20 给出了图 10.19 过程中薄膜左侧和右侧边缘的剪切应力强度因子。从

图中可以看出随着传输电流的增加，薄膜右侧边缘的应力强度因子几乎线性增加而左侧应力强度因子先减小后增大，且左侧剪切应力的奇异性低于右侧。

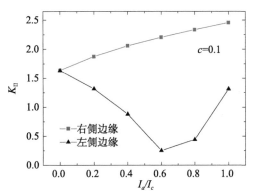

图 10.20 外加磁场 $H_a = 4H_c$，传输电流增大过程薄膜边缘剪切应力强度因子

图 10.21 为传输电流恒定为 $I_a = 0.5I_c$，外加磁场上升过程中超导薄膜内横向正应力及界面剪切应力分布。可以看出，电流恒定、外加磁场上升时，超导薄膜右侧边缘附近出现正应力分布，并且外加磁场越大正应力的分布范围和取值也越大。界面剪切应力随着磁场的上升而增大并且出现非对称分布，同时薄膜边缘附近界面剪切应力随着外加磁场的增大而显著增大。

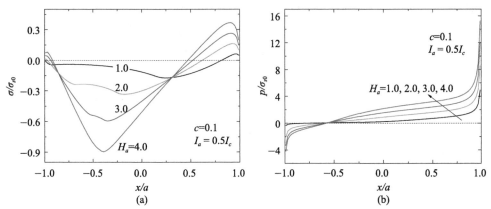

图 10.21 传输电流 $I_a = 0.5I_c$，外加磁场上升过程中超导薄膜内
正应力（a）和界面剪切应力（b）

图 10.22 为薄膜左侧和右侧边缘附近界面剪切应力强度因子随外加磁场的变化。薄膜和基底左右两侧边缘界面剪切应力强度因子均随外加磁场的增大而上升，且右侧边缘应力强度因子比左侧大得多。这些充分说明超导薄膜基底系统在传输电流和外加磁场共同作用下，边缘部位的剪切应力存在较强的奇异性。

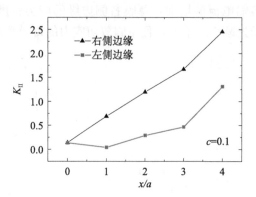

图 10.22   传输电流 $I_a=0.5I_c$，外加磁场上升过程中薄膜边缘界面剪切应力强度因子

4. 界面处有脱黏情况

薄膜材料在制备的过程中，薄膜和基底之间的界面处很容易出现黏结不好的情况。另外，对其他薄膜类材料（如压电薄膜）的研究发现界面处的脱黏对薄膜的受力和变形影响十分显著。界面脱黏处往往是材料最先发生破坏以及薄膜从基底上翘曲、剥离的部位。因此，以下部分就简化的超导薄膜和基底系统在热载荷、机械载荷以及电磁力作用下，薄膜内正应力以及界面剪切应力进行分析计算。计算过程中所取的材料参数如下：$E_f=157\text{GPa}$，$\nu_f=0.3$，$\alpha_f=10\times10^{-6}\text{K}^{-1}$，$E_s=200\text{GPa}$，$\nu_s=0.3$，$\alpha_s=13\times10^{-6}\text{K}^{-1}$，$h_f=10\mu\text{m}$，$a=2\text{cm}$，$a_l=0.4a$，$a_d=0.01a$，$j_c=3.3\text{MA}\cdot\text{cm}^{-2}$。图 10.23 和图 10.24 所示分别为温度从 298K 降低到 77K 的过程中超导薄膜内正应力和界面剪切应力的分布。从中可以看出，由于超导薄膜和基底材料热膨胀系数的不同，在降温过程中基底的收缩量相对比薄膜较大，从而导致薄膜和基底之间的热膨胀不匹配。为了克服温度变化引起的热不匹配，超导薄膜和基底之间的界面处将会产生较大的界面剪切应力，以保证薄膜和基底在界面连接处的应变和位移连续。从图 10.23 可以看出，薄膜边缘附近横向正应力接近于零，而在中心区域迅速增大到一个常值（基底杨氏模量为 200GPa 时约为 −150MPa）。而界面剪切应力（如图 10.24 所示）在薄膜边缘以及脱黏区域两端具有非常强的奇异性。同时为了研究不同基底材料对超导薄膜内正应力的影响，图 10.23 还分别给出了基底杨氏模量分别为 1、10、50 和 200GPa 时，薄膜内正应力分布。从中可以看出，基底的杨氏模量越小薄膜内压应力也越小，同时边缘附近薄膜内压应力以及界面剪切应力的变化变得相对缓慢。

图 10.25 为传输电流从零增大到 $I_a=0.8I_c$ 时，超导薄膜内横向正应力和界面剪切应力分布。从图中可看出，界面处的缺陷对超导薄膜内正应力分布有非常明显的影响。由于脱黏区域薄膜和基底材料并不连续，在电流增大的过程中超导薄膜主要承受压应力。在脱黏区域由于没有基底材料的约束作用，使得超导薄膜压

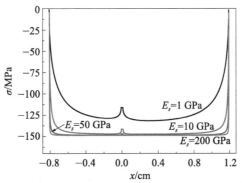

图 10.23 温度从 298K 降低到 77K 的过程中超导薄膜内横向正应力

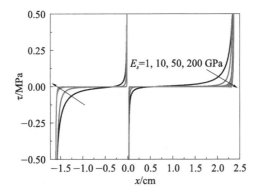

图 10.24 温度从 298K 降低到 77K 的过程中界面剪切应力

缩变形大于周围其他区域而承受较大的压应力。同时除了薄膜边缘附近有很大的界面剪切应力外，脱黏区域两端也存在较大的剪切应力并且剪切应力的值随着基底杨氏模量的增加而增大。

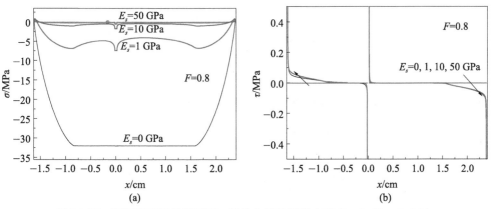

(a)

(b)

图 10.25 不同基底杨氏模量下，传输电流从零增大到 $F = I_a/I_c = 0.8$ 时，

(a) 超导薄膜内正应力及 (b) 界面剪切应力

　　另外，我们还研究了脱黏区域位置对超导薄膜内正应力和界面剪切应力的影响。图 10.26 为传输电流从零增大到 $I_a = 0.8I_c$ 时，不同脱黏位置对超导薄膜内正应力和界面剪切应力的影响。从图中可以看出脱黏区域的位置对超导薄膜内正应力和界面剪切应力分布的影响十分明显。电流增大过程中，超导薄膜和界面之间的脱黏区域越接近于薄膜边缘，超导薄膜内脱黏区域的正应力增加越明显，同时薄膜边缘和脱黏区域两端的剪切应力也越大。另外，可以看出，脱黏区域两端的界面剪切应力比薄膜边缘处的剪切应力更大。在具体的应用过程中，超导薄膜和基底之间的界面脱黏部位很可能就是材料最先发生剪切剥离和破坏的区域。因此，在超导带材设计和制备的过程中，应尽可能地避免材料在界面处产生缺陷，尤其是带材边缘附近。

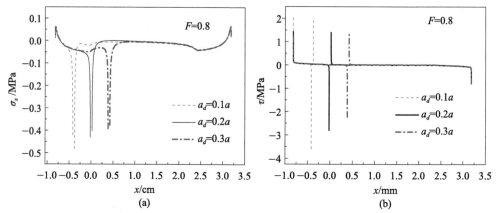

图 10.26　脱黏区域不同位置对超导薄膜内正应力（a）和界面剪切应力（b）的影响
其中 $F = I_a / I_c = 0.8$

10.3　单层超导带材剥离强度的力学行为分析[12]

10.3.1　二代高温超导带材的层间剥离行为特征

　　二代高温超导带是典型的多层结构，其运行在低温、高磁场的极端工作环境中，由于制造、Lorentz 力和热循环引起的高横向拉伸应力，经常出现层离行为，严重制约着超导带及结构超导性能的发挥[13,14]。因此，研究超导带材的层离行为非常的重要和必要。

　　Miyazoe 等发现该涂层导体在强电磁力作用下的法向层离现象[15]。Takematsu 等报道了环氧树脂浸渍 YBCO 双饼形线圈从室温冷却到工作温度后的层离行为[16]，损伤类型类似于从带材边缘到另一个边缘的剥离。Otten 等报道了环氧树脂浸渍后 Roebel 电缆的层离现象[17]。超导带的分层会导致磁体线圈中临界电流的迅速衰减。

为了研究二代高温超导带的层离行为，目前发展了几种测试方法。Yanagisawa 等采用劈裂法研究了 YBCO 涂层导体带中的应力集中，并研究了环氧树脂浸渍 YBCO 双饼状线圈中的层离现象[18]。虽然名义劈裂强度非常小（0.5MPa），但他们发现最大应力是劈裂强度的 25 倍，使二代高温超导带极易发生分层。Van der Laan 等提出了一种砧板测试方法，用于测量 MOD-RABiTS YBCO 涂层导体层离时的拉伸强度[19]。层离拉伸强度定义为物理分离此复合材料带材的最大横向拉伸应力，层离位置通常位于超导层内或其附近层。砧板测试结果表明二代高温超导带材的层离拉伸强度低于 15MPa，远弱于纵向屈服强度。层离的发生会造成超导层的破坏，并伴随急剧的临界电流退化。通过砧板试验方法，Shin 和 Gorospe 发现，电学层离强度仅为层离拉伸强度的一半[20]。此外，Liu 等对二代高温超导带的层离剪切强度进行了测量，发现其值小于 10MPa[21]。Miyazato 等采用双悬臂梁试验方法，测量了 YBCO 涂层导体的模态 I 型断裂韧度[22]。根据断裂面积比值，推导出 YBCO 和 YBCO/Ag 界面的断裂强度分别为 $7\sim10J/m^2$ 和 $80\sim120J/m^2$。Sakai 等还利用四点弯曲实验得到了脉冲激光沉积制备的 GdBCO 的断裂韧度[23]。不同加工速率下 GdBCO 的断裂韧度值略有不同，分别为 $5.9J/m^2$ 和 $7.1J/m^2$，与 YBCO 的断裂韧度相似。Zhang 等通过剥离试验研究了二代高温超导带的粘附强度[24]。并考虑不同剥离角度下、拉伸和剪切效应对剥离强度的影响。剥离试验具有明显的优势，已成为研究二代高温超导带分层强度的首选方法。虽然层离强度、断裂韧度和剥离强度已经得到了广泛的研究，但是它们之间的关系尚不清楚。

另外，随着新一代高温超导电缆的制备需要，工程实践迫切需要更薄的二代高温超导带。SuperPower 公司率先在 $30\mu m$ 厚的哈氏合金基体上制造了 YBCO 高温超导带[25]。与以 $50\mu m$ 和 $100\mu m$ 厚哈氏合金为基体的二代高温超导带相比，该系列带材的柔韧性和工程电流密度显著提高，并成功应用于 CORC 电缆和 40.2T 混合磁体中。此外，他们发现基体厚度越薄的二代高温超导带的界面结合强度越高，并猜测是由于热残余应力的影响。然而，这一猜测尚未得到明确的实验或数值验证。

到目前为止，二代高温超导带层离行为的研究以实验为主，缺乏必要的数值模型。一般情况下，数值模型只关注砧板测试过程中多层高温超导复合带材的应力分布[18,21]，没有涉及层离的发生和扩展。对于剥离试验，数值模型仍然相当不可靠，也很难找到大塑性变形下的解析解。所以，在本节中，我们以 SCS4050 二代高温超导带材为例，建立二代高温超导带材的剥离模型，系统研究了在集中载荷作用下超导带层离发生与拓展特征，归纳了剥离强度与层离强度、断裂韧度的关系，并考虑稳定层厚度，热残余应力和基体层厚度对剥离强度的影响。

10.3.2　剥离力学模型的建立[26]

广泛使用的 SuperPower SCS4050 二代高温超导带被选用于剥离试验的模拟。该多层复合带材（图 10.27）包含了 Cu、Ag 稳定层、超导层、缓冲层和哈氏合金层，厚度分别为 20/20μm、2/1.8μm、1μm、0.2μm 和 50μm。带材总厚度为 95μm，宽度是 4mm。表 10.1 给出了二代高温超导带材组分材料在室温和 77K 下的力学性能[1,2,27]。经典的双线性各向同性硬化模型用于描述 Cu、Ag 和基体层的力学性能（弹性和塑性）。作为陶瓷材料，YBCO 和缓冲层容易断裂，使铜银稳定层直接从刚性的哈氏合金基体分离。因此，我们只考虑了 YBCO 和缓冲层的弹性特性，而采用黏性层考虑它们的断裂性能。下面将给出黏性层的详细信息。

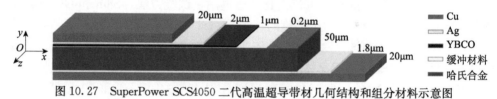

图 10.27　SuperPower SCS4050 二代高温超导带材几何结构和组分材料示意图

表 10.1　SuperPower SCS4050 二代高温超导带组分材料力学性能

组分材料	弹性模量 /GPa	Poisson 比	屈服强度 /MPa	切线模量 /GPa	温度 /K
Cu	70 85	0.34	200 350	4	RT 77
Ag	90	0.38	225	22	RT 77
YBCO	150	0.30	N/A	N/A	RT 77
缓冲材料	150	0.30	N/A	N/A	RT 77
哈氏合金	180	0.307	1000 1225	7.5	RT 77

在剥离测试中，将超导带基体层一侧固定在可移动的平台上，确保剥离过程中剥离角度不变化[24]。测试装置与超导带预剥离的 Cu 层连接，以此施加剥离力。在仿真模型中，我们使用虚拟的桁架 AB 实现与实验相同的剥离方式。在图 10.28 中，超导层一侧的铜银稳定层伸出，表示预剥离部分。在预剥离部件的 A 点施加剥离力。我们仅设定预剥离部件的弹性性能，避免施加剥离力后局部大塑性变形所导致的计算不收敛。剥离力 F_A 的施加通过以下方式实现。在虚拟桁架 AB 的 B

点施加随时间变化的位移，可表示为

$$D_B = l_{\text{peel}}(1 - \cos\theta)t \tag{10.51}$$

其中，$l_{\text{peel}} = 3\text{mm/s}$ 大约是忽略铜银稳定层拉伸和弯曲变形后单位时间的剥离长度；t 表示时间；θ 为虚拟杆 AB 与 x 轴的夹角，称作剥离角。在 B 点施加位移 D_B 后，在变形作用下 A 点产生的剥离力 F_A 可以表示为

$$F_A = E_{AB} S_{AB} \Delta l_{AB} / l_{AB} \tag{10.52}$$

$$\Delta l_{AB} = \sqrt{(x_B^0 + u_B - x_A^0 - u_A)^2 + (y_B^0 + v_B - y_A^0 - v_A)^2} - l_{AB} \tag{10.53}$$

其中，l_{AB} 和 $E_{AB}S_{AB}$ 分别为虚拟桁架 AB 的长度和拉伸刚度；x_A^0 和 y_A^0（x_B^0 和 y_B^0）分别是 A(B) 点的初始坐标分量；u_A 和 v_A（$u_B = D_B\cos\theta$ 和 $v_B = D_B\sin\theta$）分别是点 A(B) 的位移分量。为了避免在剥离过程中剥离角度的变化，桁架的长度要远大于超导带的长度，在模拟中取值为 1m。同时为了减小桁架 AB 变形对剥离长度的影响，拉伸刚度取值不能太小，此处取值为 $1 \times 10^{10}\,\text{Pa·m}^2$。超导带和预剥离部分的长度分别为 5mm 和 0.5mm。在仿真过程中，为了避免超导带的移动，基体层一侧被固定。随施加位移 D_B 的变化，逐渐实现超导带的稳态剥离，此时剥离力不再变化。剥离强度被定义为平稳状态下单位宽度的剥离力。

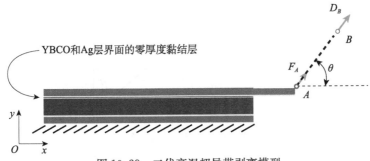

图 10.28 二代高温超导带剥离模型

为了模拟该复合材料带材在混合模式加载下的分层和裂纹扩展，我们假设在 YBCO 和 Ag 层界面处存在一个零厚度黏结层。该黏结层描述了界面应力 $\boldsymbol{\sigma}$ 和相对位移 $\boldsymbol{\delta}$ 之间的关系（图 10.29）。在发生层离之前，上表面与黏结层底面重叠。如果分层发生，下表面的 P 偏离于上表面的相应点 P'。相对位移 $\boldsymbol{\delta}$ 定义为 P 与 P' 之间的距离，

$$\boldsymbol{\delta} = \boldsymbol{u}_{\text{top}} - \boldsymbol{u}_{\text{bot}} \tag{10.54}$$

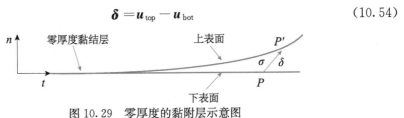

图 10.29 零厚度的黏附层示意图

为了确定层离界面处的应力情况，我们使用牵引—分离定律将界面应力与相对位移联系起来。

首先考虑简单的纯法向（$\delta_t=0$）和纯切向（$\delta_n=0$）层离情况，图 10.30 给出了相应的牵引—分离定律。δ_n 和 δ_t 分别是法向和切向的相对位移分量；σ_n 和 σ_t 分别为法向和切向界面应力分量。界面应力随间距增大，K_P 为罚刚度，直至达到界面应力峰值。这里 σ_n^f 和 σ_t^f 分别为层离拉伸强度和剪切强度。初始位移分量分别定义为 $\delta_n^0=\sigma_n^f/K_P$ 和 $\delta_t^0=\sigma_t^f/K_P$。当相对位移分量大于初始位移分量时，界面应力和刚度逐渐减小为零。当相对位移分量分别等于最终相对位移 δ_n^f 和 δ_t^f 时，层离发生，即使在卸载后黏结层也不能承载应力。当法向界面应力为压缩应力时，法向界面应力随相对位移的增加而单调增加。纯法向（切向）型断裂韧度 $G_{nc}(G_{tc})$ 定义为纯法向（切向）分离单位面积界面所需的能量。通过计算图 10.30 中的三角形面积可以得到，

$$G_{nc}=\sigma_n^f\delta_n^f/2 \tag{10.55}$$

$$G_{tc}=\sigma_t^f\delta_t^f/2 \tag{10.56}$$

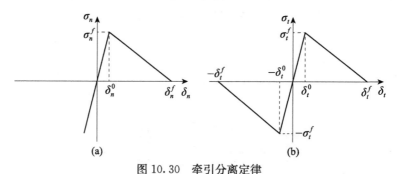

图 10.30　牵引分离定律
(a) 纯法向层离（模态 I），(b) 纯剪切层离（模态 II）

在剥离试验的模拟中，需要采用混合态牵引分离定律[28]。这是因为随着剥离角的变化，实际的层离并不完全沿着法线方向。混合态牵引分离定律采用双线性定律和 Benzeggagh-Kenane 准则[29]，可以用罚刚度 K_p、起始位移 δ_m^0、断裂韧度 G_{mc} 和最终位移 δ_m^f 来描述，

$$\delta_m^0=\begin{cases}\delta_n^0\delta_t^0\sqrt{\dfrac{1+\beta^2}{(\delta_t^2)^2+(\beta\delta_n^0)^2}}, & \delta_n>0 \\ \delta_t^0, & \delta_n\leqslant0\end{cases} \tag{10.57}$$

$$G_{mc}=G_{nc}+(G_{tc}-G_{nc})\left(\frac{\beta^2}{1+\beta^2}\right)^\eta \tag{10.58}$$

$$G_{mc}=G_{nc}+(G_{tc}-G_{nc})\left(\frac{\beta^2}{1+\beta^2}\right)^\eta \tag{10.59}$$

$$\delta_m^f = \begin{cases} \dfrac{2G_{mc}}{K_p\delta_m^0}, & \delta_n > 0 \\[2ex] \sqrt{2}\,\delta_t^f, & \delta_n \leqslant 0 \end{cases} \tag{10.60}$$

其中，下标 m 表示混合模式，$\beta = \delta_t/\delta_n$ 为法线相对位移与剪切相对位移的比率，η 为实验数据拟合参数。

根据此混合态牵引分离定律，黏性层的界面应力用相对位移表示为

$$\begin{bmatrix} \sigma_n \\ \sigma_t \end{bmatrix} = \boldsymbol{C} \begin{bmatrix} \delta_n \\ \delta_t \end{bmatrix} \tag{10.61}$$

其中，$\boldsymbol{C}$ 为刚度矩阵，具体表达式可写为

当 $\delta_n > 0$ 时，

$$\sigma_n = \begin{cases} K_p\delta_n, & \delta_m^{\max} \leqslant \delta_m^0 \\ (1-d)K_p\delta_n, & \delta_m^0 < \delta_m^{\max} < \delta_m^f \\ 0, & \delta_m^f \leqslant \delta_m^{\max} \end{cases}, \quad \sigma_t = \begin{cases} K_p\delta_t, & \delta_m^{\max} \leqslant \delta_m^0 \\ (1-d)K_p\delta_t, & \delta_m^0 < \delta_m^{\max} < \delta_m^f \\ 0, & \delta_m^f \leqslant \delta_m^{\max} \end{cases} \tag{10.62}$$

当 $\delta_n \leqslant 0$ 时，

$$\sigma_n = \begin{cases} K_p\delta_n, & \delta_m^{\max} \leqslant \delta_m^0 \\ K_p\delta_n, & \delta_m^0 < \delta_m^{\max} < \delta_m^f \\ K_p\delta_n, & \delta_m^f \leqslant \delta_m^{\max} \end{cases}, \quad \sigma_t = \begin{cases} K_p\delta_t, & \delta_m^{\max} \leqslant \delta_m^0 \\ (1-d)K_p\delta_t, & \delta_m^0 < \delta_m^{\max} < \delta_m^f \\ 0, & \delta_m^f \leqslant \delta_m^{\max} \end{cases} \tag{10.63}$$

$$d = \frac{\delta_m^f(\delta_m^{\max} - \delta_m^0)}{\delta_m^{\max}(\delta_m^f - \delta_m^0)}, \quad \delta_m^{\max} = \max(\delta_m^{\max}, \delta_m), \quad \delta_m = \begin{cases} \sqrt{\delta_n^2 + \delta_t^2}, & \delta_n > 0 \\ |\delta_t|, & \delta_n \leqslant 0 \end{cases} \tag{10.64}$$

黏附层设置在超导层与银层的界面，该界面与二代高温超导带材最弱的组分层相邻。利用能量色散光谱和扫描电镜确定了二代高温超导带材发生层离的位置[20,22,24]。断裂位置比较复杂，由于其脆性断裂主要发生在超导层内，同时缓冲层、Ag 层与超导层界面、缓冲层与超导层界面、缓冲层与基体层界面也出现在断裂界面。为了简化计算，在模拟中选择超导层与 Ag 层界面代替所有可能出现的层离位置。仿真过程中采用的混合态牵引分离定律参数如下所示：$K_p = 1 \times 10^{15}\,\text{N/m}^3$，$\sigma_n^f = 50\text{MPa}$，$\sigma_t^f = 2\sigma_n^f$，$G_{nc} = 10\text{J/m}^2$，$G_{tc} = 2G_{nc}$，$\eta = 2$。在剥离模型中，最初的分析采用 $G_{nc} = 100\text{J/m}^{2[22]}$，模拟剥离发生在超导层与 Ag 层之间，同时研究了断裂韧度取值对剥离强度的影响。实验测量发现层离拉伸强度 σ_n^f 变化较大，最小为几 MPa，而最大接近 100MPa[19,20]。在我们的模拟中，层离拉伸强度取中间值 50MPa，其他参数的取值参考文献 [28]。

我们利用 COMSOL Multiphysics 的固体力学模块对二代高温超导带建模，并研究横向拉伸和剥离作用下二代高温超导带材的应力/应变状态。在该模块中自定

义了黏附层和牵引分离定律,实现了层离的发生与扩展。超导带发生层离时变形较大,需要考虑塑性和几何非线性,因此该问题实际上是一个多重非线性问题。对于这样一个棘手的问题,很难在计算速度和计算精度之间取得平衡。因此,我们优先确保更高的精度。为了达到这个目的,将最大时间步长设置为 0.005s,使用非常密集的四边形和三角形网格。采用 Newton 迭代法提高计算的收敛性。

10.3.3　理论预测结果的验证[26]

图 10.31 显示了仅考虑材料弹性性能时仿真结果与理论解析解的对比。两种计算方法得到的不同剥离角度下的剥离强度吻合较好,验证了剥离数值模型的正确性。该弹性解析解由 Lorenzis 和 Zavarise 推导得到[30],表达式为

$$F_{\text{peel}} = \sqrt{E_{pa}^2 h_{pa}^2 (1-\cos\theta)^2 + 2E_{pa}h_{pa}G_{mc}(\psi_{\text{peel}})} - E_{pa}h_{pa}(1-\cos\theta) \quad (10.65)$$

其中,ψ_{peel} 为相角;E_{pa} 和 h_{pa} 分别是剥离臂的弹性模量和厚度,在这里剥离臂为铜银稳定层,根据混合率,77K 下的弹性模量为 $E_{pa}=85.46\text{GPa}$,其厚度为 $h_{pa}=22\mu\text{m}$;$G_{mc}(\psi_{\text{peel}}) = G_{nc} + (G_{tc}-G_{nc})[\beta^2/(1+\beta^2)]^{\eta}$ 是混合态断裂韧度,这里 $\beta^2 = \cos^2\theta/[\sin^2\theta + 2(1-\cos\theta)E_{pa}h_{pa}/F_{\text{peel}}]$。

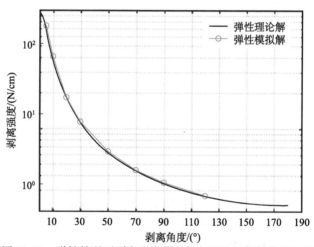

图 10.31　弹性情况下剥离强度模拟解与理论解析解的对比图

10.3.4　剥离强度和界面开裂特征

在实验中发现剥离后的铜银稳定层出现皱曲,塑性变形不可忽略,而现有理论解析解仅考虑剥离臂的弹性性能,进一步扩展到塑性难度较大,仅能依赖数值模型。图 10.32 显示了剥离角度为 10°~180°时单位宽度的剥离力随时间(剥离长度)的变化。计算采用了 77K 下的力学性能参数,包括材料塑性。从仿真结果可

以看出，剥离开始时单位宽度的剥离力迅速增大，达到峰值后趋于缓定。由于弹性
卸载，剥离力达到峰值后出现轻微的减小。正如之前的工作[24,30]，我们将稳定时的
单位宽度剥离力定义为剥离强度，可以得出剥离强度与剥离角度有显著的相关性。

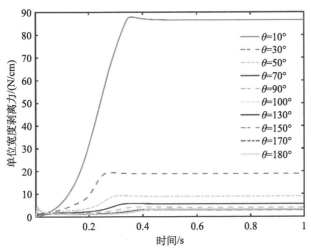

图 10.32 不同剥离角度下单位宽度剥离力随时间的变化

　　为了清楚地显示剥离强度随剥离角度的变化，图 10.33 展示了对应于三种层离
强度的对数图。层离拉伸强度分别为 30MPa、50MPa 和 70MPa。计算使用了 77K
下的力学性能参数。剥离强度随剥离角度的增大先减小，然后略有增大，最小剥
离强度出现在 150°左右。剥离强度随剥离角度的变化趋势遵从于实验测量结果。
迄今为止，还没有出现剥离强度随角度变化的实验曲线。实验总是集中在某一固
定的剥离角上，即 180°或 90°。实验结果表明，180°时的剥离强度大于 90°时的剥离
强度[24]，这意味着在 90°～180°存在一特定角度对应于最小剥离强度。显然，弹性
理论模型不能准确预测该变化趋势（见图 10.30 或图 10.33）。然而，由于包含了
塑性变形，我们的模型预测了主要特征。作为特例，当层离拉伸强度设置为
50MPa 时，最小的剥离强度为 3.00N/cm，出现在 150°，而最大的剥离强度为
86.61N/cm，对应于 10°。

　　为了理解剥离强度的变化趋势并确定其成因，我们对几个因素进行了分析和
讨论。实验观察到二代高温超导带剥离后剥离臂出现卷曲[24]，因此剥离臂内存在
不可逆的塑性变形，并储存了变形能。

　　为了确定这种变形效应，图 10.34 显示了仅考虑弹性和加入塑性后两种仿真结
果的对比。在弹性情形下，剥离强度随剥离角度持续下降。而这一变化趋势被塑
性打破。塑性变形是决定剥离强度的关键因素，特别是在大剥离角条件下。例如，
90°和 180°的弹性剥离强度分别为 1.00N/cm 和 0.50N/cm，对应的 77K 下的塑性
剥离强度为 4.18N/cm 和 3.35N/cm，分别增加了 318%和 570%。因此，大部分

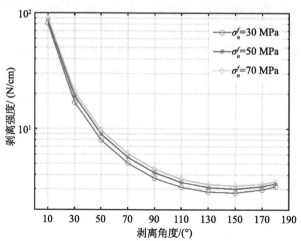

图 10.33　对应三种层离拉伸强度的剥离强度随剥离角度的变化

能量消耗在剥离臂的塑性变形中,只有一小部分用于层离。对比 90°和 180°,剥离角为 10°时,剥离强度仅从 60.07N/cm 增加 44%,达到 86.61N/cm。事实上塑性变形主要是因为剥离臂的弯曲,而不是拉伸。如果 Cu 的切线模量为零,即 Cu 是理想弹塑性材料,150°后剥离强度更明显地向上翘曲。尽管 Cu 的屈服强度在室温和 77K 时差别较大(200MPa 与 350MPa),但剥离强度在两种温度下仅略有不同。

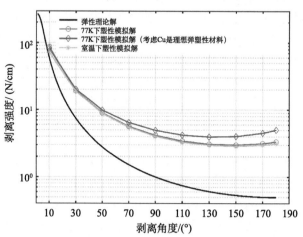

图 10.34　对应四种情况的剥离强度随剥离角度的变化

　　为了进一步了解层离的开始和裂纹扩展,通过分析超导带在几个剥离角下的 Von Mises 应力分布可以看出(图 10.35),剥离在断裂尖端附近产生了较高的应力。断裂发生前,剥离臂的曲率为零(距断裂尖端左侧段)。当施加更大的力时,曲率开始从零增大到最大值(靠近断裂尖端),然后减小到零(远离断裂尖端的右段）。在此过程中，由于弯曲而产生的塑性应变被保留在剥离臂中，这意味着剥离力不仅使超导带分层，而且在剥离臂中产生塑性变形和弹性变形。仿真结果表明，基体和下面的铜银稳定层的作用可以忽略不计。在计算时，仅考虑了超导层和缓冲层的弹性特性，它们的影响仅局限在裂纹尖端。此外，最大 Von Mises 应力随着剥离角的增大而增大。

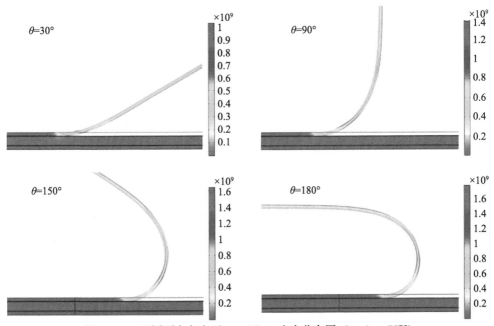

图 10.35　不同剥离角度下 von Mises 应力分布图（$t=1$s，77K）

图 10.36 绘制了稳态剥离时等效塑性应变沿剥离臂厚度方向的分布。值得注意的是，等效塑性应变的不连续处对应于 Ag 层和 Cu 层之间的界面，不连续是由两种材料力学性能的差异引起的。Ag 和 Cu 层分别对应于坐标 $73\sim75\mu$m 和 $75\sim95\mu$m。与其他弯曲效果明显的曲线相比，由于拉伸应力较大，10°时的等效塑性应变沿剥离臂厚度方向几乎是均匀的。由于剥离臂结构不对称以及剥离后弯矩作用，中性轴从 $y=84\mu$m 偏移到 $y=83\mu$m。剥离角大于 30°时，等效塑性应变随剥离角的增大而增大。

图 10.37 显示了计算时间为 1s 时，沿超导带长度方向超导层与 Ag 层之间的界面应力。计算采用了 77K 下的力学性能。从界面应力分布可以看出，界面断裂经历了弹性、软化和脱黏三个阶段。在弹性阶段，界面应力随罚刚度变化，直至达到混合态层离强度（图中峰值）。随后界面应力迅速减小，界面连接减弱，即界面软化。当界面应力消失时，超导带发生层离。由式（10.51）估计的最终层离位置位于 $x=2.5$mm。但由于剥离过程中剥离臂拉伸，最终的断裂点出现在预测点

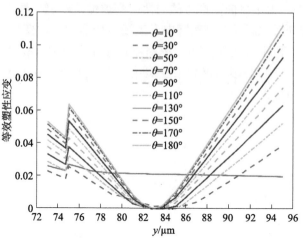

图 10.36　稳态剥离时等效塑性应变沿铜银稳定层厚度的分布

的右侧。图 10.38 定性反映了混合态断裂韧度随角度的变化。比值 $\sigma_t^{\max}/\sigma_t^f$ 和 $\sigma_n^{\max}/\sigma_n^f$ 分别反映了混合态断裂韧度中拉伸断裂韧度和剪切断裂韧度的比例。在 10° 时，$\sigma_t^{\max}/\sigma_t^f \approx 1$ 表明混合模式下剪切作用主导断裂行为。随着剥离角的增大，混合断裂模态比例发生变化，拉伸效应超过剪切效应。在 90° 时，剥离力垂直于断裂界面，归一化后的最大界面拉伸和剪切应力分别达到最大值和最小值。剥离角大于 90° 时，虽然模态Ⅱ的比例有所上升，但在混合态中模态Ⅰ仍占主导地位。

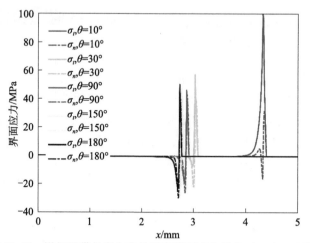

图 10.37　沿超导带长度方向的层离界面应力分布（$t=1$s，77K）

10.3.5　断裂韧度、剥离强度和 Cu 层厚度对剥离强度的影响

采用双悬臂梁法，Miyazato 得到了层离界面的模态Ⅰ型断裂韧度[22]。由于对

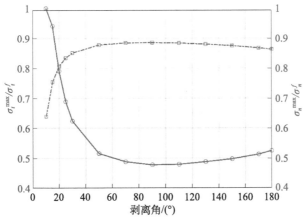

图 10.38 归一化最大界面法向应力（右轴，红色）和
剪切应力（左轴，蓝色）随剥离角度

断裂位置比较敏感，断裂韧度的变化范围很大，从几 J/m^2 到近 $60J/m^2$ 不等。YB-CO 和 Ag/YBCO 界面的断裂韧度分别为 $7.1\sim10J/m^2$ 和 $76\sim120J/m^2$。图 10.39 给出不同剥离角度下剥离强度达到 1N/cm、2N/cm 和 3N/cm 时所对应的断裂韧度大小。相同剥离强度时，断裂韧度随剥离角的增大而增大，剥离角度为 150° 时达到最大值。由于塑性变形，剥离角度大于 150° 后所需断裂韧度出现明显的下降。

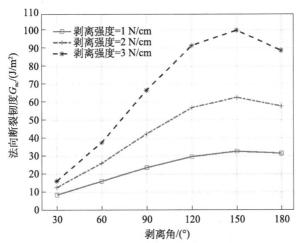

图 10.39 对应三种剥离强度的法向断裂韧度随剥离角度的变化

在数值模型中，层离位置设定在超导层与 Ag 层之间，断裂韧度保持不变。但由于粗糙的结合界面，实验过程中断裂位置随时可能发生变化。层离界面的断裂韧度不仅取决于断裂位置，还取决于层离界面的粗糙度。这也造成实验过程中剥离力—位移曲线上下波动（图 10.40）。在仿真模型中确定层离表面的变化或确定

任意时刻的断裂韧度是非常困难的。因此，我们只给出剥离试验中断裂韧度的取值范围。计算采用室温下的力学性能参数。剥离角度为 90°时，实验测量的单位宽度剥离力变化范围为 0.5～1N/cm，拟合得到断裂韧度的变化范围为 10～20J/m²。最小值 10J/m² 与最弱的 YBCO 层断裂韧度（7.1～10J/m²）一致。虽然 180°时的剥离力—位移曲线由 T 型剥离测试得到，但是剥离方法和 T 型剥离方法差别不大。因此，我们使用剥离试验模型来确定 180°时的断裂韧度。模拟得到平均断裂韧度为 80J/m²，对应于实验确定的 LMO-YBCO 层离界面，该值远大于 YBCO 层的断裂韧度。

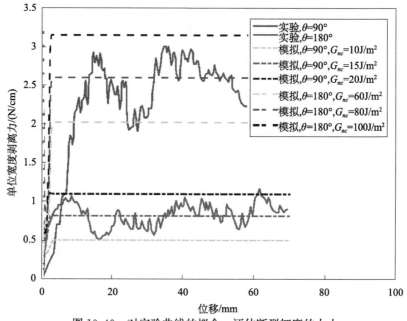

图 10.40　对实验曲线的拟合，评估断裂韧度的大小

图 10.41 显示了 77K 下剥离强度随层离拉伸强度的变化。采用砧板横向拉伸测试方法得到的层离拉伸强度从几 MPa 到 100MPa[29,30]。因此，研究剥离强度与层离拉伸强度之间的关系具有重要的意义。在混合态牵引分离规律中应用的层离拉伸强度为 10～90MPa。模拟结果表明，剥离强度与层离拉伸强度呈正相关，但相关性逐渐减弱。90°时，随着分层拉伸强度从 10MPa 提高到 90MPa，剥离强度从 2.97N/cm 提高到 4.72N/cm，提高约 59%。相比之下，在 150°和 180°时剥离强度的增加较小。

为了减少交流损耗，在电缆和磁体的设计中，采用不同 Cu 层厚度的超导带来调节超导层之间的距离。在剥离试验中研究 Cu 层厚度的影响是非常有意义的。根据前面的研究结果，大部分的能量消耗在 Cu 层和 Ag 层的变形上，只有一小部分

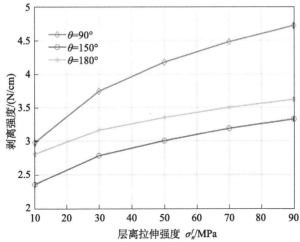

图 10.41 不同剥离角度下剥离强度随层离拉伸强度的变化

能量用于超导带的层离。减小 Cu 层厚度可以有效地减小弯曲过程中塑性变形的影响，获得更真实的层离特征。剥离角度为 90°、150° 和 180° 时，剥离强度随 Cu 层厚度的变化曲线（图 10.42）表明，由于塑性弯曲变形较大，剥离强度随厚度增加而增加。在 Cu 层厚度较大的情况下，增加速度适度下降。

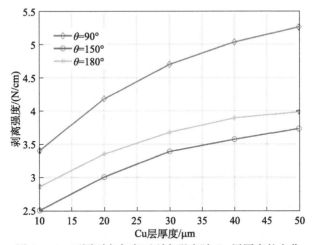

图 10.42 不同剥离角度下剥离强度随 Cu 层厚度的变化

10.3.6 热残余应力和基体层厚度对剥离强度的影响[31]

科学家们致力于提高高温超导磁体和电缆的力学性能，以及在强磁场下的载流能力，目前主要途径为增强二代高温超导带的力电性能，其关键之处在于提高它的界面结合强度。降低基体层厚度为这一目标指明了方向。然而，其增强机制尚不清楚，有必要明确基体层厚度和热残余应力对界面结合强度的影响。由于二代高温超导带材各组分层的热处理温度不同，在建立模型时需要区别对待[32]。例如，在330K时通过电镀技术将Cu稳定层合成到二代高温超导带上，此时其他组分层已经变形，而Cu层处于零应变状态。为了解决这一问题，我们在COMSOL Multiphysics 5.3中构建了三个固体力学模块，分别用于处理基体—缓冲—超导层、Ag层和Cu层的变形。这三个模块通过相应的位移边界条件耦合在一起。

为了得到超导带内的热应力/应变分布，建模时选用COMSOL固体力学模块中的热膨胀模块，可以描述为

$$\varepsilon_{th} = \alpha(T - T_{ref}) \tag{10.66}$$

其中，ε_{th} 为热应变，α 为热膨胀系数，T 为温度，T_{ref} 为参考温度。表10.2列出了各组分层的热膨胀系数。超导带合成过程中，缓冲层、超导层、Ag层和Cu层依次沉积在哈氏合金基体上。哈氏合金基体层、缓冲层和超导层对应的参考温度为970K，Ag层为500K，Cu层为330K[1,33-35]。

表 10.2　SCS4050二代高温超导带组分材料的热膨胀系数[1,33]

材料	Cu	Ag	超导体	缓冲层	哈氏合金
CTE/($\times$1e$-$5K^{-1})	1.77	1.71	1.10	1.10	1.34

图10.43显示了二代高温超导带合成阶段与降温到77K各组分层的约束条件。总结如下：

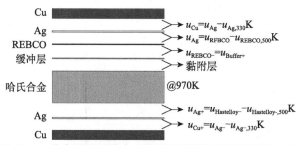

图10.43　二代高温超导带合成阶段以及降温过程的边界约束条件

（1）在970K，缓冲层和超导层相继沉积在哈氏合金基体上。由于哈氏合金和缓冲层材料的热膨胀系数差异较大，层离通常位于缓冲层内部或附近。在本模型中，零厚度的黏附层设置在基体层与缓冲层界面，模拟层离的开始与扩展。而超导层和缓冲层完全结合，约束条件如下所示：

$$u_{sup-} = u_{buf+} \tag{10.67}$$

其中，u 为位移矢量，$+$和$-$分别代表各组分层的上表面和下表面。

（2）将哈氏合金基体层、缓冲层和超导层从970K降温到500K。在此温度下，

Ag 层覆盖在带材的上下表面。基体上面 Ag 层与超导层、基体下面 Ag 层和基体层之间的约束条件分别表示为

$$u_{Ag-} = u_{REBCO+} - u_{REBCO+,500K} \tag{10.68}$$

$$u_{Ag+} = u_{Hastelloy-} - u_{Hastelloy-,500K} \tag{10.69}$$

其中，$u_{REBCO,500K}$ 和 $u_{Hastelloy-,500K}$ 为从 970K 降温到 500K 后的相应层的位移。

（3）将哈氏合金层、缓冲层、超导层和 Ag 层降温到 330K。在此温度下，Cu 层覆盖在带材的上下表面。基体上面 Cu 层与 Ag 层、基体下面 Cu 层与 Ag 层之间的约束条件分别表示为

$$u_{Cu-} = u_{Ag+} - u_{Ag+,330K} \tag{10.70}$$

$$u_{Cu+} = u_{Ag-} - u_{Ag-,330K} \tag{10.71}$$

其中，$u_{Ag+,330K}$ 和 $u_{Ag-,300K}$ 为 Ag 层从 500K 冷却到 330K 后的位移。

在带材合成后，整体冷却到操作温度 77K。并在此温度下进行剥离仿真。

图 10.44 显示了超导带合成阶段和冷却到 77K 的过程中，哈氏合金基体层、超导层、缓冲层、Ag 层和 Cu 层的轴向热残余应力。该热残余应力为各组分层法向应力 σ_x 的平均值，可表示为

$$\sigma_i = \frac{1}{S_i} \int_{\Omega_i} \sigma_x \, \mathrm{d}s \tag{10.72}$$

其中，i 代表各组分层，Ω_i 为各组分层区域，S_i 为二维模型中各组分层的面积。

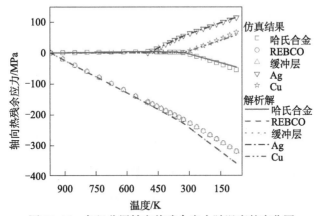

图 10.44 各组分层轴向热残余应力随温度的变化图

图中同时显示了仿真结果与解析解进行了对比，解析解表示为[33,34]

$$\begin{cases} \varepsilon_i = \dfrac{\sigma_i}{E_i} + \alpha_i \Delta T_i \\ \sum \sigma_i h_i = 0 \end{cases} \tag{10.73}$$

其中，ε_i，α_i，ΔT_i 和 h_i 分别为各组分层的轴向应变、热膨胀系数、温差和厚度。

模拟结果与分析结果基本一致。只有在温度较低时,由于粘附层的作用和界面剪切应力造成的轻微弯曲效应,两者表现出一些差异。温度为 77K 时,最大的轴向热残余应力为−321MPa,位于缓冲层。超导层和缓冲层内的轴向热残余应力随温度的变化几乎相同。在 77K 时,超导层内的轴向热残余应力为−320MPa。这是因为超导层和缓冲层与基体层的热膨胀系数差异较大,且厚度远小于基体层厚度。由于 Ag 层和 Cu 层的热膨胀系数大于基体的热膨胀系数,当 Ag 层和 Cu 层覆盖在带材上后,哈氏合金基体被压缩。温度为 77K 时,基体层、Ag 层和 Cu 层的轴向残余应力分别为−55.5MPa、114.7MPa 和 67.1MPa。

图 10.45 显示了各组分层内轴向热残余应力随基体层厚度的变化。当哈氏合金基体层厚度从 20μm 增加到 100μm,Ag 层内拉应力从 93.1MPa 增加到 125.6MPa,Cu 层内拉应力从 48.5MPa 增加到 77.7MPa,而基体层的压应力从 94.7MPa 减少到 32.3MPa。缓冲层和超导体层内的轴向残余热应力变化很小。超导体层内的轴向热残余应力最大值为 354.3MPa,最小值为 320.1MPa。

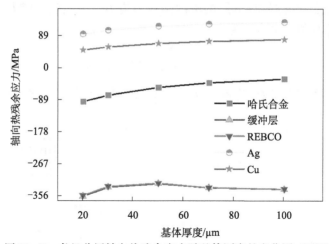

图 10.45　各组分层轴向热残余应力随基体厚度的变化图（77K）

这里我们利用混合态牵引分离定律,计算了二代高温超导带材热收缩过程中界面应力的变化。图 10.46 (a) 和 (b) 分别显示了基体层和缓冲层之间的界面的法向应力和剪切应力分布。超导带末端 ($x=5$mm) 的法向应力较大,但中心部位的法向应力为零。当基体厚度从 20μm 增加到 100μm,带端的法向应力发生逆转,从−8.2MPa 变化到 32.5MPa。如图 10.45 (b) 所示,带材中间部分存在剪切应力,以此平衡基体与缓冲层之间的热收缩应变差。随着基体厚度的增加,剪切应力逐渐减小。

二代高温超导带材降温到 77K 后,沿剥离角方向施加剥离力。图 10.47 显示了单位宽度剥离力随时间（施加位移）的变化。随施加位移的增加,剥离力逐渐

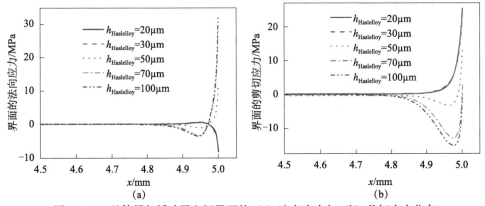

图 10.46　基体层与缓冲层之间界面的（a）法向应力与（b）剪切应力分布

增大，达到峰值后轻微下降，最终趋于稳定。对应于平台位置的单位剥离力称之为剥离强度。图 10.48 显示了不同基体厚度下剥离强度随剥离角的变化关系。剥离强度在很大程度上取决于剥离角。基体厚度为 50μm 时，最大剥离强度为 77.69N/cm，对应的剥离角度为 10°，而最小值仅为 3.12N/cm，对应于 150°。150° 后，由于 Cu 稳定层塑性变形耗能较大，剥离强度略有增加。考虑热应力后，基体厚度为 50μm 的超导带的剥离强度下降了大约 20%～30%。从图 10.47 可以看到基体厚度不同的超导带的剥离强度也不同，基体厚度为 30μm 的超导带的剥离强度大于基体厚度为 50μm 的超导带的剥离强度。

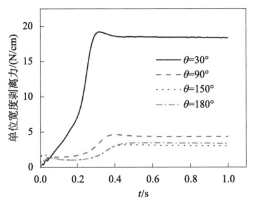

图 10.47　不同剥离角下单位宽度剥离力随时间（位移）的变化

　　为了清楚地展示基体厚度和热残余应力的影响，图 10.49 显示了剥离强度的变化。当剥离角度为 90° 和 180°，不考虑热残余应力时，剥离强度分别为 5.50N/cm 和 4.46N/cm。此外，剥离强度不随基体厚度的变化而变化。考虑热残余应力后，剥离强度明显下降。基体厚度为 50μm 时，剥离强度分别退化了 19.4% 和 21.9%。这些结果表明，数值模型应考虑热残余应力的影响。从图 10.49 可以看出，剥离强

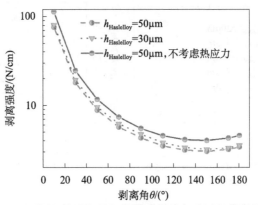

图 10.48　不同基体厚度的超导带剥离强度随剥离角度的变化

度随基体厚度的增加而降低。当基体厚度从 50μm 降低到 20μm 时，在 90°和 180°剥离强度分别增加了 9.1％和 8.7％。而基体厚度小于 20μm 时，90°的剥离强度轻微下降，造成这一现象的原因需要进一步探讨。

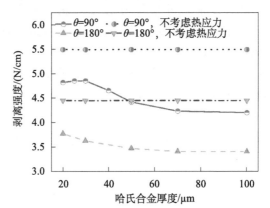

图 10.49　不同剥离角度下剥离强度随基体厚度的变化

10.4　CORC 超导电缆的力学模型及理论预测

10.4.1　高温超导 CORC 电缆的绕缆过程特征

近年来，随着高温超导材料制备工艺的成熟，高温超导材料将广泛应用于热核聚变、大型粒子加速器以及医疗核磁共振等诸多方面[1]，由高温超导材料通过化学气相沉积法制备得到的高温超导带材需要通过绕制、堆叠、绞扭等方式制作成可实用的高温超导电缆。越来越多的学者参与到为设计出最优电缆结构的研究之中[36]，现有的主要有以下四种电缆结构如图 10.50 (b) 所示，由超导带螺旋绕制在中心圆棒上制成的 CORC 电缆[37,38]、由多跟超导带堆叠绞扭的 TSTC 电缆[39,40]，由特殊形状超导带通过编制的 RACC 电缆以及由多层堆叠超导带螺旋镶嵌进槽中的 TSSC 电缆[41-43]。以上超导电缆的性能参数取决于开始的设计阶段包括带材的规格（带材宽度、带材厚度、带材数量等）、制作方式（缠绕方式、螺距、绕制预应力等）、包裹材料（包裹形状、包裹材料参数）[44]。在电缆成缆制作过程中，超导带材将受到拉伸、弯曲、扭转等多种变形的复合荷载，这将导致电缆的性能退化。因此很有必要研究高温超导电缆在成缆过程中的力学以及电学行为。

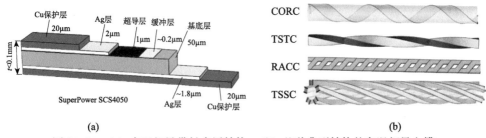

图 10.50 （a）高温超导带材多层结构；（b）几种典型结构的高温超导电缆

在上述高温超导电缆结构中，CORC 电缆具有制造工艺简单，可工业化批量生产的优点。接下来将以 CORC 电缆为研究对象，针对绕制方式（绕制预应力、中心缠绕半径、螺距和螺旋升角）和带材选取（超导带材宽度、厚度、材质）等参数对电缆性能的影响。几个研究小组已经对 CORC 导体的电磁行为进行了各种实验和理论研究。除此之外，张等测试了轴向张力的临界电流特性[45,46]。Qiu 等在拉伸、弯曲和扭转的情况下，对高温超导带的应力—应变特性进行了多次实验，进一步测试了高温超导带的临界电流和应变之间的关系[47]。Dizon 等分析了拉伸载荷下接头超导带的力学性能[48]。Fleiter 等讨论了扭转载荷下超导带的电学性能下降[49]。Takayasu 等研究了带在弯曲和扭转载荷作用下的应力、应变曲线，并给出了计算扭转带的轴向应变的简单公式[39]。这些工作主要集中在拉伸、扭转和弯曲下的临界电流退化。然而，高温超导电缆在这些复合变形下的力—电行为很少研究，高温超导电缆在复杂载荷下的退化机理还有待进一步研究。

在本节中，我们在 ABAQUS 软件中建立了一个动态数值模型来分析 CORC 电缆的绕制过程。该模型计算了不同超导带宽、厚度、绕制预应力、缠绕螺距和螺旋角的影响下临界电流的退化。

10.4.2 有限元定量分析模型[50]

根据 CORC 电缆的缠绕过程，我们建立了一个如图 10.51 所示的动态数值模型。该模型包含四个部件，中心圆筒、高温超导带、高温超导带鞘以及固定超导带的卡壳。在该模型中，多层复合的高温超导带材被考虑成各向同性的单一材料，其力学参数通过组分比计算得到。具体的材料参数如表 10.3 得到。缠绕半径（R）、缠绕螺距（D）和螺旋升角（α）的关系如下：

$$\alpha = \arctan \frac{D}{2\pi R} \tag{10.74}$$

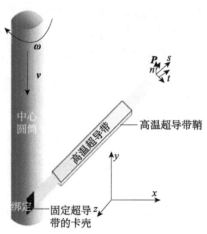

图 10.51　CORC 超导电缆的缠绕示意图

表 10.3　超导带材参数（SuperPower SCS4050）[51]

参数	值
超导带（厚度（h）×宽度（w）×长度（l））	$0.096 \times 4 \times 150$mm
超导层厚度（τ）	1μm
基底层厚度（哈氏合金 C-276）	50μm
哈氏合金的杨氏模量（77K）	190GPa
保护层厚度（电镀 Cu）	40μm
Cu 层杨氏模量（77K）	90GPa
超导带材塑性屈服极限（ε_s）	810MPa
带材 Poisson 比	0.25
摩擦系数	0.15
绕制预应力（F）	120MPa
缠绕半径（R）	2.75mm
缠绕螺距（D）	$2\pi R \cdot \tan\alpha$
绕制螺旋升角（α）	45°

该模型中考虑的高温超导带为各向同性的弹塑性材料，采用理想弹塑性本构，

方程如下：

$$
\begin{cases}
\sigma = E\varepsilon, & \varepsilon \leqslant \varepsilon_s \\
\sigma = E\varepsilon_s, & \varepsilon > \varepsilon_s
\end{cases}
\tag{10.75}
$$

其中，σ 是应力，ε 是应变，E 是超导带的杨氏模量，ε_s 是超导带的塑性屈服极限。CORC 电缆的缠绕过程是一个动力学过程因此动力学平衡方程为

$$
u = (M)^{-1}(P - I)
\tag{10.76}
$$

其中，u 是节点加速度，M 是质量矩阵，P 是外力荷载，I 是单元结构内力。超导带一段固定在中心圆棒上，另一端施加绕制预应力：

$$
\sigma(l) = f_{\text{pre}}
\tag{10.77}
$$

其中，f_{pre} 等于 F/S，S 是超导带材的横截面积。为了模拟缠绕过程，该模型中令中心圆棒匀速转动并向下匀速运动，最大的向下位移由下式给出：

$$
u_y(t) = -n \cdot 2\pi R \tan\alpha
\tag{10.78}
$$

中心圆棒总转过的角度为

$$
\beta(t) = -n \cdot 2\pi R
\tag{10.79}
$$

其中，$u_y(t)$ 是中心圆柱在 y 方向的位移，$\beta(t)$ 是中心圆柱的转角，n 是螺旋的周期数。基于以上方程，该动态过程模型就可以分析 CORC 电缆的绕制过程。

网格收敛性检验是判断有限元模型正确与否的关键过程。该模型采用 C3D8R 三维减缩积分单元，为了检验模型网格的正确性，该节采用了以下不同尺寸的网格模型进行计算，可以从图 10.52 和图 10.53 中看出，随着网格数量的增加，所得结果逐渐趋于稳定，考虑到计算效率，该模型均采用长度×宽度×厚度＝500×20×4 的网格进行计算。

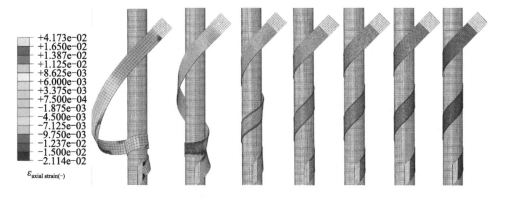

图 10.52   绕制模型的网格收敛性检验，分别以（1000×40，750×30，625×25，500×20，375×15，250×10 和 100×5）网格绕制的结果

其中其他参数为（$F=120\text{MPa}$，$R=2.75\text{mm}$，$\alpha=45°$，基底层厚度＝50μm，$h=0.096\text{mm}$，$w=4\text{mm}$，$l=150\text{mm}$）

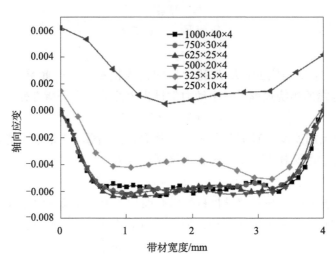

图 10.53　不同网格数量的绕制结果（沿超导带材宽度方向的轴向应变分布）

10.4.3　绕制参数对带材应变及超导性能的影响特征[50]

1) 不同绕制方式对超导带应变分布的影响。

在下面的模型计算中，缠绕半径设定为 2.75mm，预应力为 150MPa。在中心圆棒上缠绕的高温超导带的轴向应变分布如图 10.54（a）所示，超导层的应变由红线标记的节点计算得出。可以发现，超导带的外层受到拉伸应变，内层受到压缩应变，超导带边缘的应变大于中心区域。这种复杂的应变状态归因于超导带的绕制过程是拉伸、弯曲和扭转下的组合变形。图 10.54（b）中显示了带材的超导层上的更详细的应变分布。从图中可以看出，超导层的应变分布特征主要是在中间受到压缩并且值是稳定的。这是因为超导层位于偏离超导带的中性层下方的位置受到弯曲变形。

为了研究缠绕方式对高温超导带应变分布的影响，分别计算了不同缠绕半径，缠绕角度和缠绕预应力下绕制成功后超导带的应变分布。图 10.55 展示了超导带在卷绕半径从 2.5~10mm 时的应变分布。随着缠绕半径的增加，压缩应变减小。这是因为随着弯曲半径的增加，超导带的弯曲曲率逐渐减小。超导层中的应变分布与超导带一致，随着缠绕半径的增加而减小（见图 10.56）。更小的绕制半径下，超导层的应变分布也在图 10.56（b）中给出。可以看出，当缠绕半径小于 2.5mm时，超导带上的轴向应变将超过 0.5%。而 SuperPower 公司的 SCS4050 超导带在纯轴向拉伸状态下，当应变超过 0.55%时，超导带的性能将发生不可逆地降低[1]。因此，应避免选择半径小得多的中心圆棒来防止产生大的应变。

接下来，将研究绕制螺旋升角对超导带的应变分布的影响（参见图 10.57）。

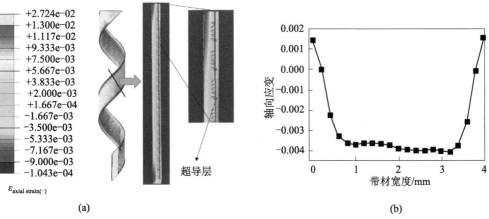

(a)　　　　　　　　　　　　　　　　　　　　　　　　(b)

图 10.54　（a）超导带材绕制过程后的应变分布；（b）超导层沿宽度方向的应变分布

$F=150\text{MPa}$，$R=2.75\text{mm}$，$\alpha=45°$，基底层厚度$=50\mu\text{m}$，$h=0.096\text{mm}$，$w=4\text{mm}$，$l=150\text{mm}$

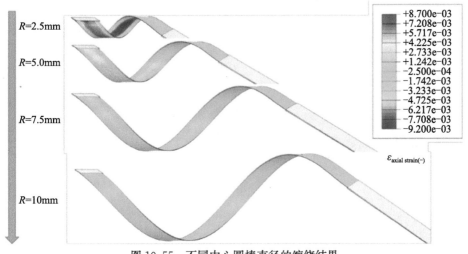

图 10.55　不同中心圆棒直径的缠绕结果

$F=120\text{MPa}$，$\alpha=45°$，基底厚度$=50\mu\text{m}$，$h=0.096\text{mm}$，$w=4\text{mm}$，$l=150\text{mm}$

可以看出，超导带的压缩应变随着角度的增加而减小，最终变为拉伸应变。这是因为超导带的弯曲曲率随着螺旋角的增加而逐渐减小。超导层的应变分布如图10.57（b）所示。可以看出，随着角度增加，应变稳定的区域减小。此外，不同绕组螺旋角的临界电流退化将在图10.62中给出。

　　已有学者指出绕制过程的变形是几种基本变形的组合，其中拉伸和弯曲变形已得到证实[52]。然而，扭转变形仍不清楚。因此，还给出了沿带的横截面的宽度方向的剪切应变分布（图10.58）。当缠绕角度为0°时，剪切应变为零，此时，超

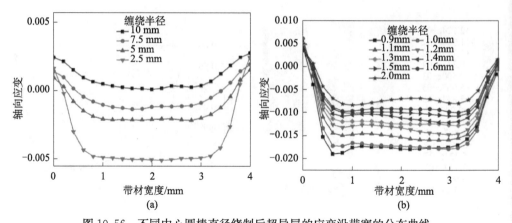

图 10.56　不同中心圆棒直径绕制后超导层的应变沿带宽的分布曲线

(a) 缠绕半径大于 2.5mm 时，轴向应变将均小于 0.5%（不可逆应变）；(b) 缠绕半径小于 2.5mm 时，
部分区域轴向应变将大于 0.5%（不可逆应变）

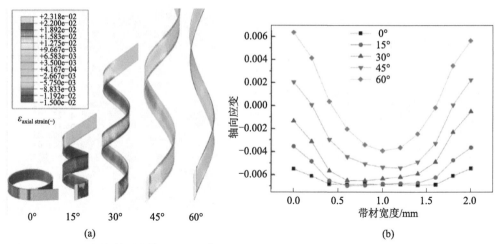

图 10.57　(a) 不同螺旋升角绕制后超导带的应变分布；(b) 不同螺旋升角绕制后超导层的应变分布

$F=120\text{MPa}$, $R=2.75\text{mm}$, 基底厚度$=50\mu\text{m}$, $h=0.096\text{mm}$, $w=2\text{mm}$, $l=150\text{mm}$

导层的轴向应变几乎为直线。随着缠绕角度的增加，剪切应变增加，超导层的轴向应变也逐渐具有抛物线特性。在 45°螺旋角下剪切应变达到 1.6%。由于局部扭转变形的影响，产生了这种剪切应变。因此，螺旋缠绕变形是拉伸，弯曲和扭转的三种基本变形的组合。

　　绕制预应力也是影响超导带的应变分布的关键因素，因此，还计算了超导带在不同绕制预应力下的应变分布（参见图 10.59）。可以发现，当绕制预应力小于 100MPa 时，超导带与中心圆棒表面松散地接触，并且当预应力过小时容易发生缠绕故障。当预应力大于 120MPa 时，超导带可以紧密缠绕。并且在绕制预应力在

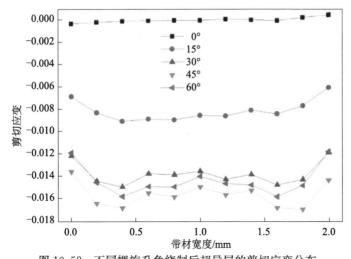

图 10.58　不同螺旋升角绕制后超导层的剪切应变分布

$F=120\text{MPa}$，$R=2.75\text{mm}$，基底厚度 $=50\mu\text{m}$，$h=0.096\text{mm}$，$w=2\text{mm}$，$l=150\text{mm}$

120MPa 形成电缆时，超导层的应变水平保持在 -0.6%（见图 10.59（b）），这不会产生显著的性能退化。

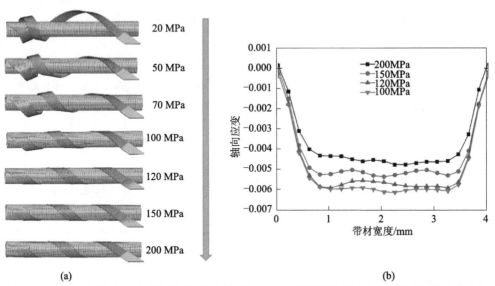

(a)　　　　　　　　　　　　　　　　　　　　　　　(b)

图 10.59　（a）不同绕制预应力绕制后超导带的形态；（b）不同绕制预应力绕制后超导层的应变分布

$R=2.75\text{mm}$，$\alpha=45°$，基底厚度 $=50\mu\text{m}$，$h=0.096\text{mm}$，$w=4\text{mm}$，$l=150\text{mm}$

2）超导带材几何形状对绕制结果的影响

超导带的几何形状（宽度和基底厚度）对绕制结果也具有显著影响。我们首先计算了宽度为 2～6mm 的超导带的应变分布（见图 10.60）。绕制预应力设定为

120MPa，半径为 2.75mm，基底厚度为 50μm。

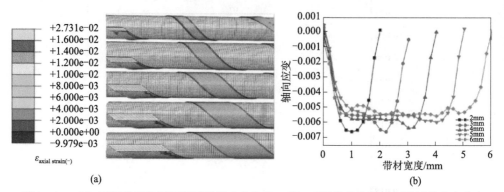

图 10.60　（a）不同带宽绕制后超导带的应变分布；（b）不同带宽绕制后超导层的应变分布
$F=120\text{MPa}$，$R=2.75\text{mm}$，$\alpha=45°$，基底厚度$=50\mu\text{m}$，$h=0.096\text{mm}$，$l=150\text{mm}$

从图 10.60（a）可以看出超导带边缘处的应变大于中心区域。然而，超导层中间区域的压缩应变大于边缘处的拉伸应变（见图 10.60（b））。这是因为超导层位于带的中性轴的一侧，并且具有压缩和扭转的组合变形效果。另外，随着带的宽度增加，超导层的应变水平降低。这是因为随着带的宽度增加，横截面的翘曲减小，这导致应变水平的降低。因此可以推断，在确保运输性能的前提下，应尽可能选择较宽的超导带。

进一步，我们还探讨了超导带的基底层厚度对缠绕结果的影响。当基板的厚度分别设定为 10、20、30、40 和 50μm 时，计算超导层上的平均轴向应变，并且超导带的相应厚度为 0.056、0.066、0.076、0.086 和 0.096mm。从图 10.61 中可以看出，随着基底厚度的增加，超导层的应变增加。这是因为超导层的应变主要是由缠绕过程的弯曲变形引起的，并且基板的厚度决定了超导层与中性层的距离。可以得出结论，当基板的厚度处于 10~20μm 的小应变区域时，可以使用更小的缠绕半径。在此工作之前已经研究过使 REBCO 层面向缆芯，并尽可能地减小哈氏合金层厚度以改善临界电流[53,54]。

3）临界电流退化

电缆的输运性能与应变密切相关。螺旋缠绕带的轴向应变不是恒定的，而是沿其宽度和厚度方向有所分布。高温超导带的临界电流由超导层（见图 10.54（a）中红线所示）所有节点的临界电流密度 $J_c(\varepsilon)$ 来计算，这是因为超导层的厚度非常小，并且电流在 HTS 带主要由超导层承载。临界电流计算如下：

$$I_c = \tau \int_{-\frac{w}{2}}^{\frac{w}{2}} J_c(\varepsilon)\mathrm{d}t \tag{10.80}$$

这里，ε 是轴向应变，τ 是超导层厚度，w 是超导带材的宽度，t 是带材的宽度方向，$J_c(\varepsilon)$ 临界电流密度是通过实验得到的临界电流 $I_c(\varepsilon)$ 和应变的经验关系得到

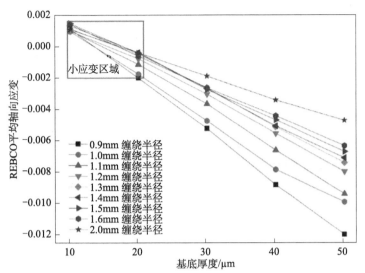

图 10.61　不同基底厚度绕制后，超导层在不同半径下的平均应变

$F=120\text{MPa}$, $R=2.75\text{mm}$, $\alpha=45°$, $w=4\text{mm}$, $l=150\text{mm}$

$$J_c/J_{c0} = -8.236 \times 10^{10}\varepsilon^6 - 3.182 \times 10^9\varepsilon^5 - 2.155 \times 10^7\varepsilon^4 + 1.344 \times 10^5\varepsilon^3$$
$$-2962\varepsilon^2 - 7.984\varepsilon + 1 \tag{10.81}$$

其中，J_{c0} 是应变为零时的临界电流密度。

　　在前面，我们计算了具有不同绕制螺旋角下超导层的轴向应变，并将其代入公式（10.81），可计算临界电流与应变的关系。如图 10.62 所示，电缆的临界电流降低在 45°绕制螺旋角时最小。可以得出结论，螺旋角等于 45°是最佳选择，这与目前一些课题组结论是一致的[53]。图 10.63（a）和（b）分别给出了不同缠绕半径

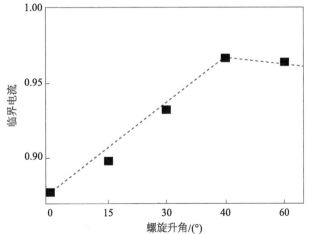

图 10.62　不同螺旋升角绕制后，临界电流退化情况

红色线是趋势线

和基底厚度绕制后，超导层的节点应变分布及其相应情形的临界电流退化与实验结果的比较。这里，我们计算了不同缠绕半径（从 0.9～2.4mm）和不同基底厚度超导带绕制的 CORC 电缆的临界电流。从图 10.63（b）可以看出，随着缠绕半径的减小，电缆的临界电流降低，这是因为随着缠绕半径的减小，超导层的轴向应变显著增加，这直接导致临界电流的降低。数值结果的趋势与实验结果一致，并且它们处于相同的范围内。然而，在实验中不能精确地控制卷绕预应力和螺旋角，这导致应变的不均匀分布。另外，在生产过程中超导带中存在一些残余应力。这些可能是实验结果低于分析结果的原因。

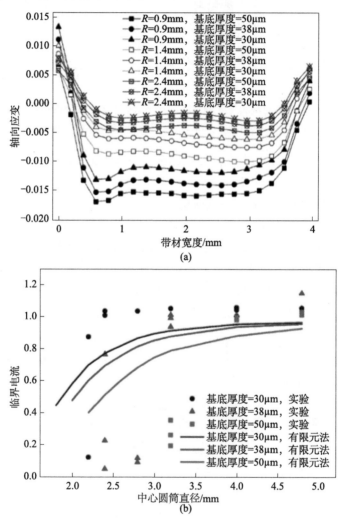

图 10.63 （a）不同缠绕半径和基底厚度绕制后超导层的节点应变分布；

（b）临界电流退化情况与实验对比图[52,55]

$F=120\text{MPa}$，$\alpha=45°$，$w=4\text{mm}$，$l=150\text{mm}$

通过上述定量分析可以看出，我们所建立的动态绕制模型可以系统地研究 CORC 电缆绕制过程中的力学行为，进而可为高温超导电缆的设计提供依据。有限元结果表明在 CORC 电缆的缠绕过程中，超导带受到由拉伸、弯曲和扭转引起的组合变形。缠绕方式（缠绕半径、缠绕预应力和缠绕螺旋角）和超导带的几何参数（基底的厚度和带的宽度）对超导带的应变分布均有显著影响。这些影响进一步反映在电缆的临界电流退化中。超导层的应变主要是压缩的；当缠绕半径增加时，压缩应变减小；横截面应变积分在 45° 时最小，这是将带缠绕成电缆的最佳选择；当基板的厚度处于 10～20μm 的小应变区域时，可以选择较小的缠绕半径。

10.5　TSSC 高温超导电缆的力—电—磁—热耦合模型[56]

TSSC 高温超导电缆是由若干超导带材经过堆叠并装配在具有五个凹槽的铝芯上而形成的超导结构。铝芯的外径为 19mm，在其中央有一个直径为 4mm 的管道用来做冷却通道使冷却剂流通。超导带材被堆叠起来安置在每一个凹槽中，每个凹槽中放置的超导带层数为 30（超导带厚度为 100μm）或者 20（超导带厚度为 150μm），电缆的设计目标是实现液氢温区，在高磁场（15T）或者自场下，输运电流达到 20kA，要实现该设计目标需对电缆的热—力—电多场耦合性能进行准确的定量分析，从而弄清不同物理场之间的作用机制，并为电缆结构的不断优化设计提供参考建议。本节就针对高温超导电缆热—力—电多场耦合性能这一问题展开了研究，采用有限元方法，通过数值模拟的手段揭示了不同物理场之间的耦合机制，为超导电缆结构的设计提供了一些工程建议。

10.5.1　超导带材等效性能参数的确定

为了计算的方便，多层超导带材被考虑为均一材料，其有效性能参数由各部分材料性能参数共同决定，在计算中主要涉及的参数有等效临界电流密度 J_c'、等效密度 ρ'、等效比热容 C_p、等效热导率 K' 以及等效杨氏模量 E' 等。

等效临界电流密度 J_c' 计算如式（10.82）所示：

$$J_c' = J_c(B, T) \times S_{\text{YBCO}} / S_{\text{tape}} \tag{10.82}$$

其中，$J_c(B, T) = \dfrac{A}{B + \delta B_0} B_{\text{irr0}}^{\beta} f(t)^{\beta} \left(\dfrac{b}{f(t)}\right)^p \left(1 - \dfrac{b}{f(t)}\right)^q$，$f(t) = (1 - t)^\tau$，$t = \dfrac{T}{T_{c0}}$，$b = \dfrac{B + \delta B_0}{B_{\text{irr0}}}$。式中，$J_c(B, T)$ 是临界电流关于磁场 B 和温度 T 的拟合关系，S_{YBCO}、S_{tape} 分别代表超导层横截面积和整个带材的横截面积。等效密度和等效比

热容分别根据各种材料所占组分计算所得，如式（10.83）和式（10.84）：

$$\rho'_{tape} = \frac{\sum_i \rho'_i S_i}{S_{tape}} \tag{10.83}$$

$$C_{p\text{-}tape}(T) = \frac{\sum_i C_{pi}(T) S_i}{S_{tape}} \tag{10.84}$$

其中，下标 i 指组成超导带材的不同材料，S 指不同材料在超导带材横截面上所占的面积。

由于超导带材是典型的各向异性材料，其热导率具有明显的各向异性特征，热量沿不同方向流动时，热导率不同。热量沿着超导带材纵向流动时，热导率的计算类比于一个并联电路，如式（10.85）：

$$k^L = \frac{\sum_i k_i S_i}{S_{tape}} \tag{10.85}$$

热量沿着垂直于超导带材方向流动时，热导率的计算类比于一个串联电路，如式（10.86）：

$$k^T = \frac{S_{tape}}{\sum_i k_i S_i} \tag{10.86}$$

因此，超导带材的等效各向异性热导率为

$$K' = \begin{bmatrix} k^T & 0 & 0 \\ 0 & k^L & 0 \\ 0 & 0 & k^L \end{bmatrix} \tag{10.87}$$

为了获得超导带材的等效力学性能参数，我们针对多层复合超导带材进行了拉伸载荷作用下的有限元数值模拟，通过其应力—应变曲线可以得到整个超导带材的等效屈服极限、杨氏模量、切线模量分别为 810MPa、131GPa 和 3.78GPa。

10.5.2　热—力—电—磁多场耦合基本控制方程

对于该多场耦合问题涉及的基本方程有三类，描述电磁学问题的 Maxwell 方程组，描述传热的热传导方程以及描述力学变形的平衡方程。三个物理场之间的耦合变量分别是焦耳热、热应变以及 Lorentz 力。由于超导材料的电磁本构关系具有典型的非线性特征，因此，描述电磁问题的电磁学方程是强非线性的偏微分方程。

在该准静态问题中，假设超导带材中没有位移电流，该问题可以用 Faraday 电磁感应定律和 Ampere 环路定理描述，将 Faraday 电磁感应定律带入 Ampere 环路定律可推导出电磁学控制方程为

$$\mu_0 \frac{\partial \boldsymbol{H}}{\partial t} + \nabla \times (\rho \nabla \times \boldsymbol{H}) = 0 \tag{10.88}$$

其中，μ_0 是真空磁导率，ρ 指超导材料的非线性电阻率，通常表示为

$$\rho = \frac{E_0}{J_c(B,T)} \left| \frac{J}{J_c(B,T)} \right|^{n-1} \tag{10.89}$$

其中，E_0 是人为给定的临界电场值，n 代表超导材料的导电性能，通常为正整数。

可以施加第一类边界条件指定边界磁场值：

$$\begin{bmatrix} H_{ext-x} & H_{ext-y} & H_{ext-z} \end{bmatrix} = \begin{bmatrix} g_{ext-x}(t) & g_{ext-y}(t) & g_{ext-z}(t) \end{bmatrix} \tag{10.90}$$

其中，$g_{ext-x}(t)$、$g_{ext-y}(t)$ 和 $g_{ext-z}(t)$ 分别指三个方向，磁场随时间变化的函数关系。此外，也可以通过在超导带材横截面法向方向施加对电流密度 J 的积分约束，指定输运电流 I_t：

$$I_t = \int_{s_{cable}} \boldsymbol{J} \cdot \boldsymbol{n} \, \mathrm{d}S \tag{10.91}$$

将单位体积所产生的焦耳热代入热传导方程可得

$$\rho_i' C_{pi} \frac{\partial T}{\partial t} - \nabla \cdot (k_i \nabla T) = \boldsymbol{E} \cdot \boldsymbol{J} \tag{10.92}$$

在电缆两端施加绝热边界条件，在其余表面施加了零通量边界条件，在液氮通道和电缆接触面施加了强制对流条件：

$$k \nabla T = h(T_s - T_0) \tag{10.93}$$

其中，T_s 和 T_0 分别指电缆内温度和液氮沸腾的温度，h 指换热系数。

由于焦耳热和 Lorentz 力的作用，电缆内部会产生变形，描述其变形规律的控制方程需耦合热应变及电磁力，如式（10.94）所示：

$$\frac{E'}{2(1+\nu)} \left(\frac{1}{1-2\nu} \frac{\partial \Theta}{\partial x} + \nabla^2 u \right) - \frac{\alpha E'}{1-\nu} \frac{\partial (T-T_{ref})}{\partial x} + f_x = 0$$

$$\frac{E'}{2(1+\nu)} \left(\frac{1}{1-2\nu} \frac{\partial \Theta}{\partial y} + \nabla^2 v \right) - \frac{\alpha E'}{1-\nu} \frac{\partial (T-T_{ref})}{\partial y} + f_y = 0 \tag{10.94}$$

$$\frac{E'}{2(1+\nu)} \left(\frac{1}{1-2\nu} \frac{\partial \Theta}{\partial z} + \nabla^2 w \right) - \frac{\alpha E'}{1-\nu} \frac{\partial (T-T_{ref})}{\partial z} + f_z = 0$$

其中，E'、ν 分别是超导带材的等效杨氏模量和 Poisson 比，u、v 和 w 是位移分量，Θ 是体积应变为 $\frac{\partial u}{\partial x} + \frac{\partial v}{\partial y} + \frac{\partial w}{\partial z}$，$f_x$、$f_y$ 和 f_z 是 Lorentz 力分量为

$$\begin{bmatrix} f_x \\ f_y \\ f_z \end{bmatrix} = \begin{bmatrix} \mu_0 J_y H_z - \mu_0 J_z H_y \\ \mu_0 J_z H_x - \mu_0 J_x H_z \\ \mu_0 J_x H_y - \mu_0 J_y H_x \end{bmatrix} \tag{10.95}$$

以上就是针对超导电缆热—力—电多场耦合性能问题的求解所需基本方程和边界条件，基于上述方程，就可以对该问题进行定量分析。

10.5.3　理论预测结果及讨论

　　首先考虑施加外部稳恒磁场，磁场变化范围为 $0\sim15T$，选取电缆中任意位置的超导带材计算其临界电流随磁场的变化关系，如图 10.64（a）所示。可以看出，在 77K 下，超导带材的临界电流随着磁场的增加迅速减小，而且计算结果与实验结果吻合较好，这也证明了数值模型的正确性。进一步，超导电缆整体临界电流随磁场的变化关系也通过数值模型计算给出，如图 10.64（b）所示。计算过程中选取了由三种规格超导带材装配而成的超导电缆，具体参数如表 10.4 所示。从图中可以看出，由 Fujikura FYSC-SC05 超导带材装配的超导电缆的临界电流要高于由 SuNAM HCN-04100 和 SuperPower SCS4050 超导带材所装配的电缆。临界电流随着磁场的增加而衰减，尤其在高场区衰减迅速。在低场区，Fujikura FYSC-SC05 超导电缆的临界电流超过了 30kA。因此可以推断，选用临界电流较高的超导带材装配而成的电缆输运性能较好。

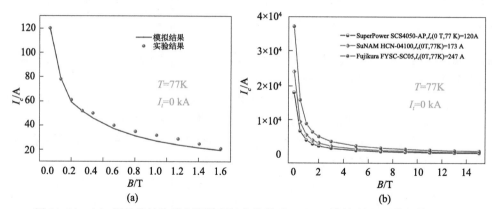

图 10.64　（a）超导带材临界电流随磁场变化关系；（b）不同规格超导带材装配而成超导电缆临界电流随磁场变化关系

表 10.4　不同规格超导带材的参数

涂层导体带材	宽度	厚度	临界电流 I_c，自场，77K
SuperPower	4mm	94μm	120A
FYSC-SC05	5mm	150μm	247A
SuNAM	4mm	100μm	173A
SuperOx	4mm	100μm	88A

　　我们来考虑给超导电缆输运正弦交流电的情形，电流幅值为 $0\sim20kA$，频率为 50Hz。首先计算超导电缆内部电流密度和磁场分布情形，如图 10.65 所示。从图中可以看出，磁场主要穿透超导电缆铝芯的外部区域，内部很微弱。超导带材

几乎完全排斥磁场，这是由于超导带材是典型的二类超导体，此刻超导带材处在高于下临界磁场，低于上临界磁场的混合状态，有少量磁感线穿透。此外，处在凹槽顶端超导带材内的磁场要高于处在底端带材内的磁场，即沿着径向方向，磁场逐渐增强，这与 Biot-Savart 定律一致。从图中还可以看出，由于超导带材在77K 处于超导态，其电阻远小于电缆中其他导体材料，因此电流主要分布在超导带材内部。电流密度的分布特征与磁场的分布规律反相关一致，在堆叠的超导带材内部，电流是非均匀分布的。由于磁场呈现外强内弱的特征，电流分布恰好是随着磁场的增加而减小，随着磁场的减小而增加。

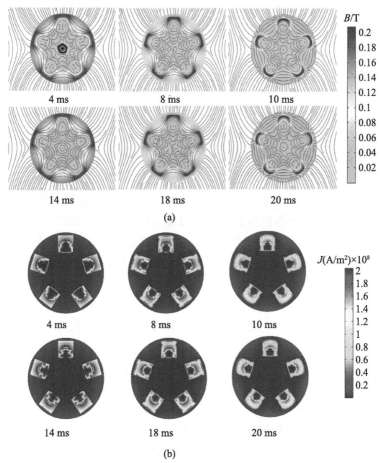

图 10.65 （a）不同时刻超导电缆内部磁场分布特征；
（b）不同时刻超导电缆内部电流密度分布特征

更进一步，我们选取径向方向的一条直线来观察电缆内部磁场和电流密度的分布，如图 10.66 所示。由此可以清晰看到，磁场与电流在超导电缆内部的分布特征以及二者之间的反相关特性。

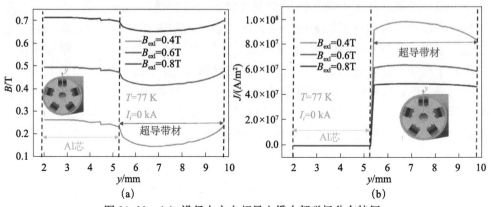

图 10.66 （a）沿径向方向超导电缆内部磁场分布特征；
（b）沿径向方向超导电缆内部电流密度分布特征

　　由于超导电缆输运交流电，产生的焦耳热会在电缆内部传导，而且与液氮管道产生对流换热，图 10.67 给出了电缆内部的温度分布。从图中可以看出，随着时间推移温度分布逐渐均匀，并且经过液氮冷却，电缆的温度最终在 5.04~5.14K 范围。由于超导带材的热导率要低于 Al 芯的，因此超导带材内部的温度要略高于 Al 芯的温度。进一步，我们计算了电缆内部超导带材临界电流随温度变化的关系，以及不同输运电流下超导电缆临界电流随温度变化的关系，如图 10.68 所示。可以看出，随着温度的升高，无论是带材还是电缆的临界电流都会降低。对于电缆而言，输运电流越大，其临界电流值也越低，这是由于较大的输运电流会产生较强的感应磁场，从而使得电流衰减程度增加。

　　温度的变化会在电缆内部产生热应力，同时电缆受到电磁力作用也会产生变形。图 10.69 为超导带材、铝芯以及整个电缆内平均 Mises 应力随时间变化的关系图。从图 10.69（a）中可以看出，随着时间的变化，应力逐渐增大，这是热应力在冷却过程中累积的结果。此外，Al 芯中的应力要大于超导带材内部的，而电缆的整体应力水平介于二者之间。随着输运电流的增加，在超导带材内的电磁应力显著增加，而 Al 芯中的电磁应力变化较小，这是由于 Al 芯中几乎没有电流流过。

　　图 10.69 为超导电缆内部 Mises 应力在横截面以及纵向方向的分布特征。从图 10.69（a）中可以看出，由于应力集中效应，最大应力发生在堆叠超导带材边缘，达到了约 270MPa，这低于超导带材的拉伸应力极限，但是高于由带材制造商给出的压缩和剪切极限（分别为 100MPa 和 10MPa）。由于 Al 芯的热膨胀系数高于超导带材的，Al 芯中的应力要大于超导带材内部的。从图 10.69（b）中可以看出，在超导电缆中间部位，随着温度的变化，应力也随着趋于均匀和稳定分布，然而电缆两端的应力要高于中间位置的，这是由于计算过程中，电流需要在端部进行

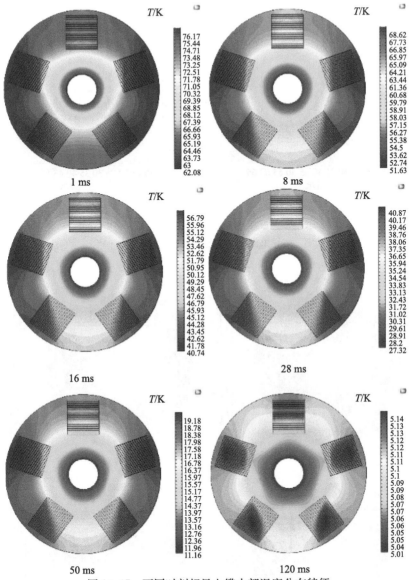

图 10.67 不同时刻超导电缆内部温度分布特征

再次分布，导致端部的电磁应力较大。

本节通过介绍对 TSSC 高温超导电缆进行三维实体建模，采用数值方法对其热—力—电耦合性能进行了定量研究。计算结果表明，选取临界电流较高的超导带材装配而成的电缆输运性能较好，而采用热膨胀系数较低的内芯材料可以很好降低整个电缆的应力水平，这为超导电缆结构的优化设计提供了一定参考价值。

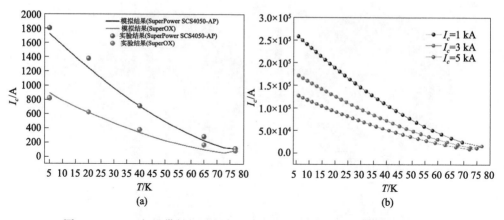

图 10.68　（a）超导带材临界电流随温度变化关系；（b）不同输运电流下，
超导电缆临界电流随温度变化关系

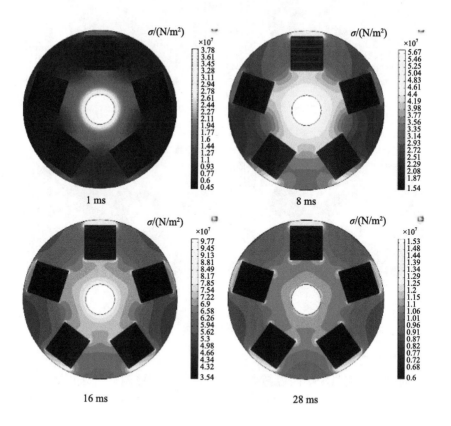

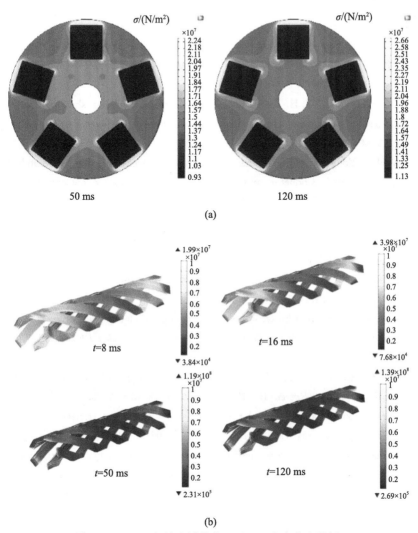

图 10.69 （a）超导电缆横截面 Mises 应力分布特征；
（b）超导电缆纵向方向 Mises 应力分布特征

参 考 文 献

[1] K. Ilin, K. A. Yagotintsev, C. Zhou, P. Gao, J. Kosse, S. J. Otten, W. A. J. Wessel, T. J. Haugan, D. C. van der Laan, A. Nijhuis. Experiments and FE modeling of stress-strain state in ReBCO tape under tensile, torsional and transverse load. *Superconductor Science and Tech-*

nology，2015，28（5）：055006.

[2] Y. Zhang，D. W. Hazelton，R. Kelley，M. Kasahara，R. Nakasaki，H. Sakamoto，A. Poly-anskii. Stress-strain relationship，critical strain（stress）and irreversible strain（stress）of IBAD-MOCVD-Based 2G HTS wires under uniaxial tension. *IEEE Transactions on Applied Superconductivity*，2016，26（4）：8400406.

[3] Z. Jing，H. D. Yong，Y. H. Zhou. Flux-pinning-induced interfacial shearing and transverse normal stress in a superconducting coated conductor long strip. *Journal of Applied Physics*，2012，112（4）：034005.

[4] Z. Jing，H. D. Yong，Y. H. Zhou. Shear and transverse stress in a thin superconducting layer in simplified coated conductor architecture with a pre-existing detachment. *Journal of Applied Physics*，2013，114（3）：033907.

[5] 景泽. 超导材料力-热-电-磁多场环境下的性能分析. 兰州大学博士学位论文，2015.

[6] L. B. Freund，S. Suresh，Thin Film Materials：Stress，Defect Formation，and Surface Evolution. Cambridge：Cambridge University Press，2003.

[7] F. Erdogan，G. D. Gupta. On the numerical solution of singular integral equations. *Quarterly of Applied Mathematics*，1972，30：525 – 534.

[8] W. T. Norris. Calculation of hysteris losses in hard superconductors carrying AC：isolated conductors and edges of thin sheets. *Journal of Physics D：Applied Physics*，1970，3：489 – 507.

[9] E. H. Brandt，M. V. Indenbom. Type-II-superconductor strip with current in a perpendicular magnetic field. *Physical Review B*，1993，48（17）：12893 – 12906.

[10] E. H. Brandt. Square and rectangular thin superconductors in a transverse magnetic field. *Physical Review Letters*，1995，74（15）：3025 – 3028.

[11] H. D. Yong，Y. H. Zhou. Stress distribution in a flat superconducting strip with transport current. *Journal of Applied Physics*，2011，109：073902.

[12] 段育洁. 高温超导涂层导体和线圈的层离与载流退化行为研. 兰州大学博士学位论文，2020.

[13] X. B. Peng，H. D. Yong，Y. H. Zhou. Finite element modeling of single-lap joint between GdBa$_2$Cu$_3$O$_{7-x}$-coated conductors using cohesive elements. *Physica C：Superconductivity and its Applications*，2020，570：1353600.

[14] X. Y. Zhang，W. Liu，J. Zhou，Y. H. Zhou. A device to investigate the delamination strength in laminates at room and cryogenic temperature. *Review of Scientific Instruments*，2014，85：125115.

[15] A. Miyazoe，Z. Zhang，S. Matsumoto，T. Kiyoshi. The critical current of REBCO coated conductors and experimental observation of delamination due to the screening current at 4.2K. *IEEE Transactions on Applied Superconductivity*，2013，23（3）：6602904.

[16] T. Takematsu，R. Hu，T. Takao，Y. Yanagisawa，H. Nakagome，D. Uglietti，T. Kiyoshi，M. Takahashi，H. Maeda. Degradation of the performance of a YBCO-coated conductor double

pancake coil due to epoxy impregnation. *Physica C: Superconductivity and its Applications*, 2010, 470 (17 - 18): 674 - 677.

[17] S. Otten, M. Dhallé, P. Gao, W. Wessel, A. Kario, A. Kling, W. Goldacker. Enhancement of the transverse stress tolerance of REBCO Roebel cables by epoxy impregnation. *Superconductor Science and Technology*, 2015, 28 (6): 065014.

[18] Y. Yanagisawa, H. Nakagome, T. Takematsu, T. Takao, N. Sato, M. Takahashi, H. Maeda. Remarkable weakness against cleavage stress for YBCO-coated conductors and its effect on the YBCO coil performance. *Physica C: Superconductivity and its Applications*, 2011, 471 (15 - 16): 480 - 485.

[19] D. C. van der Laan, J. W. Ekin, C. C. Clickner, T. C. Stauffer. Delamination strength of YBCO coated conductors under transverse tensile stress. *Superconductor Science and Technology*, 2007, 20 (8): 765 - 770.

[20] H. -S. Shin, A. Gorospe. Characterization of transverse tensile stress response of critical current and delamination behaviour in GdBCO coated conductor tapes by anvil test. *Superconductor Science and Technology*, 2013, 27 (2): 025001.

[21] L. Liu, Y. Zhu, X. Yang, T. Qiu, Y. Zhao. Delamination properties of YBCO tapes under shear stress along the width direction. *IEEE Transactions on Applied Superconductivity*, 2016, 26 (6): 6603406.

[22] T. Miyazato, M. Hojo, M. Sugano, T. Adachi, Y. Inoue, K. Shikimachi, N. Hirano, S. Nagaya. Mode I type delamination fracture toughness of YBCO coated conductor with additional Cu layer. *Physica C: Superconductivity and its Applications*, 2011, 471 (21 - 22): 1071 - 1074.

[23] N. Sakai, S. Lee, N. Chikumoto, T. Izumi, K. Tanabe. Delamination behavior of Gd123 coated conductor fabricated by PLD. *Physica C: Superconductivity and its Applications*, 2011, 471 (21 - 22): 1075 - 1079.

[24] Y. Zhang, D. Hazelton, A. Knoll, J. Duval, P. Brownsey, S. Repnoy, S. Soloveichik, A. Sundaram, R. McClure, G. Majkic. Adhesion strength study of IBAD-MOCVD-based 2G HTS wire using a peel test. *Physica C: Superconductivity and its Applications*, 2012, 473: 41 - 47.

[25] A. Sundaram, Y. Zhang, A. Knoll, D. Abraimov, P. Brownsey, M. Kasahara, G. Carota, R. Nakasaki, J. Cameron, G. Schwab. 2G HTS wires made on 30μm thick Hastelloy substrate. *Superconductor Science and Technology*, 2016, 29 (10): 104007.

[26] Y. J. Duan, W. R. Ta, Y. W. Gao. Numerical models of delamination behavior in 2G HTS tapes under transverse tension and peel. *Physica C: Superconductivity and its Applications*, 2018, 545: 26 - 37.

[27] N. Allen, L. Chiesa, M. Takayasu. Structural modeling of HTS tapes and cables. *Cryogenics*, 2016, 80: 405 - 418.

[28] P. P. Camanho, C. G. Davila, M. F. de Moura. Numerical simulation of mixed-mode progres-

sive delamination in composite materials. *Journal of Composite Materials*，2003，37（16）：1415-1438.

[29] M. L. Benzeggagh，M. Kenane. Measurement of mixed-mode delamination fracture toughness of unidirectional glass/epoxy composites with mixed-mode bending apparatus. *Composites Science and Technology*，1996，56（4）：439-449.

[30] L. D. Lorenzis，G. Zavarise. Modeling of mixed-mode debonding in the peel test applied to superficial reinforcements. *International Journal of Solids and Structures*，2008，45（20）：5419-5436.

[31] Y. J. Duan，Y. W. Gao. Effect of substrate thickness on interfacial adhesive strength and thermal residual stress of second-generation high-temperature superconducting tape using peel test modeling. *Cryogenics*，2018，94：89-94.

[32] P. F. Gao，W. -K. Chan，X. Z. Wang，Y. H. Zhou，J. Schwartz. Stress，strain and electromechanical analyses of（RE）Ba$_2$Cu$_3$O$_x$ conductors using three-dimensional/two-dimensional mixed-dimensional modeling：fabrication，cooling and tensile behavior. *Superconductor Science and Technology*，2020，33（4）：044015.

[33] K. Osamura，M. Sugano，S. Machiya，H. Adachi，S. Ochiai，M. Sato. Internal residual strain and critical current maximum of a surrounded Cu stabilized YBCO coated conductor. *Superconductor Science and Technology*，2009，22（6）：065001.

[34] J. R. C. Dizon，A. R. N. Nisay，M. J. A. Dedicatoria，R. C. Munoz，H. -S. Shin，S. -S. Oh. Analysis of thermal residual stress/strain in REBCO coated conductor tapes. *IEEE Transactions on Applied Superconductivity*，2013，24（3）：8400905.

[35] 高配峰. 高温超导复合带材力学行为及变形对临界特性影响的研究. 兰州大学博士学位论文，2017.

[36] W. Goldacker，F. Grilli，E. Pardo，A. Kario，S. I. Schlachter，M. Vojenčiak. Roebel cables from REBCO coated conductors：a one-century-old concept for the superconductivity of the future. *Superconductor Science and Technology*，2014，27（9）：093001.

[37] T. Mulder，A. Dudarev，M. Mentink，H. Silva，D. C. van der Laan，M. Dhalle，H. T. Kate. Design and manufacturing of a 45kA at 10T REBCO-CORC cable-in-conduit conductor for large-scale magnets. *IEEE Transactions on Applied Superconductivity*，2016，26（4）：4803605.

[38] T. Mulder，A. Dudarev，M. Mentink，M. Dhalle，H. T. Kate. Development of joint terminals for a new six-around-one ReBCO-CORC cable-in-conduit conductor rated 45kA at 10T/4K. *IEEE Transactions on Applied Superconductivity*，2016，26（3）：4801704.

[39] M. Takayasu，L. Chiesa，L. Bromberg，J. V. Minervini. HTS twisted stacked-tape cable conductor. *Superconductor Science and Technology*，2011，25（1）：014011.

[40] M. Takayasu，F. J. Mangiarotti，L. Chiesa，L. Bromberg，J. V. Minervini. Conductor characterization of YBCO twisted stacked-tape cables. *IEEE Transactions on Applied Superconductivity*，2012，23（3）：4800104.

[41] D. C. van der Laan. YBa$_2$Cu$_3$O$_{7-\delta}$ coated conductor cabling for low AC-loss and high-field magnet applications. *Superconductor Science and Technology*, 2009, 22 (6): 065013.

[42] W. Goldacker, R. Nast, G. Kotzyba, S. I. Schlachter, A. Frank, B. Ringsdorf, C. Schmidt, P. Komarek. High current DyBCO-ROEBEL Assembled Coated Conductor (RACC). *Journal of Physics Conference Series*, 2005, 43: 901 – 904.

[43] W. R. Ta, Y. W. Gao. Numerical simulation of the electro-thermo-mechanical behaviors of a high-temperature superconducting cable. *Composite Structures*, 2018, 192: 616 – 625.

[44] W. R. Ta, T. C. Shao, Y. W. Gao. Comparison study of cable geometries and superconducting tape layouts for high-temperature superconductor cables. *Cryogenics*, 2018, 91: 96 – 102.

[45] X. Y. Zhang, D. H. Yue, J. Zhou, Y. H. Zhou. Self-enhancement of the critical current of YBa$_2$Cu$_3$O$_{7-x}$ coated conductors caused by the axial tension. *Applied Physics Letters*, 2013, 103 (4): 042602.

[46] X. Y. Su, C. Liu, J. Zhou, X. Y. Zhang, Y. H. Zhou. A method to access the electro-mechanical properties of superconducting thin film under uniaxial compression. *Acta Mechanica Sinica*, 2020, 36 (5): 1046 – 1050.

[47] M. Qiu, Z. Zhang, Y. Cao, X. Li, Y. Zhang, J. Fang, L. Lin, L. Xiao. Strain effect of YBCO coated conductor on transport characteristics. *Superconductor Science and Technology*, 2007, 20 (3): 162 – 167.

[48] J. R. C. Dizon, R. Bonifacio, S. -T. Park, H. -S. Shin. Variation of the transport property in lap-jointed YBCO coated conductor tapes with tension and bending deformation. *Progress in Superconductivity and Cryogenics*, 2007, 9 (4): 11 – 15.

[49] J. Fleiter, M. Sitko, A. Ballarino. Analytical formulation of Ic dependence on torsion of YBCO and BSCCO conductors. *IEEE Transactions on Applied Superconductivity*, 2012, 23 (3): 8000204.

[50] K. Y. Wang, W. R. Ta, Y. W. Gao. The winding mechanical behavior of conductor on round core cables. *Physica C: Superconductivity and its Applications*, 2018, 553: 65 – 71.

[51] J. D. Weiss, T. Mulder, H. J. ten Kate, D. C. van der Laan. Introduction of CORC® wires: highly flexible, round high-temperature superconducting wires for magnet and power transmission applications. *Superconductor Science and Technology*, 2016, 30 (1): 014002.

[52] Y. Zhu, P. Yi, M. Sun, X. Yang, Y. Zhang, Y. Zhao. The study of critical current for YBCO tape in distorted bending mode. *Journal of Superconductivity and Novel Magnetism*, 2015, 28 (12): 3519 – 3523.

[53] D. C. van der Laan, D. Abraimov, A. A. Polyanskii, D. C. Larbalestier, J. F. Douglas, R. Semerad, M. Bauer. Anisotropic in-plane reversible strain effect in Y$_{0.5}$Gd$_{0.5}$Ba$_2$Cu$_3$O$_{7-\delta}$ coated conductors. *Superconductor Science and Technology*, 2011, 24 (11): 115010.

[54] D. C. van der Laan, L. F. Goodrich, J. F. Douglas, R. Semerad, M. Bauer. Correlation between in-plane grain orientation and the reversible strain effect on flux pinning in REBa$_2$Cu$_3$O$_{7-\delta}$ coated conductors. *IEEE Transactions on Applied Superconductivity*, 2011,

22 (1)：8400707.

[55] D. C. van der Laan, J. D. Weiss, P. Noyes, U. P. Trociewitz, A. Godeke, D. Abraimov, D. C. Larbalestier. Record current density of 344A mm^{-2} at 4. 2K and 17T in CORC® accelerator magnet cables. *Superconductor Science and Technology*，2016，29 (5)：055009.

[56] 他吴睿. 超导股线输运机制及高温超导电缆力—电—热性能研究. 兰州大学博士学位论文，2016.

第十一章 超导磁体多场耦合非线性力学的理论模型及定量分析

由于超导材料在直流条件下具有近似无阻的特性以及高的载流能力，由其绕制而成的高场超导磁体相比常规磁体具有较小的体积和耗能。超导在未来高场磁体的设计和研制中具有十分显著的优点，但其也具有复杂的多场耦合非线性力学特性。与单一的超导带材和线材相比，超导磁体不仅工作环境为低温，而且也需要承受较高的磁场和电流产生的电磁体力。随着未来超导磁体磁场强度的不断提升，磁体的力学变形会严重制约高场超导磁体的研发。本章首先简要介绍了超导磁体及力学研究的相关进展，随后研究了无绝缘线圈的失超及自恢复特性，最后给出了高场超导线圈的力磁耦合力学分析。

11.1 高场超导磁体及力学研究的相关进展

在 20 世纪 90 年代初期，高温超导材料的磁体研制主要集中在 Bi-2212 和 Bi-2223 带材[1]。在 2000 年左右，Bi-2212 高温超导线圈内插于高场超导磁体的技术也得到了广泛地研究。Hitachi 发展了低温超导体和高温超导体组成的混合磁体，磁体总的中心磁场为 23.42T，Bi-2212 内插高温线圈贡献了 2T 的磁场增量[2]。2003 年美国国家强磁场实验室联合牛津超导科技用 2km 的 Bi-2212 导体绕制了一个 5T 的内插磁体，实现了 25T 的中心磁场[3]。

初期研制的内插高温超导线圈采用的较多是 Bi-2212 带材[4-6]。随着 Bi-2212 圆形线材制备工艺的成熟，圆形线材成为了磁体缠绕和制备的首选材料。与 Bi-2212 带材相比，圆形线材不仅比相应的带材具有更高的临界电流，而且其临界电流密度与磁场之间为各向同性的关系。2008 年，牛津仪器公司将两个由 Bi-2212 圆线绕制的同轴线圈内插于一个 20T 的低温超导磁体系统中，内插的 Bi-2212 线圈产生了一个 2.07T 的磁场增量[7]。在 2014 年，美国国家强磁场实验室将单根股线绕制的 Bi-2212 线圈置于 31.2T 的背景磁场下，总磁场达到了 33.8T，即 Bi-2212 线圈产生了一个 2.6T 的磁场增量[8]。

近些年，随着高温超导 REBCO 带材制备工艺的不断提升，其电磁性能也显著地提高。2017 年 12 月，美国国家强磁场实验室成功地测试了 32T 的全超导磁体，该磁体的外部采用低温超导 NbTi 和 Nb₃Sn 线圈，而内部选用 REBCO 高温超导线圈，如图 11.1 所示[9]。在常规的高温超导磁体中，绝缘材料是不可或缺的，因此，后续有很多材料被用来尝试充当超导磁体的绝缘材料[10]。这些材料大多数是由有机材料组成，相比带材中的超导层、金属稳定层和基底，它们是非常柔软的[11,12]。2010 年在设计 1.3GHz 的 NMR 磁体的内插高温超导磁体时，麻省理工学院 FBNML 实验室的研究人员尝试去除了匝与匝之间的绝缘层[13]。值得注意的是，关于 REBCO 无绝缘双饼线圈的过电流测试，线圈的临界电流是 54A，而测试中通入的电流是 125A。虽然该电流值超过了两倍的临界电流，但无绝缘线圈仍然可以承受较高的过载电流。对于同样尺寸的绝缘线圈，在 110A 的电流测试下绝缘线圈被烧毁。过电流实验测试验证了无绝缘线圈有更高的热稳定性。

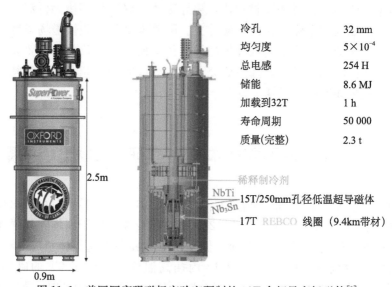

冷孔	32 mm
均匀度	5×10^{-4}
总电感	254 H
储能	8.6 MJ
加载到32T	1 h
寿命周期	50 000
质量(完整)	2.3 t

稀释制冷剂

NbTi
Nb₃Sn

15T/250mm孔径低温超导磁体

17T REBCO 线圈（9.4km带材）

图 11.1   美国国家强磁场实验室研制的 32T 全超导高场磁体[9]

在后续的磁体设计中，研究人员不断把无绝缘线圈引入了高场超导磁体的研制中，无绝缘技术的优点也逐渐被发现。首先，无绝缘线圈可以适当地减小稳定层的厚度并缩小线圈的尺寸，从而提高线圈的工程电流密度。其次，当线圈经历失超时，线圈内部的电流可以通过匝与匝之间的接触面绕开局部热点，而低的接触电阻不会引起局部的温升，这也是无绝缘线圈具有高热稳定性的主要原因。自 2012 年以来，麻省理工学院 FBNML 实验室的研究人员对无绝缘线圈经过测试，发现无绝缘磁体在过电流失超测试中不仅不会损坏，并且可以恢复到初始状态，表明无绝缘磁体具有良好的自保护能力[14]。

随着多宽度无绝缘磁体的验证成功，韩国 SuNAM 公司和麻省理工学院 FBNML 实验室的研究人员联合研发了 26T 全高温超导的多宽度无绝缘磁体[15]，其由 26 个无绝缘双饼线圈组成。在 4.2K 下,当电源电流等于 242A 时,磁体的中心磁场达到了 26.4T。近年来,高温超导内插磁体技术也被逐渐探索,法国格勒诺布尔强磁场实验室构建的 30T 直流磁体中内插了一个 10T/125mm 的无绝缘高温超导线圈[16]。2012 年,中科院电工所也开始了 25T 全超导磁体的研发项目[17-21]。磁体外部的低温超导磁体产生了 15T 的磁场。经过测试,内插的高温超导磁体产生的磁场超过了 10T,从而使整个磁体的中心磁场超过了 25T[22,23]。这也标志着我国在高场内插磁体技术领域逐步走向成熟,也为后续研发磁场高于 30T 的高场磁体奠定了基础。2019 年,中科院电工所成功研制了中心磁场高达 32.35T 的全超导磁体,打破了美国国家强磁场实验室创造的 32T 的世界纪录[24],如图 11.2 所示。

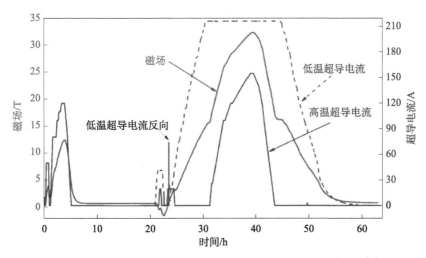

图 11.2   中科院电工所实现了中心磁场 32.35T 的全超导磁体[24]

在混合磁体的研制方面,2019 年美国国家强磁场实验室的研究人员将无绝缘高温超导磁体内插于一个电阻式背景磁体,实现了一个 45.5T 的中心磁场[25]。其中,无绝缘高温超导磁体在 245.3A 的电流下,产生了 14.4T 的中心磁场。

伴随着超导磁体中磁场的不断提升,其在高场下的力学特性也引起了大量的关注。超导线圈在运行中会承受缠绕应力、热应力,以及磁场和电流相互作用产生的电磁体力。由于电磁体力会随着外部磁场的增大而显著增加,其已经成为高场超导磁体设计及研制中关注的主要问题。研究人员对承受高场作用后的超导磁体拆解并进行了研究,发现内插线圈中出现了带材及接头脱黏的失效现象,并且会伴随着显著的非均匀塑性变形[26,27]。Kajita 通过实验探究了拉弯混合应力模式下 REBCO 带材的性能,揭示了拉弯混合应力模式下超导层更易产生裂纹并出现临界电流性能衰退现象[28]。Lecrevisse 等在充电测试发现随着外部电阻磁体的故障会引起内部的无绝缘线圈产生较大的感应电流,导致线圈内超导带材发生局部的分层破坏[29]。Painter 等将无绝缘磁体内插于低温超导背景磁体中进行充电测试，发现无绝缘磁体内较大的不平衡轴向力会导致支撑结构的局部发生机械损坏[30]。此外，Xia 等数值模拟了高温超导线圈内屏蔽电流引起的力学变形，计算结果表明屏蔽电流可以显著提升超导线圈中的应力峰值[31]。Li 等研究发现屏蔽电流会降低高场磁体中的磁场，并也指出屏蔽电流引起的过应力可能成为极高场磁体中待解决的关键力学问题[32]。为了验证屏蔽电流的影响，Yan 等对超导磁体中屏蔽电流产生的应变进行了测试，实验得到的结果与理论预测的结果一致[33]。Takahashi 等对外场下的小型线圈进行了测试，发现屏蔽电流会产生非均匀的环向应变分布，同样会引发线圈的屈曲并造成带材的分层破坏[34]。

11.2　无绝缘单饼超导线圈的热稳定性及力学行为[35-37]

高温超导在高场下具有较高的载流能力并受到广泛地关注，然而其缓慢的失超传播速度降低了超导结构的热稳定性[38-40]。在实际应用中，高温超导线圈的失超检测和保护是一项巨大的挑战。在常规的绝缘超导线圈中，相邻超导带材之间的绝缘材料被视为不可或缺的。近期的研究发现在去除绝缘层后，无绝缘线圈的热稳定性会显著提高[13]，其主要原因是超导带材之间的接触电阻比较小[41]。当超导线圈发生失超时，局部正常区域附近的电流可以沿着径向绕流，所以热量不会累积在热源区域。因此，在不需要外部保护系统的条件下，无绝缘线圈内的温度能够自行恢复。即使在多次的失超测试中，无绝缘线圈均展现了自恢复的实验现象，其具有良好的自保护能力[42]。

目前，限制无绝缘磁体发展的关键问题是机械不稳定性导致的力学损坏。尽管在去除了柔软的绝缘层之后，无绝缘线圈的机械强度有了明显的提高（无绝缘线圈的杨氏模量在 140GPa～180GPa，而绝缘线圈大概在 60GPa～100GPa)[43]，但无绝缘线圈内部较高的感应电流以及径向的绕流会产生复杂的电磁体力，并诱发潜在的机械不稳定行为。在测试大型的无绝缘内插磁体时，发现在磁体的顶部线圈的上边缘和底部线圈的下边缘处均产生了塑性变形[25]。同时，在较高的外部背景磁场条件下，总的机械应变和不平衡电磁力可能超过设计的极限值。

11.2.1　无绝缘线圈多物理场模型

图 11.3 给出了无绝缘单饼线圈多场耦合失超模型的计算流程图。REBCO 涂层导体的临界电流不仅随着温度变化，而且也随着磁场变化，其临界电流具有磁

场各向异性的特性，因此在数值模拟中需要考虑到电、磁及热物理场之间的相互影响。首先利用等效电路的轴对称模型计算给出无绝缘线圈内的电流分布。由于线圈的磁场主要是由它的环向电流所决定，所以将环向电流导入磁场模型计算出磁场的分布。与此同时，将环向和径向电流所产生的焦耳热也导入热传导模型计算出线圈的温度场分布。随后，将计算得到的磁场和温度场返回到等效电路轴对称模型并更新下一时刻的电流分布。最后，将每一时刻计算的电流、磁场和温度的分布，以电磁体力和热应力的形式导入力学模型来评估线圈失超和恢复期间的应变和应力变化。本节的数值计算主要基于有限差分法，下面将详细地介绍各个数值模型[35]。

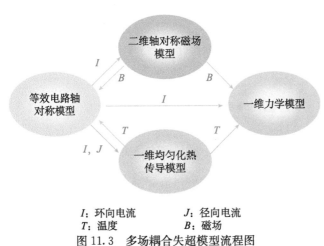

I：环向电流　　　　　J：径向电流
T：温度　　　　　　　B：磁场
图 11.3　多场耦合失超模型流程图

a）等效电路的轴对称模型

由于无绝缘线圈去除了超导带材之间的绝缘层，其内部的电流也可以沿着线圈的径向流动。无绝缘线圈的电流分布可以基于电路模型进行表征[44-47]，图 11.4 展示了一个单饼线圈的等效电路模型。为了简化计算，整个带材均匀化处理，也就是将线圈中的带材划分为超导层和正常层，其中正常层包括哈氏合金基底、Cu 稳定层和 Ag 层。线圈中每一匝的环向电流等于正常层和超导层的电流之和。由于电流也可以沿着匝与匝之间的接触表面流动，因此，在电路模型中每一匝会并联一个接触电阻。此外，考虑到线圈的最后一匝中电流也可以沿着径向回流到内圈，所以在电路模型中的最后两匝共用了同一个接触电阻。

根据 Kirchhoff 电流和电压定律，在每个节点和每个电路网格处，可以推导出电路模型的控制方程如下：

$$\begin{cases} I_{op} = i_m + j_m \\ u_m - j_m R_{r,m} = 0, & m < N-1 \\ u_m + u_{m+1} - j_m R_{r,m} = 0, & m = N-1 \end{cases} \quad (11.1)$$

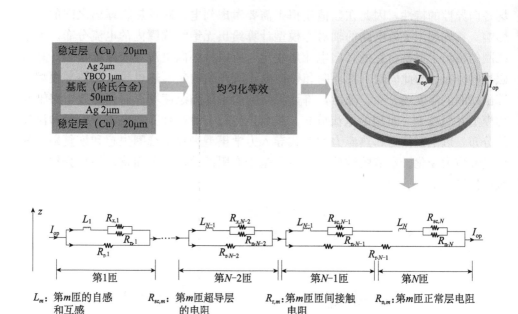

图 11.4 带材均匀化以及无绝缘线圈的等效电路模型

其中，I_{op}、i_m 和 j_m 分别是电源电流、第 m 匝的环向电流和径向电流。$R_{r,m}$ 是匝与匝之间的接触电阻，其表达式为

$$R_{r,m} = \frac{\rho_r}{S_m} \tag{11.2}$$

其中，S_m 是第 m 匝的接触面积；ρ_r 是匝与匝之间的接触电阻率，在液氮温度 77K 下，实验测得的值为 $70\mu\Omega \cdot cm^2$[41]。u_m 是第 m 匝的电压，其值等于感应压降和电阻压降的总和，表达式如下所示：

$$u_m = \sum_{l=1}^{N} M_{m,l} \frac{\mathrm{d}i_l}{\mathrm{d}t} + V_{sc,m}(i_m, I_{c,m}) \tag{11.3}$$

其中，$M_{m,l}$ 是线圈中带材之间的自感和互感系数，它们可以通过 Biot-Savart 定律求得，具体形式如下[47]：

$$M_{m,l} = \frac{\mu_0 r_m r_l}{4\pi w^2} \int_0^w \int_0^{2\pi} \int_0^w \int_{\theta_m}^{2\pi} \frac{\cos(\theta_m - \theta_l)}{R_{m,l}} \mathrm{d}\theta_m \, \mathrm{d}z_m \, \mathrm{d}\theta_l \, \mathrm{d}z_l$$

$$R_{m,l} = \sqrt{r_m^2 + r_l^2 - 2r_m r_l \cos(\theta_m - \theta_l) + (z_m - z_l)^2} \tag{11.4}$$

式中，r_m 和 r_l 是线圈中第 m 匝和第 l 匝的内径。w 是带材的宽度。θ_m 和 θ_l 代表线圈中第 m 匝和第 l 匝的角度变化。$V_{sc,m}$ 是线圈中第 m 匝超导层的电压，可以通过非线性 E-I 幂律模型来表征。由于电压的值依赖于环向电流、临界电流、温度和磁场的变化，所以它也是等效电路轴对称模型、磁场模型和热传导模型之间相互连接的桥梁。求解电压的耦合方程的具体形式如下所示：

$$
\begin{cases}
E_c l_m \left(\dfrac{i_{\mathrm{sc},m}}{I_{c,m}}\right)^n - (i_m - i_{\mathrm{sc},m})R_{\mathrm{n},m} = 0 \\[2mm]
V_{\mathrm{sc},m} = E_c l_m \left(\dfrac{i_{\mathrm{sc},m}}{I_{c,m}}\right)^n \\[2mm]
R_{\mathrm{n},m} = \rho_{\mathrm{n}} \dfrac{l_m}{S} \\[2mm]
I_{c,m} = I_c(T_m) I_c(B_{\parallel,m}, B_{\perp,m})
\end{cases}
\tag{11.5}
$$

其中，$i_{\mathrm{sc},m}$、l_m 和 $I_{c,m}$ 分别是线圈中第 m 匝的环向电流、长度和临界电流；S 是带材的截面积；ρ_{n} 是与温度相关的正常层等效电阻率，其值可以通过复合材料中的混合法则获得，如图 11.5 所示[48]。$R_{\mathrm{n},m}$ 和 $R_{\mathrm{sc},m}$ 分别是线圈中第 m 圈的正常层电阻和超导层电阻。在数值模拟中，E-I 幂律模型中的 n 值是 31[48]，临界电场 E_c 是 $1\mu\mathrm{V}\cdot\mathrm{cm}^{-1}$[48,49]。$I_{c,m}$ 是第 m 匝的临界电流，其值与温度和磁场的变化相关且表达式为

$$
I_c(T_m) =
\begin{cases}
I_{c0} \dfrac{T_c - T_m}{T_c - T_0}, & T_m < T_c \\[2mm]
0, & T_m \geqslant T_c
\end{cases}
\tag{11.6}
$$

其中，工作温度 T_0 和临界温度 T_c 分别是液氮温度 77K 和 92K。在自场和 77K 下，带材的临界电流 I_{c0} 是 220A[48]。当线圈的温度超过临界温度时，超导层不再有电流流过，环向电流均沿着正常层流动。

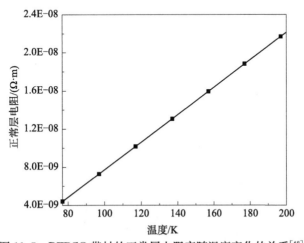

图 11.5　REBCO 带材的正常层电阻率随温度变化的关系[48]

考虑到超导带材的临界电流具有磁场各向异性。第 m 匝带材临界电流与磁场相关的表达式为[50]

$$I_c(\boldsymbol{B}) = \frac{1}{\left[1 + \sqrt{(kB_{\parallel,m})^2 + B_{\perp,m}^2}\,/B_c\right]^b}$$ (11.7)

其中，$B_{\parallel}$ 和 $B_{\perp}$ 分别是磁场沿着平行于和垂直于带材表面的分量。通过曲线拟合的方式，我们可以得到参数 k、b 和 B_c 的值，它们分别是 0.0605、0.7580 和 103mT[48]。

b）轴对称的磁场模型

基于等效电路轴对称模型得到线圈内电流的分布之后，需要求出此刻的磁场分布。值得注意的是，虽然本节建立的是无绝缘单饼线圈的一维失超模型，但是考虑到线圈的临界电流受到磁场各向异性的影响，为了较为准确地表征临界电流和磁场的相关性，采用二维的磁场模型来计算电路模型节点处磁场的最大值。在具体的数值模拟中，超导线圈的截面被划分成很多个单元。在二维的轴对称问题中，磁场只有沿着径向和轴向的两个分量。根据 Biot-Savart 定律，单元（r, z）的磁场可以表示为

$$B_r = -\frac{\mu_0}{2\pi}\left(\frac{i_m}{w}\right)\int_0^w\int_0^\pi \frac{R(z-z_1)\cos\theta\,\mathrm{d}\theta\,\mathrm{d}z_1}{\left[r^2+(z-z_1)^2+R^2+2rR\cos\theta\right]^{3/2}}$$
$$B_z = \frac{\mu_0}{2\pi}\left(\frac{i_m}{w}\right)\int_0^w\int_0^\pi \frac{R(R+r\cos\theta)\,\mathrm{d}\theta\,\mathrm{d}z_1}{\left[r^2+(z-z_1)^2+R^2+2rR\cos\theta\right]^{3/2}}$$ (11.8)

其中，R 是 z 轴和单元之间的距离；θ 是线圈任意一点在柱坐标平面 $rO\theta$ 内的投影与 r 轴的夹角；w 是带材的宽度。假定环向电流 i_m 在超导带材内是均匀分布的。一旦求得磁场的分布，它将返回到等效电路轴对称模型并计算线圈中每一匝的临界电流。

c）一维均匀化的热传导模型

一维热传导的数值模拟中，只需要考虑线圈内外边界的热扩散即可。如图 11.6 所示，其均匀化热传导模型的控制方程和冷却边界条件如下：

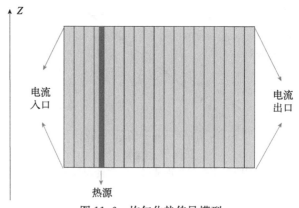

图 11.6　均匀化热传导模型

$$\begin{cases} d_e C \dfrac{\partial T}{\partial t} + \nabla \cdot (-k\nabla T) = \rho_\text{n}(T)\left(\dfrac{i_m}{S_c}\right)^2 + \rho_\text{r}\delta(r-r_j)\left(\dfrac{j_m}{S_k}\right)^2 + Q_\text{heat}, & \text{in } \Omega \\ \mathbf{n} \cdot (-k\nabla T) = h(T-T_0), & \text{on } \partial\Omega \end{cases}$$

(11.9)

其中，d_e、C、k 和 Q_heat 分别是均匀化热传导模型的密度、比热容、热导率和热源产生的脉冲能量。热容和热导率均与温度相关，相关参数在文献 [48] 中给出。T 和 t 是温度和时间。考虑到线圈处在液氮浴中，热交换系数 h 近似为 $400\text{W}/(\text{m}^2 \cdot \text{K})$[51]。

d) 一维均匀化的力学模型

通过上述模型计算得到线圈的温度分布和电磁体力之后，可利用力学平衡方程来研究其失超过程中的力学行为。假定线圈的外边界是自由的，而内边界的影响将在下文中探讨。力学控制方程可以表示为

$$d_e \frac{\partial^2 u}{\partial t^2} = \frac{\partial \sigma_r}{\partial r} + \frac{\sigma_r - \sigma_\varphi}{r} + J_\varphi B_z$$

(11.10)

$$u\big|_{t=0} = 0, \quad \frac{\mathrm{d}u}{\mathrm{d}t}\Big|_{t=0} = 0, \quad \sigma_r\big|_{r=r_2} = 0$$

其中，u 是径向位移，J_φ 和 B_z 分别是线圈的环向电流密度 i_m/S_c 和轴向磁场分量，r_2 是线圈的外边界。根据几何方程和 Hooke 定律，应变和应力分量可以写为

$$\varepsilon_r = \frac{\partial u}{\partial r}, \quad \varepsilon_\varphi = \frac{u}{r}$$

$$\sigma_r = \frac{Y_m}{1-\nu^2}(\varepsilon_r + \nu\varepsilon_\varphi) - \frac{Y_m\alpha\Delta T}{1-\nu}$$

(11.11)

$$\sigma_\varphi = \frac{Y_m}{1-\nu^2}(\varepsilon_\varphi + \nu\varepsilon_r) - \frac{Y_m\alpha\Delta T}{1-\nu}$$

其中，Y_m、ν 和 α 分别是杨氏模量、Poisson 比和热膨胀系数。它们的值可以通过复合材料中的混合法则得到，分别是 172GPa，0.33 和 $13.2\times10^{-6}\text{K}^{-1}$[52,53]。

11.2.2 数值模型的验证

表 11.1 给出了所用无绝缘线圈的详细参数。为验证数值模型，我们计算了线圈充电过程中的中心磁场和线圈电压。图 11.7 给出了双饼无绝缘线圈以 0.44A/s 的速率充电到 60A 过程中电压和中心磁场的变化规律，可以看到实验结果和数值模拟结果吻合良好[44]。在充电期间，线圈电压和中心磁场不断地增加。当电流稳定之后，线圈的中心磁场并没有实现稳定而是持续增加。同时，线圈电压开始减小，这也预示着充电期间，线圈中有更多匝中的电流沿着径向流动，而在充电结束之后，线圈中沿着径向流动的电流逐渐减小。不论是实验结果还是数值模拟结果，均反映出无绝缘线圈具有较长的磁场延迟时间。对于小型的线圈，充电延迟

的现象并不突出。但是对于大型的超导磁体，当它们充电或者放电时，可能需要花费几天甚至几个月的时间，这必将限制其在工程中的实际应用，所以无绝缘线圈的磁场延迟效应是一个亟待解决的问题。值得注意的是，在充电期间，线圈的电压峰值已经超过了临界电压，但是无绝缘线圈并没有出现失超或者损坏，这也表明无绝缘线圈具有较高的热稳定性。

表 11.1　单饼无绝缘线圈的参数

参数	线圈
匝数	60
内径和外径/mm	100，112
带材总长/m	19.9
自感系数/mH	0.78
中心磁场/(mT/A)	0.71
77K 下线圈的临界电/A	89
工作电流/A	60

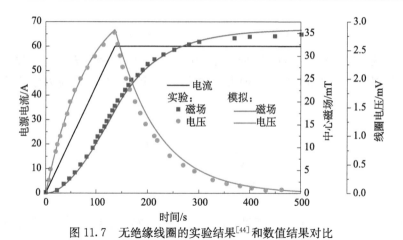

图 11.7　无绝缘线圈的实验结果[44]和数值结果对比

11.2.3　失超过程中的力学响应

在数值模拟中，热源均位于线圈的第 4 匝，并且在中心磁场稳定 10ms 之后热源被打开。热脉冲的持续时间是 40ms，脉冲的总能量是 75.9J。首先研究无绝缘线圈在失超及恢复过程中的温度和电流的变化规律。为方便讨论，下面将线圈的内部区域和外部区域分别简称为线圈的内圈和外圈。

图 11.8 展示了 60 匝线圈中部分匝的温度分布。线圈最大的温升出现在热源位置处。由于热源位于第 4 匝，热量会优先扩散到线圈的内边界。这就导致在失超期间，线圈中内圈的温度高于临界温度。然而，在整个失超和恢复过程中，线圈外圈的温度总是低于临界温度。线圈电流的分布展示在图 11.9 中，可以看到当内圈

失超之后，内圈会出现径向分流以至于其环向电流快速减小到零。与此同时，内圈电流的快速变化导致线圈外圈存在感应电流。因此，可以看到外圈具有负的径向电流，并且这也导致外圈的环向电流大幅度的增加。

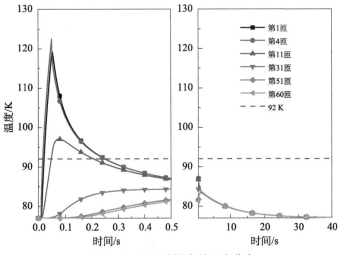

图 11.8　60 匝线圈内的温度分布

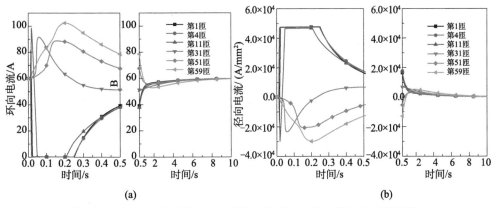

图 11.9　在 60 匝线圈内，（a）环向电流分布，（b）径向电流密度分布

下面将探讨自场条件下热扰动和恢复期间的线圈内部应力及应变的变化规律。此处假设线圈的外边界是自由的，考虑两种不同的内边界力学条件。第一种边界条件是，线圈的最内圈粘贴在内部的支撑结构上，也就是内边界固定，表达式如下：

$$u\big|_{r=r_1} = 0 \tag{11.12}$$

其中，r_1 代表线圈的内边界。第二种边界条件为假设线圈的内边界是自由的，其表达式如下：

$$\sigma_r\,|_{r=r_1}=0 \tag{11.13}$$

对于第一种边界条件，图 11.10 给出了 60 匝线圈内应变和应力的分布。当热源启动后，线圈靠近热源处的部分超导带材沿着径向膨胀，并且径向应变有显著的增加。由于高温超导体缓慢的失超传播速度，线圈的外圈沿着径向会受到一个小的压缩应变。随着外圈的温度升高，线圈的所有匝均沿着径向发生热膨胀。当线圈的温度减小时，径向应变逐渐减小，直至减小到零。然而，在初始阶段，环向应变有一个不同的变化趋势。随着线圈温度的升高，内圈的径向热膨胀导致所有匝沿着环向受到拉伸。这表明虽然外圈温度的变化比较小，但是内圈的变形对外圈也有显著的影响。当外圈的温度快速减小时，环向应变也减小。对于应力来说，径向应力主要表现出的是拉伸。原因是内边界固定，线圈只能向外膨胀。随着线圈温度的减小，径向应力也减小，但是径向应力不会完全减小到零，这是由于电磁力仍然会有作用，不过自场条件下电磁力的影响是非常小的。此外，线圈环向应力的变化要远大于径向应力的变化，这说明线圈的环向应力对温度变化更加敏感。在热源打开期间，内圈径向的热膨胀受到外部的限制，这使得线圈中很多匝沿着环向受到压缩。当线圈的温度恢复到初始值时，环向应力几乎消失。

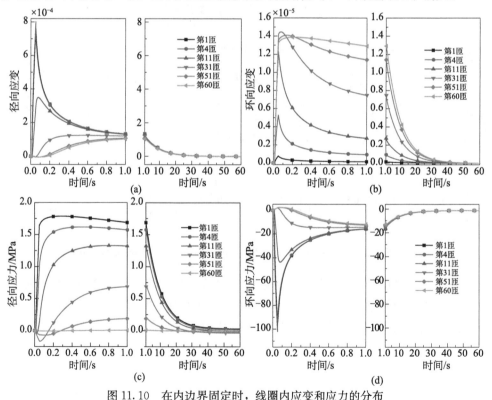

图 11.10　在内边界固定时，线圈内应变和应力的分布

(a) 径向应变分布；(b) 环向应变分布；(c) 径向应力分布；(d) 环向应力分布

对于第二种边界条件，图 11.11 给出了 60 匝线圈内应变和应力的分布。在热源加热期间，随着线圈中内圈的温度升高，这些区域沿着径向开始膨胀。然而，由于缓慢的热传播速度，即使此刻外圈的温度没有变化，但与第一种边界条件相比，自由的内边界导致外圈沿着径向受到一个更大的压缩应变。这是因为在内边界的束缚消除之后，内圈的膨胀只能通过外圈来限制。当外圈的温度升高之后，径向应变的变化和第一种边界条件有相同的变化趋势。但是，由于径向的热膨胀不再受到内边界的约束，环向应变与第一种边界条件相比较表现出显著的差异。在热扰动的初始阶段，虽然由于缓慢的热传播速度使得外圈没有经历温升，但是内圈的膨胀带动了外圈的变形，所以整个线圈沿着环向受到一个较大的拉伸应变。内边界条件的变化也使得线圈的径向应力有着不同的变化趋势，这是因为线圈沿着径向可以自由的膨胀。即使外部对内部有一定的束缚作用，但是内圈也可以向内膨胀。在加热期间，内圈的膨胀导致内圈沿着环向受到压缩。同时，外圈对内圈的限制作用使得外圈沿着环向被拉伸。对比两种不同的边界条件，可以看出环向应力的变化远大于径向应力。

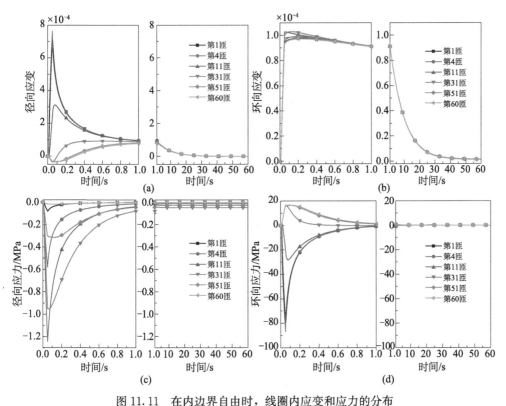

图 11.11 在内边界自由时，线圈内应变和应力的分布
（a）径向应变分布；（b）环向应变分布；（c）径向应力分布；（d）环向应力分布

在不同的脉冲能量下，线圈的温升会有所不同，如图 11.12 所示。在高的脉冲能量下，线圈内部具有更大的温升，所以它恢复到初始状态需要花费更长的时间。此外，在加热期间，线圈将会有更多内圈的温度超过临界温度，这将导致这些区域的电流沿着径向流动。在热脉冲结束之后，靠近温度传播前端的区域将会受到更大的径向压缩应力，如图 11.13 所示。受自由的内边界条件的影响，第 1 匝受到的压缩应力是比较小的。此外，由于最后一匝远离温升区域，内圈对它的影响比较小，所以它的径向应力是非常小的。在不同的脉冲能量下，温度传播前端的位置不同导致最大径向应力出现的位置也会不同，但第四匝仍有最大的温升以至于它承受最大的环向压缩应力。随着脉冲能量的增加，径向和环向应力均会有显著的提升。此外，可以看出环向应力的变化仍然远大于径向应力。

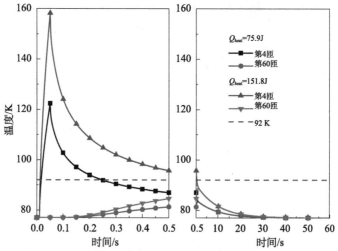

图 11.12　不同的脉冲能量对 60 匝线圈的温度变化的影响

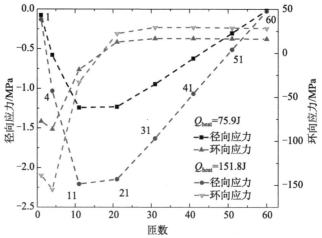

图 11.13　在热脉冲结束时，不同脉冲能量时径向和环向应力的分布

　　如图 11.14 所示，在 75.9J 的脉冲能量下，相比于大内径的超导线圈，小内径线圈的温升更高。原因是线圈半径的减小以至于热源单位体积的能量增加。这也就导致在小内径线圈中，将会有更多的区域处于失超状态。图 11.15 展示了热脉冲结束时，线圈内的径向和环向应力变化。相比于大内径的线圈，第 1 匝和最后一匝的径向应力均比较小，主要还是由边界条件和温升区域远近的影响。最大径向应力出现的位置也是与温度传播前端的位置相关，也比大内径线圈的变化更加剧烈。由于小内径线圈的内圈温升比较高，所以内圈的环向压缩应力增加，这也导致外圈的束缚作用加大，所以外圈的环向拉伸应力进一步地增加。

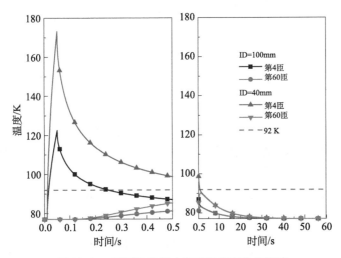

图 11.14　不同的线圈内径对温度变化的影响

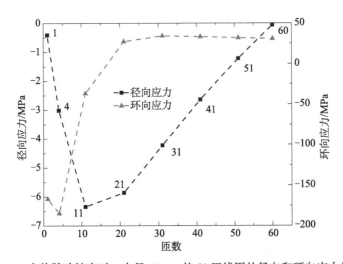

图 11.15　在热脉冲结束时，内径 40mm 的 60 匝线圈的径向和环向应力的分布

11.3　无绝缘层缠绕线圈的力学行为[36,54]

在核磁共振和磁光成像应用中，为了实现磁场良好的空间均匀性并减少双饼线圈之间的超导接头，单根带材绕制而成的层缠绕线圈更加符合其设计要求。然而，高温超导层缠绕线圈的失超保护和检测技术仍然不够成熟。一旦发生局部的失超，整个磁体有可能完全损坏，该问题要比双饼堆叠的线圈更加严重。下面我们将结合有限差分法和有限元法构建一个无绝缘层缠绕线圈的多物理场的失超及力学模型进行研究。

11.3.1　等效电路模型

在无绝缘层缠绕线圈中，每一匝的电流不仅可以直接流入上下相邻的两匝，也可以通过匝与匝之间的接触电阻沿着它的径向直接分流到左右相邻的两匝之内。不同于单饼线圈的是，当层缠绕线圈中某一匝的电流变化时，其上下和左右很多匝的电流分布均会受到影响。本节主要研究了一个 7 层 10 匝的无绝缘层缠绕线圈，超导线圈的详细参数列在表 11.2 中。在以下的计算中，热源均位于第32 匝处。

表 11.2　无绝缘层缠绕线圈的参数[36]

参数	线圈
匝数	70
内径和外径/mm	100，102
高度/mm	28
带材中 Ag 层的厚度/μm	2
带材中 Cu 稳定层厚度/μm	20
带材中基底的厚度/μm	50
带材厚度/mm	0.1
带材宽度/mm	4
带材总长/m	22.23
自感系数/mH	0.67
中心磁场/(mT/A)	0.84

根据 Kirchhoff 电压定律，可以推导得出每个独立的电路网格处的电压方程，如下所示：

$$\sum_{m=1}^{70}\left(M_{1,m}\frac{\mathrm{d}i_m}{\mathrm{d}t}+M_{14,m}\frac{\mathrm{d}i_m}{\mathrm{d}t}\right)+(R_{\mathrm{n},1}i_{\mathrm{n},1}+R_{\mathrm{n},14}i_{\mathrm{n},14})=R_{c,1}(j_1-j_2)$$

$$\sum_{m=1}^{70}\left(M_{2,m}\frac{\mathrm{d}i_m}{\mathrm{d}t}+M_{13,m}\frac{\mathrm{d}i_m}{\mathrm{d}t}\right)+(R_{\mathrm{n},2}i_{\mathrm{n},2}+R_{\mathrm{n},13}i_{\mathrm{n},13})=R_{c,2}(j_2-j_3) \tag{11.14}$$

$$\cdots$$

$$\sum_{m=1}^{70}\left(M_{63,m}\frac{\mathrm{d}i_m}{\mathrm{d}t}+M_{64,m}\frac{\mathrm{d}i_m}{\mathrm{d}t}\right)+(R_{\mathrm{n},63}i_{\mathrm{n},63}+R_{\mathrm{n},64}i_{\mathrm{n},64})=R_{c,63}j_{63}$$

其中，i_m 和 j_l 分别是环向电流和径向电流，$i_{\mathrm{n},l}$ 和 $R_{\mathrm{n},l}$ 分别是每一匝正常层的电流和电阻。下标 $m(1\leqslant m\leqslant 70)$ 和 $l(1\leqslant l\leqslant 63)$ 均代表线圈的匝数。M 是每一匝的自感系数或者匝与匝之间的互感系数。R_c 是线圈的径向相邻两匝之间的接触电阻，其值等于接触电阻率除以接触面积。对于常规的无绝缘线圈，在液氮温度 77K 下，接触电阻率的实验测量值为 $70\mu\Omega\cdot\mathrm{cm}^{2[41]}$。

从图 11.16 中可以看出，每一匝的环向也被等效为两个并联电阻，分别是超导层电阻 R_{sc} 和正常层电阻 R_{n}。方程（11.5）～式（11.7）继续用来求解超导层和正常层的分流情况，具体的参数也保持不变。

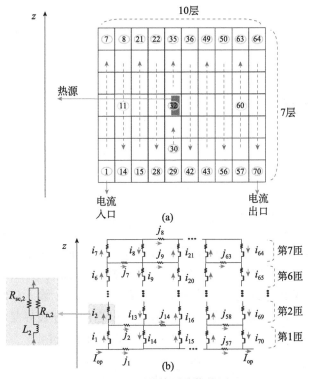

图 11.16　无绝缘层缠绕线圈

（a）轴对称线圈模型；（b）等效电路模型

为了后续便于分析数值结果，每一匝都按照图中的顺序进行编号，热源位于第 32 匝

11.3.2　二维热传导及力学模型

在等效电路模型中，REBCO 涂层导体已均匀化处理。在得到线圈的电流分布之后，假定它的环向电流均匀地分布在导体截面上，同时径向电流也假定均匀分布在每一匝的接触面处。因此，磁场模型与 11.2 节一致，公式（11.8）用来计算每一时刻线圈磁场的分布。与此同时，11.2 节的热传导模型拓展到二维来计算线圈的温度分布。图 11.16 中可以看到热源位于第 32 匝，其高度是 3.6mm，宽度等于带材厚度的一半。如果没有特殊的说明，热源的脉冲时间和能量分别是 40ms 和 183J。在数值模拟中，当线圈稳定运行 10ms 之后，热源被打开。此外，均匀化的各向异性的热参数可以通过复合材料力学中的混合法则得到。由于使用了二维的轴对称模型，在线圈的内外和上下边界处，均采用热交换边界条件，并通过一个冷却曲线来确定液氮和超导线圈之间的换热系数 h，如图 11.17 所示。

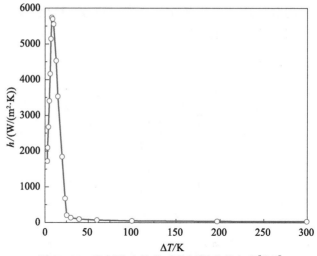

图 11.17　液氮浴中换热系数随温升的变化[55,56]

为了分析线圈在局部热扰动下的变形，采用二维的力学平衡方程计算应力的分布。为简化计算，忽略了超导带材之间的分离并假设超导线圈为均匀化的块体。具体的计算方法是在得到电流、磁场和温度的分布之后，输入二维的力学模型来计算应力的分布。对于无绝缘层缠绕线圈，假设它的内外边界是自由的，而上下边界沿着轴向固定。力学控制方程和边界条件如下所示[57]：

$$\begin{cases} d_e\,\dfrac{\partial^2 u}{\partial t^2}=\dfrac{\partial\sigma_r}{\partial r}+\dfrac{\partial\tau_{zr}}{\partial z}+\dfrac{\sigma_r-\sigma_\varphi}{r}+J_\varphi B_z \\[2ex] d_e\,\dfrac{\partial^2 w}{\partial t^2}=\dfrac{\partial\sigma_z}{\partial z}+\dfrac{\partial\tau_{rz}}{\partial r}+\dfrac{\tau_{rz}}{r}-J_\varphi B_r \end{cases} \quad (11.15)$$

$$\sigma_r \big|_{r=r_1 \text{ and } r=r_2} = 0, \quad w \big|_{z=z_1 \text{ and } z=z_2} = 0$$

其中，d_e、u 和 w 分别是带材的密度、径向和轴向位移，J_φ、B_r 和 B_z 分别是环向电流密度、径向和轴向磁场，r_1、r_2、z_1 和 z_2 分别代表线圈的内、外、上和下边界。由于超导带材是多层复合材料，其力学参数具有各向异性的特征。基于复合材料的等效方法，可以通过选取代表性单元并施加周期性载荷得到等效弹性模量、Poisson 比和热膨胀系数，如表 11.3 所示。力学响应的数值计算基于商业有限元软件 COMSOL 的固体力学模块。

表 11.3　无绝缘层缠绕线圈的参数

参数	值
E_r，E_φ，E_z/GPa	154，164，164
$G_{r\varphi}$，$G_{\varphi z}$，G_{rz}/GPa	57，62，57
$\nu_{r\varphi}$，$\nu_{\varphi z}$，ν_{rz}	0.333，0.328，0.333
α_r，α_φ，α_z/(10^{-6}K^{-1})	14.6，12.8，12.8

11.3.3　层缠绕线圈中的温度及电流分布

为了探究无绝缘层缠绕线圈的热稳定性，匝与匝之间的接触电阻率选取了实验测得的值 $70\mu\Omega \cdot \text{cm}^{2[41]}$。图 11.18 展示了不同时间点时的温度（顶部）、环向电流（中间）和径向电流密度（底部）的分布。时间间隔为局部失超开始到完全恢复的整个过程。为了清晰地观察每个变量的变化过程，每一行的图均选用统一的颜色刻度尺，而在每幅图刻度尺的上下两端分别是相对应的变量的最大值和最小值。由于带材厚度是 0.1mm，为了提高可视化，图中线圈的每一圈都沿着带材厚度方向放大了 10 倍。均匀化的径向电流密度定义为径向电流和相应接触面积的比值。径向电流实际表示的是左右相邻匝之间的分流，并不是指特定的某一匝的径向电流。

在图 11.18 中的 12ms 时，一个局部正常区域已经在第 32 匝的热源处形成，可以明显地观察到第 32 匝的环向电流通过低的接触电阻绕流到相邻的区域中，这也导致第 32 匝的径向电流快速地增加。由于在线圈稳定运行的时候，第 32 匝所在列的环向传输电流均沿着 z 轴的正方向流动，所以为了绕开第 32 匝处的正常区域，第 29～第 31 匝的环向传输电流只能沿着径向分流到周围区域。此外，第 33～第 35 匝的环向传输电流快速地降低，但是这些区域仍然可以通过低的接触电阻吸附周围的电流，故而不会衰减到零。在无绝缘层缠绕线圈的内部，每一匝不仅与上下两匝直接连接，而且与左右两匝之间通过接触电阻相连接。因此，当线圈中某一匝的电流发生变化时，周围很多区域的电流都会发生变化，甚至整个线圈的电流分布有可能会受到比较大的影响。

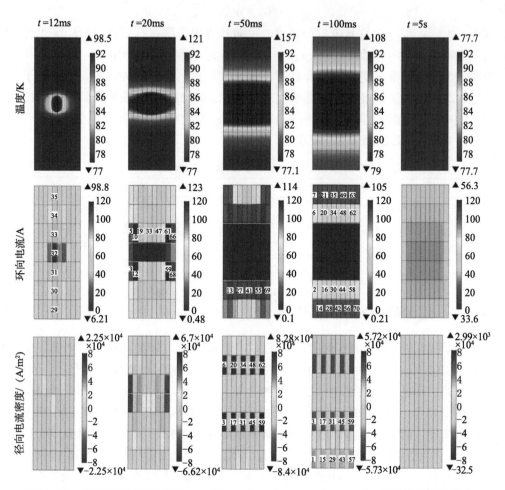

图 11.18　在不同的时间点（12ms、20ms、50ms、100ms 和 5s）时，层缠绕线圈的温度、
环向电流和径向电流密度分布

　　在 20ms 的时候，线圈的正常区域首先沿着径向开始扩展。结果导致第 4 层的环向电流只能通过径向绕流来避开这块区域，这也意味着传输电流无法沿着线圈的环向流入上部的第 5～第 7 层之内。具体来说，在第 5 层的奇数匝的环向没有传输电流流入，只能依靠这一层的偶数匝的电流通过匝与匝之间的接触电阻来补偿。为了绕开正常区域，可以明显的观察到在第 3 层中靠近线圈内外边界的一些匝（第 3、第 12、第 59 和第 68 匝）会有环向电流积累的现象。需要注意的是第 3、第 5、第 10、第 12、第 59、第 61、第 66 和第 68 匝已经在过临界电流状态下运行，这和单饼线圈很相似。随着时间的增加，正常区域开始沿着线圈的轴向膨胀。由于这个正常区域将线圈切割为上下两部分，所以简称"热切割区域"。在热脉冲结束（$t=$

50ms）之后，热切割区域进一步扩展。在线圈的上部分，每个电感—电阻形成的环路中大的感应电流主导每一匝的环向和径向电流。在线圈的下部分，为了绕开正常区域，第 3 层的奇数匝的电流只能沿着径向流动，这也导致第 2 层偶数匝的环向电流增长。此外，线圈的电流开始逐渐累积在线圈的上下两侧。

虽然 100ms 的时候热源已经被关闭，但是热切割区域沿着轴向继续扩展。环向电流集中在线圈的顶部和底部。与此同时，热切割区域会进一步阻断线圈上下部分的环向连通性，所以线圈上半部分的电流主要由电磁感应引起，而且上半部分中所有的奇数匝的电流必将通过偶数匝的电流来补偿，以至于第 6～第 7 层中的这些匝的径向电流全部为负值。图中也可以发现线圈上半部分形成了很多独立的电路环。与此同时，在线圈的下部分，每一匝的电流等于感应和传输电流的叠加。第 1 层中奇数匝沿着径向吸附电流，从而这些匝的环向电流进一步增加，径向电流全部为负。随着第 2 层中奇数匝的环向电流减小，传输电流沿着径向分流到第 1 层的偶数匝。

当时间达到 5s 的时候，在经历一次失超之后，无绝缘层缠绕线圈几乎恢复到了初始温度。然而，由于失超的影响，环向电流的分布仍然是非均匀的，所以线圈需要重新充电来实现稳定的运行。这也使得无绝缘层缠绕线圈暴露出自身的一大缺点，即需要更长的磁场恢复时间[46]。在线圈重新充电的时候，由于电磁屏蔽效应的影响，传输电流首先在线圈四周的区域内流动，然后逐渐从四周向线圈的中间部分扩散，该现象也已经通过数值模拟证实[46]。基于这样的电流扩散过程，无绝缘层缠绕线圈的磁场延迟时间显著地增加，几乎要比同规格的单饼堆叠的无绝缘线圈的延迟时间高三个数量级。

11.3.4　层缠绕线圈中的应力分布

当线圈失超之后，短时间内迅速的温升会导致它发生较大的力学变形。为了了解力学响应的基本规律，下面给出了二维线圈中应力的分布，其中脉冲能量和持续时间分别是 183J 和 40ms。

图 11.19 给出了无绝缘层缠绕线圈在不同的时间点（12ms、20ms、50ms、100ms 和 5s）的径向应力、环向应力、轴向应力和剪切应力的分布。在热扰动的初始阶段，由于热源位于第 32 匝，局部快速的温升导致第 32 匝及其相邻的匝沿着线圈的径向开始热膨胀。与此同时，线圈中的其他部分会限制它们的膨胀。该限制作用产生了两个结果：第一个是正的径向应力出现在线圈的第 3 层的顶部和第 5 层的底部。这主要是因为线圈中的热量率先沿着径向传播，导致第 4 层的温升比较大，而其他层试图阻止第 4 层的膨胀。另一个结果是线圈中第 4 层的顶部和底部出现比较大的负的径向应力。原因是第 4 层中内圈进行快速地膨胀，外圈会限制这个膨胀，故而在第 4 层的顶部和底部受到径向压缩应力。当热源关闭之后，随着线圈

的温度减小，径向应力快速地减小。上述的限制作用对线圈的环向应力也有一定的影响。由于第 32 匝及其相邻匝的温升比较大，这些匝受到其他区域施加的较大的压缩应力。与此同时，距离这些匝比较近的区域会受到拉伸应力。随着温度的减小，线圈的环向应力也减小。但是，可以明显发现自场条件下线圈环向应力变化的幅值远大于径向应力，并且环向应力的峰值几乎比径向应力的峰值高两个数量级。

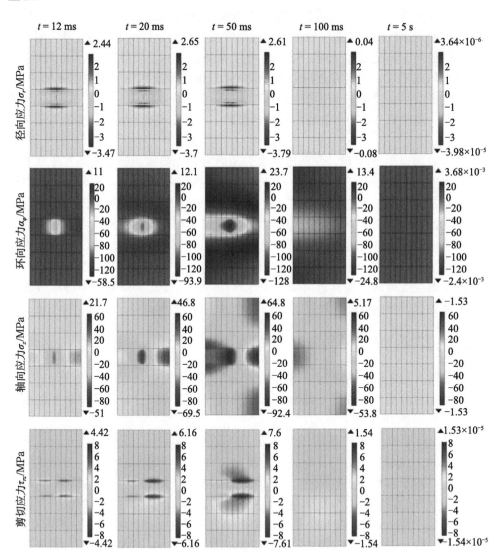

图 11.19　在不同的时间点（12ms、20ms、50ms、100ms 和 5s），无绝缘层缠绕
线圈中径向应力、环向应力、轴向应力和剪切应力的分布

　　在力学行为的计算中，线圈的顶部和底部边界固定。对于线圈的轴向应力来说，在热扰动的初始阶段，第 32 匝快速的温升使得这一圈开始膨胀，以至于第 4 层的内圈和外圈都会限制这个膨胀，这就导致第 32 匝及其相邻匝受到比较大的轴向压缩应力，而第 4 层的内圈和外圈均会受到轴向拉伸应力。在 50ms 的时候，线圈中第 4 层内侧的温度高于外侧的温度，所以此时线圈中间部位的左侧区域受到轴向压缩应力，而右侧区域受到轴向拉伸应力。这样的受力方式也使得线圈在右侧的两个拐角区域受到轴向压缩应力，而在相应的左侧区域受到轴向拉伸应力。随着线圈失超的恢复，轴向应力会逐渐减小。在这部分内容中，我们也展示了失超和恢复期间，线圈剪切应力的变化。在失超期间，首先会在热源区域的上下两侧形成两对剪切应力。然后，随着第 4 层中温度的升高，在线圈右侧的这对剪切应力的大小和作用区域都在逐渐地增大。在热源关闭之后，剪切应力的值快速地减小。最后，随着线圈温度的进一步减小，剪切应力也变得很小。综上所述，可以发现在线圈失超时，自场条件下环向应力和轴向应力的变化都比较大，而径向应力和剪切应力的变化均比较小。

　　为了清晰地展示应力的动态变化过程，图 11.20 给出了在失超和恢复期间，线圈中特定匝（第 11、第 30、第 32、第 35 和第 60 匝）的径向应力、环向应力、轴向应力和剪切应力的变化。如图 11.20（a）所示，在失超期间，线圈第四层中的第 11、第 32 和第 60 匝受到径向压缩应力，这是为了限制线圈沿着径向的热膨胀。与此同时，在线圈上下两部分中的第 30 和第 35 匝受到比较小的径向拉伸应力。图 11.20（b）表明线圈的环向应力会有一个更加显著的变化。但是在失超期间，第 11、第 32 和第 60 匝的环向应力仍然表现出压缩，而第 30 和第 35 匝的环向应力表现出拉伸。这也说明上述的限制作用对环向应力也有类似的影响。图 11.20（c）中可以看出线圈轴向应力的前期变化和图 11.19 所分析的一致，只是它的恢复时间大于其他应力的恢复时间，几乎和温度的变化保持同步。这主要是因为在恢复期间，线圈内部的温度沿着径向和轴向已经均匀的分布。线圈的径向无边界约束而轴向的上下边界固定，导致轴向应力对温升的变化更加敏感，直到线圈恢复到初始温度，轴向应力才逐渐减小到零。从图 11.20（d）中可以看到在整个失超和恢复期间，第 11、第 32 和第 60 匝的剪切应力基本为零。此外，第 32 和第 35 匝形成了一对方向相反的剪切应力，这也可以在图 11.19 中明显地观察到。

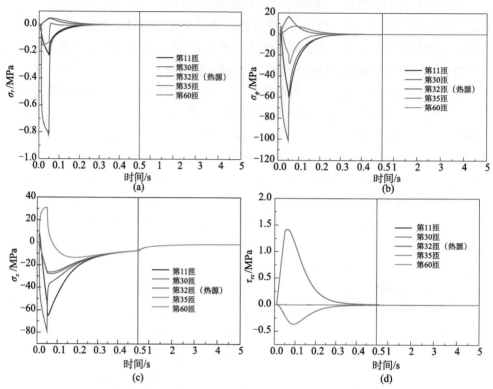

图 11.20　无绝缘层缠绕线圈中不同匝的径向应力（a）、环向应力（b）、轴向应力（c）
和剪切应力（d）随时间的变化曲线

11.4　强场超导线圈磁体研制设计中的
多场耦合力学分析[58,59]

　　在超导磁体的设计过程中，电磁、低温系统设计和磁体结构设计这三者之间有着紧密联系。为了实现超导磁体的设计方案中各项指标趋向均衡，就必须对电、磁、热、力各项优化方法进行协调，更需要综合考虑超导磁体在运行时的多场耦合相互作用。

　　本节我们以兰州潘宁离子阱（Lanzhou Penning Trap，LPT）系统、加速器驱动次临界核能系统（Accelerator Driven Sub-critical System，C-ADS）为例，进行相关的磁体多场分析。对于 LPT 系统和 C-ADS 强流质子加速器系统而言，均对磁场品质提出了高要求，需要在狭小区域内磁场场强不小于 5T，这在常规磁体中是难以达到的，采用螺线管超导磁体则可以实现这一高场和高性能的要求。为了验证理论分析的可靠性，我们也展示了相关实验测试结果并进行了比较。

11.4.1 基本方程

基于 Maxwell 电磁学理论，超导磁体的电磁学基本方程如下

$$\nabla \times \boldsymbol{H} = \boldsymbol{J}, \quad \nabla \cdot \boldsymbol{B} = 0 \tag{11.16}$$

其中，$\boldsymbol{J}$ 表示电流密度矢量，$\boldsymbol{H}$ 和 $\boldsymbol{B}$ 分别是磁场强度矢量和磁通密度矢量。并满足如下关系，

$$\boldsymbol{B} = \mu_0 \cdot \boldsymbol{H} \tag{11.17}$$

这里，μ_0 为磁导率。通常，我们可以引入磁矢势 $\boldsymbol{A}$，则磁场可表示为 $\boldsymbol{B} = \nabla \times \boldsymbol{A}$。

超导磁体结构的平衡控制方程为

$$\nabla \cdot \boldsymbol{\sigma} + \boldsymbol{F}_{\mathrm{em}} = \boldsymbol{0} \tag{11.18}$$

式中，$\boldsymbol{\sigma}$ 表示磁体内部的应力，$\boldsymbol{F}_{\mathrm{em}}$ 表示磁体结构所受到的 Lorentz 力，即

$$\boldsymbol{F}_{\mathrm{em}} = \boldsymbol{J} \times \boldsymbol{B} \tag{11.19}$$

进一步，若考虑磁体结构处于弹性变形范围，则有

$$\boldsymbol{\sigma} = \boldsymbol{C} \cdot \boldsymbol{\varepsilon} \tag{11.20}$$

这里，$\boldsymbol{C}$ 为弹性常数，$\boldsymbol{\varepsilon}$ 表示应变可由位移表示为

$$\boldsymbol{\varepsilon} = \frac{1}{2}(\nabla \boldsymbol{u} + \boldsymbol{u} \nabla) \tag{11.21}$$

针对磁体的螺线管轴对称结构特征，以上的基本方程可以得到进一步的简化。通常，螺线管超导线圈中的应力分量有三个：径向应力 σ_r、轴向应力 σ_z，以及环向应力 σ_θ。为了简化分析，一些工程设计中采用无限长螺线管超导线圈近似法，即假设在螺线管超导线圈中每一匝线圈所产生的磁场与它相邻线圈无关。这种简化忽略了线圈之间、各个场之间相互作用，方便工程设计和估算，但是并不适用于强磁场下，超导磁体结构的力学优化分析与设计。事实上，当超导磁体通有强电流时必然会产生强的磁场，进而产生强 Lorentz 力，引起超导磁体内部发生较大变形。这样的变形不仅会造成线圈内部各层间的相互作用，产生显著径向应力，而且变形也会引起线圈内部电流方向的改变，在强电磁场作用下，这种改变也会影响到磁场品质（大小、均匀度等）的显著变化。因此，我们下面的分析中将考虑磁体的磁—力耦合相互作用。

在柱坐标下，几何方程（11.21）可另表示为

$$\varepsilon_r = \frac{\partial u_r}{\partial r}, \quad \varepsilon_\theta = \frac{u_r}{r}, \quad \varepsilon_z = \frac{\partial w}{\partial z}, \quad \gamma_{zr} = \frac{\partial u_r}{\partial z} + \frac{\partial w}{\partial r} \tag{11.22}$$

根据磁体结构的对称性，不难得到

$$\gamma_{r\theta} = \gamma_{\theta z} = 0, \quad \tau_{r\theta} = \tau_{\theta z} = 0 \tag{11.23}$$

式中，$\gamma_{r\theta}$ 和 $\tau_{r\theta}$ 分别为 r-θ 平面内的剪切应变和应力，$\gamma_{\theta z}$ 和 $\tau_{\theta z}$ 分别为 θ-z 平面内的剪切应变和应力。

相应地，螺线管磁体的平衡方程可简化为

$$\frac{\partial \sigma_r}{\partial r} + \frac{\partial \tau_{zr}}{\partial z} + \frac{\sigma_r - \sigma_\theta}{r} + F_{\text{em}}^r = 0 \tag{11.24a}$$

$$\frac{\partial \sigma_z}{\partial z} + \frac{\partial \tau_{zr}}{\partial r} + \frac{\tau_{zr}}{r} + F_{\text{em}}^z = 0 \tag{11.24b}$$

本构关系可以表示为

$$\{\sigma_r \quad \sigma_\theta \quad \sigma_z \quad \tau_{zr}\}^{\mathrm{T}} = \boldsymbol{C} \cdot \{\varepsilon_r \quad \varepsilon_\theta \quad \varepsilon_z \quad \gamma_{zr}\}^{\mathrm{T}} \tag{11.25}$$

式中，σ_r、σ_θ 和 σ_z 分别是该磁体结构的径向应力、环向应力和轴向应力，ε_r、ε_θ 和 ε_z 分别是径向应变、环向应变和轴向应变。

超导磁体结构一般是采用多种材料缠绕制成，具有各向异性特征，因此弹性常数可表示如下：

$$\boldsymbol{C} = \begin{bmatrix} c_{11} & c_{12} & c_{12} & 0 \\ c_{12} & c_{11} & c_{12} & 0 \\ c_{12} & c_{12} & c_{11} & 0 \\ 0 & 0 & 0 & \dfrac{c_{11} - c_{12}}{2} \end{bmatrix} \tag{11.26}$$

其中，

$$c_{11} = \frac{(1-\nu)E}{(1-2\nu)(1+\nu)}, \quad c_{12} = \frac{\nu E}{(1-2\nu)(1+\nu)} \tag{11.27}$$

式中，E 和 ν 分别为材料的等效弹性模量和 Poisson 比。为了分析的简化起见，这里选取了体积平均化方法获得等效弹性参数，即

$$E = \sum E_m V_m, \quad \nu = \sum \nu_m V_m \tag{11.28}$$

其中，E_m 和 ν_m 分别表示磁体多相复合材料中各组分的弹性常数和体积分数。

对于螺线管超导磁体，利用几何方程和本构方程，不难写出位移形式的力学控制方程如下：

$$\frac{\nu}{1-2\nu}\left(\frac{\partial^2 u_r}{\partial r^2} + \frac{1}{r}\frac{\partial u_r}{\partial r} - \frac{u_r}{r^2}\right) + \frac{1}{2(1-2\nu)}\frac{\partial^2 w}{\partial z \partial r} + \frac{1}{2}\frac{\partial^2 u_r}{\partial z^2} + \frac{1+\nu}{E}F_{\text{em}}^r = 0 \tag{11.29a}$$

$$\frac{\nu}{1-2\nu}\frac{\partial^2 w}{\partial z^2} + \frac{1}{2(1-2\nu)}\left(\frac{\partial^2 u_r}{\partial z \partial r} + \frac{1}{r}\frac{\partial u_r}{\partial z}\right) + \frac{1}{2}\left(\frac{\partial^2 w}{\partial r^2} + \frac{1}{r}\frac{\partial w}{\partial r}\right) - \frac{1+\nu}{E}F_{\text{em}}^z = 0 \tag{11.29b}$$

当超导材料与磁体结构处于复杂电磁场环境中时，一方面由于电磁力作用而引起材料变形、超导性能退化等，另一方面磁体结构变形又会反过来影响所处的

电磁场的空间分布特征，进而改变了电磁力的大小以及分布等。从而，Lorentz 力为磁体结构位移的函数，即

$$F^r_{em} = F^r_{em}(u_r, w), \quad F^z_{em} = F^z_{em}(u_r, w) \tag{11.30}$$

以上构成一组表述超导磁体结构的非线性偏微分方程组。

11.4.2　多场耦合定量求解方法及计算流程

对于前面所建立的超导磁体的一组力-磁耦合的非线性微分方程，通常解析求解手段是失效的，需要借助于数值定量方法。我们采用非线性有限元方法进行问题的求解。

根据能量原理，我们可以获得关于磁场的微分方程（11.16）与变形场的微分方程（11.30）对应的有限元方程如下：

$$\boldsymbol{K}^{em}\boldsymbol{A} = \boldsymbol{J} \tag{11.31a}$$

$$\boldsymbol{K}^{me}\boldsymbol{U} = \boldsymbol{F} \tag{11.31b}$$

式中，$\boldsymbol{K}^{em}$、$\boldsymbol{K}^{me}$ 分别表示磁场刚度矩阵、磁体变形刚度矩阵，$\boldsymbol{A}$、$\boldsymbol{U}$ 分别表示节点处的磁矢量矩阵、位移矩阵，$\boldsymbol{J}$、$\boldsymbol{F}$ 分别是磁体载流源列阵和作用于磁体上的 Lorentz 力列阵。

在磁场和电流的作用下，超导线圈会受到 Lorentz 力的作用而发生变形，进而导致超导线圈中的传输电流和磁场发生相应的改变，磁体的变形也会引起超导磁体的刚度矩阵发生变化。因此，磁场刚度矩阵 $\boldsymbol{K}^{em}$，Lorentz 力 $\boldsymbol{F}$ 均可以写成位移 $\boldsymbol{U}$ 的函数，即

$$\boldsymbol{K}^{em} = \boldsymbol{K}^{em}(\boldsymbol{U}), \quad \boldsymbol{F} = \boldsymbol{F}(\boldsymbol{U}) \tag{11.32}$$

由此可见有限元方程（11.31a）和式（11.31b）是相互耦合的。

在电工界使用的现有大多超导磁体分析方法中，包括基于一些通用的商业有限元软件，由于方法以及软件模块中固有的分析模型的局限性，往往忽略了力—磁耦合效应和非线性效应等，这样对于大于 3T 的超导磁体所得到的理论预测结果就与实测值发生偏差，随着磁场强度的增大，这类偏差增大。在这类计算模式中多数是：先进行磁场分析，获得场分布后可直接计算得到 Lorentz 力，进而获得磁体力学变形的分析，这一模式的流程图如图 11.21 所示。

由于超导磁体往往载流高、磁场场强大，磁体所受到的电磁力强，进而使得超导磁体线圈的变形显著，力—磁耦合等效应往往是不能忽视的。我们通过考虑力磁耦合等效应，以及充分考虑磁体多相材料特性的分析结果更能很好地预测实验观测结果[58,59]。我们将采用场与场之间的信息交换的迭代算法实现耦合效应的分析，求解上述力—磁耦合非线性方程组。其计算流程如图 11.22 所示，相对应的分析模式如下。

（1）首先，给定磁体结构的一个迭代初始位移值 $\boldsymbol{U}_1$，通过磁场方程（11.31a）

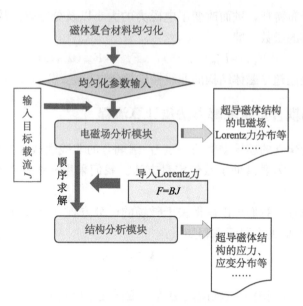

图 11.21　未考虑力磁耦合的传统计算流程

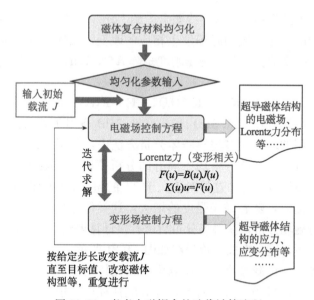

图 11.22　考虑力磁耦合的迭代计算流程

可以计算获得超导磁体载流下的内部磁场分布，进而计算出磁体内部的 Lorentz 力分布特征及大小；

（2）其次，通过求解方程磁体变形方程（11.31b）可以获得位移的迭代值 U_2，利用该迭代位移值 U_2 替换之前的位移值 U_1；

(3) 重复上述过程直到满足给定的收敛准则:

$$|\boldsymbol{U}_2 - \boldsymbol{U}_1| < \varepsilon \tag{11.33}$$

式中, ε 为一个给定的收敛容差值。

通过以上耦合场间的迭代方法, 我们可以求解出励磁电流下的磁体内的磁场和位移分布。采用多载荷步加载的方式, 还可以实现逐步增加励磁电流来获得不同载流下的结果。其中, 每个电流状态 (载荷步) 下的磁场和变形场均通过上述迭代法求解, 并用上一载荷步 (电流值) 中计算的磁体结构变形结果更新当前载荷步的磁体结构几何形状, 再次计算相应的磁场和变形场。如此循环, 直至将电流加载到磁体励磁的目标值, 完成超导磁体励磁过程和运行中的耦合场分析。

11.4.3　模型预测结果与实测值的比较

不同于常规磁体的电磁场分析与力学变形分析, 已有较为成熟的工程设计经验以及较为成熟的大型 CAE 和 FEA 软件, 超导磁体结构与其复杂性以及运行环境的特殊性, 相关的力学分析依然处于摸索阶段。

本节为了验证以上所建耦合场模型的适用性以及数值求解模式的有效性, 我们分别针对中科院近物所的 LPT 和 C-ADS 两类螺线管超导磁体结构进行定量分析, 并与实验所测结果进行了对比[58-60]。对于耦合有限元方程的求解, 我们采用基于有限元方法的计算软件包 FlexPDE®, 并通过自编方程模块和参数等效与输入程序实现了求解有限元方程组。相关研究表明, 高场极端条件下, 磁体结构的力—磁耦合效应不容忽视, 我们所建立强电磁场下的磁体变形非线性分析模型, 能够综合考虑支撑结构与超导磁体结构等的电磁力学分析, 进而为超导磁体的研制提供了有效设计, 所得理论预测结果与所制备磁体的实测结果吻合良好。并被英美超导应用力学学者评价为[61,62]: "……相关复杂物理效应模型的建立与分析, 支持了 MRI (磁共振成像) 超导磁体线圈的设计", 是 "磁体通电后会产生更大的应变, 这一现象已被数值求解和实验证实" 引文处的唯一工作, 进而 "对于弄清磁体线圈内的应变发展是关键的"。

1) 算例 1: LPT 超导磁体

LPT 磁体线圈的工作孔径为 110mm, 总质量 110kg。在 4.2K 运行环境下, 磁体中心磁场最大值为 5T, 磁体的主要参数、相关的超导材料的参数参见表 11.4 和表 11.5。图 11.23 给出了磁体结构的实体结构和有限元模型示意图。根据结构的对称性, 我们在分析中仅考虑 1/4 结构即可, 磁体复合结构以及外部的空气域离散结构如图 11.24。

表 11.4　LPT 超导磁体线圈主要技术参数

主要性能参数	指标数值
中心磁场	5T
轴向积分量	800T×mm
内、外孔径	110mm，362mm
有效长度	340mm

表 11.5　磁体所用的超导材料相关参数

主要参数	NbTi/Cu 复合线材	NbTi 芯丝
尺寸	1.25mm×0.8mm	—
芯丝数目	—	36
芯丝直径	—	53μm
Cu 与超导比	4.33∶1	—
扭矩	—	50mm
挤压比例	3.3%	—
载流能力	595A(5T)，460A(6T)	—

图 11.23　LPT 螺线管磁体实体结构及有限元分析结构

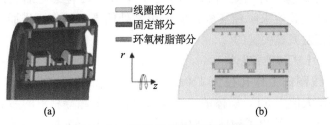

图 11.24　LPT 螺线管磁体计算模型

（a）有限元离散结构（1/4 区域）；（b）磁体线圈有限元离散结构与外部空气域

　　图 11.25（a）给出了中心磁场与电流的变化关系情况，为了进行对比，分别给出了商业有限元软件模拟的预测值、考虑力—磁耦合效应的有限元分析结果以

及实验结果。可以看出：中心磁场与电流呈一定的线性关系，当电磁场逐渐增大时，力—磁耦合效应逐渐明显，中心磁场与电流的关系趋于一定的非线性，这是由于磁场的变化也受到了线圈变形的影响。由于商业有限元软件的计算模式未能考虑到力磁耦合效应，其预测结果显然高于实验结果以及力磁耦合有限元分析结果，随着磁场强度的增大，这种偏离也显著增加，而且在强电磁场下，考虑力—磁耦合效应的有限元分析结果与实验测试结果更为接近。图 11.25（b）进一步给出了磁场沿螺线管磁体内部的均匀度分析结果，依然可以看出，基于力磁耦合新模型所预测的磁场分布特征要更接近于实验测试结果，而商用有限元软件计算结果偏离较大。

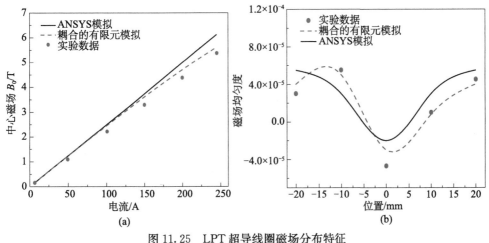

图 11.25   LPT 超导线圈磁场分布特征
（a）中心磁场随电流变化关系；（b）磁场均匀度

图 11.26 给出了电流平方与环向应力的变化关系。可以看出，未考虑超导磁体线圈内部的电磁力与变形间的相互耦合影响，商用有限元软件 ANSYS 的中心磁场模拟结果与环向应变的关系近似为线性关系，在强磁场情况下与实验测量结果存在较大误差（如在磁场为 5T，预测结果实测相差超 30%）；而考虑线圈力磁耦合效应的数值预测结果与实验，即便在高强场下也吻合良好。这说明对于高强电磁场条件下的超导磁体的应力设计与计算中，考虑超导磁体的力—磁耦合效应的必要性。

2）算例 2：C-ADS 超导磁体

C-ADS 超导磁体线圈的工作孔径为 44mm，在 4.2K 运行环境下中心磁场可达到 8.2T。磁体的主要参数、相关的超导材料的参数参见表 11.5 和表 11.6。磁体结构的有限元离散结构模型如图 11.27，包括了超导螺线管主线圈、转向偶极线圈等。

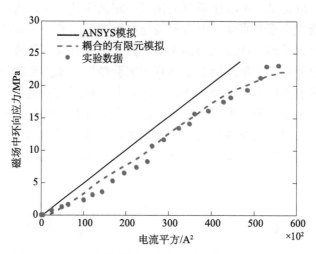

图 11.26　LPT 超导线圈环向应力随电流平方的变化关系

表 11.6　C-ADS 超导螺线管主要技术参数

主要性能参数	指标数值
中心磁场	>7T
轴向积分量	1000T×mm
孔径、有效长度	44mm，140mm
漏场要求	<40mT(280mm 处)

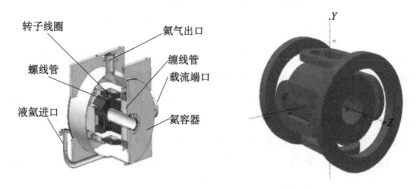

图 11.27　C-DAS 超导磁体有限元结构模型

　　首先，我们给出磁体的磁场分布特征以及部分优化设计后的模拟结果（如图 11.28），其很好地满足了 C-DAS 磁体的磁场品质要求。图 11.29 给出了励磁过程中超导线圈内部的环向、径向应力分布云图，可以较好地了解其内部的整体应力和变形状态与特征。

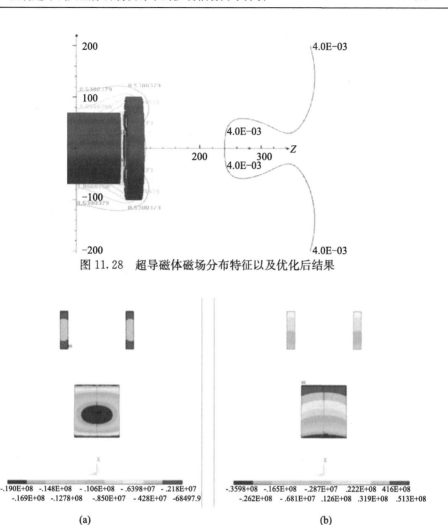

图 11.28　超导磁体磁场分布特征以及优化后结果

图 11.29　超导磁体内部的应力分布云图

(a) 环向应力；(b) 径向应力

　　进一步，我们通过与实验测试结果进行对比来验证超导磁体计算模型的预测结果。实验中是采用 SMS 高精密超导电源实现对超导磁体的载流可控励磁加载过程，在磁体加载电流的测试过程中，为了减少涡电流产生的热量对超导磁体的影响，采用了 0.5A/s 的低励磁速率实施稳态励磁。图 11.30 给出了超导磁体稳态励磁过程中电流、磁场的实验测试结果。实验所测得该 C-DAS 超导螺线管磁体的最大磁场为 8.2T，磁场性能优于预先设计指标。从图 11.30（a）可以看出，在磁体的整个励磁过程中，当运行电流达到稳定时，中心磁场也可以稳定地维持在一个恒定的磁场强度（如：0.82T，2T，4T，6T，7.3T），电、磁同步性保持很好。图 11.30（b）为励磁电流的加、卸载曲线与对应的磁体中心磁场的变化情况。在励磁过程中，因为励磁速率很小（0.5A/s）可视为准稳态加载，超导磁体线圈的温度变化可以忽略不计。此时，超导磁体周围的冷却剂液氦可以将励磁过程中所引起的热量迅速吸收或带走，不予考虑超导磁体的磁热或热弹性耦合行为是可行的。在结束两次三角波型电流加载后，将目标加载电流设定为 200A，并以 0.5A/s 的速度再次对超导磁体进行励磁。当磁体内的载流达到 197A 时，超导电源检测到超导磁体的自发失超，进而 SMS 电源自动断电并触发失超保护。图 11.30（c）给出了超导磁体失超过程中磁场和电流的变化。从图中可以看出，当磁体失超时启动了断电保护电路，电流迅速减小为零，相应地中心磁场场强也随之减小，磁场与电流的降低速度同步，并保持一致。

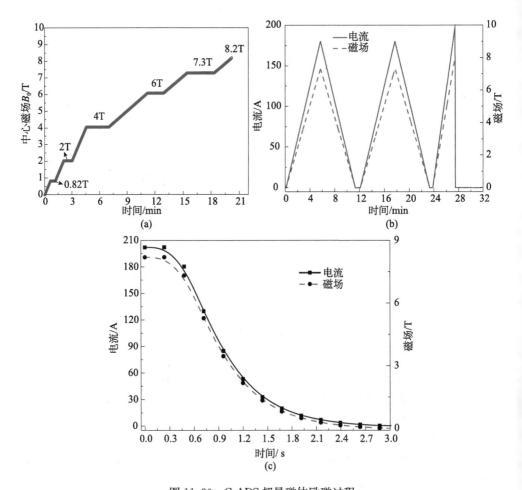

图 11.30　C-ADS 超导磁体励磁过程

（a）稳态励磁时中心磁场变化；（b）电流循环加/卸载时中心磁场变化；

（c）失超瞬间中心磁场与运行电流的衰减

接下来，我们分别考虑力磁耦合，以及不考虑力磁耦合效应进行了数值模拟分析。图 11.31 给出了超导螺线管磁体磁场的测量与数值计算结果。从图 11.31 (a) 给出的励磁过程中运行电流与中心磁场的变化关系可以看出：在强载流情形下，考虑了力—磁耦合效应的有限元计算结果与实验测量结果吻合良好。图 11.31 (b) 为中心磁场沿轴向分布情况，在超导线圈的中心区域磁场达到最大值，并且在中心区域（−30～30mm）磁场达到了一定的均匀度。有限元法计算所得到的中心磁场分布的情况与实验测量结果非常接近。实验中，使用高斯计对距超导螺线管中面 280mm 的不同横截面的点（它们的半径分别为 300mm、350mm、400mm、450mm、500mm 和 550mm，杜瓦的半径为 255mm）进行了漏磁场检测，相关测量结果如图 11.31 (c) 所示。可以看出，螺线管磁体的漏场最大值为 50Gs，实验测量结果与数值预测结果接近；作为 C-ADS 注入器 II 束流聚焦单元预研超导样机，漏场的测试结果满足其设计指标。

图 11.32 (a) 给出了超导磁体主线圈和内挡环支撑结构在稳态励磁、退磁循环过程中环向应变随电流变化关系。可以看出：当施加磁体的励磁电流较小时，磁体主线圈的环向应变与电流平方近似成线性关系；当励磁电流较大时（如：>150A），其二者表现出非线性依赖特征。这是由于电流增大，超导磁体内各个线圈之间的变形增大，相互耦合影响效应随之增强，进而导致电磁—力非线性效应越明显。对于内挡环结构，由于具有较大的刚度，即便在高载流情形下，超导磁体内部的应变随电流增大到较大范围依然近似呈线性关系。由图中还可以看出：在经历一个励磁电流的加载/卸载周期，超导复合磁体结构的力学性能表现出良好的可恢复性，说明该磁体结构设计合理，可以在极端环境下较好的承受电磁荷载。此外，在线圈的励磁过程中，从应变测量结果上可以看到所测量的应变值存在微小的震荡变化，其幅值小于 $10\mu\varepsilon$，这种扰动来自稳态励磁过程中超导线圈及其低温支撑结构的微小振动引起。图 11.32 (b) 给出了基于耦合有限元法数值分析的磁体中，主线圈及其支撑结构在不同电流载荷情况下的环向应力随着运行电流的变化关系。数值计算中，我们选定超导主线圈的等效弹性模量为 180GPa，对于低温支撑结构，根据其特性选择等效弹性模量为 200GPa。从该图中可以看出，较小电流载荷情况下，线圈中的环向应力与电流平方近似呈线性关系，当运行电流高于 180A 时，环向应力与电流平方表现出一定的非线性特征，这一结果与上述的应变特征是一致的。此外，基于耦合效应的有限元分析由于考虑了载流线圈变形与磁场间的相互作用，预测结果与测量结果更为接近，且能较好地模拟高载流状态下磁体的电磁—力非线性特征。

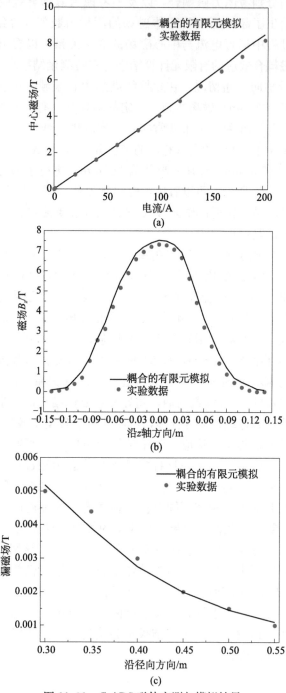

图 11.31　C-ADS 磁体实测与模拟结果

（a）中心磁场随电流变化；（b）轴向磁场；（c）漏磁场分布

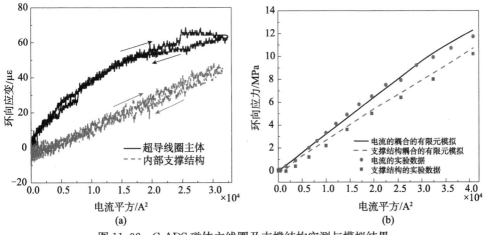

图 11.32　C-ADS 磁体主线圈及支撑结构实测与模拟结果

(a) 环向应变随电流变化；(b) 环向应力随电流变化

参 考 文 献

[1] K. Ohkura，K. Sato，M. Ueyama，J. Fujikami，Y. Iwasa. Generation of 24. 0T at 4. 2K and 23. 4T at 27K with a high-temperature superconductor coil in a 22. 54T background field. *Applied Physics Letters*，1995，67（13）：1923 - 1925.

[2] T. Kiyoshi，M. Kosuge，M. Yuyama，H. Nagai，H. Wada，H. Kitaguchi，M. Okada，K. Tanaka，T. Wakuda，K. Ohata. Generation of 23. 4T using two Bi-2212 insert coils. *IEEE Transactions on Applied Superconductivity*，2000，10（1）：472 - 477.

[3] H. W. Weijers，U. P. Trociewitz，K. Marken，M. Meinesz，H. Miao，J. Schwartz. The generation of 25. 05T using a 5. 11T $Bi_2 Sr_2 CaCu_2 O_x$ superconducting insert magnet. *Superconductor Science and Technology*，2004，17（4）：636 - 644.

[4] I. E. Agranovski，A. Y. Ilyushechkin，I. S. Altman，T. E. Bostrom，M. Choi. Methods of introduction of MgO nanoparticles into Bi-2212/Ag tapes. *Physica C：Superconductivity and its Applications*，2006，434（1）：115 - 120.

[5] W. P. Chen，H. Maeda，K. Watanabe，M. Motokawa，H. Kitaguchi，H. Kumakura. Microstructures and properties of Bi2212/Ag tapes grown in high magnetic fields. *Physica C：Superconductivity and its Applications*，1999，324（3 - 4）：172 - 176.

[6] L. Krusin-Elbaum，J. R. Thompson，R. Wheeler，A. D. Marwick，C. Li，S. Patel，D. T. Shaw，P. Lisowski，J. Ullmann. Enhancement of persistent currents in $Bi_2 Sr_2 CaCu_2 O_8$ tapes with splayed columnar defects induced with 0. 8GeV protons. *Applied Physics Letters*，1994，64（24）：3331 - 3333.

[7] C. M. Friend, H. P. Miao, Y. B. Huang, Z. Melhem, F. Domptail, M. Meinesz, S. Hong, E. A. Young, Y. F. Yang. The development of high field magnets utilizing Bi-2212 wind and react insert coils. *IEEE Transactions on Applied Superconductivity*, 2010, 20 (3): 583 – 586.

[8] D. C. Larbalestier, J. Jiang, U. P. Trociewitz, F. Kametani, C. Scheuerlein, M. Dalban-Canassy, M. Matras, P. Chen, N. C. Craig, P. J. Lee. Isotropic round-wire multifilament cuprate superconductor for generation of magnetic fields above 30T. *Nature Materials*, 2014, 13 (4): 375 – 381.

[9] https://nationalmaglab. org/magnet-development/magnet-science-technology.

[10] D. Evans. Turn layer and ground insulation for superconducting magnets. *Physica C: Superconductivity and its Applications*, 2001, 354 (1 – 4): 136 – 142.

[11] M. N. Wilson, Superconducting Magnets, Oxford (UK): Clarendon Press, 1983.

[12] S. Hahn, J. Bascunán, W. J. Yao, Y. Iwasa. Two HTS options for a 600MHz insert of a 1. 3GHz LTS/HTS NMR magnet: YBCO and BSCCO. *Physica C: Superconductivity and its Applications*, 2010, 470 (20): 1721 – 1726.

[13] S. Hahn, D. K. Park, J. Bascunan, Y. Iwasa. HTS pancake coils without turn-to-turn insulation. *IEEE Transactions on Applied Superconductivity*, 2010, 21 (3): 1592 – 1595.

[14] S. Hahn, Y. Kim, D. K. Park, K. Kim, J. P. Voccio, J. Bascuñán, Y. Iwasa. No-insulation multi-width winding technique for high temperature superconducting magnet. *Applied Physics Letters*, 2013, 103 (17): 173511.

[15] S. Yoon, J. Kim, K. Cheon, H. Lee, S. Hahn, S. H. Moon. 26T 35mm all-GdBa$_2$Cu$_3$O$_{7-x}$ multi-width no-insulation superconducting magnet. *Superconductor Science and Technology*, 2016, 29 (4): 04LT04.

[16] T. Benkel, N. Richel, A. Badel, X. Chaud, T. Lecrevisse, F. Borgnolutti, P. Fazilleau, K. Takahashi, S. Awaji, P. Tixador. Preliminary tests and margin estimate for a REBCO insulated 10T insert under high magnetic field. *IEEE Transactions on Applied Superconductivity*, 2017, 27 (4): 4602105.

[17] J. H. Liu, Y. M. Dai, L. K. Li. Progress in the development of a 25T all superconducting NMR magnet. *Cryogenics*, 2016, 79: 79 – 84.

[18] J. Liu, Y. Li. High-field insert with Bi-and Y-based tapes for 25T all-superconducting magnet. *IEEE Transactions on Applied Superconductivity*, 2016, 26 (7): 4602705.

[19] J. H. Liu, L. Wang, L. Qin, Q. L. Wang, Y. M. Dai. Recent development of the 25T all-superconducting magnet at IEE. *IEEE Transactions on Applied Superconductivity*, 2018, 28 (4): 4301305.

[20] Q. L. Wang, Y. M. Dai, Z. P. Ni, S. Z. Cheng, G. Q. Wen, X. N. Hu, H. Wang, B. Z. Zhao, C. Y. Cui, J. S. Cheng. High magnetic field superconducting magnet system up to 25T for exces. *IEEE Transactions on Applied Superconductivity*, 2012, 23 (3): 4300905.

[21] Q. L. Wang, J. H. Liu, S. S. Song, G. Zhu, Y. Li, X. N. Hu, L. G. Yan. High temperature superconducting YBCO insert for 25T full superconducting magnet. *IEEE Transactions on*

Applied Superconductivity, 2014, 25 (3): 4603505.

[22] L. Wang, Q. L. Wang, L. K. Li, L. Qin, J. H. Liu, X. N. Hu, Y. Li. Stress analysis of winding process, cooling down, and excitation in a 10. 7T REBCO HTS magnet. *IEEE Transactions on Applied Superconductivity*, 2018, 28 (4): 4603305.

[23] L. Wang, Q. L. Wang, L. K. Li, L. Qin, J. H. Liu, Y. Li, X. N. Hu. The effect of winding conditions on the stress distribution in a 10. 7T REBCO insert for the 25. 7T superconducting magnet. *IEEE Transactions on Applied Superconductivity*, 2017, 28 (3): 4600805.

[24] J. Liu, Q. Wang, L. Qin, B. Zhou, K. Wang, Y. Wang, L. Wang, Z. Zhang, Y. Dai, H. Liu. World record 32. 35 tesla direct-current magnetic field generated with an all-superconducting magnet. *Superconductor Science and Technology*, 2020, 33 (3): 03LT01.

[25] S. Hahn, K. Kim, K. Kim, X. Hu, T. Painter, I. Dixon, S. Kim, K. R. Bhattarai, S. Noguchi, J. Jaroszynski. 45. 5-tesla direct-current magnetic field generated with a high-temperature superconducting magnet. *Nature*, 2019, 7762 (570): 496 – 499.

[26] X. Hu, M. Small, K. Kim, K. Kim, K. Bhattarai, A. Polyanskii, K. Radcliff, J. Jaroszynski, U. Bong, J. H. Park. Analyses of the plastic deformation of coated conductors deconstructed from ultra-high field test coils. *Superconductor Science and Technology*, 2020, 33 (9): 095012.

[27] K. Kajita, S. Iguchi, Y. Xu, M. Nawa, M. Hamada, T. Takao, H. Nakagome, S. Matsumoto, G. Nishijima, H. Suematsu. Degradation of a REBCO coil due to cleavage and peeling originating from an electromagnetic force. *IEEE Transactions on Applied Superconductivity*, 2016, 26 (4): 4301106.

[28] K. Kajita, T. Takao, H. Maeda, Y. Yanagisawa. Degradation of a REBCO conductor due to an axial tensile stress under edgewise bending: a major stress mode of deterioration in a high field REBCO coil's performance. *Superconductor Science and Technology*, 2017, 30 (7): 074002.

[29] T. Lécrevisse, A. Badel, T. Benkel, X. Chaud, P. Fazilleau, P. Tixador. Metal-as-insulation variant of no-insulation HTS winding technique: pancake tests under high background magnetic field and high current at 4. 2K. *Superconductor Science and Technology*, 2018, 31 (5): 055008.

[30] T. Painter, K. Kim, K. Kim, K. Bhattarai, K. Radcliffe, H. Xinbo, S. Bole, B. Jarvis, I. Dixon, S. Hahn, Design, construction and operation of a 13T 52mm no insulation REBCO insert for a 20T all superconducting user magnet. *25th International Conference on Magenet Technolog*, Or31-03, 2017.

[31] J. Xia, H. Y. Bai, H. D. Yong, H. W. Weijers, T. A. Painter, M. D. Bird. Stress and strain analysis of a REBCO high field coil based on the distribution of shielding current. *Superconductor Science and Technology*, 2019, 32 (9): 095005.

[32] Y. Li, D. Park, Y. Yan, Y. Choi, J. Lee, P. C. Michael, S. Chen, T. Qu, J. Bascuñán, Y. Iwasa. Magnetization and screening current in an 800MHz (18. 8T) REBCO nuclear magnetic

resonance insert magnet: experimental results and numerical analysis. *Superconductor Science and Technology*, 2019, 32 (10): 105007.

[33] Y. Yan, C. Xin, M. Guan, H. Liu, Y. Tan, T. Qu. Screening current effect on the stress and strain distribution in REBCO high-field magnets: experimental verification and numerical analysis. *Superconductor Science and Technology*, 2020, 33 (5): 05LT02.

[34] S. Takahashi, Y. Suetomi, T. Takao, Y. Yanagisawa, H. Maeda, Y. Takeda, J. I. Shimoyama. Hoop stress modification, stress hysteresis and degradation of a REBCO coil due to the screening current under external magnetic field cycling. *IEEE Transactions on Applied Superconductivity*, 2020, 30 (4): 4602607.

[35] D. H. Liu, W. W. Zhang, H. D. Yong, Y. H. Zhou. Thermal stability and mechanical behavior in no-insulation high-temperature superconducting pancake coils. *Superconductor Science and Technology*, 2018, 31 (8): 085010.

[36] 刘东辉. 高温超导线圈的热稳定性和力学行为的定量研究. 兰州大学博士学位论文, 2019.

[37] D. H. Liu, D. K. Li, W. W. Zhang, H. D. Yong, Y. H. Zhou. Electromagnetic-thermal-mechanical behaviors of a no-insulation double-pancake coil induced by a quench in self-field and high field. *Superconductor Science and Technology*, 2020, 34 (2): 0252014.

[38] W. B. Liu, H. D. Yong, Y. H. Zhou. Numerical analysis of quench in coated conductors with defects. *AIP Advances*, 2016, 6 (9): 095023.

[39] X. Wang, A. R. Caruso, M. Breschi, G. Zhang, U. P. Trociewitz, H. W. Weijers, J. Schwartz. Normal zone initiation and propagation in Y-Ba-Cu-O coated conductors with Cu stabilizer. *IEEE Transactions on Applied Superconductivity*, 2005, 15 (2): 2586 - 2589.

[40] F. Trillaud, H. Palanki, U. Trociewitz, S. Thompson, H. Weijers, J. Schwartz. Normal zone propagation experiments on HTS composite conductors. *Cryogenics*, 2003, 43 (3 - 5): 271 - 279.

[41] X. D. Wang, S. Hahn, Y. Kim, J. Bascuñán, J. Voccio, H. Lee, Y. Iwasa. Turn-to-turn contact characteristics for an equivalent circuit model of no-insulation REBCO pancake coil. *Superconductor Science and Technology*, 2013, 26 (3): 035012.

[42] K. Kim, K. Kim, K. R. Bhattarai, K. Radcliff, J. Y. Jang, Y. J. Hwang, S. Lee, S. Yoon, S. Hahn. Quench behavior of a no-insulation coil wound with stainless steel cladding REBCO tape at 4.2K. *Superconductor Science and Technology*, 2017, 30 (7): 075001.

[43] S. Hahn, K. Kim, H. Lee, Y. Iwasa. Current status of and challenges for no-insulation HTS winding technique. *Official Journal of the Cryogenic Association of Japan*, 2018, 53 (1): 2 - 9.

[44] Y. Wang, H. Song, D. Xu, Z. Y. Li, Z. Jin, Z. Hong. An equivalent circuit grid model for no-insulation HTS pancake coils. *Superconductor Science and Technology*, 2015, 28 (4): 045017.

[45] Y. Yanagisawa, K. Sato, K. Yanagisawa, H. Nakagome, X. Jin, M. Takahashi, H. Mae-

da. Basic mechanism of self-healing from thermal runaway for uninsulated REBCO pancake coils. *Physica C: Superconductivity and its Applications*, 2014, 499: 40 – 44.

[46] Y. Suetomi, K. Yanagisawa, H. Nakagome, M. Hamada, H. Maeda, Y. Yanagisawa. Mechanism of notable difference in the field delay times of no-insulation layer-wound and pancake-wound REBCO coils. *Superconductor Science and Technology*, 2016, 29 (10): 105002.

[47] T. Wang, S. Noguchi, X. Wang, I. Arakawa, K. Minami, K. Monma, A. Ishiyama, S. Hahn, Y. Iwasa. Analyses of transient behaviors of no-insulation REBCO pancake coils during sudden discharging and overcurrent. *IEEE Transactions on Applied Superconductivity*, 2015, 25 (3): 4603409.

[48] Y. Wang, W. K. Chan, J. Schwartz. Self-protection mechanisms in no-insulation (RE) $Ba_2Cu_3O_x$ high temperature superconductor pancake coils. *Superconductor Science and Technology*, 2016, 29 (4): 045007.

[49] W. K. Chan, J. Schwartz. Improved stability, magnetic field preservation and recovery speed in (RE) $Ba_2Cu_3O_x$-based no-insulation magnets via a graded-resistance approach. *Superconductor Science and Technology*, 2017, 30 (7): 074007.

[50] F. Grilli, F. Sirois, V. M. Zermeno, M. Vojenčiak, 2014, Self-consistent modeling of the I_c of HTS devices: how accurate do models really need to be? *IEEE Transactions on Applied Superconductivity*, 2014, 24 (6): 8000508.

[51] K. Berger, J. Lévêque, D. Netter, B. Douine, A. Rezzoug. Influence of temperature and/or field dependences of the E-J power law on trapped magnetic field in bulk YBaCuO. *IEEE Transactions on Applied Superconductivity*, 2007, 17 (2): 3028 – 3031.

[52] X. D. Wang, A. Ishiyama, T. Tsujimura, H. Yamakawa, H. Ueda, T. Watanabe, S. Nagaya. Numerical structural analysis on a new stress control structure for high-strength REBCO pancake coil. *IEEE Transactions on Applied Superconductivity*, 2013, 24 (3): 4601605.

[53] H. S. Shin, M. J. Dedicatoria. Variation of the strain effect on the critical current due to external lamination in REBCO coated conductors. *Superconductor Science and Technology*, 2012, 25 (5): 054013.

[54] D. H. Liu, W. W. Zhang, H. D. Yong, Y. H. Zhou. Numerical analysis of thermal stability and mechanical response in a no-insulation high-temperature superconducting layer-wound coil. *Superconductor Science and Technology*, 2019, 32 (4): 044001.

[55] M. Polák, J. Kvitkovič, E. Demenčík, L. Janšák, P. Mozola. Temperature of Bi-2223/Ag samples in the resistive section of I-V curves. *Physica C: Superconductivity and its Applications*, 401 (1 – 4): 160 – 164.

[56] H. Merte, J. A. Clark, Boiling heat-transfer data for liquid nitrogen at standard and near-zero gravity. *Advances in Cryogenic Engineering*, 1962, 7: 546 – 550.

[57] H. W. Wu, H. D. Yong, Y. H. Zhou. Stress analysis in high-temperature superconductors under pulsed field magnetization. *Superconductor Science and Technology*, 2018, 31 (4): 045008.

[58] M. Z. Guan, X. Z. Wang, L. Z. Ma, Y. H. Zhou, C. J. Xin. Magneto-mechanical coupling

analysis of a superconducting solenoid magnet in self-magnetic field. *IEEE Transactions on Applied Superconductivity*, 2013, 24 (3): 4900904.

[59] 关明智. 低温超导磁体复杂环境下的力磁行为实验研究. 兰州大学博士学位论文, 2012.

[60] M. Z. Guan, X. Z. Wang, L. Z. Ma, Y. H. Zhou, H. W. Zhao, C. J. Xin, L. L. Yang, W. Wu, X. L. Yang. Magnetic field and strain measurements of a superconducting solenoid magnet for C-ADS injector-Ⅱ during excitation and quench test. *Journal of Superconductivity and Novel Magnetism*, 2012, 26 (7): 2361 - 2368.

[61] S. Bagwell, P. D. Ledger, A. J. Gil, M. Mallett, M. Kruip. A linearised hp-finite element framework for acousto-magneto-mechanical coupling in axisymmetric MRI scanners. *International Journal for Numerical Methods in Engineering*, 2017, 112: 1323 - 1352.

[62] A. A. Amin, T. Baig, R. J. Deissler, Z. Yao, M. Tomsic, D. Doll, O. Akkus, M. Martens. A multiscale and multiphysics model of strain development in a 1.5T MRI magnet designed with 36 filament composite MgB_2 superconducting wire. *Superconductor Science and Technology*, 2016, 29 (5): 055008.

第十二章　高温超导块材的力学行为理论分析

超导材料除了具有带材和线材结构外，超导块材也是目前广泛使用的一种超导结构。高温超导块材凭借其在高场下的强磁场俘获能力，使得其在悬浮轴承、超导储能系统、磁悬浮列车、超导电机等相关设备有着极为广泛的应用。然而，高温超导块体较低的力学强度严重制约着块体俘获更高磁场的能力，因此，需要对高温超导块体在磁化过程中的力学行为展开深入研究。通过了解和掌握外场下高温超导块材的力学变形规律，可以有针对性地对块体材料进行力学加固，或者施加外界保护来防止其发生破坏。本章首先介绍了超导块体常见的磁化方法，随后给出了超导圆柱在磁化过程中的磁致伸缩特性，最后探讨了超导块体内裂纹的静态以及动态断裂行为。

12.1　超导块材及其力学特性

高温超导块材有着优异的电磁性能，相较于永磁体而言，块体自身较高的临界电流密度可以俘获高的磁场，且俘获的磁场随着尺寸的增大而增大。在 29K 的环境温度下，日本学者实现了在超导块体中俘获 17.24T 的高场[1]。剑桥大学的研究人员在 26K 的环境温度下，得到了目前高温超导块体所能俘获的最高磁场 17.6T[2]。近年来，随着高温超导材料制备工艺的提升和发展，高温超导块材的应用领域也越来越广泛，其将在国民经济发展中发挥重要的作用。

当外部磁场超过下临界磁场 H_{c1} 时，磁通会以涡旋的形式进入非理想第 II 类超导体的内部。由于涡旋之间存在着相互排斥的 Lorentz 力，Lorentz 力使得涡旋不断向超导体的内部运动。非理想第 II 类超导体内部存在着高密度的缺陷，缺陷将作为钉扎中心阻碍超导中涡旋或磁通线的运动，即钉扎力。当 Lorentz 力与钉扎力达到平衡时，超导体内的涡旋将停止运动并形成稳定的分布。磁通钉扎作用导致非理想第 II 类超导体内部的涡旋线非均匀的分布，从而使得涡旋电流可以在超导内部稳定存在，由此非理想第 II 类超导体实现了较高的临界电流密度，并进入了实用化阶段。

与此同时，超导体在磁通钉扎作用下承受着极高的 Lorentz 力，这将导致超导体内出现不可忽略的力学变形。1993 年 Ikuta 等学者发现单晶的 $Bi_2Sr_2CaCu_2O_8$，在磁场上升过程中的相对变形量即磁致伸缩达到了 10^{-4} 的量级。磁致伸缩曲线具有明显的对称性，如图 12.1 所示，且在磁场上升过程中磁致伸缩为负值[3]。随后，研究人员基于实验研究了外场下 MgB_2 和 Nb_3Al 超导体中的变形，不同类型的超导材料均显示出磁致伸缩效应[4,5]。

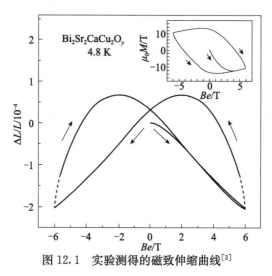

图 12.1　实验测得的磁致伸缩曲线[3]

　　由于磁致伸缩可以通过实验进行测量，也被认为是能够用来研究超导钉扎效应及钉扎力的一种手段，Ikuta 等细致分析了采用 Bean、Kim、指数临界态模型时超导平板的磁致伸缩和磁化曲线[6]。此外，Yong 和 Zhou 在研究传输电流条件下超导带材内的力学响应时，发现传输电流上升及下降过程中，磁致伸缩大小只与电流的幅值有关，而与电流的加载历史无关，该规律与外部磁场条件下磁致伸缩的特性不同[7]，即传输电流对应的磁致伸缩曲线不再是一个封闭的环，而是一条不封闭的曲线。

　　随着超导临界电流密度的不断增大以及俘获磁场能力的快速提升，Lorentz 力作用下超导的力学变形被国内外众多研究小组广泛报道，而巨大 Lorentz 力造成的超导破坏问题更是引起了研究及工程人员的关注。Johansen 系统研究了场冷及零场冷磁化过程中，超导圆柱与矩形块体内的应力分布，对电磁力作用下超导块体内可能断裂的区域进行了细致地讨论[8-10]。Tsuchimoto 等研究了高温超导块体在场冷作用下磁化时的俘获磁场和应力，发现最大俘获场与超导块体的形状密切相关，最大拉应力位于高温超导块体的中心处[11-13]。此外，大量的研究工作分析了各种因素对高场下超导块体力学响应的影响[14-24]。Xue 等和 Yang 等基于磁通蠕动和磁通流动模型，解析求解了不同外磁场加载速率下的长矩形板内的应力分布[15,17,22]。Takahashi 等对不锈钢环加固的超导环进行场冷磁化时发现，在样品冷却过程中超导环和不锈钢环的热膨胀系数差异，会导致超导体表面的外边缘处存在拉伸应力[18]。研究人员基于实验和数值模拟研究了不同加固条件时场冷磁化过程中超导体内的应力分布情况[25-27]。Wu 等研究了脉冲场磁化过程中，在电磁力和热应力共同作用下均匀和非均匀块体中的力学响应[28,29]。Ainslie 等采用二维轴对称模型和三维模型，对比研究了超导块体在场冷磁化过程中冷却的热应力和电磁力作用下的力学响应[16]。Huang 等采用复合堆叠的技术，在不锈钢环加固的堆叠超导块材中同样实现了高达 17.6T 的俘获场，数值模拟表明该复合结构可以改善所得超导样品的力学性能[30]。

此外，由于超导块体是易发生破坏的脆性材料，且在制备过程中不可避免地会存在许多缺陷、孔洞、夹杂和微裂纹，在大的电磁体力作用下极易导致超导块材破裂甚至裂纹扩展。Ren 等发现场冷磁化过程中，在 14T 的高场下超导体会发生破坏，同时超导中心的磁场也伴随着突然的下降[31]。研究人员对于不锈钢加固的超导环进行场冷磁化时发现，在外加场仅为 8.3T 时，超导环也发生了断裂[18]。为了提高对超导块体的保护，Naito 等对 YBCO 超导块体进行了全金属封装，然而其在 22T 高场下依然会发生断裂[32]。不仅在场冷磁化时超导体会发生断裂，Mochizuki 等发现对超导环进行脉冲场磁化时，在峰值为 3.1T 的脉冲场下超导环也发生了断裂[33]。由于受到块体强度的制约，目前文献中报道的高温超导块体所能俘获的最高磁场为 17.6T，文献同时也指出超导块体在高场下承受相当大的 Lorentz 力，并且它们的性能主要受其拉伸强度的限制[2]。

针对电磁力作用下高温超导块体中的裂纹问题，近年来研究人员也开展了深入细致的研究工作。周又和课题组将断裂力学的基本方法拓展到超导块体断裂行为的研究中，通过求解奇异积分方程得到了场冷及零场冷条件下，应力强度因子的变化规律。随着外部磁场的增大，裂纹尖端的应力强度因子也会增大，并且场冷条件下应力强度因子的峰值更高。Xue 和 Zhou 基于保角变换的方法发现超导体中裂纹尖端电流密度的奇异性为 -1 次方，并采用经典断裂力学中的方法给出了电流密度强度因子[34]，该结论也得到了实验的证实（详见第 6 章）。随后，该课题组先后研究了超导块体、超导带材中不同类型的裂纹问题[35-46]。Feng 等分析了具有中心交叉裂纹的圆柱形超导体的断裂行为，并研究了非均匀正交各向异性超导板在电磁力作用下的裂纹问题[47,48]。Hirano 等研究了采用 Al 环加固的超导环，在脉冲场磁化时不同大小、位置的缺陷对其磁通跳跃和力学响应的影响[49]。Jing 基于相场断裂模型研究了块体在磁化过程中，由冷却产生的热应力和 Lorentz 力共同作用导致的裂纹萌生和扩展情况[50]。

12.2 超导块体的磁化过程

传统的磁化超导块体的方法一般是场冷（FC）和零场冷（ZFC）[51]。零场冷指的是在没有施加磁场的情况下先冷却超导体，当超导进入无阻的超导态后再施加

外部磁场。与此相反，场冷的磁化过程是先施加外部磁场，然后再对超导体进行
冷却。场冷及零场冷磁化过程的示意图如图 12.2 所示：

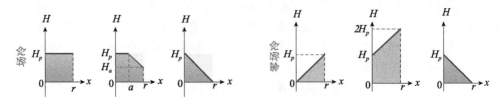

图 12.2　场冷和零场冷磁化过程示意图

图中 H_p 为完全穿透磁场，r 为块体边缘到中心的距离

　　场冷与零场冷是超导磁化最为常用的方法，其能够在超导内部得到较大的稳
定磁场。目前已知的块体俘获高磁场通常采用上述方法，例如 2014 年采用场冷的
方法，在不锈钢环加固的堆叠 GdBCO 超导块体中得到高达 17.6T 的磁场。相应
地，传统的磁化方法也存在着一定的不足，比如加载时间长、能量损耗高、高场
磁化时对设备要求高。而采用脉冲场磁化则简单方便很多。从本质上来说，脉冲
场是零场冷的一种特殊情形，只是加载时间极短，整个磁化磁场加载在很短的时
间内完成。脉冲场磁化其方法简单，加载时间极短且能量损耗低，对设备要求也
低。但是也存在着相应的不足，例如容易产生较高的温升，并容易发生磁通跳跃
等。脉冲场磁化方法也是应用较多的方法之一，然而由于存在着较大的温升，脉
冲场磁化的超导体很难得到较大的俘获场。目前已知的采用脉冲场磁化的最大俘
获场为 5.2T，与场冷方法得到的俘获场存在着一定的差距[52]。

　　根据临界态 Bean 模型，可以给出场冷和零场冷磁化过程中电流和磁场分布的
表达式。对于场冷情形下，我们给出初始磁场为完全穿透场 $\mu_0 H_p$，当外场下降到
$\mu_0 H_a$ 时，无线长超导圆柱中的电流密度和磁场表达式为

$$\begin{aligned} J=0, \quad &B=\mu_0 H_p, &0 \leqslant x < a \\ J=J_c, \quad &B=\mu_0 H_p + \mu_0 J(a-x), &a \leqslant x < r \end{aligned} \tag{12.1}$$

其中，r 为圆柱的半径，$0 \leqslant \mu_0 H_a \leqslant \mu_0 H_p$，$H_p = J_c r$，$a = r - (H_p - H_a)/J_c$。

　　对于零场冷情形下需要区分上升和下降阶段，此处仅给出完全穿透（$\mu_0 H_p \leqslant$
$\mu_0 H_{max}$）情形下，上升阶段和下降阶段的电流密度和磁场表达式。

　　首先考虑上升阶段：

当 $0 \leqslant \mu_0 H_a < \mu_0 H_p$ 时

$$\begin{aligned} J=0, \quad &B=0, &0 \leqslant x < a \\ J=J_c, \quad &B=\mu_0 H_a - \mu_0 J(r-x), &a \leqslant x < r \end{aligned} \tag{12.2}$$

当 $\mu_0 H_p < \mu_0 H_a$ 时

$$J=J_c, \quad B=\mu_0 H_a - \mu_0 J(r-x), \quad 0 \leqslant x < r \tag{12.3}$$

其次考虑下降阶段：

当 $(\mu_0 H_{\max} - \mu_0 H_p) \leqslant \mu_0 H_a$ 时

$$
\begin{aligned}
J &= J_c, & B &= \mu_0 H_{\max} - \mu_0 J(r-x), & 0 \leqslant x < a \\
J &= -J_c, & B &= \mu_0 H_a - \mu_0 J(r-x), & a \leqslant x < r
\end{aligned}
\tag{12.4}
$$

当 $0 \leqslant \mu_0 H_a < (\mu_0 H_{\max} - \mu_0 H_p)$ 时

$$
J = -J_c, \quad B = \mu_0 H_a - \mu_0 J(r-x), \quad 0 \leqslant x < r
\tag{12.5}
$$

其中，$\mu_0 H_{\max}$ 为施加的最大外场，$\mu_0 H_a$ 为外场值，上升阶段中 $a = r - H_a/J_c$，下降阶段中 $a = r - (H_{\max} - H_a)/J_c$。对于场冷和零场冷在外部反向外场下的电流密度和磁场的表达式，也可以参照上述公式自行给出。

12.3 有限厚度超导圆柱体和圆环的磁致伸缩 力学行为[53,54]

考虑一内半径为 R_{int}，外半径为 R_{out}，轴长为 L 的Ⅱ型超导圆环。取柱坐标系如图 12.3 所示，其中，z 轴沿着圆环的轴线，坐标系的原点位于圆环底部的几何中心[53,54]。

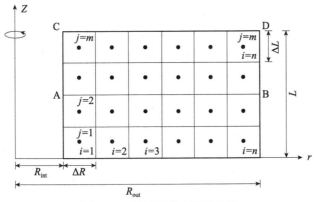

图 12.3 超导圆环离散示意图

其中点代表电流流动的封闭回路，符号 AB 和 CD 分别表示矩形截面的中线和顶面

当均匀的外磁场 $\boldsymbol{H}_a = H_a \boldsymbol{z}$ 沿圆环轴线方向施加时，超导体将产生轴对称的磁通密度分布 $\boldsymbol{B}(r,z)$：

$$
\boldsymbol{B}(r,z) = B_r(r,z)\boldsymbol{r} + B_z(r,z)\boldsymbol{z}
\tag{12.6}
$$

和环向电流密度 $\boldsymbol{J}(r,z)$：

$$
\boldsymbol{J}(r,z) = J_\theta(r,z)\boldsymbol{\theta}
\tag{12.7}
$$

当超导边缘的局部磁场超过下临界磁场时，磁通涡旋开始渗透到超导体中。由于屏蔽电流与磁场的相互作用，磁通涡旋会受到 Lorentz 力的作用。在准静态平衡状态下，Lorentz 力与钉扎力相互平衡，此时超导环受到电磁体力作用：

$$f = J \times B = J_\theta(r,z)B_z(r,z)r - J_\theta(r,z)B_r(r,z)z \tag{12.8}$$

下面利用临界态模型和 Sanchez 等提出的最小磁能法[55]，计算超导体在外加磁场中的电流和磁场分布。考虑到圆柱的轴对称性，超导体可以被离散成一组 $n \times m$ 的矩形截面同轴电路，图 12.3 中 $\Delta L = L/m$，$\Delta R = (R_{\text{out}} - R_{\text{int}})/n$。每一个矩形单元截面的面积为 $(\Delta L)(\Delta R)$。考虑在下标为 ij 的电路处的电流 I_{ij}，该电流流过该单元的中心，其值为 $I_{ij} = J_c(\Delta L)(\Delta R)$。电流 I_{ij} 闭合区域总的磁通 Φ_{ij} 是内部磁通量 Φ_{ij}^{int} 和外部磁通量 Φ_{ij}^{ext} 的总和[55,56]

$$\Phi_{ij} = \Phi_{ij}^{\text{ext}} + \Phi_{ij}^{\text{int}} = \mu_0 \pi r_{ij}^2 H_a + \sum_{kl} M_{kl,ij} I_{kl} \tag{12.9}$$

其中，r_{ij} 是电流 I_{ij} 的半径，$r_{ij} = R_{\text{int}} + (i - 1/2)(\Delta R)$，系数 $M_{kl,ij}$ 是电流回路 kl 和 ij 之间的互感。

对于任一超导系统，其电磁能包含超导电流自感或互感能、超导电流与外磁场相互作用能两部分，且系统平衡状态趋向于使电磁能最小化。由于前一部分能量与电流动能相关联，后一部分能量与磁势能相关联，因而最小磁能原理可理解为超导系统内动能增加与势能减小的相互平衡。换言之，求解超导体内感应电流来确定磁化状态的过程，就是使系统总磁能最小化的过程[55]。从零场冷却超导体出发，采用基于 Bean 临界态模型的临界电流对磁场分布能量进行最小化，在磁能取得最小值的时候可以获得稳定的电流分布。基于磁通的分布，可以得到磁通密度 B 为[55,56]

$$B_{z,ij} = \frac{\Phi_{ij} - \Phi_{i-1j}}{\pi(r_{ij}^2 - r_{i-1j}^2)} \tag{12.10}$$

$$B_{r,ij} = \left(\frac{1}{\Delta R} + \frac{1}{r_{ij}}\right)^{-1}\left(\frac{B_{r,i-1j}}{\Delta R} + \frac{B_{z,ij}}{\Delta L} - \frac{B_{r,ij+1}}{\Delta L}\right) \tag{12.11}$$

当施加的磁场在达到最大值 $H_{\max}$ 之后开始减小时，可以通过仅考虑在该磁场反向阶段期间，感应的电流来进行相同的磁能最小化步骤。基于该模型，我们就可以获得超导中电流和磁场的分布，通过公式（12.8）也可以获得电磁体力的分布。在这种与 r 和 z 相关的电磁体力作用下，无约束超导环会发生径向和轴向位移变形。这种复杂的弹性响应可以用有限元法详细描述。这里为简便起见，假设超导体是线弹性且各向同性的，应变远低于断裂极限。此外，为了便于系统的讨论，我们将使用 R_{out} 和 $H_p = J_c R_{\text{out}}$ 对长度和磁场量进行了归一化，即 $\gamma = L/R_{\text{out}}$，$\delta = R_{\text{int}}/R_{\text{out}}$，其中，$H_p$ 为无限长圆柱体的完全穿透磁场值。

12.3.1　有限长超导圆柱

磁致伸缩通常可由超导体尺寸的相对改变来表征[57]。由于超导体的磁致伸缩反映出超导材料的力学行为与外加磁场的关系，且其大小可通过实验直接测量，因此，这里结合有限元方法来讨论超导圆环的磁致伸缩特性。选定超导圆柱的径向相对变化可写为 $\Delta R_0/R$。图 12.4 展示了具有不同轴长与半径比值 L/R 的超导圆柱的中线 AB 和上边 CD 的磁致伸缩曲线。在圆柱体的中间区域，可以观察到由于电磁体力的压缩特性，半径的长度在整个初始磁场上升阶段单调减小。初始曲线中的斜率随着 L/R 的减小而增大（绝对值）。在外磁场下降阶段，由于体力在表面附近的再磁化区域中变为拉伸，半径的长度开始逐渐增加，然后会达到一个最大值。对于小的 L/R 比值，超导圆柱具有较大的半径伸长率和较大的最大伸缩值。当外加磁场进一步减小时，半径将开始减小并且在外磁场为零时仍为正值。由于退磁效应，整个磁化过程中电流将在端部区域相比于中间区域穿透得更深[55]，这会导致两个区域的体力分布存在差异。因此，圆柱端部附近的磁致伸缩曲线与中间区域的磁致伸缩曲线会有所不同，如图 12.4（a）和（b）所示。

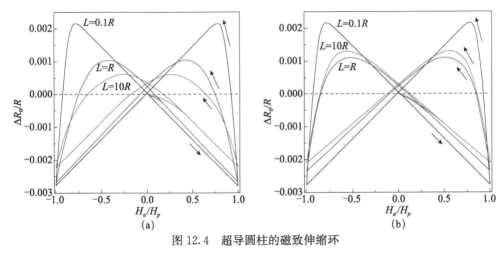

图 12.4 超导圆柱的磁致伸缩环

图 12.5 显示了三个圆柱体沿半截面中线 AB 的径向位移和径向应力的分布。随着初始阶段外磁场的增加，位移和应力分量均为负值且大小是逐渐增大的。从图（a）和图（b）中可以看出，在内部的非穿透区域中，位移近似为线性并且沿着径向方向的应力也几乎是均匀的。非穿透区域随着外加磁场的增加而逐渐减小，而较短的样品在较低的外加磁场下首先达到完全穿透[55]。因此，$L/R=0.1$ 的圆柱体相对于其他两个样品具有更大的位移和应力。在外磁场下降阶段，如图（c）和图（d）所示，我们可以发现径向位移和径向应力分布变得更加复杂，因为体力在外部的再磁化区域会变成拉力。圆柱的局部开始拉伸，并且拉应力的峰值出现在再磁化的前端附近。随着 L/R 的值逐渐减小，磁通涡旋将会更容易进入或离开超导体。因此，对于 L/R 值较小的圆柱体，外加磁场减小的同时径向位移和径向应力分量的方向会更快地发生反转。这也可用于解释为什么图（d）中再磁化前端接近圆柱体中心的速度不同。在残余状态，即外磁场为零时，对于较大值的 L/R，圆柱体具

有较大的残余径向位移和径向应力。我们可以发现有限长超导体的力学响应与无限长
或超薄超导体的力学响应类似，但由于边界和退磁效应[58,59]，也存在着一定的差异。

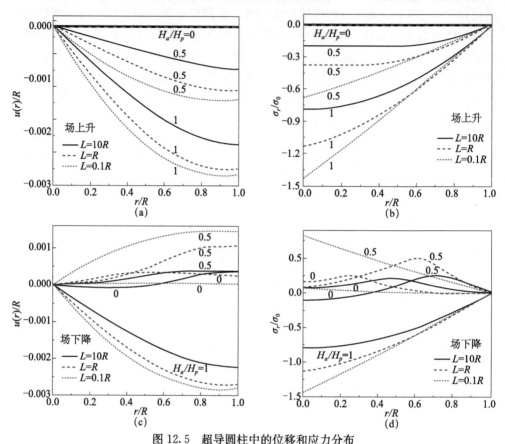

图 12.5　超导圆柱中的位移和应力分布

　　为了充分了解整个超导体中的应力分布情况，在图 12.6 中绘制了 $L/R=1.0$
的圆柱体在不同外加磁场下的径向应力，环向应力和轴向应力的分布云图。很明
显，所有应力分量都是关于圆柱体的中间平面对称的。在外磁场上升阶段，径向
和环向应力都是负值，并且沿着轴线方向其大小逐渐增加。值得注意的是，在最
开始的外磁场上升阶段，径向和环向压应力的最大值首先出现在轴的端部，然后
沿着轴线逐渐接近中心区域。当施加的外磁场开始减小时，两个应力分量在圆柱
体的外围立即变成了拉应力。之后，它们的最大值逐渐接近内部区域并最终到达
轴的末端。可以发现，在整个外磁场下降阶段，径向和环向应力分量的最大值出
现在 $H_a/H_p=0.25$ 的情况下，这意味着它们的最大值遵循非单调路径到达残余状
态。此外，还可以发现轴向应力相对于其他两个应力不是主要的分量，以及正的
轴向应力在不同的外磁场下始终存在于超导体中。

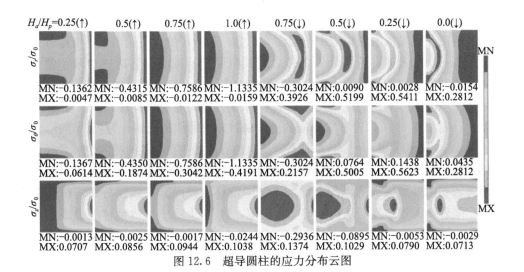

图 12.6　超导圆柱的应力分布云图

12.3.2　有限长超导圆环

在图 12.7 中给出了超导环的中线 AB，在不同的参数 γ 和 δ 情况下计算得到的磁致伸缩曲线，并且壁厚的相对长度改变为 $\Delta R_0/(R_{out} - R_{int})$。 在图（a）中可以看出，当 $\gamma = 1.0$ 时，不同 δ 值（即 $\delta = 0.2$，0.5，0.8）对应的磁致伸缩曲线之间存在很大的差异。作为对比，也给出了 $\delta = 0$ 时的磁致伸缩曲线。

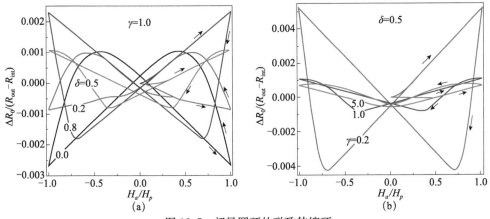

图 12.7　超导圆环的磁致伸缩环

对于初始磁化阶段的超导圆环，当 $\gamma = 1.0$ 且 δ 值较小时，ΔR_0 小于零，其受到朝向向内的电磁体力而使得中线 AB 处于压缩状态。随着 δ 的增大，由于圆环的内外壁的相对位移逐渐减小，因此，磁致伸缩曲线的初始斜率（绝对值）逐渐减小。当 δ 超过某一临界值时，中线 AB 开始由压缩状态转变为拉伸状态，且 δ 的继续增加会导致磁致伸缩曲线的初始斜率增大。对于处在外磁场下降阶段的超导圆环，其再磁化区域内电磁体力由压力变为拉力。若圆环的 δ 值较小，其壁厚开始增加并达到一个最大值；若圆环 δ 值较大，其壁厚开始减小并到达一个最小值。因此，较小和较大的 δ 值分别所对应的磁致伸缩曲线具有完全相反的变化趋势。通过比较 $\delta=0$ 和 $\delta=0.8$ 所对应的两条曲线，可以更直观地观察到这一点。在图 12.7 (b) 中，对于 $\delta=0.5$，若 γ 取不同的值，磁致伸缩曲线的反转行为仍然存在。

　　图 12.8 展示了当 $\gamma=1$ 但 δ 取不同值时超导环沿中线 AB 的径向位移和径向应力的分布。从图 (a) 和图 (b) 可以看出，径向位移和径向应力是负值，并且其大小随着初始外加磁场的增加而增加。径向位移沿径向近乎线性分布，位移曲线的斜率随着 δ 的增加逐渐从负值转变为正值，这与图 12.7 中磁致伸缩曲线的斜率变化是一致的。对于给定的 γ，超导区域随着 δ 的增加而减小，这也导致完全穿透磁场的减小。因此，当外加磁场从最大值 $H_a/H_p=1$ 开始减小时，对于 δ 较大的超导环，正向位移和拉应力将很快出现。这可以在图 12.8 (c) 和 (d) 中直接观察到。

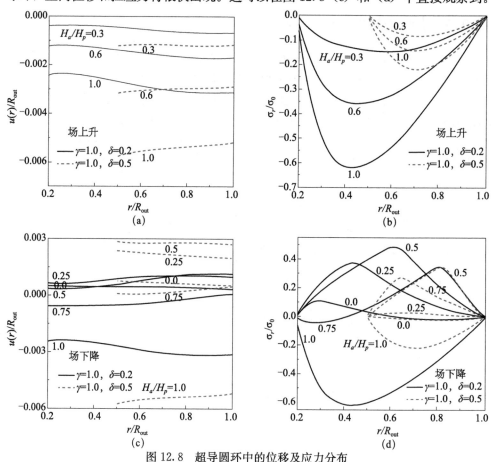

图 12.8　超导圆环中的位移及应力分布

图 12.9 给出了超导环在 $\delta=0.5$ 和不同 γ 值下沿中线 AB 的径向位移和径向应力的分布图。从图（a）和图（b）可以看出，对于较大的 γ，超导环在初始磁场上升阶段，具有较小的径向位移和较大的径向应力。从前面的讨论可以看出，圆柱或圆环轴向厚度的增加会削弱退磁效应。对于给定的 δ，完全穿透磁场随着 γ 的增大而增大。因此，如图（c）和图（d）所示，当外加磁场从其最大值 $H_a/H_p=1$ 开始减小时，较小 γ 值下圆环的情形，圆环的径向位移和径向应力的方向将更快地变为正值。

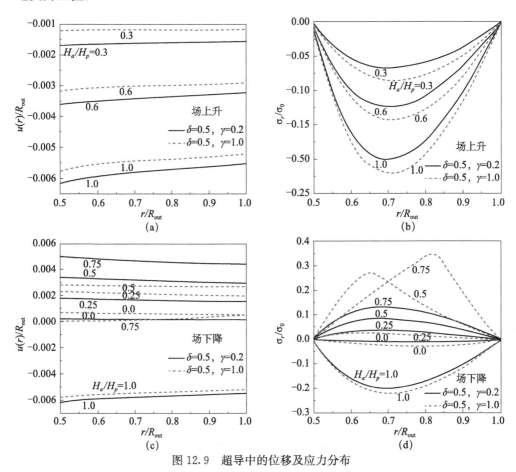

图 12.9 超导中的位移及应力分布

图 12.10 中给出了 $\delta=0.5$ 和 $\gamma=0.5$ 时，超导环在不同外磁场下径向应力、环向应力和轴向应力的等值线图。显然，所有应力分量都是关于环的中间平面对称的。在初始磁场上升阶段，由于感应电流出现在圆环内外两侧区域，而导致圆环整体受到压缩性的电磁力，因此，径向应力和环向应力都为负值，且它们的最大值（绝对值）分别位于截面中心区域和内表面。对于轴向应力，其值在外表面处

为正值，而在内表面处为负值。随着外磁场的增加，所有应力分量的绝对值都在增加。外加磁场从最大值 $H_a/H_p=1$ 开始减小时，圆环的重新磁化区域内电磁体力转变方向。此时，正的径向应力的最大值出现在截面中心区域，接着，最大值分裂成两个峰值并向上下两端靠拢，最终峰值聚集在内侧上下两角落区域。而正的环向应力的最大值出现在内侧上下两角落区域，随后，两个最值沿 z 轴移动而汇聚在内表面中心区域。除此之外，在整个磁化过程中，可以发现，正负的轴向应力一直存在于圆环内，且其最大值（绝对值）始终出现在内或外表面中心区域。此外，可以发现，在整个外加磁场下降阶段，所有分量在外加磁场为 $0.6H_p$ 时达到最大值。

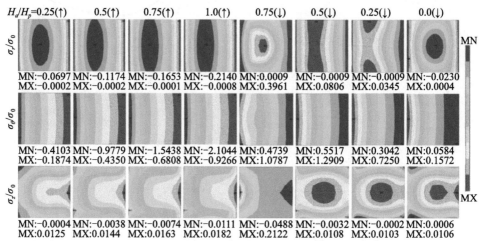

图 12.10　超导中的应力分布云图

12.4　超导块体中的断裂行为[60,61]

超导块体在制备过程中不可避免地会存在许多缺陷、孔洞、夹杂和微裂纹，在电磁力的作用下，裂纹尖端存在应力的奇异性，极易导致超导块材破裂甚至裂纹扩展。Diko 给出 REBCO 超导块体材料产生裂纹的原因是试样在加工过程中产生的应力造成的，并结合应力的主要来源给出了三种类型裂纹的形成机理[62]。已有大量的实验报道了超导块材在高场下的破坏现象，兰州大学电磁固体力学小组基于断裂力学理论开展了高场下超导块材断裂的理论研究[61]。超导断裂行为的研究需要首先计算超导内电磁场的分布，进一步给出电磁力作用下裂纹尖端的应力强度因子。

12.4.1 超导块体内的中心裂纹

考虑一含中心裂纹的无限长超导板，板的宽度为 $2h$，裂纹的长度为 $2a$，如图 12.11 所示。平板受到一个平行于 z 轴的磁场，假设超导平板为各向同性材料且忽略退磁效应，此时超导平板内仅有沿 z 方向的磁场。为简化计算，模型中假设裂纹的长度是远远小于板的宽度，即 $a \ll h$，并忽略了裂纹对超导体内磁场和屏蔽电流分布的影响。外场磁场作用下，磁通会从超导平板的边缘均匀地穿透进入超导体中，并且超导平板内环路中流动的屏蔽电流与外部边界等距，如图 12.12 所示。超导平板内部的屏蔽电流和磁场会发生相互作用产生 Lorentz 力 $f = J \times B$。对于超导平板而言，其内部仅有 z 方向的磁场，Lorentz 力可以简写如下[10,60]：

$$f_y = -\frac{1}{2\mu_0} \frac{\partial}{\partial y} B(y)^2 \tag{12.12}$$

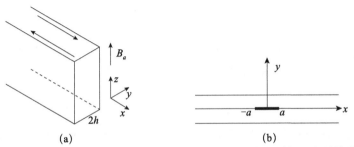

图 12.11 （a）超导平板示意图；（b）矩形超导板含有一平行于边界的裂纹

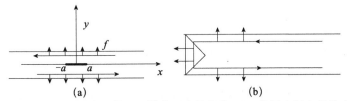

图 12.12 钉扎引起的体力和横截面中的电流 （a）作用在板上的体力
和 （b）包含体力的三角形区域

对于电磁体力作用下的裂纹问题，通常很难通过解析的方法确定应力强度因子并得到电磁力对断裂行为的影响。为简化计算，选择一个均匀的应力 σ_b 来等效作用在 xz 平面的体力。沿 y 轴对体力进行积分，得到均匀的应力为

$$\sigma_b = \int_0^h f_y(y)\mathrm{d}y = \frac{1}{2\mu_0}\big[B(0)^2 - B_a^2\big] \tag{12.13}$$

均匀的应力取决于 $y=0$ 和 $y=h$ 处的磁场。由于此问题关于 x 轴对称，所以只需要分析 $y>0$ 的上半平面。通过适当地叠加，超导平板中的应力可以通过寻找

满足下列边界条件的解来得到

$$\sigma_{yy}(x,h) = \sigma_{xy}(x,h) = 0, \quad -\infty < x < \infty \tag{12.14}$$

$$\sigma_{xy}(x,0) = 0, \quad -\infty < x < \infty \tag{12.15}$$

$$\sigma_{yy}(x,0) = -\sigma_b, \quad |x| < a \tag{12.16}$$

$$v(0,x) = 0, \quad |x| > a \tag{12.17}$$

基于线弹性理论的平面应变假设[63]，超导板的控制方程可以表示为

$$(\kappa+1)\frac{\partial^2 u}{\partial x^2} + (\kappa-1)\frac{\partial^2 u}{\partial y^2} + 2\frac{\partial^2 v}{\partial x \partial y} = 0 \tag{12.18}$$

$$(\kappa-1)\frac{\partial^2 v}{\partial x^2} + (\kappa+1)\frac{\partial^2 v}{\partial y^2} + 2\frac{\partial^2 u}{\partial x \partial y} = 0 \tag{12.19}$$

其中，$\kappa = 3-4\nu$。通过 Fourier 变换，上述控制方程中位移的表达式如下：

$$u(x,y) = \frac{1}{2\pi}\int_{-\infty}^{+\infty}[(A_1 + A_2 y)e^{|s|y} + (A_3 + A_4 y)e^{-|s|y}]e^{isx}\mathrm{d}s \tag{12.20}$$

$$v(x,y) = \frac{1}{2\pi}\int_{-\infty}^{+\infty}[(B_1 + B_2 y)e^{|s|y} + (B_3 + B_4 y)e^{-|s|y}]e^{isx}\mathrm{d}s \tag{12.21}$$

式中，$A_1 \sim A_4$ 和 $B_1 \sim B_4$ 为需要确定的未知数，采用一定的数学推导可以将问题简化为能够数值求解的奇异积分方程：

$$\frac{4\mu}{\kappa+1}\sum_{n=1}^{\infty}C_n U_{n-1}(r) - \frac{1}{2\pi}\frac{\mu}{\kappa+1}\sum_{n=1}^{\infty}\int_{-1}^{1}L(r,u)\frac{C_n T_n(u)}{\sqrt{1-u^2}}\mathrm{d}u = -\sigma_b \tag{12.22}$$

其中，C_n 是未知的常数，T_n 和 U_n 分别是 Chebyshev 多项式的第一项和第二项，可以通过截断序列和配点法来求解奇异积分方程（12.22）。在得到未知系数 C_n 的值后，应力强度因子就可以由以下公式进行计算：

$$K_I(a) = \lim_{x \to a}\sqrt{2(x-a)}\,\sigma_{yy}(x,0) = -\frac{4\sqrt{a}\mu}{\kappa+1}\sum_{n=1}^{\infty}C_n \tag{12.23}$$

$$K_I(-a) = \lim_{x \to a}\sqrt{2(-x-a)}\,\sigma_{yy}(x,0) = \frac{4\sqrt{a}\mu}{\kappa+1}\sum_{n=1}^{\infty}C_n \tag{12.24}$$

为了分析电磁力作用下超导的断裂行为，需要首先得到超导体中磁通密度的分布。此处采用较为简单的临界态 Bean 模型，即临界电流密度 J_c 是常数，与磁场无关。由于拉应力主要在磁场下降过程中出现，而超导破坏的原因主要是拉应力超过了材料的抗拉强度，因此，我们对两种磁化过程中下降场阶段的应力强度因子进行分析。定义一个特征场 $B_p = \mu_0 J_c h$，其大小等于超导平板的完全穿透场。最大的外磁场为 $\hat{B}_a$，假设 $\hat{B}_a \geqslant 2B_p$。为了简化符号，下面统一定义以下无量纲的变量：

$$b_a = B_a/B_p, \quad \hat{b}_a = \hat{B}_a/B_p, \quad e = \frac{y}{h} \tag{12.25}$$

$$\sigma_0 = \frac{B_p^2}{2\mu_0}, \quad K_0 = \sigma_0\sqrt{\pi a} \tag{12.26}$$

在接下来的部分，我们将通过数值方法求解奇异积分方程并给出应力强度因子的计算结果。因为对于中心裂纹而言，应力强度因子在裂尖 a 处和 -a 处是相等的，所以我们只给出了裂纹尖端 a 处的数值结果。

12.4.2 零场冷磁化过程的断裂力学特征

a) $\hat{B}_a - 2B_p < B_a < \hat{B}_a$

当磁场增加到完全穿透之后，整个圆柱超导体内都充满屏蔽电流，此时超导体承受着电磁的压缩应力。当磁场从最大值 $\hat{B}_a$ 开始下降的时候，临界电流的方向在圆柱的最外侧开始翻转。此时，圆柱体最外侧的电磁力是拉力，而在圆柱体内部还是压力，则块体内作用在裂纹面上合力可能是拉力或者压力。

基于临界态 Bean 模型，超导内的磁通密度呈线性分布：

$$b = \hat{b}_a + e - 1, \quad 0 \leqslant e \leqslant e_0 \tag{12.27}$$
$$b = b_a + 1 - e, \quad e_0 \leqslant e \leqslant 1 \tag{12.28}$$

其中，$e = 1 - (\hat{b}_a - b_a)/2$。

图 12.13（a）展示了外场从 $2B_p$ 下降到 $B_a = 0$ 过程中，裂纹长度对应力强度因子的影响。一般来说，在相同的磁化过程中，裂纹长度增加时应力强度因子也随之增加。需要指出的是，此处忽略了裂纹对电磁场的影响，若考虑到裂纹对电磁场分布的影响，裂纹长度的影响有可能是非单调变化的。图 12.13（b）给出了外场从 $\hat{b}_a = 2$ 下降到 $b_a = 0$ 过程中应力强度因子的变化规律。从图中可以看出，应力强度因子随着 b_a 的减小而增大，并且应力强度因子在 $b_a = 0$ 处取得最大值。值得注意的是，在 $b_a = 1$ 时，应力强度因子为零。这也表明了在 $b_a < 1$ 时，电磁力的总体作用效果为拉力，并且当 $b_a > 1$ 时，电磁力的总体作用效果为压力。当应力强度因子为负时，其对应着闭合裂纹。

b) $\hat{B}_a - 2B_p > B_a$

为了满足 $\hat{B}_a - 2B_p < B_a < \hat{B}_a$ 的条件，此时最大的外磁场 $\hat{B}_a$ 假设为大于 $4B_p$。可以发现当磁场下降超过 2 倍的完全穿透场之后，超导板内部的电流全部反向。因此，体力全部变为拉力。此时的磁通密度分布为

$$b = b_a + 1 - e, \quad 0 < e < 1 \tag{12.29}$$

图 12.14 展示了磁场第一次上升到 $\hat{B}_a \geqslant 4B_p$ 之后，随即下降过程中应力强度因子的变化。可以明显地看出，随着磁场的增加，应力强度因子线性增加。因为体力全为拉力，所以应力强度因子总体为正值。与图 12.13（b）相比，对于相同的磁场 B_a，图 12.14 中的应力强度因子更大。在高场的磁化过程中，裂纹更可能开裂，并且应力强度因子在 $b_a = 2$ 时是 $b_a = 0$ 的 5 倍。

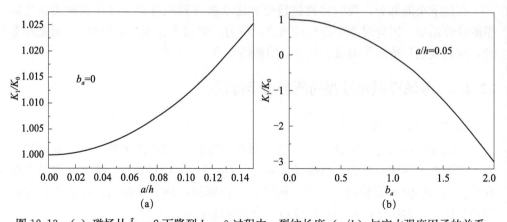

图 12.13 (a) 磁场从 $\hat{b}_a=2$ 下降到 $b_a=0$ 过程中，裂纹长度（a/h）与应力强度因子的关系；
(b) 磁场从 $\hat{b}_a=2$ 下降到 $b_a=0$ 过程中，长度为 $a/h=0.05$ 裂纹的应力强度因子随磁场的关系

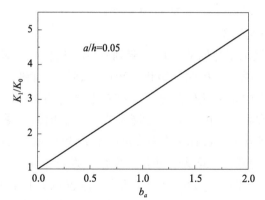

图 12.14 磁场从 $\hat{b}_a \geqslant 4$ 下降到 $b_a=0$ 过程中，长度为 $a/h=0.05$
裂纹应力强度因子的变化

12.4.3　场冷磁化过程的断裂力学特征

与零场冷磁化方法相比，场冷方法需要一个较弱的磁场源便可以实现超导块体的完全磁化。场冷方法是在一个固定的磁场 B_{fc} 下对高温超导体进行冷却，之后将外磁场移除，大部分的磁场将被俘获存在于超导体内。假设 B_{fc} 是磁场开始下降时在超导体内部冻结的磁通密度，则整个超导块体在场冷过程中的磁通密度可以定义为

$$b=b_{fc}, \quad 0<e<e_0 \tag{12.30}$$
$$b=b_a+1-e, \quad e_0<e<1 \tag{12.31}$$

其中，$e_0=1-b_{fc}+b_a$。

图 12.15 给出了磁场从 b_{fc} 下降到 $b_a=0$ 过程中裂纹尖端应力强度因子。从图中可以看出，对于 $b_{fc}>1$ 和 $b_{fc}\leqslant 1$，应力强度因子存在明显的差异。当 $b_{fc}\leqslant 1$ 时，应力强度因子随着磁场的增大而减小；当 $b_{fc}>1$ 时，最大的应力强度因子将在 b_{fc} 下降到 $(b_{fc}-1)$ 的过程中产生。需要注意的是，随着 b_{fc} 的增大，应力强度因子也随之增大。因此，为了获得给定的目标俘获场，首先需要有效的提高超导块体的力学强度。

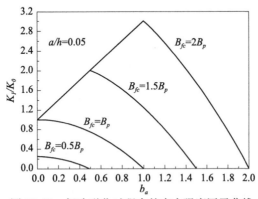

图 12.15 场冷磁化过程中的应力强度因子曲线

12.4.4 斜裂纹及其扩展路径[45]

上述的工作中主要研究了在磁场作用下块体中心裂纹的应力强度因子，下面将探讨边缘斜裂纹的断裂行为。由于中心裂纹与屏蔽电流的方向平行，因此，在计算电磁场分布时忽略了裂纹对屏蔽电流的影响。但是边缘斜裂纹会对屏蔽电流的分布产生显著影响，故需要在计算中考虑屏蔽电流分布规律的变化。为了研究高温超导块体 GdBCO 中的裂纹扩展问题，此处采用扩展有限单元法，计算电磁力作用下含边界裂纹超导块体的应力强度因子，并进一步给出裂纹的扩展路径[45]。

扩展有限单元法通过加入描述裂尖奇异性和位移不连续性的附加自由度，可以很好地解决强、弱不连续性问题。它可以将裂纹任意的放置于有限元网格中，在裂纹扩展的过程中，网格也无需重新划分[64]。扩展有限单元法的位移形式为[65,66]

$$u(x)=\sum_{i\in N}N_i(x)u_i+\sum_{j\in N^{cut}}N_j(x)H(x)a_j+\sum_{k\in N^{tip}}N_k\sum_{\alpha=1}^{4}\phi_\alpha(x)b_k^\alpha \qquad (12.32)$$

其中，$N_i(x)$ 是有限单元法中的形函数，$N_j(x)H(x)$ 和 $N_k(x)\sum_{\alpha=1}^{4}\phi_\alpha(x)$ 是富集形函数。N 是所有节点集，N^{cut} 是裂纹贯穿单元的富集节点集，N^{tip} 是裂尖单元的富集节点集。u_i 是标准有限元节点的自由度，a_j 是贯穿单元所对应的富集节点自由度，b_α^q 是裂尖单元所对应的富集节点自由度。函数 $H(x)$ 是 Heaviside 跳跃函数用来表示贯穿单元中位移的不连续：

$$H(x) = \begin{cases} +1, & \text{above } \Gamma_c \\ -1, & \text{below } \Gamma_c \end{cases} \tag{12.33}$$

其中，Γ_c 为裂纹表面。$\sum\limits_{\alpha=1}^{4} \phi_\alpha(x)$ 是从 I 型、II 型和 III 型裂纹的位移解析解中提取的渐近裂纹尖端函数，用于描述裂纹尖端处的不连续：

$$\phi_\alpha(x) = \left\langle \sqrt{r}\sin\left(\frac{\theta}{2}\right), \sqrt{r}\cos\left(\frac{\theta}{2}\right), \sqrt{r}\sin\theta\sin\left(\frac{\theta}{2}\right), \sqrt{r}\sin\theta\cos\left(\frac{\theta}{2}\right) \right\rangle \tag{12.34}$$

其中，(r, θ) 是裂纹尖端的极坐标，裂纹尖端附近的不连续性可以用第一个富集函数来描述，其他富集函数用于提高逼近精度。

如图 12.16（a）所示，假设超导块体的高度远大于长度和宽度，即超导块体在 z 方向近似为无限长。此处基于平面应变假设来研究二维超导块体含有边界斜裂纹和折线裂纹的断裂行为。首先需要计算外加磁场条件下块体内部磁场和屏蔽电流的分布，并利用矢量积得到块体内部的电磁体力。在超导块体的边界处以及裂纹附近，感应磁场为零，即图 12.16（b）中的红色节点处磁场 h 为零。考虑超导块体的场冷磁化过程，并根据 Maxwell 方程组和超导电磁本构关系，我们可以得到下列方程：

$$\dot{h}(x, y, t) = \nabla \cdot (D\,\nabla h(x, y, t)) - \dot{H}_a(t) \tag{12.35}$$

$$D = \rho(x, y, t)/\mu_0 \tag{12.36}$$

$$E = E_c \left(\frac{J}{J_c}\right)^n \tag{12.37}$$

$$J_c = J_0 \frac{B_0}{|B| + B_0} \tag{12.38}$$

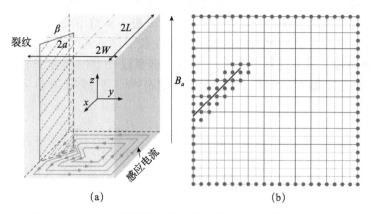

(a)　　　　　　　　　　　　　(b)

图 12.16　(a) 含斜裂纹超导块体示意图；(b) 场冷边界条件

其中，方程（12.35）为磁场 h 的控制方程，式中的 h 为超导块体感应磁场，$\dot{h}$ 是磁场对时间的一阶导数，$\dot{H}_a$ 是外部磁场对时间的一阶导数，ρ 是电阻率，μ_0 是真空磁导率。方程（12.37）描述了超导材料中电场 E 和电流密度 J 的关系。此处 $E_c = 1 \times 10^{-6} \text{V/m}$，$n = 8^{[67]}$。方程（12.38）是电流密度 J_c 和磁场 B 的关系，本节采用了临界态 Kim 模型。针对所研究的 GdBCO 超导块体，$J_0 = 7.31 \times 10^8 \text{A/m}^2$ 和 $B_0 = 5\text{T}^{[67]}$。为了得到磁场分布的数值解，采用有限差分法对方程（12.35）进行离散，将式（12.36）、式（12.37）代入方程（12.35）有

$$h_{i,j}^{k+1} = \frac{1}{\mu_0} \frac{\partial}{\partial x} \left(\rho \frac{\partial h}{\partial x} \right) \mathrm{d}t + \frac{1}{\mu_0} \frac{\partial}{\partial y} \left(\rho \frac{\partial h}{\partial y} \right) \mathrm{d}t - \dot{H}_a(t) \mathrm{d}t + h_{i,j}^k$$

$$\frac{\partial}{\partial x} \left(\rho \frac{\partial h}{\partial x} \right) = \frac{1}{\Delta x} \left(\frac{\rho}{\mu_0} \frac{\partial h}{\partial x} \right)_{i+\frac{1}{2},j} - \frac{1}{\Delta x} \left(\frac{\rho}{\mu_0} \frac{\partial h}{\partial x} \right)_{i-\frac{1}{2},j} \tag{12.39a}$$

其中，

$$\left(\rho \frac{\partial h}{\partial x} \right)_{i+\frac{1}{2},j} = \rho_{i+\frac{1}{2},j} \left(\frac{\partial h}{\partial x} \right)_{i+\frac{1}{2},j} = \rho_{i+\frac{1}{2},j} \frac{h_{i+1,j} - h_{i,j}}{\Delta x}$$

$$\rho_{i+\frac{1}{2},j} = E_c \left(\left(\frac{\partial h}{\partial x} \right)_{i+\frac{1}{2},j}^2 + \left(\frac{\partial h}{\partial y} \right)_{i+\frac{1}{2},j}^2 \right)^{(n-1)/2} \left[\frac{\mu_0 H/B_0 + 1}{J_0} \right]^n \tag{12.39b}$$

式中，k 代表第 k 步时间，i、j 代表二维平面单元网格节点号，H 是超导块体感应磁场 h 和外磁场 H_a 的和。

根据 Lorentz 力的公式：

$$\boldsymbol{f} = \boldsymbol{J} \times \boldsymbol{B} \tag{12.40}$$

采用中心差分格式得到

$$f_x^k = -\frac{\mu_0}{4} \frac{(H_{i+1,j}^k)^2 - (H_{i-1,j}^k)^2}{\Delta x}$$

$$f_y^k = -\frac{\mu_0}{4} \frac{(H_{i,j+1}^k)^2 - (H_{i,j-1}^k)^2}{\Delta y} \tag{12.41}$$

结合方程（12.35）～式（12.41）可以得到，超导块体在场冷磁化过程中块体内部的磁场和电磁力分布。在计算场冷磁化过程中磁场下降阶段超导块体内部的磁场分布时，最高磁场取为 18.086T，计算时间间隔取为 $\mathrm{d}t = 0.012\text{s}$ 且总的计算步数为 $S = 1.2 \times 10^6$，时间离散时采用向前差分。通过计算不同情形下超导块体内电磁场的分布，将得到的电磁力导入扩展有限元模型，可以给出边界斜裂纹和折线裂纹的应力强度因子[68]。

图 12.17 给出了磁场下降过程中磁场及电磁力的分布。可以发现，边缘裂纹会显著改变块体内部磁场的分布，从而导致电磁力的分布规律同样发生了变化。在磁场下降过程中，超导块体内部受到的电磁力在裂纹附近呈现压力，而在远离裂纹的地方呈现拉力。如图 12.18（a）所示，我们发现随着磁场的下降，斜裂纹的

应力强度因子呈现先增大后减小的趋势。这主要是因为在磁场下降过程中，超导块体中电磁力的拉伸效果先增大后减小导致的。同时随着临界电流密度的增大，应力强度因子也随之增大。因此，在块体的磁化过程中，具有较高临界电流密度的超导块体会承受更大的断裂可能性。此外，折线裂纹和边界斜裂纹的应力强度因子的变化趋势基本一致，如图 12.18（b）所示。随着裂纹角度的增加，折线裂纹的应力强度因子也呈现减小的趋势。

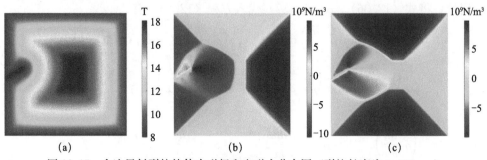

图 12.17　含边界斜裂纹块体内磁场和电磁力分布图（裂纹长度为 5.346mm）

（a）磁场；（b）沿 x 方向的电磁力；（c）沿 y 方向的电磁力

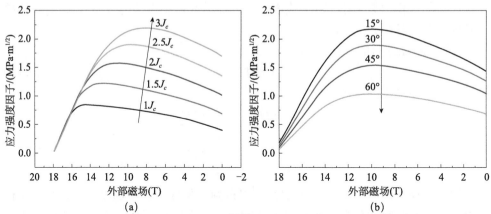

图 12.18　（a）不同临界电流密度下边界斜裂纹的应力强度因子（裂纹长度为 5.346mm）；

（b）不同角度折线裂纹的应力强度因子（裂纹长度为 11.94mm）

为了模拟电磁力作用下裂纹的扩展，采用下面两式所示的最大环向应力准则来定义主应力强度因子和裂纹扩展的角度：

$$K = \cos\frac{\theta_0}{2}\left(K_I\cos^2\frac{\theta_0}{2} - \frac{3}{2}K_{II}\sin\theta_0\right) \tag{12.42}$$

$$\theta_0 = 2\arctan\frac{1}{4}\left[\frac{K_I}{K_{II}} \pm \sqrt{\left(\frac{K_I}{K_{II}}\right)^2 + 8}\right] \tag{12.43}$$

当块体中裂纹的主应力强度因子值 K 大于临界应力强度因子 K_{IC} 时，裂纹开始扩展。基于扩展有限元中网格的尺寸，扩展步长给定为 $d=9\times10^{-4}$m，图 12.19 给出的是三种不同尺寸模型中边界斜裂纹扩展 15 步的裂纹扩展路径，其中裂纹的倾斜角度为 15°，裂纹的长度为 5.346mm。从图中可以看出对于三种不同尺寸的超导块体，裂纹的扩展路径均呈现向下弯曲的趋势。裂纹扩展的路径表明由于受裂纹倾斜的影响，电磁体力的非对称分布导致裂纹会承受 I 型和 II 型载荷的共同作用，从而造成了裂纹扩展时发生了角度的偏转。

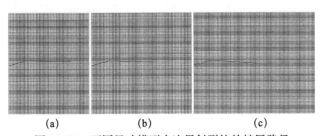

(a)   (b)   (c)

图 12.19   不同尺寸模型中边界斜裂纹的扩展路径

(a) 0.024m×0.03m；(b) 0.03m×0.03m；(c) 0.036m×0.03m

12.5　脉冲场条件下的应力强度因子[43,44,69]

12.5.1　近场动力学的基本理论

传统的数值方法在分析不连续问题时面临的困难，主要源自其本身的连续性假设与实际问题之间的矛盾。近场动力学（Peridynamic，PD）方法使用空间积分方程来描述物质点的运动轨迹，在面对不连续问题时，避免了连续力学经典理论在求解偏微分方程时的奇异性，同时基于非局部作用思想又降低了分子动力学方法的计算量，因此，PD 方法兼有分子动力学和无网格方法的优点，比较适合于模拟材料自发的断裂过程和缺陷的动态演化过程[70]。

PD 方法将物体离散成一系列的物质点，这些物质点包含了如质量、体积和材料属性等信息。在某一时刻，可以认为域内的每个物质点仅与位于有限距离内的其他物质点相互作用，由牛顿第二定律得到 PD 方法中物质点的运动控制方程为[71,72]

$$\widetilde{\rho}(\boldsymbol{x})\ddot{\boldsymbol{u}}(\boldsymbol{x},t)=\int_{\Re_x}(\boldsymbol{t}(\boldsymbol{u}'-\boldsymbol{u},\boldsymbol{x}'-\boldsymbol{x},t)-\boldsymbol{t}'(\boldsymbol{u}-\boldsymbol{u}',\boldsymbol{x}-\boldsymbol{x}',t))\mathrm{d}V'$$
$$+\boldsymbol{b}(\boldsymbol{x},t) \tag{12.44}$$

该式消除了连续介质力学中的空间导数，不再具有传统的应力—应变形式，也不需要假设位移场的连续性，裂纹、界面等不连续性可以直接反映在本构力函数和运动方程中。将式（12.44）进行空间离散

$$\tilde{\rho}_{(k)}\left(\frac{\boldsymbol{u}_{(k)}^{n+1} - 2\boldsymbol{u}_{(k)}^n + \boldsymbol{u}_{(k)}^{n-1}}{\Delta t^2}\right)$$

$$= \sum_{j=1}^N [\boldsymbol{t}_{(k)(j)}(\boldsymbol{u}_{(j)} - \boldsymbol{u}_{(k)}, \boldsymbol{x}_{(j)} - \boldsymbol{x}_{(k)}, t) - \boldsymbol{t}_{(j)(k)}(\boldsymbol{u}_{(k)} - \boldsymbol{u}_{(j)}, \boldsymbol{x}_{(k)} - \boldsymbol{x}_{(j)}, t)] V_{(j)} + \boldsymbol{b}_{(k)}$$

$$\tag{12.45}$$

物质点间的本构力函数表示为

$$\boldsymbol{t}_{(k)(j)} = \left\{ 2\delta d \frac{\Lambda_{(k)(j)}}{|\boldsymbol{\xi}_{(k)(j)}|} \left(a\theta_{(k)} - \frac{1}{2} a_2 \Delta T_{(k)} \right) + 2\delta b\mu [s_{(k)(j)} - (1+v)\alpha \Delta T_{(k)}] \right\}$$

$$\times \frac{\boldsymbol{\xi}_{(k)(j)} + \boldsymbol{\eta}_{(k)(j)}}{|\boldsymbol{\xi}_{(k)(j)} + \boldsymbol{\eta}_{(k)(j)}|} \tag{12.46}$$

体积应变表示为

$$\theta_{(k)} = \delta \sum_{j=1}^N d\mu [s_{(k)(j)} - (1+v)\alpha \Delta T_{(k)}] \Lambda_{(k)(j)} V_{(j)} + 2(1+v)\alpha \Delta T_{(k)} \tag{12.47}$$

对比两种加载形式下（各向同性膨胀和简单剪切）的 PD 结果和连续介质力学结果来确定参数 a，b，d 的表达式。

PD 方法中用两物质点间的"键"来表征相互作用，其本构力函数仅与键间的相对距离有关。同样，通过移除物质点间的力来反映材料的破坏，当物质点间的伸长率达到临界伸长率时，认为两点间的键发生断裂，判定准则为

$$\mu(\boldsymbol{\xi}_{(k)(j)}, t) = \begin{cases} 1, & s_{(k)(j)}(\boldsymbol{\xi}_{(k)(j)}, t') - (\Delta T_{(j)} + \Delta T_{(k)})/2 < s_c, \quad 0 < t' \\ 0, & \text{其他} \end{cases} \tag{12.48}$$

根据这一判定标准，物质点 $\boldsymbol{x}_{(k)}$ 处的损伤表征为已断键的数量与键的总数之比，即

$$\varphi(\boldsymbol{x}_{(k)}, t) = 1 - \frac{\displaystyle\int_{\mathfrak{R}_{\boldsymbol{x}_{(k)}}} \mu(\boldsymbol{\xi}_{(k)(j)}, t) \mathrm{d}V_{(j)}}{\displaystyle\int_{\mathfrak{R}_{\boldsymbol{x}_{(k)}}} \mathrm{d}V_{(j)}} \tag{12.49}$$

式中，φ 值的大小代表物质点的局部损伤程度，其数值在 $0 \sim 1$。当 φ 值等于 0 时，表明物质点近场范围内所有的键均保持完整，而值为 1 意味着所有的键均已被破坏，物质点不再受其他物质点的约束。

键的破坏将导致材料局部软化，载荷在物质点间重新分布，最终促使破坏自主演化，当键的断裂累计成一个面时，就形成了宏观裂纹。在研究断裂问题时，需要给定物质点之间的临界伸长率。如图 12.20（b）所示，认为穿过裂纹表面的

键，其伸长率都已达到临界伸长率 s_c，键间的能量被释放。键间的力大小为 $f_{(k)(j)}^{\mathrm{PD}} = cs_{(k)(j)} = c\eta_{(k)(j)}/\xi_{(k)(j)}$，于是键释放的能量大小为 $w_{(k)(j)} = c\eta_{(k)(j)}^2/2\xi_{(k)(j)} = cs_{(k)(j)}^2\xi_{(k)(j)}/2$，则穿过单位裂纹表面积的所有键释放出的总能量为[73]

$$G_c = 2h\int_0^\delta \left\{ \int_z^\delta \int_0^{\arccos(z/\xi)} \left(\frac{1}{2} cs_c^2\xi^2 \right) \mathrm{d}\psi\,\mathrm{d}\xi \right\} \mathrm{d}z = \frac{cs_c^2 h\delta^4}{4} \tag{12.50}$$

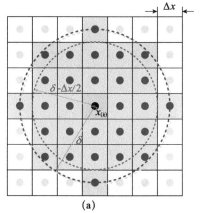
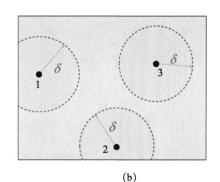

图 12.20　(a) 物质点 $x_{(k)}$ 和位于不同距离的其他物质点；(b) 边界物质点的表面效应

对于线弹性材料而言，G_c 的数值等于断裂力学中的临界应变能释放率 G_{IC}。取厚度 $h=1$，并结合临界应变能释放率和断裂韧度 K_{IC} 的关系，则临界伸长率 s_c 与材料的断裂韧度 K_{IC} 满足：

$$\frac{(1-\nu^2)K_{IC}^2}{\widetilde{E}} = \left(b\delta^5 + \frac{8}{9} ad^2\delta^7 \right) s_c^2 \tag{12.51}$$

需要注意的是，为了求解运动方程中的积分项，需要对物体进行空间离散，将数值积分转化为整个近场范围内所有体积的求和运算。然而，近场范围边界上的点并非完全处于近场范围内，因此，需要给定一个修正因子来移除边界以外的部分体积[74]。另外，靠近表面的物质点（图 12.20 (b) 中的物质点 1 和 2）具有不完整的近场范围，还需要考虑其表面效应[75]。

总体而言，PD 方法的计算框架分为几个方面：模型离散、根据给定的近场尺寸搜索"家族"内的物质点并存储、体积和表面修正、初始条件和边界条件的施加、时域积分、求解键间的作用力、体积积分、破坏模型、位移和速度的输入输出和存储。

应力强度因子可以用来衡量含裂纹超导块材的力学稳定性。其中，J 积分方法是线弹性断裂力学的一种基本方法，其由 Rice[76] 提出，是处理非线性断裂问题的参数。这个参数是基于能量守恒的概念引入的，因而对裂纹尖端应力奇异性的依赖程度相对较弱，同时，J 积分的数值不依赖于积分路径，即 J 积分与路径无关。

在线弹性情形下，Ⅰ型裂纹的 J 积分和应力强度因子有以下关系：

$$J = \frac{(1-v^2)K_I^2}{\widetilde{E}} \tag{12.52}$$

PD 方法中，应变能密度与键的相对位移有关。因此，不易像连续介质力学中的应变能密度那样，将温度项 $\alpha \Delta T$ 在应变分量中直接分离出来。于是本书结合断裂力学中对温度项的处理办法，推导出 PD 方法中含温度项的 J 积分表达式。

当考虑动态响应时，断裂力学中的 J 积分表达式为

$$J = \int_\Gamma^j (W\delta_{1j} - \sigma_{ij}u_{i,1})n_j \mathrm{d}s + \iint_A (\widetilde{\rho}\ddot{u}_i - f_i)\frac{\partial u_i}{\partial x_1}\mathrm{d}A \tag{12.53}$$

存在温度应力时的 J 积分表达式为[77]

$$J = \int_\Gamma^j (W\delta_{1j} - \sigma_{ij}u_{i,1})n_j \mathrm{d}s$$
$$+ \iint_A \left[(\widetilde{\rho}\ddot{u}_i - f_i)\frac{\partial u_i}{\partial x_1} + \frac{\widetilde{E}\alpha(\varepsilon_x + \varepsilon_y - 3\alpha\Delta T)}{1-2v}\frac{\partial \Delta T}{\partial x_1} \right]\mathrm{d}A \tag{12.54}$$

结合文献 [75，78]，无温度应力下 PD 方法中的 J 积分为

$$J_{\mathrm{peri}}(\boldsymbol{x}) = \oint_{\mathscr{Z}} W(\boldsymbol{x};\alpha)n_1\mathrm{d}S - \frac{1}{2}\oint_{Z_2}\oint_{Z_3}(\boldsymbol{t}-\boldsymbol{t}') \cdot \left(\frac{\partial \boldsymbol{u}'}{\partial x_1} + \frac{\partial \boldsymbol{u}}{\partial x_1}\right)\mathrm{d}A'\mathrm{d}A$$
$$+ \oint_{Z_1+Z_2} (\widetilde{\rho}\ddot{\boldsymbol{u}} - \boldsymbol{b}) \cdot \frac{\partial \boldsymbol{u}}{\partial x_1}\mathrm{d}A \tag{12.55}$$

其中，$W(\boldsymbol{x};\alpha)$ 为物质点 $\boldsymbol{x}$ 的应变能密度，∂Z 表示积分路径，n_1 是积分路径外法线与 x 轴夹角的余弦值，$\mathrm{d}S$ 为长度方向的增量，Z 是积分路径以内的区域，$\Omega\backslash Z$ 表示积分路径以外的区域。$\boldsymbol{t}$ 和 $\boldsymbol{t}'$ 表示两区域内的键力，仅存在于近场范围内的两物质点之间。区域 Z_2 和 Z_3 分别表示积分路径内外厚度为 δ 的区域，如图 12.21 所示，其中 $Z = Z_1\bigcup Z_2$。

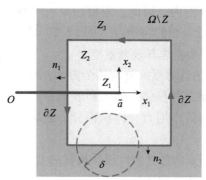

图 12.21　PD 方法中的 J 积分区域

此表达式（12.55）与弹塑性断裂力学中的形式类似，唯一的区别在于第二

项：PD 方法中，物质点间的力由键来表征。比较断裂力学中对温度应力的处理方法，是在 J 积分表达式中添加了有关温度应力的项。在 PD 方法中满足（平面应变）

$$\theta_x = \varepsilon_x + \varepsilon_y \tag{12.56}$$

于是，存在温度应力的 J 积分表达式为[77]

$$J_{\text{peri}}(\boldsymbol{x}) = \oint_{\partial Z} W(\boldsymbol{x};\hat{\alpha}) n_1 \mathrm{d}S - \frac{1}{2} \oiint_{Z_2 Z_3} (\boldsymbol{t} - \boldsymbol{t}') \cdot \left(\frac{\partial \boldsymbol{u}'}{\partial x_1} + \frac{\partial \boldsymbol{u}}{\partial x_1} \right) \mathrm{d}A' \mathrm{d}A$$

$$+ \oint_Z \left[(\tilde{\rho}\ddot{\boldsymbol{u}} - \boldsymbol{b}) \cdot \frac{\partial \boldsymbol{u}}{\partial x_1} + \frac{\widetilde{E}\alpha (\theta_x - 3\alpha \Delta T)}{1 - 2\nu} \frac{\partial \Delta T}{\partial x_1} \right] \mathrm{d}A \tag{12.57}$$

12.5.2 定量分析方法

键基 PD 方法中，本构力函数 $\boldsymbol{t}_{(k)(j)}$ 和 $\boldsymbol{t}_{(j)(k)}$ 大小相等、方向相反。因此，在无变温的情形下满足

$$a = 0, \quad \boldsymbol{f}_{(k)(j)}^{\text{PD}} = 2\boldsymbol{t}_{(k)(j)} = cs_{(k)(j)} \frac{\boldsymbol{\xi}_{(k)(j)} + \boldsymbol{\eta}_{(k)(j)}}{|\boldsymbol{\xi}_{(k)(j)} + \boldsymbol{\eta}_{(k)(j)}|} \tag{12.58}$$

同时限制 Poisson 比为 1/4。而常规态基的 PD 方法中，本构力函数 $\boldsymbol{t}_{(k)(j)}$ 和 $\boldsymbol{t}_{(j)(k)}$ 大小不等、方向相反，即

$$\boldsymbol{f}_{(k)(j)}^{\text{PD}} = \boldsymbol{t}_{(k)(j)} - \boldsymbol{t}_{(j)(k)} \tag{12.59}$$

空间离散后的运动控制方程为

$$\tilde{\rho}_{(k)} \ddot{\boldsymbol{u}}_{(k)} = \sum_{j=1}^N (\boldsymbol{t}_{(k)(j)} - \boldsymbol{t}_{(j)(k)}) V_{(j)} + \boldsymbol{b}_{(k)} \tag{12.60}$$

存在变温的本构力函数为

$$\boldsymbol{t}_{(k)(j)} = \left\{ 2\delta d \frac{\Lambda_{(k)(j)}}{|\boldsymbol{\xi}_{(k)(j)}|} \left(a\theta_{(k)} - \frac{1}{2} a_2 \Delta T_{(k)} \right) + 2\delta b \mu [s_{(k)(j)} - (1+\nu)\alpha \Delta T_{(k)}] \right\}$$

$$\times \frac{\boldsymbol{\xi}_{(k)(j)} + \boldsymbol{\eta}_{(k)(j)}}{|\boldsymbol{\xi}_{(k)(j)} + \boldsymbol{\eta}_{(k)(j)}|} \tag{12.61}$$

体积应变 $\theta_{(k)}$ 表示为

$$\theta_{(k)} = \delta \sum_{j=1}^N d\mu [s_{(k)(j)} - (1+\nu)\alpha \Delta T_{(k)}] \Lambda_{(k)(j)} V_{(j)} + 2(1+\nu)\alpha \Delta T_{(k)} \tag{12.62}$$

键的断裂准则与无变温情形也有所不同

$$\mu(\boldsymbol{\xi}_{(k)(j)}, t) = \begin{cases} 1, & s_{(k)(j)}(\boldsymbol{\xi}_{(k)(j)}, t') - (\Delta T_{(j)} + \Delta T_{(k)})/2 < s_c, \quad 0 < t' \\ 0, & \text{其他} \end{cases} \tag{12.63}$$

常规态基 PD 方法中，临界伸长率 s_c 与线弹性断裂力学中的临界应变能释放率 G_{IC} 满足如下关系

$$G_{IC} = \left(b\delta^5 + \frac{8}{9}ad^2\delta^7\right)s_c^2 \tag{12.64}$$

本节对时域积分的数值求解进行了拓展，相比于向前（后）差分，中心差分具有二阶精度是最常用的方法。方程（12.60）中的加速度可以表示为对位移的二阶中心差分

$$\ddot{\boldsymbol{u}}_{(k)}^n = \frac{\boldsymbol{u}_{(k)}^{n+1} - 2\boldsymbol{u}_{(k)}^n + \boldsymbol{u}_{(k)}^{n-1}}{\Delta t^2} \tag{12.65}$$

于是，（$n+1$）时刻位移的递推求解格式为

$$\boldsymbol{u}_{(k)}^{n+1} = 2\boldsymbol{u}_{(k)}^n - \boldsymbol{u}_{(k)}^{n-1} + \frac{[\boldsymbol{L_u}(\boldsymbol{x}_{(k)}, t) + \boldsymbol{b}_{(k)}]\Delta t^2}{\overset{\sim}{\rho}_{(k)}} \tag{12.66}$$

其中，$\boldsymbol{x}_{(k)}$ 点处由于其他物质点的相互作用而产生的合力为

$$\boldsymbol{L_u}(\boldsymbol{x}_{(k)}, t) = \sum_{j=1}^N [\boldsymbol{t}_{(k)(j)} - \boldsymbol{t}_{(j)(k)}]V_{(j)} \tag{12.67}$$

上述的中心差分格式需要记录前两个时刻的位移，这里给定初始条件 $\boldsymbol{u}_{(k)}^0 = \boldsymbol{u}_{(k)}^{-1} = \boldsymbol{0}$。在位移递推过程中，首先由式（12.62）计算出任意物质点 $\boldsymbol{x}_{(k)}$ 在 n 时刻的体积应变，其中需要剔除断键对物质点 $\boldsymbol{x}_{(k)}$ 的作用，再通过式（12.61）得到物质点 $\boldsymbol{x}_{(k)}$ 受到的合力 $\boldsymbol{L_u}(\boldsymbol{x}_{(k)}, t)$，最终由式（12.66）递推出（$n+1$）时刻的位移。

12.5.3　脉冲场条件下的应力强度因子

考虑一沿 z 方向无限长的 GdBCO 超导块材，如图 12.22 所示。半径为 12mm 的样品由 3mm 厚的不锈钢环进行加固。两种均匀材料沿 z 方向受到脉冲磁场的作用。在超导块材的横截面中心建立笛卡儿坐标系，椭圆形缺陷位于超导块材的中心，椭圆缺陷长度为 4mm 且采用较大的长短轴之比（$a/b=40$）[69]。由于脉冲场磁化过程中会产生大量的热并导致超导块体的温度升高，因此，超导块体将同时受到电磁体力和温度上升导致的力学变形。本节基于电磁—热耦合有限元模型的动态电磁体力和变温，并结合常规态基 PD 方法，分析含缺陷超导块材在脉冲磁化过程中的裂纹演化和动态破坏等情况。

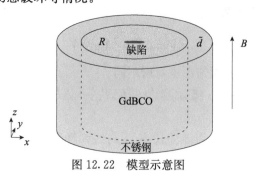

图 12.22　模型示意图

电磁—热耦合的有限元模型基于电磁场的 H 方法以及热传导方程，数值求解由商用有限元软件 COMSOL Multiphysics 实现[79]。超导块材的电磁行为由 Maxwell 方程和电磁本构关系决定

$$\mu_0 \frac{\partial H_z}{\partial t} + \frac{\partial E_y}{\partial x} - \frac{\partial E_x}{\partial y} = 0 \tag{12.68}$$

$$J_x = \frac{\partial H_z}{\partial y}, \quad J_y = -\frac{\partial H_z}{\partial x} \tag{12.69}$$

$$E_x = \rho J_x, \quad E_y = \rho J_y \tag{12.70}$$

较大的长短轴之比使得裂纹尖端附近的电流密度急剧提升，因此，选用修正的幂次率模型来代替常规的幂次率模型[80]

$$\rho = \frac{\rho_{PL} \cdot \rho_{normal}}{\rho_{PL} + \rho_{normal}}, \quad \rho_{PL} = \frac{E_0}{J_c} \left| \frac{\boldsymbol{J}}{J_c} \right|^{n-1} \tag{12.71}$$

其中，ρ_{normal} 是超导材料处于正常态时的电阻值，通常取为 $3.5 \times 10^{-6} \Omega \cdot m$[81]。当常规幂次率模型中的等效电阻率 ρ_{PL} 远远小于 ρ_{normal} 时，满足 $\rho \approx \rho_{PL}$；当等效电阻率 ρ_{PL} 远大于 ρ_{normal} 时，材料的等效电阻率不会再继续按照幂次率提升，而是接近正常态的电阻值，即 $\rho \approx \rho_{normal}$。临界电流密度 J_c 对温度 T 和磁场 B 的依赖关系表示为[82]

$$J_c(B) = \alpha_0 \left[1 - \left(\frac{T}{T_c} \right)^2 \right]^{1.5} \frac{B_0}{|B_z| + B_0} \tag{12.72}$$

其中，α_0 为常数，T_c 代表临界温度，α_0 和 T_c 分别取为 $4.6 \times 10^8 A \cdot m^{-2}$ 和 92K，T 表示超导块材的温度，初始温度为 $T_0 = 40K$。为了避免发生失超，温度 T 在脉冲场磁化过程中需要满足 $T \leqslant T_c$。

在热传导的过程中，物体内各点的温度随着位置坐标的不同和时间的变化而变化，因此，温度 T 是位置坐标和时间的函数，使用如下的热传导微分方程来表征热量在超导块材内部的传递[83]

$$\tilde{\rho} c_p \frac{\partial T}{\partial t} = \nabla \cdot (k \nabla T) + Q \tag{12.73}$$

其中，c_p 和 k 分别表示材料的比热容和热导率，不同温度下超导块材和不锈钢环的比热容和热导率由图 12.23 中的拟合曲线给出[84,85]。外加脉冲磁场 $B_{ex}(t)$ 的上升时间为 $\tau = 10ms$，其表达式如下：

$$B_{ex}(t) = B_{max} \frac{t}{\tau} \exp\left(1 - \frac{t}{\tau}\right) \tag{12.74}$$

假设裂纹表面的热传导要远小于超导块材内部的热传导。因此，裂纹的表面满足绝热边界条件，同时不锈钢环和外部的金属垫片具有理想的热接触。因此，在不锈钢环的边界上应用 Dirichlet 热边界条件。另外，Q 表示热源，由电场强度

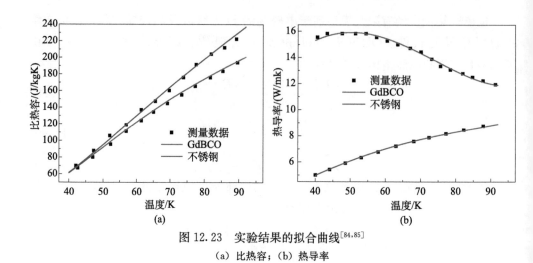

图 12.23　实验结果的拟合曲线[84,85]

(a) 比热容；(b) 热导率

和电流密度的点乘来计算，即 $Q = E \cdot J$。超导块材内部任意一点的电磁力与变温表示为

$$f = J \times B \tag{12.75}$$
$$\Delta T = T - T_0 \tag{12.76}$$

上述的电磁力 f 和变温 ΔT 会导致超导块材发生变形，变形后的力学行为由 PD 方法进行数值模拟，这里 f 和 ΔT 视为外部载荷。

方程（12.68）与式（12.73）是相互耦合的，热传导方程中的热源项需要由 Maxwell 方程得到，而 Maxwell 方程中涉及的临界电流密度 J_c 又是温度 T 的函数，需要求解热传导方程来决定临界电流密度。方程（12.68）～式（12.73）构成了求解场变量 $H_z(x,t)$ 和 $T(x,t)$ 的定解问题，其中参数如表 12.1 所示。

表 12.1　有限元模拟的参数[82]

符号	数值
n	8
ρ_{air}	$10^6 \, \Omega \cdot m$
E_0	$10^{-6} \, V \cdot m^{-1}$
μ_0	$4\pi \times 10^{-7} \, N \cdot A^{-2}$
B_0	1.3T
τ	10ms

为了能够得到准确的应力强度因子，首先对 PD 方法得到的结果进行验证。计算模型中物质点的间距为 0.1mm，半裂纹长度为 2mm。近场范围尺寸满足 $\delta = 3.015\Delta x$。其他的材料参数如下[82,86-88]：不锈钢材料的 Poisson 比和热膨胀系数分别为 $\nu_s = 0.3$ 和 $\alpha_s = 15.2 \times 10^{-6} \, K^{-1}$，超导块材的 Poisson 比和热膨胀系数分别为

$\nu_g = 0.3$ 和 $\alpha_g = 10^{-5}\mathrm{K}^{-1}$，时间步长为 $\Delta t = 3 \times 10^{-8}\mathrm{s}$。由电磁—热耦合的有限元模型得到含中心裂纹的超导块材，在脉冲场磁化过程中的电磁力 f 和变温 ΔT，再由常规态基 PD 方法模拟块材内任意一点在任意时刻下的位移分布，在验证结果中不考虑键的断裂，即认为临界伸长率无限大。图 12.24（a）对比了块材内的某一点在不同时刻下的位移分量，从图中可以看出，位移随着脉冲磁化过程先增大后减小，再反向增大，最终趋于稳定。图 12.24（b）给出了时间为 75ms 时，裂纹表面的位移曲线，可以看出沿 y 方向的位移呈椭圆形分布。从图中可以发现，无论是不同时刻，抑或是不同位置坐标，PD 方法数值模拟的位移结果与有限元结果都表现出较好的一致性，表明本节的数值计算方法和程序的编写是准确无误的，可以用来预测含缺陷超导块材的断裂行为。

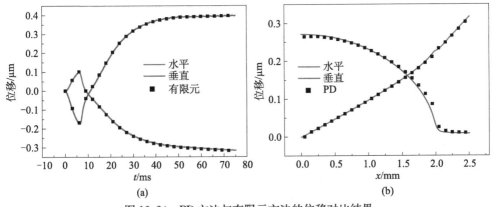

图 12.24　PD 方法与有限元方法的位移对比结果
(a) 不同时刻的位移；(b) 不同位置处的位移

随后，分别考虑电磁体力、温度应力以及组合载荷下，超导块材的动态应力强度因子（DSIFs），如图 12.25 所示，脉冲磁场的幅值 $B_{\max}$ 为 6.7T。从图中可以看出，电磁体力和温度应力产生的 DSIFs 有明显的差异。对于电磁载荷产生的 DSIFs，随着外磁场逐渐向中心穿透，DSIFs 在外磁场上升阶段为负值，此时整个结构处于压缩状态。随着反向电流的产生，结构逐渐由被压缩变为被拉伸，DSIFs 也由负值变为正值并随着外磁场的下降先增大后减小。然而，对于温度应力产生的 DSIFs，超导块材在外磁场的上升阶段和下降阶段均受拉，因此，DSIFs 均为正值并随着时间的推移逐渐趋于稳定。从图中可以看出，电磁力产生的 DSIFs 峰值明显大于温度应力产生的 DSIFs 峰值，表明电磁力在超导体的破坏问题中占主导。需要注意的是，键的断裂主要是由拉伸载荷引起的，压缩载荷对材料的破坏影响较小，因此，正值的应力强度因子才会导致材料的破坏。对于组合载荷，正应力强度因子在 51.25ms 时达到了最大值 $0.57\mathrm{MPa} \cdot \mathrm{m}^{1/2}$，这也是材料最有可能发生破坏的时刻。图 12.26 给出了不同脉冲磁场幅值下超导块材的 DSIFs 曲线。可以发现，应力强度因子的峰值随脉冲磁场的增大而增大。然而，当时间超过 50ms 时，外场幅值为 8T 时的 DSIFs 要低于外场幅值为 6.7T 时的 DSIFs，原因在于，幅值越高的外场会引起较大的温升，从而导致较低的临界电流密度和俘获磁场。

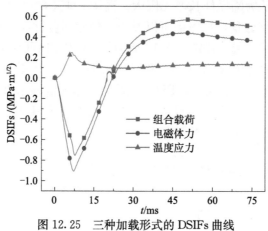

图 12.25　三种加载形式的 DSIFs 曲线

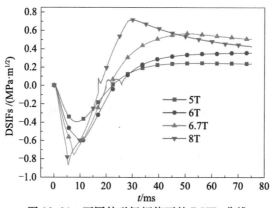

图 12.26　不同外磁场幅值下的 DSIFs 曲线

　　为了研究不锈钢环对超导块材力学行为的影响，我们比较了有无不锈钢环的 DSIFs 曲线和损伤云图，如图 12.27 所示。很明显，不锈钢环的存在极大地减小了 DSIFs 的峰值，增强了超导块材抵抗破坏的能力。当超导块材被不锈钢环保护时，裂纹不会发生扩展。对于不含不锈钢环的超导块材，当应力强度因子大于临界值时，在裂纹尖端附近会出现断键同时结构不再稳定，随后，裂纹沿水平方向由尖端至两侧迅速传播（图 12.27 (b)），启裂大约出现在 45.225ms，且裂纹的平均传播速度大约为 800m/s，这与脆性材料的裂纹传播速度（1000m/s）具有相同的数量级[89]。超导块材在其他区域内不存在损伤，在裂纹扩展过程中由于较快的裂纹传播速度，我们在数值模拟中忽略了裂纹扩展过程中电磁力和温度应力的变化。

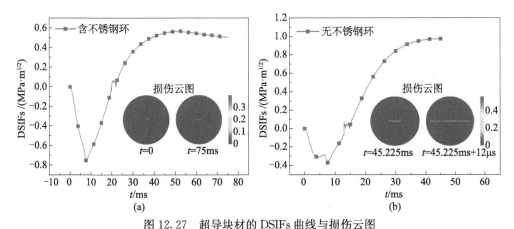

图 12.27　超导块材的 DSIFs 曲线与损伤云图

其中临界应力强度因子给为 $0.85\mathrm{MPa \cdot m^{1/2}}$，（a）含不锈钢环；（b）无不锈钢环

12.5.4　含中心裂纹及孔洞（Ag 夹杂）的应力强度因子

在实际制备的超导块材中，其内部存在大量的孔洞和 Ag 夹杂，这些圆柱形的颗粒直径大约在 $20\sim60\mu\mathrm{m}$[90]。在数值模拟中，需要非常精细的网格来模拟大量的微小缺陷，这也会导致过大的计算量和过长的计算时间。因此，本节仅使用宏观尺寸的孔洞和夹杂物来考虑其对超导块材机械性能的影响。如图 12.28 所示，两个半径为 $0.3\mathrm{mm}$ 的圆形缺陷，其中心坐标分别为（$-4\mathrm{mm}$，0）和（$4\mathrm{mm}$，0），假设孔洞和夹杂具有相同的位置和大小，仅材料参数不同。在脉冲场磁化过程中，孔洞和 Ag 夹杂存在不同的热传导边界条件，对孔洞的处理方法与裂纹一致，认为边界满足绝热条件。至于 Ag 夹杂，其表面将与超导块材进行热传导，因此，需要考虑两者交界处的温度变化。其中，Ag 夹杂物的比热容和热导率分别为 $c_p=515\mathrm{J \cdot kg^{-1} \cdot K^{-1}}$[91] 和 $k=750\mathrm{W \cdot mK^{-1}}$[92]，杨氏模量和 Poisson 比分别为 $\widetilde{E}=76\mathrm{GPa}$ 和 $\nu=0.3$，另外，Ag 夹杂物的质量密度为 $\widetilde{\rho}=10500\mathrm{kg \cdot m^{-3}}$[93]。

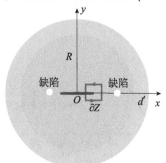

图 12.28　含中心裂纹和孔洞（Ag 夹杂）超导块材的横截面示意图

　　图 12.29 分别比较了脉冲条件下，含孔洞和 Ag 夹杂的超导块材的电磁力和温度沿 x 轴的变化曲线。从图（a）中可以看出，孔洞和 Ag 夹杂物引起的电磁力分布基本一致，且缺陷内部的电磁力和不锈钢材料内的电磁力基本为零。在裂纹、孔洞，以及 Ag 夹杂物的边缘都观察到电磁力出现局部增强。另外，超导块材与 Ag 夹杂物之间的热交换，使得缺陷附近的温度场具有明显的差异，温度在 Ag 夹杂物表面连续，而在孔洞区域假设边界处为热绝缘（图（b））。

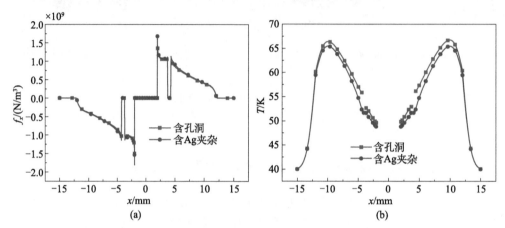

图 12.29　考虑孔洞或 Ag 夹杂时，超导块材内电磁力和温度沿 x 轴的变化曲线
（a）电磁力；（b）温度

　　图 12.30 给出了含两种缺陷超导块材裂纹尖端的 DSIFs。从图中可以看出，Ag 夹杂物对 DSIFs 的影响较小，而含有中心裂纹和孔洞缺陷超导块材的 DSIFs 的峰值，要明显高于仅含中心裂纹超导块材的 DSIFs。这表明相比于 Ag 夹杂物，孔洞对超导块材的结构稳定性具有更大的影响。孔边的应力集中现象使得其 DSIFs 曲线有更大的跳跃幅值（蓝色曲线）。

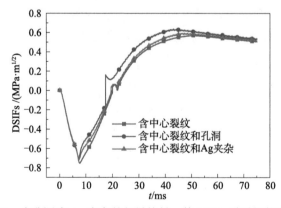

图 12.30　含孔洞或 Ag 夹杂的超导块材，其 DSIFs 随时间的变化关系

参 考 文 献

[1] M. Tomita, M. Murakami. High-temperature superconductor bulk magnets that can trap magnetic fields of over 17 tesla at 29 K. *Nature*, 2003, 421 (6922): 517 – 520.

[2] J. H. Durrell, A. R. Dennis, J. Jaroszynski, M. D. Ainslie, K. G. Palmer, Y. Shi, A. M. Campbell, J. Hull, M. Strasik, E. Hellstrom. A trapped field of 17.6 T in melt-processed, bulk Gd-Ba-Cu-O reinforced with shrink-fit steel. *Superconductor Science and Technology*, 2014, 27 (8): 082001.

[3] H. Ikuta, N. Hirota, Y. Nakayama, K. Kishio, K. Kitazawa. Giant magnetostriction in $Bi_2 Sr_2 CaCu_2 O_8$ single crystal in the superconducting state and its mechanism. *Physical Review Letters*, 1993, 70 (14): 2166 – 2169.

[4] A. Nabiałek, V. V. Chabanenko, V. F. Rusakov, S. Vasiliev, N. N. Kabdin, H. Szymczak, S. Piechota, B. N. Kodess, S. A. Kononogov. Giant magnetostriction and flux jumps in superconducting $Nb_3 Al$ polycrystalline slab. *Journal of Low Temperature Physics*, 2005, 139 (1): 239 – 246.

[5] A. Nabiałek, B. Kundys, Y. Bukhantsev, S. Vasiliev, A. Wiśniewski, J. Jun, S. Kazakov, J. Karpiński, H. Szymczak, Magnetostriction in superconducting MgB_2. *Physica B: Condensed Matter*, 319 (1 – 4): 286 – 292.

[6] H. Ikuta, K. Kishio, K. Kitazawa. Critical state models for flux-pinning-induced magnetostriction in type-II superconductors. *Journal of Applied Physics*, 1994, 76 (8): 4776 – 4786.

[7] H. D. Yong, Y. H. Zhou. Stress distribution in a flat superconducting strip with transport current. *Journal of Applied Physics*, 2011, 109 (7): 073902.

[8] T. H. Johansen. Flux-pinning-induced stress and strain in superconductors: Case of a long circular cylinder. *Physical Review B*, 1999, 60 (13): 9690 – 9703.

[9] T. H. Johansen. Flux-pinning-induced stress and strain in superconductors: Long rectangular slab. *Physical Review B*, 1999, 59 (17): 11187 – 11190.

[10] T. H. Johansen. Flux-pinning-induced stress and magnetostriction in bulk superconductors. *Superconductor Science and Technology*, 2000, 13 (10): R121 – R137.

[11] M. Tsuchimoto, H. Takashima. Stress distribution and shape factor of a disk trapped field magnet. *IEEE Transactions on Applied Superconductivity*, 2001, 11 (1): 1992 – 1995.

[12] M. Tsuchimoto, K. Murata. Numerical evaluations of maximum stresses in bulk superconductors. *Physica C: Superconductivity and its Applications*, 2003, 392: 575 – 578.

[13] M. Tsuchimoto. Axisymmetric three-dimensional stress distribution in a hollow cylindrical bulk superconductor. *IEEE Transactions on Magnetics*, 2013, 49 (5): 1885 – 1888.

[14] H. Fujishiro, T. Naito, Y. Yanagi, Y. Itoh, T. Nakamura. Promising effects of a new hat structure and double metal ring for mechanical reinforcement of a REBaCuO ring-shaped bulk

during field-cooled magnetisation at 10 T without fracture. *Superconductor Science and Technology*, 2019, 32 (6): 065001.

[15] X. Chai, Y. Yang. Influence of the rate of applied field on the stresses in a long cylindrical superconductor. *Physica C: Superconductivity and its Applications*, 2019, 559: 1–7.

[16] M. D. Ainslie, K. Huang, H. Fujishiro, J. Chaddock, K. Takahashi, S. Namba, D. A. Cardwell, J. H. Durrell. Numerical modelling of mechanical stresses in bulk superconductor magnets with and without mechanical reinforcement. *Superconductor Science and Technology*, 2019, 32 (3): 034002.

[17] Y. Yang, X. Chai. Viscous flux flow velocity and stress distribution in the Kim model of a long rectangular slab superconductor. *Superconductor Science and Technology*, 2018, 31 (5): 055005.

[18] K. Takahashi, H. Fujishiro, T. Naito, Y. Yanagi, Y. Itoh, T. Nakamura. Fracture behavior analysis of EuBaCuO superconducting ring bulk reinforced by a stainless steel ring during field-cooled magnetization. *Superconductor Science and Technology*, 2017, 30 (11): 115006.

[19] V. Eremenko, V. Sirenko, H. Szymczak, A. Nabiałek, M. Balbashov. Magnetostriction of thin flat superconductor in a transverse magnetic field. *Superlattices and Microstructures*, 1998, 24 (3): 221–226.

[20] T. H. Johansen, D. V. Shantsev. Magnetostrictive behaviour of thin superconducting disks. *Superconductor Science and Technology*, 2003, 16 (9): 1109–1114.

[21] H. D. Yong, Y. H. Zhou. Flux pinning induced stress and magnetostriction in a long elliptic cylindrical superconductor. *Journal of Applied Physics*, 2013, 114 (2): 023902.

[22] F. Xue, H. D. Yong, Y. H. Zhou. Effect of flux creep and viscous flux flow on flux-pinning-induced stress and magnetostriction in a long rectangular slab superconductor. *Journal of Applied Physics*, 2010, 108 (10): 103910.

[23] A. Nabialek, H. Szymczak. Influence of the real shape of a sample on the pinning induced magnetostriction. *Journal of Applied Physics*, 1998, 84 (7): 3770–3775.

[24] X. Yang, X. Li, Y. He, X. Wang, B. Xu. Investigation on stresses of superconductors under pulsed magnetic fields based on multiphysics model. *Physica C: Superconductivity and its Applications*, 2017, 535: 1–8.

[25] H. Fujishiro, M. D. Ainslie, K. Takahashi, T. Naito, Y. Yanagi, Y. Itoh, T. Nakamura. Simulation studies of mechanical stresses in REBaCuO superconducting ring bulks with infinite and finite height reinforced by metal ring during field-cooled magnetization. *Superconductor Science and Technology*, 2017, 30 (8): 085008.

[26] S. Namba, H. Fujishiro, T. Naito, M. D. Ainslie, K. Y. Huang. Electromagnetic strain measurements and two-directional mechanical stress estimation for a REBaCuO ring bulk reinforced by a metal ring during field-cooled magnetization. *Superconductor Science and Technology*, 2019, 32 (12): 125011.

[27] K. Takahashi, S. Namba, H. Fujishiro, T. Naito, Y. Yanagi, Y. Itoh, T. Nakamura. Thermal

and magnetic strain measurements on a REBaCuO ring bulk reinforced by a metal ring during field-cooled magnetization. *Superconductor Science and Technology*, 2019, 32 (1): 015007.

[28] H. W. Wu, H. D. Yong, Y. H. Zhou. Analysis of mechanical behavior in inhomogeneous high-temperature superconductors under pulsed field magnetization. *Superconductor Science and Technology*, 2020, 33 (12): 124002.

[29] H. W. Wu, H. D. Yong, Y. H. Zhou. Stress analysis in high-temperature superconductors under pulsed field magnetization. *Superconductor Science and Technology*, 2018, 31 (4): 045008.

[30] K. Y. Huang, Y. Shi, J. Srpčič, M. D. Ainslie, D. K. Namburi, A. R. Dennis, D. Zhou, M. Boll, M. Filipenko, J. Jaroszynski, E. E. Hellstrom, D. A. Cardwell, J. H. Durrell. Composite stacks for reliable >17T trapped fields in bulk superconductor magnets. *Superconductor Science and Technology*, 2020, 33 (2): 02LT01.

[31] Y. Ren, R. Weinstein, J. Liu, R. Sawh, C. Foster. Damage caused by magnetic pressure at high trapped field in quasi-permanent magnets composed of melt-textured Y-Ba-Cu-O superconductor. *Physica C: Superconductivity and its Applications*, 1995, 251 (1-2): 15-26.

[32] T. Naito, H. Fujishiro, S. Awaji. Field-cooled magnetization of Y-Ba-Cu-O superconducting bulk pair reinforced by full metal encapsulation under high magnetic fields up to 22 T. *Journal of Applied Physics*, 2019, 126 (24): 243901.

[33] H. Mochizuki, H. Fujishiro, T. Naito, Y. Itoh, Y. Yanagi, T. Nakamura. Trapped field characteristics and fracture behavior of REBaCuO bulk ring during pulsed field magnetization. *IEEE Transactions on Applied Superconductivity*, 2016, 26 (4): 6800205.

[34] F. Xue, Y. H. Zhou. An analytical investigation on singularity of current distribution around a crack in a long cylindrical superconductor. *Journal of Applied Physics*, 2010, 107 (11): 113927.

[35] J. Zeng, Y. H. Zhou, H. D. Yong. Fracture behaviors induced by electromagnetic force in a long cylindrical superconductor. *Journal of Applied Physics*, 2010, 108 (3): 033901.

[36] J. Zeng, H. D. Yong, Y. H. Zhou. Edge-crack problem in a long cylindrical superconductor. *Journal of Applied Physics*, 2011, 109 (9): 093920.

[37] H. D. Yong, C. Xue, Y. H. Zhou. Thickness dependence of fracture behaviour in a superconducting strip. *Superconductor Science and Technology*, 2013, 26 (5): 055003.

[38] A. He, C. Xue, H. D. Yong, Y. H. Zhou. Fracture behaviors of thin superconducting films with field-dependent critical current density. *Physica C: Superconductivity and its Applications*, 2013, 492: 25-31.

[39] X. Wang, H. D. Yong, C. Xue, Y. H. Zhou. Inclined crack problem in a rectangular slab of superconductor under an electromagnetic force. *Journal of Applied Physics*, 2013, 114 (8): 083901.

[40] Z. W. Gao, Y. H. Zhou, K. Y. Lee. The interaction of two collinear cracks in a rectangular superconductor slab under an electromagnetic force. *Physica C: Superconductivity and its*

Applications, 2010, 470 (15 - 16): 654 - 658.

[41] Z. W. Gao, Y. H. Zhou. Fracture behaviors induced by thermal stress in an anisotropic half plane superconductor. *Physics Letters A*, 2008, 372 (32): 5261 - 5264.

[42] Z. W. Gao, Y. H. Zhou. Crack growth for a long rectangular slab of superconducting trapped-field magnets. *Superconductor Science and Technology*, 2008, 21 (9): 095010.

[43] Y. Y. Ru, H. D. Yong, Y. H. Zhou. Numerical simulation of dynamic fracture behavior in bulk superconductors with an electromagnetic-thermal model. *Superconductor Science and Technology*, 2019, 32 (7): 074001.

[44] Y. Y. Ru, H. D. Yong, Y. H. Zhou. Fracture analysis of bulk superconductors under electromagnetic force. *Engineering Fracture Mechanics*, 2018, 199: 257 - 273.

[45] H. Chen, H. D. Yong, Y. H. Zhou. XFEM analysis of the fracture behavior of bulk superconductor in high magnetic field. *Journal of Applied Physics*, 2019, 125 (10): 103901.

[46] H. D. Yong, Y. H. Zhou. Elliptical hole in a bulk superconductor under electromagnetic forces. *Superconductor Science and Technology*, 2009, 22 (2): 025018.

[47] W. J. Feng, S. W. Gao, L. L. Liu. Fracture properties of a cylindrical superconductor with a central cross crack. *Journal of Applied Physics*, 2013, 113 (20): 203919.

[48] W. J. Feng, R. Zhang, H. M. Ding. Crack problem for an inhomogeneous orthotropic superconducting slab under an electromagnetic force. *Physica C: Superconductivity and its Applications*, 2012, 477: 32 - 35.

[49] T. Hirano, H. Fujishiro, T. Naito, M. D. Ainslie. Numerical simulation of flux jump behavior in REBaCuO ring bulks with an inhomogeneous J_c profile during pulsed-field magnetization. *Superconductor Science and Technology*, 2020, 33 (4): 044003.

[50] Z. Jing. Numerical modelling and simulations on the mechanical failure of bulk superconductors during magnetization: based on the phase-field method. *Superconductor Science and Technology*, 2020, 33 (7): 75009.

[51] M. Ainslie, H. Fujishiro. Numerical Modelling of Bulk Superconductor Magnetisation. Bristol: IOP Publishing, 2020.

[52] H. Fujishiro, T. Tateiwa, A. Fujiwara, T. Oka, H. Hayashi. Higher trapped field over 5 T on HTSC bulk by modified pulse field magnetizing. *Physica C: Superconductivity and its Applications*, 2006, 445 - 448: 334 - 338.

[53] C. G. Huang, H. D. Yong, Y. H. Zhou. Magnetostrictive behaviors of type-II superconducting cylinders and rings with finite thickness. *Superconductor Science and Technology*, 2013, 26 (10): 105007.

[54] 黄晨光. 复杂高温超导结构的交流损耗和力学特性. 兰州大学博士学位论文, 2015.

[55] A. Sanchez, C. Navau. Influence of demagnetizing effects in superconducting cylinders. *IEEE Transactions on Applied Superconductivity*, 1999, 9 (2): 2195 - 2198.

[56] A. Sanchez, C. Navau. Magnetic properties of finite superconducting cylinders. I. Uniform applied field. *Physical Review B*, 2001, 64 (21): 214506.

［57］ T. Johansen，J. Lothe，H. Bratsberg. Shape distortion by irreversible flux-pinning-induced magnetostriction. *Physical Review Letters*，1998，80（21）：4757 – 4760.

［58］ D. X. Chen，A. Sanchez，J. Munoz. Exponential critical-state model for magnetization of hard superconductors. *Journal of Applied Physics*，1990，67（7）：3430 – 3437.

［59］ J. R. Clem，A. Sanchez. Hysteretic ac losses and susceptibility of thin superconducting disks. *Physical Review B*，1994，50（13）：9355 – 9362.

［60］ 雍华东．若干先进电磁材料结构的断裂与稳定性等力学特性的理论研究．兰州大学博士学位论文，2010.

［61］ Y. H. Zhou，H. D. Yong. Crack problem for a long rectangular slab of superconductor under an electromagnetic force. *Physical Review B*，2007，76（9）：094523.

［62］ P. Diko. Cracking in melt-grown RE-Ba-Cu-O single-grain bulk superconductors. *Superconductor Science and Technology*，2004，17（11）：R45 – R58.

［63］ S. Timoshenko，J. Goodier，Theory of Elasticity，New York：McGraw-Hill，1951.

［64］ Y. Wang，H. Waisman，I. Harari. Direct evaluation of stress intensity factors for curved cracks using Irwin's integral and XFEM with high-order enrichment functions. *International Journal for Numerical Methods in Engineering*，2017，122（7）：629 – 654.

［65］ A. R. Khoei. Extended Finite Element Method：Theory and Applications，Hoboken：John Wiley and Sons，2014.

［66］ T. Belytschko，T. Black. Elastic crack growth in finite elements with minimal remeshing. *International Journal for Numerical Methods in Engineering*，1999，45（5）：601 – 620.

［67］ T. Naito，H. Mochizuki，H. Fujishiro，H. Teshima. Trapped magnetic-field properties of prototype for Gd-Ba-Cu-O/MgB$_2$ hybrid-type superconducting bulk magnet. *Superconductor Science and Technology*，2016，29（3）：034005.

［68］ M. Pais，MATLAB Extend Finite Element Code V1. 2（2013）.

［69］ 茹雁云．基于近场动力学的超导块材及复合线材断裂行为的理论研究．兰州大学博士学位论文，2019.

［70］ 章青，黄丹，乔丕忠，沈峰．近场动力学方法及其应用．力学进展，2010，40（4）：448 – 459.

［71］ S. A. Silling，M. Epton，O. Weckner，J. Xu，E. Askari. Peridynamic states and constitutive modeling. *Journal of Elasticity*，2007，88（2）：151 – 184.

［72］ Q. V. Le，W. K. Chan，J. Schwartz. A two-dimensional ordinary，state-based peridynamic model for linearly elastic solids. *International Journal for Numerical Methods in Engineering*，2014，98（8）：547 – 561.

［73］ S. A. Silling，E. Askari. A meshfree method based on the peridynamic model of solid mechanics. *Computers and Structures*，2005，83（17 – 18）：1526 – 1535.

［74］ E. Madenci，E. Oterkus，Peridynamic Theory and its Applications. New York：Springer，2014.

［75］ E. Madenci，S. Oterkus. Ordinary state-based peridynamics for plastic deformation according to von Mises yield criteria with isotropic hardening. *Journal of the Mechanics and Physics of Solids*, 2016, 86: 192-219.

[76] J. Rice, G. F. Rosengren. Plane strain deformation near a crack tip in a power-law hardening material. *Journal of the Mechanics and Physics of Solids*, 1968, 16 (1): 1-12.

[77] W. K. Wilson, I. W. Yu, The use of the J-integral in thermal stress crack problems. *International Journal of Fracture*, 15 (4): 377-387.

[78] W. Hu, Y. D. Ha, F. Bobaru, S. A. Silling, The formulation and computation of the nonlocal J-integral in bond-based peridynamics. *International Journal of Fracture*, 176 (2): 195-206.

[79] Comsol, https://cn.comsol.com.

[80] J. Duron, F. Grilli, B. Dutoit, S. Stavrev. Modelling the E - J relation of high-Tc superconductors in an arbitrary current range. *Physica C: Superconductivity and its Applications*, 2004, 401 (1-4): 231-235.

[81] J. Xia, Y. H. Zhou. Numerical simulations of electromagnetic behavior and AC loss in rectangular bulk superconductor with an elliptical flaw under AC magnetic fields. *Cryogenics*, 2015, 69: 1-9.

[82] H. Fujishiro, T. Naito. Simulation of temperature and magnetic field distribution in superconducting bulk during pulsed field magnetization. *Superconductor Science and Technology*, 2010, 23 (10): 105021.

[83] M. D. Ainslie, D. Zhou, H. Fujishiro, K. Takahashi, Y. H. Shi, J. H. Durrell. Flux jump-assisted pulsed field magnetisation of high-J_c bulk high-temperature superconductors. *Superconductor Science and Technology*, 2016, 29 (12): 124004.

[84] M. D. Ainslie, H. Fujishiro. Modelling of bulk superconductor magnetization. *Superconductor Science and Technology*, 2015, 28 (5): 053002.

[85] M. D. Ainslie, H. Fujishiro, H. Mochizuki, K. Takahashi, Y. H. Shi, D. K. Namburi, J. Zou, D. Zhou, A. R. Dennis, D. A. Cardwell. Enhanced trapped field performance of bulk high-temperature superconductors using split coil, pulsed field magnetization with an iron yoke. *Superconductor Science and Technology*, 2016, 29 (7): 074003.

[86] K. Konstantopoulou, Y. H. Shi, A. R. Dennis, J. H. Durrell, J. Y. Pastor, D. A. Cardwell. Mechanical characterization of GdBCO/Ag and YBCO single grains fabricated by top-seeded melt growth at 77 and 300K. *Superconductor Science and Technology*, 2014, 27 (11): 115011.

[87] H. S. Shin, M. J. Dedicatoria. Intrinsic strain effect on critical current in Cu-stabilized GdBCO coated conductor tapes with different substrates. *Superconductor Science & Technology*, 2013, 26 (5): 55005.

[88] H. Takuda, K. Mori, T. Masachika, E. Yamazaki, Y. Watanabe. Finite element analysis of the formability of an austenitic stainless steel sheet in warm deep drawing. *Journal of Materials Processing Technology*, 2003, 143: 242-248.

[89] Z. Zhuang, Z. Liu, B. Cheng, J. Liao, Extended Finite Element Method. Bejing: Tsinghua University Press, 2015.

[90] K. Konstantopoulou, Y. Shi, A. Dennis, J. Durrell, J. Pastor, D. Cardwell. Mechanical characterization of GdBCO/Ag and YBCO single grains fabricated by top-seeded melt growth at 77 and 300K. *Superconductor Science and Technology*, 2014, 27 (11): 115011.

[91] D. L. Martin. Specific heats of copper, silver, and gold below 30K. *Physical Review*, 1966, 141 (2): 576 - 582.

[92] P. Li, L. Ye, J. Jiang, T. Shen. RRR and thermal conductivity of Ag and Ag-0. 2 wt. ％Mg alloy in Ag/Bi-2212 wires. *IOP Conference Series: Materials Science and Engineering*, 2015, 102: 012027.

[93] F. Laborda, J. Jiménez-Lamana, E. Bolea, J. R. Castillo. Selective identification, characterization and determination of dissolved silver (I) and silver nanoparticles based on single particle detection by inductively coupled plasma mass spectrometry. *Journal of Analytical Atomic Spectrometry*, 2011, 26 (7): 1362 - 1371.

第十三章 高温超导薄膜力学

以钇钡铜氧（YBCO）薄膜为代表的超导材料具有高临界温度（＞77K）、高临界电流密度（＞1MA/cm²）的优点，在滤波器、量子干涉器等微电子领域具有广泛的应用前景[1-3]。在这些应用中，相比于传统薄膜器件，高温超导薄膜具有更优异的性能，同时也更具有复杂的服役环境，包括极低的温度环境、大电流、强磁场等。这样，高温超导薄膜除了承受结构失配引起的热应力之外，还需要承受巨大的电磁应力，因此，高温超导薄膜中的应力行为分析，对基于该薄膜材料制备的超导装置安全稳定运行至关重要。本章首先介绍我们所建立的超导薄膜应力与曲率相关联的理论模型；接着介绍我们提出的一种适用于极端环境超导薄膜曲率的测量方法，该方法具有全场、高分辨率、对振动不敏感等优点；在此基础上，给出了不同环境变量，包括温度、稳恒磁场及脉冲磁场磁化过程中，超导薄膜的全场曲率分布，结合先行建立的理论模型，得到了超导薄膜在服役过程中的全场应力特征。

13.1 超导薄膜及薄膜应力

高温超导薄膜是一种典型的硬质薄膜结构（薄膜和基底均为硬质材料），脆性的超导膜层一般通过溅射沉积或者外延生长的方式沉积在陶瓷基底，例如单晶的 $S_rT_iO_3$[4] 或 $LAlO_3$[5] 基底上，也可以沉积在附有缓冲层的具有良好力学性能的合金基底，例如 Ni 基合金[6] 或者 Hastelloy 合金基底[7] 上，形成高温超导涂层导体。尽管这种高温超导薄膜的制备方法不同，但是这种薄膜结构均需经历高温制备环境到极端低温的工作环境，超导薄膜不可避免承受着结构失配引起的热应力。另外，当超导薄膜处于外磁场或载流自场中，磁通以涡旋的形式进入薄膜的内部[8]。由于非理想二类超导体特有的钉扎特性，材料晶格中的纳米缺陷，例如晶界、掺杂、异相沉淀物等阻碍了磁通涡旋的进出，对磁通涡旋起到钉扎作用[9]。当涡旋所受到 Lorentz 驱动力与钉扎力相平衡的时候，形成一种稳定的涡旋态，也称临界态。虽然钉扎能够有效增强超导薄膜的载流能力，但是钉扎力的反力将以电磁体力的形式作用在超导晶格上，形式上仍为 Lorentz 力，即 $f = J \times B$，其中，J 和 B 分别代表电流密度和磁感应强度。因此，载流密度越高，超导薄膜所承受的电磁力也越大。已有的研究表明超导层的电磁力达到某些极限时，可以引起超导膜层的断裂以及和基底层的界面发生剥离[10]。因此，建立超导膜层中电磁力引起的薄膜应力理论模型和测试方法，对基于超导薄膜的装置安全稳定运行具有重要科学意义。

在硬质薄膜的应力理论分析方面，早在 20 世纪初便引起研究人员的关注。1909 年，Stoney 基于晶格失配提出薄膜应力仅与其变形曲率有关的应力—曲率理论公式，即 $\sigma^{(f)} = E_s h_s^2 \kappa / 6 h_f (1 - \nu_s)$ [11]，成为硬质薄膜应力分析的奠基性工作。后来，美国西北大学 Huang 等围绕释放 Stoney 公式的基本假设，给出了考虑非均匀薄膜厚度、小变形和各向同性等薄膜应力与曲率的理论关系[12-16]。然而，以上的这些分析仅适用于晶格失配引起的错配应变与热应力分析，并不适用于超导材料这类运行过程中承受电磁体力的薄膜结构，因此，需要重新建立含电磁体力的薄膜结构应力—曲率的理论模型。

在薄膜结构曲率的实验测试方面，相干梯度敏感（Coherent Gradient Sensing，CGS）测量方法[17] 通过薄膜表面剪切干涉条纹获得表面全场变形的梯度信息，相比于传统干涉测量，该方法无需测量样品表面的绝对形貌从而对样品的刚体转动和位移不敏感，并且相比于传统的 X 射线衍射法、电容法和激光扫描法等具有实时、全场、非接触等优点，因而成为测量薄膜曲率便捷有效的方式之一。CGS 在测量常、高温下薄膜的曲率时得到了广泛应用[18,19]。但是将 CGS 系统在低温下应用时，需要考虑低温介质反射和折射的影响，为确保测试结果的准确和可靠性，需要针对折射介质对 CGS 测试结果的影响进行系统分析。

综上，本章主要内容分为三个方面，一是建立基于电磁体力的薄膜曲率—应力模型；二是对低温极端环境介质引起的 CGS 系统测量修正及误差分析[20-22]；三是在前面二者的基础上采用 CGS 系统，获得了低温下 YBCO-STO 薄膜在外磁场加、卸载时的薄膜应力演化结果[23,24]。

13. 2　超导薄膜应力—曲率理论模型

在本节中，我们建立的超导薄膜相关的薄膜曲率—应力理论模型基于如下假设：

（1）考虑一层超导薄膜（例如 YBCO 膜）沉积在一个具有几何半径为 R 的圆形基底上，膜的厚度为 h_f，基底的厚度为 h_s，并且膜的厚度远小于基底的厚度，即满足几何关系 $h_f \ll h_s \ll R$。

（2）薄膜和基底的材料是均匀的、各向同性的，在小变形时可以使用线弹性理论。

（3）由于膜层厚度相比于基底厚度很薄，可忽略膜层的弯曲刚度，对膜层只考虑面内应力平衡，且忽略膜层应力沿厚度方向的变化。对于基底采用 Kirchhoff 薄板假设，考虑面内力平衡和弯矩平衡。

13.2.1　轴对称情形超导薄膜应力—曲率模型[23]

超导薄膜—基底系统示意图如图 13.1 所示，薄膜和基底的杨氏模量和 Poisson
比分别表示为 E_f、E_s、ν_f 和 ν_s，其中，下标 f 和 s 分别表示薄膜和基底。在薄膜
中环向和径向应变可以分别表示为 $\varepsilon_{rr}^{(f)} = \mathrm{d}u_f/\mathrm{d}r$ 和 $\varepsilon_{\theta\theta}^{(f)} = u_f/r$，根据线弹性理论薄
膜中的应力分量可以表示为

$$\sigma_{rr}^{(f)} = \frac{E_f}{1-\nu_f^2}\left(\frac{\mathrm{d}u_f}{\mathrm{d}r} + \nu_f\,\frac{u_f}{r}\right) \tag{13.1a}$$

$$\sigma_{\theta\theta}^{(f)} = \frac{E_f}{1-\nu_f^2}\left(\nu_f\,\frac{\mathrm{d}u_f}{\mathrm{d}r} + \frac{u_f}{r}\right) \tag{13.1b}$$

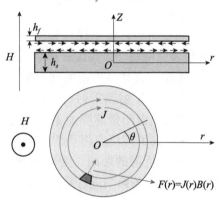

图 13.1　垂直于外磁场下的超导薄膜—基底系统结构示意图
以及轴对称形式下电磁体力分布

膜内力可以表示为

$$N_r^{(f)} = h_f\sigma_{rr}^{(f)},\quad N_\theta^{(f)} = h_f\sigma_{\theta\theta}^{(f)} \tag{13.2}$$

对于处于超导态的超导薄膜，当放置在垂直薄膜表面的外磁场中时，薄膜内部可
以感应出环形超导电流 $J(r)$，忽略传输电流密度沿薄膜厚度方向的变化时，沿厚
度薄膜所受的电磁体力可以表示为 $f(r) = h_f J(r)B(r)$。由于膜的厚度很薄，故
假设不承受弯矩，因此，我们用界面切应力 $\tau(r)$ 来代替剪应力 σ_{rz}，同时将应力分
量 σ_{zz} 视为零，此时薄膜的微元体受力示意图如图 13.2 所示。

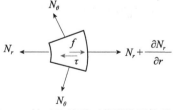

图 13.2　轴对称情形下薄膜微元体受力图

力平衡方程可以表示为

$$\frac{\mathrm{d}N_r^{(f)}}{\mathrm{d}r} + \frac{N_r^{(f)} - N_\theta^{(f)}}{r} - \tau + f(r) = 0 \tag{13.3}$$

将式（13.1）代入式（13.2），再将所得结果代入式（13.3）就可以得到

$$\frac{\mathrm{d}^2 u_f}{\mathrm{d}r} + \frac{1}{r}\frac{\mathrm{d}u_f}{\mathrm{d}r} - \frac{u_f}{r^2} = \frac{1 - \nu_f^2}{E_f h_f}[\tau - f(r)] \tag{13.4}$$

由于基底具有比薄膜更大的厚度，根据前面给出的基本假定，认为基底可以承受弯矩，其微元体面内受力如图13.3（a）所示，面外受力以及弯矩如图13.3（b）所示。

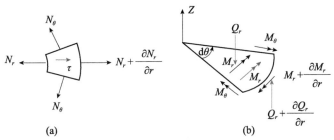

图 13.3　轴对称情形下基底微元体受力图

(a) 面内受力；(b) 面外受力

以 u_s 表示基底中性面位置（$z = 0$）处的径向位移，考虑基底面内和面外的变形，基底的径向和环向应变可表示为

$$\varepsilon_{rr}^{(s)} = \frac{\mathrm{d}u_s}{\mathrm{d}r} - z\frac{\mathrm{d}^2 w}{\mathrm{d}r^2} \tag{13.5a}$$

$$\varepsilon_{\theta\theta}^{(s)} = \frac{u_s}{r} - \frac{z}{r}\frac{\mathrm{d}w}{\mathrm{d}r} \tag{13.5b}$$

根据线弹性理论，应力可以表示为

$$\sigma_{rr}^{(s)} = \frac{E_s}{1 - \nu_s^2}\left[\frac{\mathrm{d}u_s}{\mathrm{d}r} + \nu_s\frac{u_s}{r} - z\left(\frac{\mathrm{d}^2 w}{\mathrm{d}r^2} + \frac{\nu_s}{r}\frac{\mathrm{d}w}{\mathrm{d}r}\right)\right] \tag{13.6a}$$

$$\sigma_{\theta\theta}^{(s)} = \frac{E_s}{1 - \nu_s^2}\left[\nu_s\frac{\mathrm{d}u_s}{\mathrm{d}r} + \frac{u_s}{r} - z\left(\nu_s\frac{\mathrm{d}^2 w}{\mathrm{d}r^2} + \frac{1}{r}\frac{\mathrm{d}w}{\mathrm{d}r}\right)\right] \tag{13.6b}$$

基底中内力和弯矩分别表示为

$$N_r^{(s)} = \int_{-h_s/2}^{h_s/2} \sigma_{rr}\mathrm{d}z = \frac{E_s h_s}{1 - \nu_s^2}\left(\frac{\mathrm{d}u_s}{\mathrm{d}r} + \nu_s\frac{u_s}{r}\right) \tag{13.7a}$$

$$N_\theta^{(s)} = \int_{-h_s/2}^{h_s/2} \sigma_{\theta\theta}\mathrm{d}z = \frac{E_s h_s}{1 - \nu_s^2}\left(\nu_s\frac{\mathrm{d}u_s}{\mathrm{d}r} + \frac{u_s}{r}\right) \tag{13.7b}$$

$$M_r^{(s)} = -\int_{-h_s/2}^{h_s/2} z \cdot \sigma_{rr}\mathrm{d}z = \frac{E_s h_s^3}{12(1 - \nu_s^2)}\left(\frac{\mathrm{d}^2 w}{\mathrm{d}r^2} + \frac{\nu_s}{r}\frac{\mathrm{d}w}{\mathrm{d}r}\right) \tag{13.8a}$$

$$M_\theta^{(s)} = -\int_{-h_s/2}^{h_s/2} z \cdot \sigma_{\theta\theta}\mathrm{d}z = \frac{E_s h_s^3}{12(1 - \nu_s^2)}\left(\nu_s\frac{\mathrm{d}^2 w}{\mathrm{d}r^2} + \frac{1}{r}\frac{\mathrm{d}w}{\mathrm{d}r}\right) \tag{13.8b}$$

根据面内微元受力示意图 13.3（a）所示，基底的面内力平衡方程为

$$\frac{\mathrm{d}N_r^{(s)}}{\mathrm{d}r} + \frac{N_r^{(s)} - N_\theta^{(s)}}{r} + \tau = 0 \tag{13.9}$$

薄膜和基底之间的界面剪切应力 $\tau(r)$ 对基底的弯矩为 $\frac{h_s}{2}\tau(r)$，因此，基底的 z 方向上的剪力平衡方程，以及弯矩平衡方程可以分别表示为

$$\frac{\mathrm{d}Q}{\mathrm{d}r} + \frac{Q}{r} = 0 \tag{13.10}$$

$$\frac{\mathrm{d}M_r}{\mathrm{d}r} + \frac{M_r - M_\theta}{r} + Q - \frac{h_s}{2}\tau = 0 \tag{13.11}$$

其中，Q 表示垂直于中性面的横向剪力。值得注意的是，对于式（13.10）的求解，由于在原点 $r=0$ 处 Q 值大小应为有限值，于是由该式的解可得 $Q \equiv 0$。分别将式（13.7）代入式（13.9）以及式（13.8）代入式（13.11），可以得到面内位移分量以及挠度分量与界面切应力的关系：

$$\frac{\mathrm{d}^2 u_s}{\mathrm{d}r} + \frac{1}{r}\frac{\mathrm{d}u_s}{\mathrm{d}r} - \frac{u_s}{r^2} = -\frac{1-\nu_f^2}{E_f h_f}\tau \tag{13.12}$$

$$\frac{\mathrm{d}^3 w_s}{\mathrm{d}r^3} + \frac{1}{r}\frac{\mathrm{d}^2 w_s}{\mathrm{d}r^2} - \frac{1}{r^2}\frac{\mathrm{d}w}{\mathrm{d}r} = -\frac{6(1-\nu_s^2)}{E_s h_s}\tau \tag{13.13}$$

依照薄膜和基底在界面处的位移连续性，可以得到薄膜面内位移、基底面内位移与基底挠度之间的如下关系式：

$$u_f = u_s - \frac{h_s}{2}\frac{\mathrm{d}w}{\mathrm{d}r} \tag{13.14}$$

联立式（13.12）～式（13.14）以及式（13.4）解出剪切应力 $\tau(r)$，就有界面切应力与电磁体力之间的关系式为

$$\tau(r) = \frac{E_s h_s(1-\nu_f^2)}{E_s h_s(1-\nu_f^2) + 4E_f h_f(1-\nu_s^2)}f(r) \tag{13.15}$$

从式（13.15）可以看出，界面间的剪切应力与作用在超导薄膜上的电磁体力成正比。将（13.15）代入（13.12）和式（13.13）的常微分方程中，采用常微分方程的通常求解方法，且考虑到在求解 u_s 和 $\mathrm{d}w/\mathrm{d}r$ 的过程中，考虑到在 $r=0$ 处相应力学量的大小必须为有限值后，不难得到基底的面内位移分量、横向挠度分量随外加电磁体力变化的通解如下：

$$u_s = A_1\left[-\frac{1}{r}\int_0^r \rho^2 f(\rho)\mathrm{d}\rho + r\int_0^r f(\rho)\mathrm{d}\rho\right] + B_1 r \tag{13.16}$$

$$\frac{\mathrm{d}w}{\mathrm{d}r} = A_2\left[-\frac{1}{r}\int_0^r \rho^2 f(\rho)\mathrm{d}\rho + r\int_0^r f(\rho)\mathrm{d}\rho\right] + B_2 r \tag{13.17}$$

其中，系数

$$A_1 = -\frac{(1-\nu_s^2)(1-\nu_f^2)}{2E_s h_s(1-\nu_f^2)+8E_f h_f(1-\nu_f^2)}, \quad A_2 = \frac{3(1-\nu_s^2)(1-\nu_f^2)}{E_s h_s^2(1-\nu_f^2)+4E_f h_f h_s(1-\nu_f^2)}$$

这里，B_1 和 B_2 为需要根据边界条件确定的待定常数。

联立式（13.16）和式（13.17）以及边界条件（13.15），可得到 u_f 的解为

$$u_f = A_3\left[-\frac{1}{r}\int_0^r \rho^2 f(\rho)\mathrm{d}\rho + r\int_0^r f(\rho)\mathrm{d}\rho\right] + \left(B_1 - \frac{h_s}{2}B_2\right)r \qquad (13.18)$$

其中，系数 $A_3 = -\dfrac{2(1-\nu_s^2)(1-\nu_f^2)}{E_s h_s(1-\nu_f^2)+4E_f h_f(1-\nu_s^2)}$。考虑到该超导薄膜系统的几何特征尺寸满足 $\alpha = h_f/h_s \ll 1$，因此，上述各位移分量的表达式（13.16）～式（13.18）可以进一步简写为

$$u_s = -\frac{1-\nu_s^2}{2E_s h_s}\left[-\frac{1}{r}\int_0^r \rho^2 f(\rho)\mathrm{d}\rho + r\int_0^r f(\rho)\mathrm{d}\rho\right] + B_1 r + o(\alpha^2) \qquad (13.19)$$

$$\frac{\mathrm{d}w}{\mathrm{d}r} = \frac{3(1-\nu_s^2)}{E_s h_s^2}\left[-\frac{1}{r}\int_0^r \rho^2 f(\rho)\mathrm{d}\rho + r\int_0^r f(\rho)\mathrm{d}\rho\right] + B_2 r + o(\alpha^2) \qquad (13.20)$$

$$u_f = -\frac{2(1-\nu_s^2)}{E_s h_s}\left[-\frac{1}{r}\int_0^r \rho^2 f(\rho)\mathrm{d}\rho + r\int_0^r f(\rho)\mathrm{d}\rho\right]$$

$$+ \left(B_1 - \frac{h_s}{2}B_2\right)r + o(\alpha^2) \qquad (13.21)$$

这里，$o(\alpha^2)$ 表述为 α^2 的高阶小量。

将式（13.21）代入式（13.1a），然后将所得结果代入式（13.2）的第一式中，就可以得到超导膜层面径向内力分量 $N_r^{(f)}$ 为

$$N_r^{(f)} = -\frac{2E_f h_f(1-\nu_s^2)}{E_s h_s(1-\nu_f^2)}\left[\frac{1-\nu_f}{r^2}\int_0^r \rho^2 f(\rho)\mathrm{d}\rho + (1+\nu_f)\int_0^r f(\rho)\mathrm{d}\rho\right]$$

$$+ \frac{E_f h_f}{1-\nu_f}\left(B_1 - \frac{h_s}{2}B_2\right) + o(\alpha^2) \qquad (13.22)$$

同理类似，可以得到基底的面内力径向分量和弯矩径向分量分别表示为

$$N_r^{(s)} = -\frac{1-\nu_s}{2r^2}\int_0^r \rho^2 f(\rho)\mathrm{d}\rho - \frac{1+\nu_s}{2}\int_0^r f(\rho)\mathrm{d}\rho + \frac{E_s h_s}{1-\nu_s}B_1 + o(\alpha) \qquad (13.23)$$

$$M_r^{(s)} = \frac{1-\nu_s}{4r^2}\int_0^r \rho^2 f(\rho)\mathrm{d}\rho + \frac{1+\nu_s}{4}\int_0^r f(\rho)\mathrm{d}\rho + \frac{E_s h_s^3}{12(1-\nu_s)}B_2 + o(\alpha) \qquad (13.24)$$

现在我们通过边界条件来确定待定常数 B_1 和 B_2。考虑到膜—基底系统为自由边界，进而在边界 $r=R$ 处就有如下的边界条件：

$$N_r^{(f)} + N_r^{(s)} = 0, \quad r=R \qquad (13.25)$$

$$M_r - \frac{h_s}{2}N_r^{(f)} = 0, \quad r=R \qquad (13.26)$$

将所得结果的式（13.22）～式（13.24）代入以上两边界条件式（13.25）和式

(13.26) 中，联立求解待定未知量 B_1 和 B_2，就可以得到在考虑 $\alpha = h_f / h_s \ll 1$ 情形下的有效近似解为

$$B_1 = \frac{1 - \nu_s}{2 E_s h_s} \cdot \left[\frac{1 - \nu_s}{R^2} \int_0^R \rho^2 f(\rho) \mathrm{d}\rho + (1 + \nu_s) \int_0^R f(\rho) \mathrm{d}\rho \right] + o(\alpha^2) \tag{13.27}$$

$$B_2 = -\frac{3(1 - \nu_s)}{E_s h_s^2} \cdot \left[\frac{1 - \nu_s}{R^2} \int_0^R \rho^2 f(\rho) \mathrm{d}\rho + (1 + \nu_s) \int_0^R f(\rho) \mathrm{d}\rho \right] + o(\alpha^2) \tag{13.28}$$

再将式 (13.27) 和式 (13.28) 的 B_1 和 B_2 代入式 (13.19)～式 (13.21)，最终就得到了薄膜与基体位移及挠度 u_f、u_s、$\mathrm{d}w / \mathrm{d}r$ 的定解如下：

$$u_f = \frac{2(1 - \nu_s^2)}{E_s h_s} \left[\frac{1}{r} \int_0^r \rho^2 f(\rho) \mathrm{d}\rho + \frac{r(1 - \nu_s)}{R^2(1 + \nu_s)} \int_0^R \rho^2 f(\rho) \mathrm{d}\rho + r \int_r^R f(\rho) \mathrm{d}\rho \right] \tag{13.29}$$

$$u_s = \frac{1 - \nu_s^2}{2 E_s h_s} \left[\frac{1}{r} \int_0^r \rho^2 f(\rho) \mathrm{d}\rho + \frac{r(1 - \nu_s)}{R^2(1 + \nu_s)} \int_0^R \rho^2 f(\rho) \mathrm{d}\rho + r \int_r^R f(\rho) \mathrm{d}\rho \right] \tag{13.30}$$

$$\frac{\mathrm{d}w}{\mathrm{d}r} = \frac{3(1 - \nu_s^2)}{E_s h_s^2} \left[-\frac{1}{r} \int_0^r \rho^2 f(\rho) \mathrm{d}\rho + r \int_0^r f(\rho) \mathrm{d}\rho \right.$$
$$\left. - \frac{r(1 - \nu_s)}{R^2(1 + \nu_s)} \int_0^R \rho^2 f(\rho) \mathrm{d}\rho - r \int_0^R f(\rho) \mathrm{d}\rho \right] \tag{13.31}$$

依照轴对称情形的曲率计算公式，由式 (13.31) 可以得到小变形情形下的曲率表达式为

$$k_{rr} = \frac{\mathrm{d}^2 w}{\mathrm{d} r^2} = \frac{3(1 - \nu_s^2)}{E_s h_s^2} \left[\frac{1}{r^2} \int_0^r \rho^2 f(\rho) \mathrm{d}\rho - \frac{1 - \nu_s}{1 + \nu_s} \frac{1}{R^2} \int_0^R \rho^2 f(\rho) \mathrm{d}\rho \right.$$
$$\left. - \int_r^R f(\rho) \mathrm{d}\rho \right] \tag{13.32}$$

$$k_{\theta\theta} = \frac{1}{r} \frac{\mathrm{d}w}{\mathrm{d}r} = \frac{3(1 - \nu_s^2)}{E_s h_s^2} \left[-\frac{1}{r^2} \int_0^r \rho^2 f(\rho) \mathrm{d}\rho - \frac{1 - \nu_s}{1 + \nu_s} \frac{1}{R^2} \int_0^R \rho^2 f(\rho) \mathrm{d}\rho \right.$$
$$\left. - \int_r^R f(\rho) \mathrm{d}\rho \right] \tag{13.33}$$

根据式 (13.32) 和式 (13.33)，就得到了二者的曲率之和、曲率之差分别如下：

$$k_{rr} + k_{\theta\theta} = -\frac{6(1 - \nu_s^2)}{E_s h_s^2} \left[\frac{1 - \nu_s}{1 + \nu_s} \frac{1}{R^2} \int_0^R \rho^2 f(\rho) \mathrm{d}\rho + \int_r^R f(\rho) \mathrm{d}\rho \right] \tag{13.34}$$

$$k_{rr} - k_{\theta\theta} = \frac{6(1 - \nu_s^2)}{E_s h_s^2} \left[\frac{1}{r^2} \int_0^r \rho^2 f(\rho) \mathrm{d}\rho \right] \tag{13.35}$$

更进一步，基底的面内力分量为

$$N_r^{(s)} = -\frac{1 - \nu_s}{2 r^2} \int_0^r \rho^2 f(\rho) \mathrm{d}\rho + \frac{1 - \nu_s}{2 R^2} \int_0^R \rho^2 f(\rho) \mathrm{d}\rho + \frac{1 + \nu_s}{2} \int_r^R f(\rho) \mathrm{d}\rho \tag{13.36}$$

$$N_\theta^{(s)} = \frac{1 - \nu_s}{2 r^2} \int_0^r \rho^2 f(\rho) \mathrm{d}\rho + \frac{1 - \nu_s}{2 R^2} \int_0^R \rho^2 f(\rho) \mathrm{d}\rho + \frac{1 + \nu_s}{2} \int_r^R f(\rho) \mathrm{d}\rho \tag{13.37}$$

基底中的弯矩分量为

$$M_\theta^{(s)} = -\frac{h_s(1-\nu_s)}{4r^2}\int_0^r \rho^2 f(\rho)\,\mathrm{d}\rho - \frac{h_s(1-\nu_s)}{4R^2}\int_0^R \rho^2 f(\rho)\,\mathrm{d}\rho$$

$$-\frac{h_s(1+\nu_s)}{4}\int_r^R f(\rho)\,\mathrm{d}\rho \tag{13.38}$$

$$M_r^{(s)} = \frac{h_s(1-\nu_s)}{4r^2}\int_0^r \rho^2 f(\rho)\,\mathrm{d}\rho - \frac{h_s(1-\nu_s)}{4R^2}\int_0^R \rho^2 f(\rho)\,\mathrm{d}\rho$$

$$-\frac{h_s(1+\nu_s)}{4}\int_r^R f(\rho)\,\mathrm{d}\rho \tag{13.39}$$

最终可以得到，基底的径向应力与周向应力沿厚度的分布分别为

$$\sigma_{rr}^{(s)} = \frac{N_r^{(s)}}{h_s} - 12\frac{M_r}{h_s^3}z \tag{13.40a}$$

$$\sigma_{\theta\theta}^{(s)} = \frac{N_\theta^{(s)}}{h_s} - 12\frac{M_\theta}{h_s^3}z \tag{13.40b}$$

再将式（13.29）代入式（13.1）中，进而得到了薄膜应力的径向分量和环向分别为

$$\sigma_{rr}^{(f)} = \frac{2E_f(1-\nu_s^2)}{E_s h_s(1-\nu_f^2)}\left[-\frac{1-\nu_f}{r^2}\int_0^r \rho^2 f(\rho)\,\mathrm{d}\rho + \frac{(1+\nu_f)(1-\nu_s)}{R^2(1+\nu_s)}\int_0^R \rho^2 f(\rho)\,\mathrm{d}\rho\right.$$

$$\left.+(1+\nu_f)\int_r^R f(\rho)\,\mathrm{d}\rho\right] \tag{13.41}$$

$$\sigma_{\theta\theta}^{(f)} = \frac{2E_f(1-\nu_s^2)}{E_s h_s(1-\nu_f^2)}\left[\frac{1-\nu_f}{r^2}\int_0^r \rho^2 f(\rho)\,\mathrm{d}\rho + \frac{(1+\nu_f)(1-\nu_s)}{R^2(1+\nu_s)}\int_0^R \rho^2 f(\rho)\,\mathrm{d}\rho\right.$$

$$\left.+(1+\nu_f)\int_r^R f(\rho)\,\mathrm{d}\rho\right] \tag{13.42}$$

由式（13.41）和式（13.42），就得到这两应力之和与应力之差随电磁力变化的表达式分别如下：

$$\sigma_{rr}^{(f)} + \sigma_{\theta\theta}^{(f)} = \frac{4E_f(1-\nu_s^2)}{E_s h_s(1-\nu_f)}\left[\frac{1-\nu_s}{(1+\nu_s)R^2}\int_0^R \rho^2 f(\rho)\,\mathrm{d}\rho + \int_r^R f(\rho)\,\mathrm{d}\rho\right] \tag{13.43}$$

$$\sigma_{rr}^{(f)} - \sigma_{\theta\theta}^{(f)} = -\frac{4E_f(1-\nu_s^2)}{E_s h_s(1+\nu_f)}\left[\frac{1}{r^2}\int_0^r \rho^2 f(\rho)\,\mathrm{d}\rho\right] \tag{13.44}$$

利用式（13.34）和式（13.35）的曲率分布关系式，式（13.43）和式（13.44）可以进一步写为与曲率的关联式如下：

$$\sigma_{rr}^{(f)} + \sigma_{\theta\theta}^{(f)} = -\frac{2E_f h_s}{3(1-\nu_f)}(k_{rr} + k_{\theta\theta}) \tag{13.45}$$

$$\sigma_{rr}^{(f)} - \sigma_{\theta\theta}^{(f)} = -\frac{2E_f h_s}{3(1+\nu_f)}(k_{rr} - k_{\theta\theta}) \tag{13.46}$$

上述两式表明，对于基体上的薄膜材料，其应力之和与应力之差仅分别随对应的曲率之和与曲率之差变化的解析式，而曲率量则与外加电磁体力的分布关联。由此建立起了以电磁体力分布为桥梁的薄膜应力与曲率的关系，进而为通过测量曲

率来得到应力量奠定了基础。

　　类似地，同样可以得到界面切应力随曲率之和的变化关系如下：

$$\tau_{(r)} = \frac{E_s h_s^2}{6(1-\nu_s^2)} \frac{\mathrm{d}}{\mathrm{d}r}(k_{rr} + k_{\theta\theta}) \tag{13.47}$$

13.2.2　非轴对称超导薄膜应力—曲率模型[25]

　　13.2.1 节我们推导并给出了轴对称情形下超导薄膜曲率和应力理论模型。但在实际情形中，由于制备的超导薄膜难以满足结构的严格轴对称性，所以处于超导态的薄膜在垂直于表面的外磁场中，感应的环形电流也并不是严格的轴对称条件。已有实验结果也显示出了超导薄膜中的感应电流通常成非轴对称分布，如图 13.4 所示。

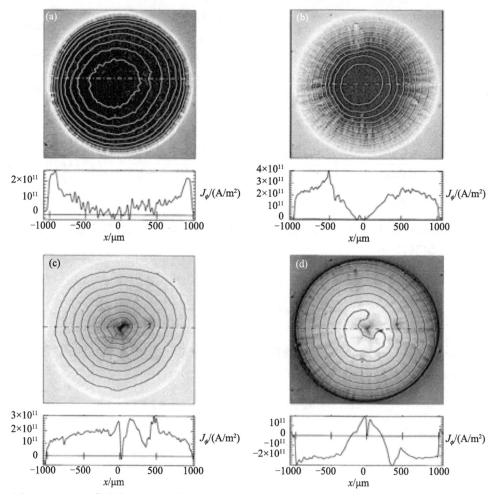

图 13.4　YBCO 薄膜在 4.2K，零场冷下的磁通分布（亮度分布）和环形电流分布（轮廓线）[24]
(a) $B_{ex}=16.0\mathrm{mT}$；(b) 48.8mT；(c) 176mT；(d) 47.2mT

当超导薄膜内感应电流的分布不满足轴对称分布时，感应电流不仅有环向分量 $J_\theta(r,\theta)$，还有径向分量 $J_r(r,\theta)$。与之相应，电磁体力 $\boldsymbol{F}=\boldsymbol{J}\times\boldsymbol{B}$ 除了含有径向分量 $F_r(r,\theta)$ 以外，还有环向分量 $F_\theta(r,\theta)$，如图 13.5 所示。

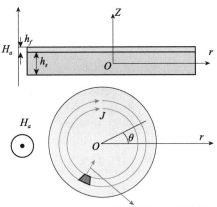

$$F(r,\theta)=F_r(r,\theta)\mathbf{e}_r+F_\theta(r,\theta)\mathbf{e}_\theta$$

图 13.5　外磁场方向垂直于超导薄膜—基底系统及非轴对称形式下感应电流分布

对于非轴对称电磁体力分布情形，膜层中的应变分量随位移分量的变化式分别为 $\varepsilon_{rr}^{(f)}=\dfrac{\partial u_r^{(f)}}{\partial r}$，$\varepsilon_{\theta\theta}^{(f)}=\dfrac{u_r^{(f)}}{r}+\dfrac{1}{r}\dfrac{\partial u_\theta^{(f)}}{\partial\theta}$ 和 $\gamma_{r\theta}^{(f)}=\dfrac{1}{r}\dfrac{\partial u_r^{(f)}}{\partial\theta}+\dfrac{\partial u_\theta^{(f)}}{\partial r}-\dfrac{u_\theta^{(f)}}{r}$。根据线弹性理论，在此情形下，薄膜的应力分量可以表示为

$$\sigma_{rr}^{(f)}=\frac{E_f}{1-\nu_f^2}\left[\frac{\partial u_r^{(f)}}{\partial r}+\nu_f\left(\frac{u_r^{(f)}}{r}+\frac{1}{r}\frac{\partial u_\theta^{(f)}}{\partial\theta}\right)\right] \tag{13.48a}$$

$$\sigma_{\theta\theta}^{(f)}=\frac{E_f}{1-\nu_f^2}\left[\nu_f\frac{\partial u_r^{(f)}}{\partial r}+\frac{u_r^{(f)}}{r}+\frac{1}{r}\frac{\partial u_\theta^{(f)}}{\partial\theta}\right] \tag{13.48b}$$

$$\sigma_{r\theta}^{(f)}=\frac{E_f}{2(1+\nu_f)}\left[\frac{1}{r}\frac{\partial u_r^{(f)}}{\partial\theta}+\frac{\partial u_\theta^{(f)}}{\partial r}-\frac{u_\theta^{(f)}}{r}\right] \tag{13.48c}$$

考虑薄膜层很薄后，即忽略薄膜层的应力沿厚度方向上的变化，薄膜层的内力为

$$N_r^{(f)}=h_f\sigma_{rr}^{(f)},\quad N_\theta^{(f)}=h_f\sigma_{\theta\theta}^{(f)},\quad N_{r\theta}^{(f)}=h_f\sigma_{r\theta}^{(f)} \tag{13.49}$$

对于高温超导薄膜，当处于垂直薄膜表面的外磁场中时，薄膜内部可以感应出环形超导电流 $\boldsymbol{J}(r,\theta)$。若忽略感应电流密度沿薄膜厚度方向的变化，厚度方向薄膜所受的总电磁体力 $\boldsymbol{f}$ 可以表示为：$\boldsymbol{f}(r,\theta)=h_f(\boldsymbol{J}\times\boldsymbol{B})=f_r(r,\theta)\mathbf{e}_r+f_\theta(r,\theta)\mathbf{e}_\theta$。

同样考虑薄膜的厚度很薄时，薄膜不能承受弯矩，因此，采用界面剪切应力分量 $\tau_r(r,\theta)$ 和 $\tau_\theta(r,\theta)$ 来分别代替剪应力分量 σ_{rz} 和 $\sigma_{\theta z}$，同时将应力分量 σ_{zz} 视为零，此时薄膜的微元体受力示意图如图 13.6 所示。

对此微元体，其膜层内力平衡方程为

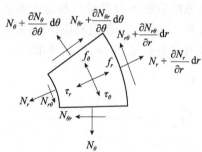

图 13.6　极坐标下非轴对称电磁体力分布时膜层微元体受力图

$$\frac{\partial N_r^{(f)}}{\partial r} + \frac{N_r^{(f)} - N_\theta^{(f)}}{r} + \frac{1}{r}\frac{\partial N_{r\theta}^{(f)}}{\partial \theta} - \tau_r + f_r = 0 \tag{13.50a}$$

$$\frac{\partial N_{r\theta}^{(f)}}{\partial r} + \frac{2N_{r\theta}^{(f)}}{r} + \frac{1}{r}\frac{\partial N_\theta^{(f)}}{\partial \theta} - \tau_\theta + f_\theta = 0 \tag{13.50b}$$

将式（13.48）和式（13.49）代入式（13.50）后，就可以得到用位移量表示的薄膜平衡方程如下：

$$\frac{\partial^2 u_r^{(f)}}{\partial r^2} + \frac{1}{r}\frac{\partial u_r^{(f)}}{\partial r} - \frac{u_r^{(f)}}{r^2} + \left(\frac{1-\nu_f}{2r^2}\right)\frac{\partial^2 u_r^{(f)}}{\partial \theta^2} + \left(\frac{1+\nu_f}{2r}\right)\frac{\partial^2 u_\theta^{(f)}}{\partial r\,\partial \theta}$$
$$- \left(\frac{3-\nu_f}{2r^2}\right)\frac{\partial u_\theta^{(f)}}{\partial \theta} = \frac{(1-\nu_f^2)(\tau_r - f_r)}{E_f h_f} \tag{13.51a}$$

$$\left(\frac{1+\nu_f}{2r}\right)\frac{\partial^2 u_r^{(f)}}{\partial r\,\partial \theta} + \left(\frac{3-\nu_f}{2r^2}\right)\frac{\partial u_r^{(f)}}{\partial \theta} + \frac{1-\nu_f}{2}\left(\frac{\partial^2 u_\theta^{(f)}}{\partial r^2} + \frac{1}{r}\frac{\partial u_\theta^{(f)}}{\partial r} - \frac{u_\theta^{(f)}}{r^2}\right)$$
$$+ \frac{1}{r^2}\frac{\partial^2 u_\theta^{(f)}}{\partial \theta^2} = \frac{(1-\nu_f^2)(\tau_\theta - f_\theta)}{E_f h_f} \tag{13.51b}$$

对于基底，采用同样的推导方式，其应变分量表达式分别为

$$\varepsilon_{rr}^{(s)} = \frac{\partial u_r^{(s)}}{\partial r} - z\frac{\partial^2 w}{\partial r^2} \tag{13.52a}$$

$$\varepsilon_{\theta\theta}^{(s)} = \frac{u_r^{(s)}}{r} + \frac{1}{r}\frac{\partial u_\theta^{(s)}}{\partial \theta} - z\left(\frac{1}{r}\frac{\mathrm{d}w}{\mathrm{d}r} + \frac{1}{r^2}\frac{\partial^2 w}{\partial \theta^2}\right) \tag{13.52b}$$

$$\varepsilon_{r\theta}^{(s)} = \frac{1}{r}\frac{\partial u_r^{(s)}}{\partial \theta} + \frac{\partial u_\theta^{(s)}}{\partial r} - \frac{u_\theta^{(s)}}{r} - 2z\frac{\partial}{\partial r}\left(\frac{1}{r}\frac{\partial w}{\partial \theta}\right) \tag{13.52c}$$

根据线弹性理论可得面内应力分量的位移表达式分别如下：

$$\sigma_{rr}^{(s)} = \frac{E_s}{1-\nu_s^2}\left\{\frac{\partial u_r^{(s)}}{\partial r} + \nu_s\left(\frac{u_r^{(s)}}{r} + \frac{1}{r}\frac{\partial u_\theta^{(s)}}{\partial \theta}\right) - z\left[\frac{\partial^2 w}{\partial r^2} + \nu_s\left(\frac{1}{r}\frac{\mathrm{d}w}{\mathrm{d}r} + \frac{1}{r^2}\frac{\partial^2 w}{\partial \theta^2}\right)\right]\right\} \tag{13.53a}$$

$$\sigma_{\theta\theta}^{(s)} = \frac{E_s}{1-\nu_s^2}\left[\nu_s\frac{\partial u_r^{(s)}}{\partial r} + \frac{u_r^{(s)}}{r} + \frac{1}{r}\frac{\partial u_\theta^{(s)}}{\partial \theta} - z\left(\nu_s\frac{\partial^2 w}{\partial r^2} + \frac{1}{r}\frac{\mathrm{d}w}{\mathrm{d}r} + \frac{1}{r^2}\frac{\partial^2 w}{\partial \theta^2}\right)\right] \tag{13.53b}$$

$$\sigma_{r\theta}^{(s)} = \frac{E_s}{2(1+\nu_s)} \left[\frac{1}{r} \frac{\partial u_r^{(s)}}{\partial \theta} + \frac{\partial u_\theta^{(s)}}{\partial r} - \frac{u_\theta^{(s)}}{r} - 2z \frac{\partial}{\partial r} \left(\frac{1}{r} \frac{\partial w}{\partial \theta} \right) \right] \quad (13.53c)$$

最后，就有基底面内力和弯矩分量的位移表达式分别为

$$N_r^{(s)} = \int_{-h_s/2}^{h_s/2} \sigma_{rr} \mathrm{d}z = \frac{E_s h_s}{1-\nu_s^2} \left[\frac{\partial u_r^{(s)}}{\partial r} + \nu_s \left(\frac{u_r^{(s)}}{r} + \frac{1}{r} \frac{\partial u_\theta^{(s)}}{\partial \theta} \right) \right] \quad (13.54a)$$

$$N_\theta^{(s)} = \int_{-h_s/2}^{h_s/2} \sigma_{\theta\theta} \mathrm{d}z = \frac{E_s h_s}{1-\nu_s^2} \left(\nu_s \frac{\partial u_r^{(s)}}{\partial r} + \frac{u_r^{(s)}}{r} + \frac{1}{r} \frac{\partial u_\theta^{(s)}}{\partial \theta} \right) \quad (13.54b)$$

$$N_{r\theta}^{(s)} = \int_{-h_s/2}^{h_s/2} \sigma_{r\theta} \mathrm{d}z = \frac{E_s h_s}{1-\nu_s^2} \left(\frac{1}{r} \frac{\partial u_r^{(s)}}{\partial \theta} + \frac{\partial u_\theta^{(s)}}{\partial r} - \frac{u_\theta^{(s)}}{r} \right) \quad (13.54c)$$

$$M_r^{(s)} = -\int_{-h_s/2}^{h_s/2} z\sigma_{rr} \mathrm{d}z = \frac{E_s h_s^3}{12(1-\nu_s^2)} \left[\frac{\partial^2 w}{\partial r^2} + \nu_s \left(\frac{1}{r} \frac{\mathrm{d}w}{\mathrm{d}r} + \frac{1}{r^2} \frac{\partial^2 w}{\partial \theta^2} \right) \right] \quad (13.55a)$$

$$M_\theta^{(s)} = -\int_{-h_s/2}^{h_s/2} z\sigma_{\theta\theta} \mathrm{d}z = \frac{E_s h_s^3}{12(1-\nu_s^2)} \left(\nu_s \frac{\partial^2 w}{\partial r^2} + \frac{1}{r} \frac{\mathrm{d}w}{\mathrm{d}r} + \frac{1}{r^2} \frac{\partial^2 w}{\partial \theta^2} \right) \quad (13.55b)$$

$$M_{r\theta}^{(s)} = -\int_{-h_s/2}^{h_s/2} z\sigma_{r\theta} \mathrm{d}z = \frac{E_s h_s^3}{12(1+\nu_s)} \frac{\partial}{\partial r} \left(\frac{1}{r} \frac{\partial w}{\partial \theta} \right) \quad (13.55c)$$

由于基底具有比薄膜更大的厚度，这样基底可以承受弯矩，其微元体面内受力图与面外受力图分布如图 13.7 (a) 和图 (b) 所示。

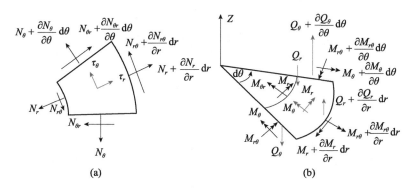

图 13.7 基底微元体受力图

(a) 面内受力图；(b) 面外受力和弯矩受力图

进而得到基底微元体的面内力的平衡方程如下：

$$\frac{\partial N_r^{(s)}}{\partial r} + \frac{N_r^{(s)} - N_\theta^{(s)}}{r} + \frac{1}{r} \frac{\partial N_{r\theta}^{(s)}}{\partial \theta} + \tau_r = 0 \quad (13.56a)$$

$$\frac{\partial N_{r\theta}^{(s)}}{\partial r} + \frac{2N_{r\theta}^{(s)}}{r} + \frac{1}{r} \frac{\partial N_\theta^{(s)}}{\partial \theta} + \tau_\theta = 0 \quad (13.56b)$$

以基底的中心平面（$z=0$）为中性面，则界面切应力分量 $\tau_r(r,\theta)$ 和 $\tau_\theta(r,\theta)$ 将对

基底产生弯矩分别为 $\dfrac{h_s}{2}\tau_r(r,\theta)$ 和 $\dfrac{h_s}{2}\tau_\theta(r,\theta)$。因此，基底的弯矩平衡方程和剪力平衡方程分别为

$$\frac{\partial M_r^{(s)}}{\partial r}+\frac{M_r^{(s)}-M_\theta^{(s)}}{r}+\frac{1}{r}\frac{\partial M_{r\theta}^{(s)}}{\partial \theta}+Q_r-\frac{h_s}{2}\tau_r=0 \tag{13.57a}$$

$$\frac{\partial M_{r\theta}^{(s)}}{\partial r}+\frac{2M_{r\theta}^{(s)}}{r}+\frac{1}{r}\frac{\partial M_\theta^{(s)}}{\partial \theta}+Q_\theta-\frac{h_s}{2}\tau_\theta=0 \tag{13.57b}$$

$$\frac{\partial Q_r}{\partial r}+\frac{Q_r}{r}+\frac{1}{r}\frac{\partial Q_\theta}{\partial \theta}=0 \tag{13.58}$$

其中，Q_r 和 Q_θ 为垂直于中性面的剪力。将式（13.54）代入式（13.56）中，就可得到以位移表示的基底面内平衡方程如下：

$$\frac{\partial^2 u_r^{(s)}}{\partial r^2}+\frac{1}{r}\frac{\partial u_r^{(s)}}{\partial r}-\frac{u_r^{(s)}}{r^2}+\left(\frac{1-\nu_s}{2r^2}\right)\frac{\partial^2 u_r^{(s)}}{\partial \theta^2}+\left(\frac{1+\nu_s}{2r}\right)\frac{\partial^2 u_\theta^{(s)}}{\partial r\,\partial \theta}$$

$$-\left(\frac{3-\nu_s}{2r^2}\right)\frac{\partial u_\theta^{(s)}}{\partial \theta}=-\frac{1-\nu_s^2}{E_s h_s}\tau_r \tag{13.59a}$$

$$\left(\frac{1+\nu_s}{2r}\right)\frac{\partial^2 u_r^{(s)}}{\partial r\,\partial \theta}+\left(\frac{3-\nu_s}{2r^2}\right)\frac{\partial u_r^{(s)}}{\partial \theta}+\frac{1-\nu_s}{2}\left(\frac{\partial^2 u_\theta^{(s)}}{\partial r^2}+\frac{1}{r}\frac{\partial u_\theta^{(s)}}{\partial r}-\frac{u_\theta^{(s)}}{r^2}\right)$$

$$+\frac{1}{r^2}\frac{\partial^2 u_\theta^{(s)}}{\partial \theta^2}=-\frac{1-\nu_s^2}{E_s h_s}\tau_\theta \tag{13.59b}$$

联立式（13.57）和式（13.58）消去剪力分量 Q_r 和 Q_θ，得到弯矩分量和界面切应力分量的关系为

$$\frac{\partial^2 M_r}{\partial r^2}+\frac{2}{r}\frac{\partial M_r}{\partial r}+\frac{2}{r}\frac{\partial^2 M_{r\theta}}{\partial r\,\partial \theta}+\frac{2}{r^2}\frac{\partial M_{r\theta}}{\partial \theta}+\frac{2}{r^2}\frac{\partial^2 M_\theta}{\partial^2 \theta}-\frac{1}{r}\frac{\partial M_\theta}{\partial r}$$

$$=\frac{h_s}{2}\left(\frac{\partial \tau_r}{\partial r}+\frac{\tau_r}{r}+\frac{1}{r}\frac{\partial \tau_\theta}{\partial \theta}\right) \tag{13.60}$$

再将式（13.55）代入式（13.60）中，就得到了挠度与切应力关联的基本微分方程式：

$$\nabla^2(\nabla^2 w)=\frac{6(1-\nu_s^2)}{E_s h_s}\left(\frac{\partial \tau_r}{\partial r}+\frac{\tau_r}{r}+\frac{1}{r}\frac{\partial \tau_\theta}{\partial \theta}\right) \tag{13.61}$$

其中，$\nabla^2=\dfrac{\partial^2}{\partial r^2}+\dfrac{1}{r}\dfrac{\partial}{\partial r}+\dfrac{1}{r^2}\dfrac{\partial^2}{\partial \theta^2}$ 为二维极坐标情形的 Laplace 算子。考虑到薄膜—基底整体系统的变形在界面处位移连续性后，就有

$$u_r^{(f)}=u_r^{(s)}-\frac{h_s}{2}\frac{\partial w}{\partial r},\quad u_\theta^{(f)}=u_\theta^{(s)}-\frac{h_s}{2}\frac{1}{r}\frac{\partial w}{\partial \theta} \tag{13.62}$$

在式（13.51）、式（13.59）、式（13.61）和式（13.62）中一共有七个基本方程，含有 $u_r^{(f)}$、$u_\theta^{(f)}$、$u_r^{(s)}$、$u_\theta^{(s)}$、w、τ_r 和 τ_θ 共七个未知量，因此，其基本方程是封闭

的。其求解顺序如下：

（1）先根据式（13.51）和式（13.59）在 $\alpha=h_f/h_s$ 且 $\alpha\ll1$ 前提下消去 τ_r 和 τ_θ，进而可消去 $u_r^{(f)}$ 和 $u_\theta^{(f)}$，进而得到关于基体位移的基本控制方程为

$$\frac{\partial^2 u_r^{(s)}}{\partial r^2}+\frac{1}{r}\frac{\partial u_r^{(s)}}{\partial r}-\frac{u_r^{(s)}}{r^2}+\frac{1-\nu_s}{2}\frac{1}{r^2}\frac{\partial^2 u_r^{(s)}}{\partial\theta^2}+\frac{1+\nu_s}{2}\frac{1}{r}\frac{\partial^2 u_\theta^{(s)}}{\partial r\partial\theta}$$

$$-\frac{3-\nu_s}{2}\frac{1}{r^2}\frac{\partial u_\theta^{(s)}}{\partial\theta}=-\frac{1-\nu_s^2}{E_s h_s}f_r+o(\alpha^2) \tag{13.63a}$$

$$\frac{1+\nu_s}{2}\frac{1}{r}\frac{\partial^2 u_r^{(s)}}{\partial r\partial\theta}+\frac{3-\nu_s}{2}\frac{1}{r^2}\frac{\partial u_r^{(s)}}{\partial\theta}+\frac{1-\nu_s}{2}\left(\frac{\partial^2 u_\theta^{(s)}}{\partial r^2}+\frac{1}{r}\frac{\partial u_\theta^{(s)}}{\partial r}-\frac{u_\theta^{(s)}}{r^2}\right)$$

$$+\frac{1}{r^2}\frac{\partial^2 u_\theta^{(s)}}{\partial\theta^2}=-\frac{1-\nu_s^2}{E_s h_s}f_\theta+o(\alpha^2) \tag{13.63b}$$

再根据连续性条件式（13.62）以及薄膜内力平衡方程式（13.51），就可以得到 τ_r 和 τ_θ 关于 $u_r^{(s)}$、$u_\theta^{(s)}$、w、f_r 和 f_θ 的表达式，将所得表达式代入式（13.61），就得到了基体挠曲变形随电磁力变化的基本微分方程如下：

$$\nabla^2(\nabla^2 w)=\frac{6(1-\nu_s^2)}{E_s h_s}\left(\frac{\partial f_r}{\partial r}+\frac{f_r}{r}+\frac{1}{r}\frac{\partial f_\theta}{\partial\theta}\right) \tag{13.64a}$$

（2）根据连续性条件消去 $u_r^{(f)}$ 和 $u_\theta^{(f)}$，就得到相应的界面切应力分量 τ_r 和 τ_θ 可以分别表示为

$$\tau_r=[1+o(\alpha)]f_r,\quad \tau_\theta=[1+o(\alpha)]f_\theta \tag{13.64b}$$

（3）在上述量解出后，其他 $u_r^{(f)}$、$u_\theta^{(f)}$、τ_r 和 τ_θ 可以有前面的相关方程来得到。进而最终可以得到所有分量随电磁体力分量 f_r 和 f_θ 变化的解。

为了给出 f 径向分量 $f_r(r,\theta)$ 和环向分量 $f_\theta(r,\theta)$ 的一般表达式，这里需要考虑假设和相应的约束条件。如前所述，由于薄膜厚度很小，可忽略电流密度沿薄膜厚度方向上的变化，从而电流密度为面内坐标 r 和 θ 的函数，即 $\boldsymbol{J}(r,\theta)=J_r(r,\theta)\boldsymbol{e}_r+J_\theta(r,\theta)\boldsymbol{e}_\theta$。依照电磁场基本理论，我们知道，它们满足如下的约束条件：

①感应电流密度矢量 $\boldsymbol{J}$ 为无源场，即

$$\nabla\cdot\boldsymbol{J}=0 \tag{13.65}$$

②磁感应强度矢量 $\boldsymbol{B}$ 也是无源场，因此在薄膜界面处，磁场的法向（z 方向）分量连续，即

$$B_z=B_z(r,\theta) \tag{13.66}$$

③局部电流和局部磁场的关系满足 Maxwell 方程：

$$\boldsymbol{J}=\frac{1}{\mu_0}(\nabla\times\boldsymbol{B}) \tag{13.67}$$

后，可得到电流密度分量表征式为

$$J_r = \frac{1}{\mu_0 r}\frac{\partial B_z}{\partial \theta}, \quad J_\theta = \frac{1}{\mu_0}\frac{\partial B_z}{\partial r} \tag{13.68}$$

联立式（13.65）～式（13.68），可以证明 f 的旋度为零，即

$$\nabla \times f(r,\theta) = h_f\big[(\boldsymbol{B}\cdot\nabla)\boldsymbol{J} + (\nabla\cdot\boldsymbol{B})\boldsymbol{J} - (\boldsymbol{J}\cdot\nabla)\boldsymbol{B} - (\nabla\cdot\boldsymbol{J})\boldsymbol{B}\big] = \boldsymbol{0} \tag{13.69}$$

由无旋场的表征理论可知，电磁力矢量场可以由一个标量势函数来表征，即类似于保守力场 $f(r,\theta) = -\nabla G(r,\theta)$。进而电磁体力分量可以用势函数来表示为

$$f_r(r,\theta) = -\frac{\partial G(r,\theta)}{\partial r}, \quad f_\theta(r,\theta) = -\frac{1}{r}\frac{\partial G(r,\theta)}{\partial \theta} \tag{13.70}$$

在用势函数表示的电磁力式（13.70）后，可以证明式（13.69）自动满足。对于所选的势函数，求解不失一般性，可将其周向采用如下的半幅 Fourier 级数展开：

$$G(r,\theta) = G_c^{(0)}(r) + \sum_{n=1}^{\infty} G_c^{(n)}(r)\cos(n\theta) \tag{13.71}$$

$$G(r,\theta)\big|_{r=R} = 0$$

其中，$G_c^{(0)}(r) = \dfrac{1}{2\pi}\displaystyle\int_0^{2\pi} G(r,\theta)\mathrm{d}\theta$，$G_c^{(n)}(r) = \dfrac{1}{\pi}\displaystyle\int_0^{2\pi} G(r,\theta)\cos(n\theta)\mathrm{d}\theta$，$n \geqslant 1$。如果 G 仅与坐标 r 相关，即 $G = G(r)$，此时式（13.70）将自动退化为 13.2.1 节中的轴对称情形。将式（13.71）代入式（13.70）中，就得电场体力分量的表达式如下：

$$f_r(r,\theta) = -\left[\frac{\mathrm{d}G_c^{(0)}(r)}{\mathrm{d}r} + \sum_{n=1}^{\infty}\frac{\mathrm{d}G_c^{(n)}(r)}{\mathrm{d}r}\cos(n\theta)\right]$$

$$f_\theta(r,\theta) = -\sum_{n=1}^{\infty}\frac{G_c^{(n)}(r)}{r}\sin(n\theta) \tag{13.72}$$

相应地，基底位移分量也采用 Fourier 级数进行展开，有

$$u_r^{(s)}(r,\theta) = u_r^{(s0)}(r) + \sum_{n=1}^{\infty} u_r^{(sn)}(r)\cos(n\theta) \tag{13.73a}$$

$$u_\theta^{(s)}(r,\theta) = \sum_{n=1}^{\infty} u_\theta^{(sn)}(r)\sin(n\theta) \tag{13.73b}$$

$$w(r,\theta) = w^{(0)}(r) + \sum_{n=1}^{\infty} w^{(n)}(r)\cos(n\theta) \tag{13.73c}$$

这里，对位移环向分量 $u_\theta^{(s)}$ 仅展开为正弦级数，因为在轴对称情形时，环向分量的位移将自动为零。为了得到所有位移分量的一般解答，注意到所有的方程为线性方程，因此，求解时可以考虑级数项 $u_r^{(sn)}(r)\cos(n\theta)$，$u_\theta^{(sn)}(r)\sin(n\theta)$ 和 $w^{(n)}(r)\cos(n\theta)$ 所对应的解。联立式（13.71）～式（13.73）可以得到微分方程组

（13.63）中 $u_r^{(sn)}(r)$ 和 $u_\theta^{(sn)}(r)$ 相关的一般解为

$$\begin{Bmatrix} u_r^{(sn)} \\ u_\theta^{(sn)} \end{Bmatrix} = \begin{Bmatrix} 2(1-\nu_s)-n(1+\nu_s) \\ n(1+\nu_s)+4 \end{Bmatrix} P_1 + \begin{Bmatrix} 1 \\ 1 \end{Bmatrix} P_2$$
$$- \begin{Bmatrix} n(1+\nu_s)+2(1-\nu_s) \\ n(1+\nu_s)-4 \end{Bmatrix} P_3 + \begin{Bmatrix} -1 \\ 1 \end{Bmatrix} P_4 \qquad (13.74a)$$

其中，多项式 P_1、P_2、P_3 和 P_4 分别为

$$P_1 = A_1 \cdot r^{n+1} + \frac{(1+\nu_s)rG_c^{(n)}(r)}{8E_sh_s(n+1)}$$

$$P_2 = \frac{1+\nu_s}{8E_sh_s(n+1)} \Bigg\{ [n(1+\nu_s)+2(\nu_s-1)]rG_c^{(n)}(r)$$
$$+ 4(n+1)(1-\nu_s) \cdot \frac{\int_0^r \eta^{n+1}G_c^{(n)}(\eta)\mathrm{d}\eta}{r^{n+1}} \Bigg\} \qquad (13.74b)$$

$$P_3 = \frac{(1+\nu_s)rG_c^{(n)}(r)}{8E_sh_s(n-1)}$$

$$P_4 = A_2 \cdot r^{n-1} - \frac{1+\nu_s}{8E_sh_s(n-1)} \Bigg\{ [n(1+\nu_s)+2(1-\nu_s)]rG_c^{(n)}(r)$$
$$- 4(n-1)(1-\nu_s) \cdot r^{n-1}\int_r^R \eta^{1-n}G_c^{(n)}(\eta)\mathrm{d}\eta \Bigg\}$$

式中，P_1 和 P_4 中的系数 A_1 和 A_2 为根据边界条件所确定的常数。联立式（13.73）和式（13.72）可以得到 $w^{(n)}(r)$ 的一般解为

$$w^{(n)}(r) = B_1 \cdot r^n + B_2 \cdot r^{n+2}$$
$$+ \frac{3(1-\nu_s^2)}{nE_sh_s^2} \Big[r^{-n}\int_0^r \eta^{n+1}G_c^{(n)}(\eta)\mathrm{d}\eta + r^n\int_r^R \eta^{1-n}G_c^{(n)}(\eta)\mathrm{d}\eta \Big] \qquad (13.75)$$

其中，B_1 和 B_2 为根据边界条件所确定的常数。这里需要注意的是，位移分量的通解需要满足在 $r=0$ 处其值大小为有限值得到的。边界条件将按以下形式给出，考虑到薄膜基底系统的边界为自由边界，因此，在 $r=R$ 处有

$$N_r^{(f)} + N_r^{(s)} = 0, \quad N_{r\theta}^{(f)} + N_{r\theta}^{(s)} = 0, \quad r=R \qquad (13.76)$$

$$Q_r - \frac{1}{r}\frac{\partial}{\partial\theta}\Big(M_{r\theta} - \frac{h_s}{2}N_{r\theta}^{(f)}\Big) = 0, \quad M_r^{(s)} - \frac{h_s}{2}N_r^{(f)} = 0, \quad r=R \qquad (13.77)$$

将上述通解代入边界条件式（13.76）中，可以解得常数 A_1 和 A_2 分别为

$$A_1 = \frac{1-\nu_s}{2E_sh_sR^{2n+2}}\int_0^R \eta^{n+1}G_c^{(n)}(\eta)\mathrm{d}\eta + o(\alpha^2) \qquad (13.78a)$$

$$A_2 = -\frac{(1-\nu_s^2)(n+1)}{2E_sh_sR^{2n}}\int_0^R \eta^{n+1}G_c^{(n)}(\eta)\mathrm{d}\eta + o(\alpha^2) \qquad (13.78b)$$

再代入边界条件式（13.77）中，就可以解得常数 B_1 和 B_2 分别为

$$B_1 = \frac{3(1-\nu_s)(1-\nu_s^2)}{(3+\nu_s)E_sh_s^2}\frac{(n+1)}{n\cdot R^{2n}}\int_0^R \eta^{n+1}G_c^{(n)}(\eta)\mathrm{d}\eta + o(\alpha^2) \qquad (13.79\mathrm{a})$$

$$B_2 = -\frac{n}{(n+1)R^2}B_1 + o(\alpha^2) \qquad (13.79\mathrm{b})$$

将式（13.78）和式（13.79）代入通解式（13.74）和式（13.75）中，进而就得到了所有基底位移分量的半幅 Fourier 级数展开形式的定解。再由薄膜或基底的曲率公式：

$$k_{rr}^{(n)} = \frac{\partial^2 w}{\partial r^2}, \quad k_{\theta\theta}^{(n)} = \frac{1}{r}\frac{\partial w}{\partial r} + \frac{1}{r^2}\frac{\partial^2 w}{\partial \theta^2}, \quad k_{r\theta}^{(n)} = \frac{1}{r}\frac{\partial^2 w}{\partial r\partial\theta} - \frac{1}{r^2}\frac{\partial w}{\partial\theta} \qquad (13.80)$$

将所得挠度解代入式（13.80）中，就可以分别得到径向和环向的曲率和，以及曲率差关于电磁体力势函数的解：

$$k_{rr} + k_{\theta\theta} = -\frac{6(1-\nu_s^2)}{E_sh_s^2}\Big[G(r,\theta) + \frac{1-\nu_s}{1+\nu_s}\frac{2}{R^2}\int_0^R \eta G_c^{(0)}(\eta)\mathrm{d}\eta$$

$$+ \frac{2(1-\nu_s)}{3+\nu_s}\sum_{n=1}^\infty \frac{(n+1)\cdot r^n\cdot\cos(n\theta)}{R^{2n+2}}\int_0^R \eta^{n+1}G_c^{(n)}(\eta)\mathrm{d}\eta \Big] \qquad (13.81\mathrm{a})$$

$$k_{rr}^{(n)} - k_{\theta\theta}^{(n)} = -\frac{6(1-\nu_s^2)}{E_sh_s^2}\Big\{ G(r,\theta) - \frac{2}{r^2}\int_0^r \eta G_c^{(0)}(\eta)\mathrm{d}\eta$$

$$+ \frac{1-\nu_s}{3+\nu_s}\sum_{n=1}^\infty \frac{n+1}{R^{n+2}}\Big[n\frac{r^n}{R^n} - (n-1)\frac{r^{n-2}}{R^{n-2}} \Big]\cos(n\theta)\int_0^R \eta^{n+1}G_c^{(n)}(\eta)\mathrm{d}\eta$$

$$- \sum_{n=1}^\infty \frac{n+1}{r^{n+2}}\cos(n\theta)\int_0^r \eta^{n+1}G_c^{(n)}(\eta)\mathrm{d}\eta$$

$$- \sum_{n=1}^\infty (n-1)r^{n-2}\cos(n\theta)\int_r^R \eta^{1-n}G_c^{(n)}(\eta)\mathrm{d}\eta \Big\} \qquad (13.81\mathrm{b})$$

以及扭率关于电磁体力势函数的解：

$$k_{r\theta}^{(n)} = \frac{3(1-\nu_s^2)}{E_sh_s^2}\Big\{ \frac{1-\nu_s}{3+\nu_s}\sum_{n=1}^\infty \frac{n+1}{R^{n+2}}\Big[n\frac{r^n}{R^n} - (n-1)\frac{r^{n-2}}{R^{n-2}} \Big]\sin(n\theta)\int_0^R \eta^{n+1}G_c^{(n)}(\eta)\mathrm{d}\eta$$

$$+ \sum_{n=1}^\infty \frac{n+1}{r^{n+2}}\sin(n\theta)\int_0^R \eta^{n+1}G_c^{(n)}(\eta)\mathrm{d}\eta$$

$$- \sum_{n=1}^\infty (n-1)r^{n-2}\sin(n\theta)\int_r^R \eta^{1-n}G_c^{(n)}(\eta)\mathrm{d}\eta \Big\} \qquad (13.82)$$

依照前面的连续性条件式（13.71），可以得到薄膜位移分量的定解。即将所得的位移分量代入式（13.48）中，就得到径向、环向应力和应力差关于电磁体力势函数表征的关系式如下：

$$\sigma_{rr}^{(f)} + \sigma_{\theta\theta}^{(f)} = \frac{4E_f(1-\nu_s^2)}{E_s h_s(1-\nu_f)}\left[G(r,\theta) + \frac{1-\nu_s}{1+\nu_s}\frac{2}{R^2}\int_0^R \eta G_c^{(0)}(\eta)\mathrm{d}\eta \right.$$

$$\left. + \frac{(3+2\nu_s)(1-\nu_s)}{(1+\nu_s)(3+\nu_s)}\sum_{n=1}^{\infty}\frac{(n+1)r^n}{R^{2n+2}}\cos(n\theta)\int_0^R \eta^{n+1}G_c^{(n)}(\eta)\mathrm{d}\eta \right] \quad (13.83\mathrm{a})$$

$$\sigma_{rr}^{(f)} - \sigma_{\theta\theta}^{(f)} = \frac{4E_f(1-\nu_s^2)}{E_s h_s(1+\nu_f)}\left\{ G(r,\theta) - \frac{2}{r^2}\int_0^r \eta G_c^{(0)}(\eta)\mathrm{d}\eta \right.$$

$$- \frac{\nu_s}{3+\nu_s}\sum_{n=1}^{\infty}\frac{n+1}{R^{n+2}}\left[n\frac{r^n}{R^n} - (n-1)\frac{r^{n-2}}{R^{n-2}} \right]\cos(n\theta)\int_0^R \eta^{n+1}G_c^{(n)}(\eta)\mathrm{d}\eta$$

$$- \sum_{n=1}^{\infty}\frac{n+1}{r^{n+2}}\cos(n\theta)\int_0^r \eta^{n+1}G_c^{(n)}(\eta)\mathrm{d}\eta$$

$$\left. - \sum_{n=1}^{\infty}(n-1)r^{n-2}\cos(n\theta)\int_r^R \eta^{1-n}G_c^{(n)}(\eta)\mathrm{d}\eta \right\} \quad (13.83\mathrm{b})$$

通过上述求解可以发现，在非轴对称情形膜的剪应力不为零，即其可以表示为电磁力势函数的关系：

$$\sigma_{r\theta}^{(f)} = \frac{2E_f(1-\nu_s^2)}{E_s h_s(1+\nu_f)}\left\{ \frac{\nu_s}{3+\nu_s}\sum_{n=1}^{\infty}\frac{n+1}{R^{n+2}}\left[n\frac{r^n}{R^n} - (n-1)\frac{r^{n-2}}{R^{n-2}} \right]\sin(n\theta)\int_0^R \eta^{n+1}G_c^{(n)}(\eta)\mathrm{d}\eta \right.$$

$$- \sum_{n=1}^{\infty}\frac{n+1}{r^{n+2}}\sin(n\theta)\int_0^r \eta^{n+1}G_c^{(n)}(\eta)\mathrm{d}\eta$$

$$\left. + \sum_{n=1}^{\infty}(n-1)r^{n-2}\sin(n\theta)\int_r^R \eta^{1-n}G_c^{(n)}(\eta)\mathrm{d}\eta \right\} \quad (13.84)$$

从曲率分量的表达式（13.81）和式（13.82），以及膜层应力分量的表达式（13.83）和式（13.84），可以看出，曲率分量与应力分量均由电磁体力的势函数决定，因此，以电磁体力函数为桥梁可以直接建立薄膜应力分量和曲率分量的关系。

为了简化表征式，我们引入中间量

$$C_n = \frac{1}{\pi R^2}\iint_A (k_{rr} + k_{\theta\theta})\frac{r^n}{R^n}\cos(n\theta)\mathrm{d}A \quad (13.85)$$

于是，前面得到的薄膜应力分量和曲率的关系式可以简化为

$$\sigma_{rr}^{(f)} + \sigma_{\theta\theta}^{(f)} = -\frac{E_f h_s}{6(1-\nu_f)}\left[4(k_{rr} + k_{\theta\theta}) + \frac{1-\nu_s}{1+\nu_s}\sum_{n=1}^{\infty}(n+1)\frac{r^n}{R^n}C_n\cos(n\theta) \right] \quad (13.86\mathrm{a})$$

$$\sigma_{rr}^{(f)} - \sigma_{\theta\theta}^{(f)} = -\frac{E_f h_s}{6(1+\nu_f)}\left\{ 4(k_{rr} - k_{\theta\theta}) \right.$$

$$\left. - \sum_{n=1}^{\infty}(n+1)\left[n\frac{r^n}{R^n} - (n-1)\frac{r^{n-2}}{R^{n-2}} \right]C_n\cos(n\theta) \right\} \quad (13.86\mathrm{b})$$

$$\sigma_{r\theta}^{(p)} = -\frac{E_f h_s}{6(1+\nu_f)} \left\{ 4k_{r\theta} + \frac{1}{2} \sum_{n=1}^{\infty} (n+1) \left[n\frac{r^n}{R^n} - (n-1)\frac{r^{n-2}}{R^{n-2}} \right] C_n \sin(n\theta) \right\} \quad (13.87)$$

同理可以将界面切应力与曲率的关系式简化如下：

$$\tau_r = \frac{E_s h_s^2}{6(1-\nu_s^2)} \left[\frac{\partial}{\partial r}(k_{rr}+k_{\theta\theta}) - \frac{1-\nu_s}{2R} \sum_{n=1}^{\infty} n(n+1)\frac{r^{n-1}}{R^{n-1}} C_n \cos(n\theta) \right] \quad (13.88a)$$

$$\tau_\theta = \frac{E_s h_s^2}{6(1-\nu_s^2)} \left[\frac{1}{r}\frac{\partial}{\partial\theta}(k_{rr}-k_{\theta\theta}) + \frac{1-\nu_s}{2R} \sum_{n=1}^{\infty} n(n+1)\frac{r^{n-1}}{R^{n-1}} C_n \sin(n\theta) \right] \quad (13.88b)$$

13.2.3　理论模型讨论[26]

通过前面所得的理论结果可以看出，对于形式上最为简单的轴对称高温超导薄膜系统，薄膜内局部应力是由局部曲率决定的，它不能够退化为 Huang 等[12-16]基于的 Stoney 公式。Huang 等的理论模型显示[12-16]，薄膜内的局部应力不仅仅与局部曲率有关，且与整个薄膜材料的平均曲率有关。究其原因在于 Huang 等[12-16]的理论模型考虑了晶格失配引起的温度应力或错配应力，这种应力从本质上讲是一种双轴应力。而轴对称超导薄膜承受的电磁体力实际上是一种 Lorentz 形式的单轴应力，虽然 Huang 等所建立的超导薄膜应力曲率理论模型能够退化为 Stoney 公式，但从受力模式上看不具有自洽性。

对于非轴对称高温超导薄膜系统，本章所建立的模型中，薄膜应力以及界面切应力不仅依赖于局部曲率（对应点的曲率），还通过式（13.85）的 C_n 与非局部曲率（其他点的曲率）相关。对于理想情形即电磁体力势函数是轴对称分布的情形，相应的曲率也是轴对称分布的（即扭率将自动为零），根据三角函数级数的正交性，式（13.86）～式（13.88）中所有级数项将自动变为零，薄膜应力分量以及界面切应力分量将自动退化为轴对称的形式，显示了所得模型的自洽性和连贯性。

13.3　极端环境下的激光剪切干涉方法

前面已经提到，高温超导薄膜系统相比于传统的薄膜体系具有更加复杂和苛刻的工作环境，包括极低的温度环境和强电磁场环境，这种情形下导致超导薄膜的曲率测量面临常温测量不具有的难点与挑战，比如低温下空气折射率的改变、低温介质引起的观察界面抖动、强电磁环境干扰等。相干梯度敏感（CGS）方法是一种具有高精度、全场、非接触、振动不敏感等优点的薄膜曲率测量方法，在裂纹尖端变形场测量、高温下薄膜变形测量（忽略空气折射率随温度的变化）等方面有着广泛的应用，取得了一系列重要研究成果。鉴于超导低温环境与介质的不同要求，我们在这节将介绍如何通过解决空气折射率随温度改变对测量结果带来误差的基础上，以使这一全场测量方法成功地扩展至低温环境。与此同时，在电磁场环境对于激光干涉带来的影响可以忽略的前提下，我们设计了一系列激光剪切光路，结合 13.2 节的基本理论，其有效实验研究为超导薄膜应力研究奠定了基础。

13.3.1　相干梯度敏感方法介绍

CGS 系统的主要原理是一束平行光通过分光棱镜照射在薄膜表面，从薄膜表面反射的光携带着表面的变形信息，进入 CGS 系统发生剪切干涉，最终通过对条纹图像的处理，还原出薄膜表面的变形梯度和曲率，如图 13.8 所示。

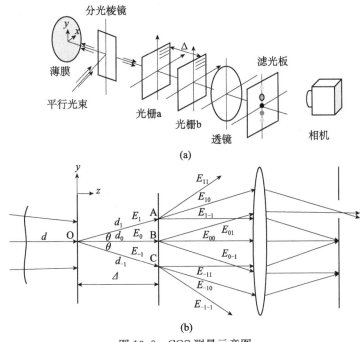

(a)

(b)

图 13.8　CGS 测量示意图

(a) CGS 系统组成部分；(b) CGS 系统光路示意图

当选取薄膜平面区域用 (x,y) 而 z 方向沿薄膜厚度方向时，薄膜表面的形函数可以表示为

$$z=f(x,y) \quad 或 \quad F(x,y,z)=z-f(x,y)=0 \tag{13.89}$$

其反射平面的法向量可以表示为

$$N=\frac{\nabla F}{|\nabla F|}=\frac{-f_x\mathbf{e}_x-f_y\mathbf{e}_y+\mathbf{e}_z}{\sqrt{1+f_x^2+f_y^2}} \tag{13.90}$$

其中，$\mathbf{e}_x$、$\mathbf{e}_y$ 和 $\mathbf{e}_z$ 分别为上述三正交坐标方向的单位矢量。

进而反射光的传播矢量 d 可以表示为

$$d = (2\mathbf{e}_z \cdot \mathbf{N})\mathbf{N} - \mathbf{e}_z = \alpha\mathbf{e}_x + \beta\mathbf{e}_y + \gamma\mathbf{e}_z$$

$$= \frac{2(-f_x\mathbf{e}_x - f_y\mathbf{e}_y + \mathbf{e}_z)}{1 + f_x^2 + f_y^2} - \mathbf{e}_z \quad (13.91)$$

其中,

$$\alpha = -2f_x/(1 + f_x^2 + f_y^2), \quad \beta = -2f_y/(1 + f_x^2 + f_y^2),$$
$$\gamma = (1 - f_x^2 - f_y^2)/(1 + f_x^2 + f_y^2)$$

依照光的传播理论可知, 当反射光进入光栅 a 时发生第一次衍射, 三个衍射主极分别为 E_1、E_0 和 E_{-1}, 相应的传播矢量分别记为 d_{-1}、d_0 和 d_{-1}, 并且可以表示为

$$d_0 = d, \quad d_{\pm1} = \Omega_{\pm1}d_0 \quad (13.92)$$

其中, 角度偏转张量 $\Omega_{\pm1}$ 可以写为

$$\Omega_{\pm1} = \begin{bmatrix} 1 & 0 & 0 \\ 0 & \cos\theta & \mp\sin\theta \\ 0 & \pm\sin\theta & \cos\theta \end{bmatrix} \quad (13.93)$$

联立式 (13.91) 和式 (13.93) 后, 可以得到

$$d_{\pm1} = [\alpha\mathbf{e}_x + (\beta\cos\theta \mp \gamma\sin\theta)\mathbf{e}_y + (\gamma\cos\theta \pm \beta\sin\theta)\mathbf{e}_z] \quad (13.94)$$

$$|\mathbf{OA}| \cdot d_1 \cdot \mathbf{e}_z = |\mathbf{OA}|(\gamma\cos\theta + \beta\sin\theta) = \Delta \quad (13.95)$$

$$|\mathbf{OB}| \cdot d_0 \cdot \mathbf{e}_z = |\mathbf{OB}|\gamma = \Delta \quad (13.96)$$

$$|\mathbf{OC}| \cdot d_1 \cdot \mathbf{e}_z = |\mathbf{OC}|(\gamma\cos\theta - \beta\sin\theta) = \Delta \quad (13.97)$$

于是在光栅 b 处, 波阵面可以表示为

$$E_1 = a_1\exp[i(kd_1 \cdot \mathbf{OA} + kd_1 \cdot x)]$$

$$= a_1\exp\left\{i\left[k\left(\frac{\Delta}{\gamma\cos\theta + \beta\sin\theta}\right) + kd_1 \cdot x\right]\right\} \quad (13.98)$$

$$E_0 = a_0\exp[i(kd_0 \cdot \mathbf{OB} + kd_0 \cdot x)] = a_0\exp\left[i\left(k\frac{\Delta}{\gamma} + kd_0 \cdot x\right)\right] \quad (13.99)$$

$$E_{-1} = a_1\exp[i(kd_{-1} \cdot \mathbf{OC} + kd_{-1} \cdot x)]$$

$$= a_1\exp\left[i\left(k\frac{\Delta}{\gamma\cos\theta - \beta\sin\theta} + kd_{-1} \cdot x\right)\right] \quad (13.100)$$

当衍射光进入二级光栅后, 还会再次发生衍射, 且每一次衍射级数都会再次形成三个新的衍射级数. 分别记其为 $E_{(1,1)}$, $E_{(1,0)}$, $E_{(1,-1)}$, $E_{(0,1)}$, $E_{(0,0)}$, $E_{(0,-1)}$, $E_{(-1,1)}$, $E_{(-1,0)}$ 和 $E_{(-1,-1)}$, 其中, $E_{(1,0)}$ 和 $E_{(0,1)}$ 的传播矢量为 d_1; $E_{(1,-1)}$, $E_{(0,0)}$ 和 $E_{(-1,1)}$ 的传播矢量 d_0; $E_{(0,-1)}$ 和 $E_{(-1,0)}$ 的传播矢量为 d_{-1}. $E_{(1,0)}$ 和 $E_{(0,1)}$, $E_{(1,-1)}$ 和 $E_{(0,0)}$, 以及 $E_{(-1,1)}$, $E_{(0,-1)}$ 和 $E_{(-1,0)}$ 可以分别发生干涉. CGS 系统中通常使用 $E_{(1,0)}$ 和 $E_{(0,1)}$ 或者 $E_{(0,-1)}$ 和 $E_{(-1,0)}$ 形成的干涉条

纹，下面我们将分别考虑这两种情形。

首先选取 $E_{(1,0)}$ 和 $E_{(0,1)}$ 形成的干涉条纹，满足的波动方程分别为

$$E_{(1,0)} = a_1 \exp[\mathrm{i}(k\boldsymbol{d}_1 \cdot \mathbf{OA} + k\boldsymbol{d}_1 \cdot \boldsymbol{x})]$$

$$= a_1 \exp\left\{\mathrm{i}\left[k\left(\frac{\Delta}{\gamma\cos\theta + \beta\sin\theta}\right) + k\boldsymbol{d}_1 \cdot \boldsymbol{x}\right]\right\} \quad (13.101)$$

$$E_{(0,1)} = a_0 \exp[\mathrm{i}(k\boldsymbol{d}_0 \cdot \mathbf{OB} + k\boldsymbol{d}_1 \cdot \boldsymbol{x})] = a_0 \exp\left\{\mathrm{i}\left[k\left(\frac{\Delta}{\gamma}\right) + k\boldsymbol{d}_1 \cdot \boldsymbol{x}\right]\right\} \quad (13.102)$$

各自产生相应光强的计算式如下：

$$I_1 = \varepsilon\mu\frac{a_1^2}{2}, \quad I_2 = \varepsilon\mu\frac{a_0^2}{2} \quad (13.103)$$

而发生干涉后光强分布则变为

$$I = I_1 + I_2 + I_{12} = \varepsilon\mu\left[\frac{a_1^2}{2} + \frac{a_0^2}{2} + a_1 a_0\cos\left(\frac{k\Delta}{\gamma} - \frac{k\Delta}{\gamma\cos\theta + \beta\sin\theta}\right)\right] \quad (13.104)$$

或简写为

$$I = I_c + \varepsilon\mu a_1 a_2 \cdot \cos\left\{\frac{k\Delta\left[\gamma(\cos\theta - 1) + \beta\sin\theta\right]}{\gamma(\gamma\cos\theta + \beta\sin\theta)}\right\} \quad (13.105)$$

其中，$I_c = \varepsilon\mu(a_1^2 + a_0^2)/2$。注意到 θ 非常小，取近似 $\sin\theta \approx \theta$、$\cos\theta \approx 1$ 后，式 (13.105) 可进一步化简为

$$I = I_c + \varepsilon\mu a_1 a_2 \cos\left(\frac{k\Delta\,\beta\theta}{\gamma^2}\right) \quad (13.106)$$

从式 (13.106) 可知，产生相长干涉条纹的条件对应为 $\cos\left(\frac{k\Delta\,\beta\theta}{\gamma^2}\right) = 1$，即有

$$\frac{k\Delta\,\beta\theta}{\gamma^2} = 2n\pi, \quad n = 0, \pm 1, \pm 2, \cdots \quad (13.107)$$

其次，若选取 $E_{(-1,0)}$ 和 $E_{(0,-1)}$，则二者的波动方程分别为

$$E_{(0,-1)} = a_0 \exp[\mathrm{i}(k\boldsymbol{d}_0 \cdot \mathbf{OB} + k\boldsymbol{d}_{-1} \cdot \boldsymbol{x})] = a_0 \exp\left[\mathrm{i}\left(k\frac{\Delta}{\gamma} + k\boldsymbol{d}_{-1} \cdot \boldsymbol{x}\right)\right] \quad (13.108)$$

$$E_{(-1,0)} = a_1 \exp[\mathrm{i}(k\boldsymbol{d}_{-1} \cdot \mathbf{OC} + k\boldsymbol{d}_{-1} \cdot \boldsymbol{x})]$$

$$= a_1 \exp\left[\mathrm{i}\left(k\frac{\Delta}{\gamma\cos\theta - \beta\sin\theta} + k\boldsymbol{d}_{-1} \cdot \boldsymbol{x}\right)\right] \quad (13.109)$$

其产生的干涉条纹表达式为

$$I = I_1 + I_2 + I_{12} = \varepsilon\mu\left[\frac{a_1^2}{2} + \frac{a_0^2}{2} + a_1 a_0\cos\left(\frac{k\Delta}{\gamma} - \frac{k\Delta}{\gamma\cos\theta - \beta\sin\theta}\right)\right] \quad (13.110)$$

进一步可以简写为

$$I = I_c + \varepsilon\mu a_1 a_0\cos\left\{\frac{k\Delta\left[\gamma(\cos\theta - 1) - \beta\sin\theta\right]}{\gamma(\gamma\cos\theta - \beta\sin\theta)}\right\} \quad (13.111)$$

其中，$I_c = \varepsilon\mu(a_1^2 + a_0^2)/2$。于是在考虑近似 $\sin\theta \approx \theta$、$\cos\theta \approx 1$ 后，式 (13.111) 可

以化为式（13.106），即上述两种方式产生同样的干涉条纹计算式。因此，在以后的应用中，若无特殊说明，将只考虑由 $E_{(1,0)}$ 和 $E_{(0,1)}$ 所产生的干涉条纹。

将 α、β 和 γ 的表达式代入式（13.107）中，同时考虑激光波数 $k=2\pi/\lambda$ 和光栅常数 $p\approx\lambda/\theta$，就可得到 y 方向变形梯度与条纹级数的关系：

$$f_y=\frac{(1-|\nabla f|^2)^2}{1+|\nabla f|^2}\frac{np}{2\Delta}, \quad n=0,\pm1,\pm2,\cdots \tag{13.112}$$

当光栅的主方向沿 x 轴向时，同理可以得到薄膜 x 方向梯度和条纹级数的关系：

$$f_x=\frac{(1-|\nabla f|^2)^2}{1+|\nabla f|^2}\frac{mp}{2\Delta}, \quad m=0,\pm1,\pm2,\cdots \tag{13.113}$$

不失一般性，假定曲面方程为：$z=f(x,y)$。对于曲面较薄的情况，曲线坐标系可化简为：$x=\xi_1$，$y=\xi_2$，$z=\hat{f}(x,y)=f(x,y)$ 和 $r(x,y,z)=xe_x+ye_y+f(x,y)e_z$，可得与曲面方程相关的曲率表达式为

$$k_{xx}=\frac{f_{xx}}{\sqrt{1+f_x^2+f_y^2}}=\frac{f_{xx}}{\sqrt{1+|\nabla f|^2}} \tag{13.114}$$

$$k_{yy}=\frac{f_{yy}}{\sqrt{1+f_x^2+f_y^2}}=\frac{f_{yy}}{\sqrt{1+|\nabla f|^2}} \tag{13.115}$$

$$k_{xy}=\frac{f_{xy}}{\sqrt{1+f_x^2+f_y^2}}=\frac{f_{xy}}{\sqrt{1+|\nabla f|^2}} \tag{13.116}$$

当薄膜满足小变形假设时有 $|\nabla f|^2\ll1$，将式（13.112）和式（13.113）代入式（13.114）~式（13.116）最终可以获得各曲率分量与条纹级数的关系：

$$k_{xx}\approx\frac{\partial^2 f(x,y)}{\partial x^2}\approx\frac{p}{2\Delta}\left(\frac{\partial n^{(x)}}{\partial x}\right) \tag{13.117}$$

$$k_{yy}\approx\frac{\partial^2 f(x,y)}{\partial y^2}\approx\frac{p}{2\Delta}\left(\frac{\partial n^{(y)}}{\partial y}\right) \tag{13.118}$$

$$k_{xy}\approx\frac{\partial^2 f(x,y)}{\partial x\,\partial y}\approx\frac{p}{2\Delta}\left(\frac{\partial n^{(x)}}{\partial y}\right)=\frac{p}{2\Delta}\left(\frac{\partial n^{(y)}}{\partial x}\right) \tag{13.119}$$

其中，$n^{(x)}=0,\pm1,\pm2,\cdots$ 和 $n^{(y)}=0,\pm1,\pm2,\cdots$ 分别表示 x 与 y 方向的条纹级数。故此，式（13.117）~式（13.119）就给出了 CGS 系统通过测量干涉条纹数来求解薄膜曲率的基本方程。

13.3.2　低温环境下的 CGS 方法[20-22]

当被测样品的超导薄膜放置在低温气体介质中时，如图 13.9（a）所示，在理想情形下，其折射过程如图 13.9（b）所示，并引入温度相关的空气折射率：

$$n(T)=1+\frac{n_0-1}{1+\kappa T} \tag{13.120}$$

其中，κ 为 $0.00367℃^{-1}$。

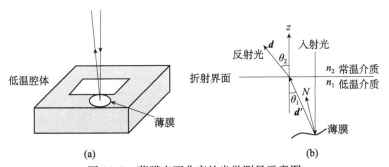

图 13.9　薄膜表面曲率的光学测量示意图
(a) 处于低温腔体内的薄膜；(b) 折射界面的光路示意图

　　由于垂直入射薄膜样品表面光的传播向量不会因折射发生改变，但是从薄膜表面反射后，光的传播向量在经过界面处会发生折射，其传播矢量变为

$$\boldsymbol{d} = \frac{n_1}{n_2}\boldsymbol{d}' + (\cos\theta_2 - \frac{n_1}{n_2}\cos\theta_1)\mathbf{e}_z \tag{13.121}$$

其中，$\boldsymbol{d}'$ 表示薄膜表面反射光的传播向量与式（13.121）相同，此外，

$$\cos\theta_1 = \boldsymbol{d}' \cdot \mathbf{e}_z = \frac{1 - |\nabla f|^2}{1 + |\nabla f|^2}, \quad \sin\theta_1 = \sqrt{1 - \cos\theta_1^2} = \frac{2|\nabla f|}{1 + |\nabla f|^2} \tag{13.122}$$

根据折射定律 $n_1 \cdot \sin\theta_1 = n_2 \cdot \sin\theta_2$，可以得到

$$\sin\theta_2 = \frac{n_1}{n_2} \cdot \frac{2|\nabla f|}{1 + |\nabla f|^2},$$

$$\cos\theta_2 = \sqrt{1 - \sin\theta_2^2} = \frac{\sqrt{n_2^2(1 + |\nabla f|^2)^2 - n_1^2 \cdot 4|\nabla f|^2}}{n_2(1 + |\nabla f|^2)} \tag{13.123}$$

将式（13.122）和式（13.123）代入式（13.121）中，就可以得到折射后的光传播矢量为

$$\boldsymbol{d} = \alpha\mathbf{e}_x + \beta\mathbf{e}_y + \gamma\mathbf{e}_z$$

$$= \frac{n_1}{n_2}\boldsymbol{d}' + \left[\frac{\sqrt{n_2^2(1 + |\nabla f|^2)^2 - n_1^2 \cdot 4|\nabla f|^2}}{n_2(1 + |\nabla f|^2)} - \frac{n_1}{n_2} \cdot \frac{1 - |\nabla f|^2}{1 + |\nabla f|^2} \right] \mathbf{e}_z \tag{13.124}$$

其中，$\alpha = \dfrac{-2f_{,x}}{1 + f_{,x}^2 + f_{,y}^2} \cdot \dfrac{n_1}{n_2}$，$\beta = \dfrac{-2f_{,y}}{1 + f_{,x}^2 + f_{,y}^2} \cdot \dfrac{n_1}{n_2}$，$\gamma = \dfrac{\sqrt{n_2^2(1 + |\nabla f|^2)^2 - n_1^2 \cdot 4|\nabla f|^2}}{n_2(1 + |\nabla f|^2)}$。

　　将此处的 α、β 和 γ 的表达式代入式（13.107）后，最终就得到了在折射介质内样品的变形梯度与条纹级数的关系：

$$f_y = \frac{np}{2\Delta} \cdot \frac{n_2^2(1 + |\nabla f|^2)^2 - 4n_1^2|\nabla f|^2}{n_1 n_2(1 + |\nabla f|^2)}, \quad n = 0, \pm 1, \pm 2, \cdots \tag{13.125}$$

$$f_x = \frac{mp}{2\Delta} \cdot \frac{n_2^2(1+|\nabla f|^2)^2 - 4n_1^2|\nabla f|^2}{n_1 n_2(1+|\nabla f|^2)}, \quad m = 0, \pm 1, \pm 2, \cdots \quad (13.126)$$

进一步考虑到小变形，即有 $|\nabla f|^2 \ll 1$，最终获得折射率修正后的曲率的表达式为

$$k_{xx} = \frac{n_2}{n_1} \cdot \frac{p}{2\Delta}\left(\frac{\partial n^{(x)}}{\partial x}\right), \quad n = 0, \pm 1, \pm 2, \cdots \quad (13.127)$$

$$k_{yy} = \frac{n_2}{n_1} \cdot \frac{p}{2\Delta}\left(\frac{\partial n^{(y)}}{\partial y}\right), \quad n = 0, \pm 1, \pm 2, \cdots \quad (13.128)$$

$$k_{xy} = \frac{n_2}{n_1} \cdot \frac{p}{2\Delta}\left(\frac{\partial n^{(y)}}{\partial x}\right) = \frac{n_2}{n_1} \cdot \frac{p}{2\Delta}\left(\frac{\partial n^{(x)}}{\partial y}\right), \quad n = 0, \pm 1, \pm 2, \cdots \quad (13.129)$$

记 $\eta = \max(|\nabla f|^2)$，并将式（13.125）和式（13.126）代入式（13.114）~式（13.116）后，就可以得到

$$k_{xx} = \frac{n_2^2(1+\eta)^2 - 4n_1^2\eta}{n_1 n_2(1+\eta)^{3/2}} \cdot \frac{p}{2\Delta}\left(\frac{\partial n^{(x)}}{\partial x}\right) \quad (13.130)$$

$$k_{yy} = \frac{n_2^2(1+\eta)^2 - 4n_1^2\eta}{n_1 n_2(1+\eta)^{3/2}} \cdot \frac{p}{2\Delta}\left(\frac{\partial n^{(y)}}{\partial y}\right) \quad (13.131)$$

$$k_{xy} = \frac{n_2^2(1+\eta)^2 - 4n_1^2\eta}{n_1 n_2(1+\eta)^{3/2}} \cdot \frac{p}{2\Delta}\left(\frac{\partial n^{(x)}}{\partial y}\right)$$

$$= \frac{n_2^2(1+\eta)^2 - 4n_1^2\eta}{n_1 n_2(1+\eta)^{3/2}} \cdot \frac{p}{2\Delta}\left(\frac{\partial n^{(y)}}{\partial x}\right) \quad (13.132)$$

需要指出的是，这里已对 $[n_2^2(1+\eta)^2 - 4n_1^2\eta^2]/n_1 n_2(1+\eta)^{3/2}$ 进行了 Taylor 展开处理，即

$$\frac{n_2^2(1+\eta)^2 - 4n_1^2\eta^2}{n_1 n_2(1+\eta)^{3/2}} = \frac{n_2}{n_1} + \frac{n_2^2 - 8n_1^2}{2n_1 n_2} \cdot \eta + o(\eta^2) \quad (13.133)$$

于是，CGS 系统的测量曲率的绝对误差限为

$$e_{k_{xx}^*} = k_{xx}^* - k_{xx} = \frac{8n_1^2 - n_2^2}{2n_1 n_2} \cdot \eta \cdot \frac{p}{2\Delta}\left(\frac{\partial n^{(x)}}{\partial x}\right) \quad (13.134)$$

$$e_{k_{yy}^*} = k_{yy}^* - k_{yy} = \frac{8n_1^2 - n_2^2}{2n_1 n_2} \cdot \eta \cdot \frac{p}{2\Delta}\left(\frac{\partial n^{(y)}}{\partial y}\right) \quad (13.135)$$

$$e_{k_{xy}^*} = k_{xy}^* - k_{xy} = \frac{8n_1^2 - n_2^2}{2n_1 n_2} \cdot \eta \cdot \frac{p}{2\Delta}\left(\frac{\partial n^{(x)}}{\partial y}\right)$$

$$= \frac{8n_1^2 - n_2^2}{2n_1 n_2} \cdot \eta \cdot \frac{p}{2\Delta}\left(\frac{\partial n^{(y)}}{\partial x}\right) \quad (13.136)$$

以及 CGS 系统测量曲率的相对误差为

$$e_{r_{kxx}}^* = e_{r_{kyy}}^* = e_{r_{kxy}}^* = \frac{k_{xx}^* - k_{xx}}{k_{xx}^*} = \frac{k_{yy}^* - k_{yy}}{k_{xx}^*} = \frac{k_{xy}^* - k_{xy}}{k_{xx}^*}$$

$$= \left(4\frac{n_1^2}{n_2^2} - \frac{1}{2}\right)\eta \quad (13.137)$$

　　从上述所得结果可以看出，系统误差除了与变形梯度大小有关外，还与两种介质的折射比相关联。考虑低温介质温度相关的折射率 $n_1(T) = 1 + (n_0 - 1)/(1 + \kappa T)$，和常温下空气的折射率 n_2 后，上述温度相关联的相对误差因子（$4n_1^2/n_2^2 - 1/2$）随绝对温度的变化曲线见图 13.10。由该图可见，随着温度的降低，这一相对误差因子呈指数形式增长。

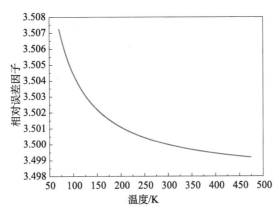

图 13.10　相对误差因子随介质温度的变化曲线

　　为验证介质折射对 CGS 测量曲率的影响，我们设计了验证性的实验装置如图 13.11 所示。该实验系统主要由标准球面镜（曲率已知）、液体介质（介质 1）、分光棱镜、光栅 a、光栅 b、透镜、滤光板和相机组成。实验时一束准直激光束通过分光棱镜垂直照射在球面镜的表面，经表面反射后在液体介质和空气介质（介质 2）界面发生折射，最后经分光棱镜进入 CGS 系统发生剪切干涉，通过透镜和滤光平面选择其中的 $E_{(1,0)}$ 和 $E_{(0,1)}$ 所形成的干涉条纹，最终条纹由彩色相机（所用型号为大恒 DH-HV5051）记录。

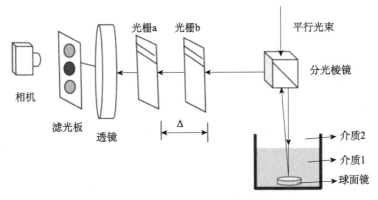

图 13.11　双层介质情形下 CGS 测量球面镜曲率的装置示意图

　　在验证实验中，所采用的球面镜的曲率为 $8\mathrm{m}^{-1}$，其沿 x 方向水平直径的梯度分布可以表示为

$$f_x(x,y)\big|_{y=0} = -\frac{x}{\sqrt{64-x^2-y^2}}\bigg|_{y=0}, \quad -0.008 \leqslant x \leqslant 0.008 \quad (13.138)$$

于是根据 CGS 系统的控制方程，相机拍摄的条纹亮度分布满足：

$$I(x,y) = a(x,y) + b(x,y)\cos\phi(x,y) \quad (13.139)$$

其中，$a(x,y)$ 和 $b(x,y)$ 分别表示背景亮度以及条纹振幅沿空间的缓慢变化；$\phi(x,y)$ 为条纹的相位，包含了薄膜的变形梯度信息。在图像处理时，为了提取条纹中的相位信息，对式（13.139）进行 Fourier 变换后，式（13.139）可以写为

$$I(x,y) = a(x,y) + c(x,y) - c^*(x,y) \quad (13.140)$$

其中，$c(x,y) = b(x,y)\mathrm{e}^{i\phi(x,y)}/2$，$c^*$ 为 c 的共轭。经过 Fourier 变换后得到频率相关的表达式为

$$I(\omega^{(x)},\omega^{(y)}) = A(\omega^{(x)},\omega^{(y)}) + C(\omega^{(x)},\omega^{(y)}) + C^*(-\omega^{(x)},-\omega^{(y)}) \quad (13.141)$$

式中，$A(\omega^{(x)},\omega^{(y)})$ 表示图像的直流分量通常包含背景亮度及其低频噪声。通常采用带通滤波器对变换后的 Fourier 图像进行带通滤波，仅保留项 $C(\omega^{(x)},\omega^{(y)})$ 或者 $C^*(-\omega^{(x)},-\omega^{(y)})$。如果保留项 $C(\omega^{(x)},\omega^{(y)})$，则经过频域滤波后再次进行逆 Fourier 变换，就可得到相位分布为

$$\phi(x,y) = \arctan\frac{\mathrm{Im}[C(x,y)]}{\mathrm{Re}[C(x,y)]} \quad (13.142)$$

其中，Im 表示虚部，Re 表示实部。注意此时得到的相位仍是包裹的相位，即 $\phi(x,y)$ 的分布在 $-\pi\sim\pi$。变形梯度和条纹级数的关系，可以最终转化为变形梯度和条纹相位的关系以便于数据处理。最后在两种介质折射下表面变形梯度和相位的关系可以表示为

$$\frac{n_1}{n_2}f_x(x,y)\bigg|_{y=0} = \frac{p}{4\pi\Delta}\phi(x,y)\bigg|_{y=0} \quad (13.143)$$

表面曲率和相位满足：

$$\frac{n_1}{n_2}\kappa_{xx} = \frac{p}{4\pi\Delta}\frac{\partial\phi^{(x)}(x,y)}{\partial x} \quad (13.144)$$

　　在这一验证性实验中，球面镜分别处在空气（折射率约为 1）、水（折射率约为 1.3）和硅油（折射率约为 1.4）三种不同折射率介质进行。在每一种介质的测量中，对应光栅 a 和 b 的间距分别以 25mm、30mm、35mm 和 40mm。图 13.12 显示了在光栅间距为 25mm 时分别在空气中，水中和硅油中的干涉条纹及其包裹的相位。

　　由图 13.12 可见：在相同光栅间距下，随着介质折射率的升高，测得到的条纹就越密集。于是对不同介质环境中测量条纹，依照式（13.130）～式（13.132）所

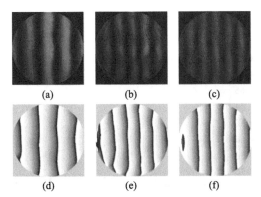

图 13.12 在 25mm 光栅间距下的 CGS 系统对被测量球面镜在不同介质中的干涉条纹
(a) 空气中; (b) 水中; (c) 硅油中; (d)~(f) 分别为相应的包裹相位图

计算得到的球面镜曲率、经修正后的曲率结果列于表 13.1。与球面的标准曲率 (0.125m^{-1}) 的对比可以看到,空气介质测得的曲率与标准曲率是很接近的,而在水与硅油介质中,未经修正的测量曲率均大于真实曲率,其相对误差超过了 20%; 而在经过前述的修正后,所得的曲率测量结果就很接近真实的曲率值,相对误差均不超过 1%,这表明了本章薄膜曲率测量的有效性。因此,在低温媒介中测量超导薄膜变形的曲率,采用本章方法是可行并有效的。

表 13.1 不同介质环境中测量的球面镜的曲率结果和修正结果

光栅间距/ mm	空气中测量曲率/ m^{-1}	水中测量曲率/ m^{-1}	修正后的曲率/ m^{-1}	硅油中测量的曲率/ m^{-1}	修正后的曲率/ m^{-1}
25mm	0.1245	0.1600	0.1231	0.1776	0.1269
30mm	0.1228	0.1623	0.1248	0.1772	0.1265
35mm	0.1263	0.1633	0.1257	0.1794	0.1281
40mm	0.1221	0.1609	0.1238	0.1786	0.1275

根据 CGS 系统的测量原理,所使用的可见光波长并不影响系统的测量精度,但是对于单一介质而言,折射率却是光波长的非线性函数,通常可表示为

$$n(\lambda) = a + \frac{b}{\lambda^2} + \frac{c}{\lambda^4} \tag{13.145}$$

其中,n、λ 分别表示折射率和光波长;a、b 和 c 分别表示与介质性质有关的常数,例如对于水介质而言,有 $a=1.32$、$b=3300$ 和 $c=1.2e7$。将式 (2.1.18) 代入误差因子表达式 $4n^2(\lambda)-1/2$ 中,就得到了误差因子随波长变化的曲线,如图 13.13 所示。由此可以看出,随着波长的增加,误差因子迅速下降而趋于平缓。因此,采用较长波长的可见光将有助于降低实验误差。

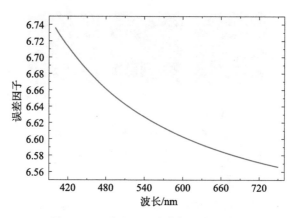

图 13.13　误差因子随波长的变化关系

　　前面分析了低温介质处于理想折射情形时对 CGS 系统测量的影响，但是在实际超导样品的测量操作中，低温介质例如液氮、液氦表面沸腾冷凝与挥发冷凝形成的蒸汽，还会影响干涉条纹的有效获取。另外，低温介质可实现的温度通常都是单一温度，难以实现变温条件。因此，在大多数的这类超导实验中，低温环境多采用 GM 制冷机来实现，并将样品放置在一带有观察窗的低温杜瓦中。这样一来，在含观察窗的低温杜瓦系统中，使用 CGS 系统来测试超导薄膜于不同温度环境下的曲率分布时，还需要在实验数据处理中考虑观察窗的反射和折射对实验结果的影响。如图 13.14（a）所示，为 CGS 系统结合含窗口的低温杜瓦实验装置示意图。在该测量装置中，超导薄膜的冷却是通过与制冷机相连接的冷指（二级冷头）以热传导的方式来实现的。由于薄膜处在真空环境，真空腔体通过等厚度的观察窗口与外界隔开，从而有效解决了浸泡式制冷中不稳定折射界面的影响。在我们的实验中，观察窗口采用 K9 玻璃制成、且上下表面光滑。于是，照射在观察窗口上的光束就会先在上表面发生镜面反射。如果观察窗口与入射光束垂直，除了透射光外，反射光将会先进入 CGS 测量系统，从而对条纹产生干扰。为消除这一不利影响，我们将安装的观察窗口倾斜一小的角度 θ，如图 13.14（b）所示。在开展实验时，这一小的倾斜只需使观察窗口的反射光束不进入 CGS，亦即从分光棱镜的边缘射出即可。根据图 13.14（b）所示的几何关系，可以得到，最小倾斜角度 $\theta = h/l - \sqrt{h^2/l^2 - 1}$。由于观察窗口是等厚度的，加之真空状态中光束的折射率和空气的折射率近似相等，根据 13.3.2 节对 CGS 在多层介质测量的分析可知，当光束从薄膜表面穿过观察窗口时，就只会发生偏折光到达样品后，再折回到 CGS 测量系统，此时传播矢量仍然保持不变，即 $d \approx d'$，这样就可以保证测量的曲率为薄膜系统的准确值而不必再进行修正。

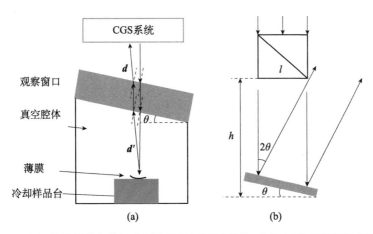

图 13.14 （a）超导样品在传导式制冷装置低温环境下，加装倾斜观测窗的 CGS 系统测量光路示意图；（b）观察窗口倾斜角度的几何关系

13.4 超导薄膜在冷却和磁化过程中的应力分布

在本节中，我们将采用前面介绍的测量原理与方法，通过实验测得超导薄膜样品在不同环境因素情形下的干涉条纹后，给出测量样品中的应力分布特征。

13.4.1 冷却过程中的热应力分布[21]

图 13.15（a）给出了低温环境下的超导薄膜曲率测量的实验系统示意图，图 13.15（b）显示了实验实物装置图。该实验系统由 CGS 系统和基于 GM 制冷机的真空低温杜瓦组成，其中制冷机型号为 YT110-06-004，制冷功率为 5W/20K。经扩束后的平行激光光束（632nm）通过分光棱镜和具有倾斜角度的观察窗口，照射到 YBCO 薄膜表面，经薄膜表面的反射后，再次通过观察窗口和分光棱镜，进入间距为 $\Delta=21$mm 的一组平行光栅 G1 和 G2 发生剪切干涉，所形成的干涉条纹经过滤光孔后由 CCD 相机（型号为大恒 DH-HV5051）记录。冷却样品台的温度由铑铁电阻（精度 0.1K）温度传感器实时记录。

当环境温度从 30K 变化到常温 297K 时，实验测得的 x 方向与 y 方向的干涉条纹图分别见图 13.16 和图 13.17。

在采用 Fourier 带通滤波方法后，进一步分别得到了 x 方向与 y 方向对应的包裹的相位，见图 13.18 和图 13.19。

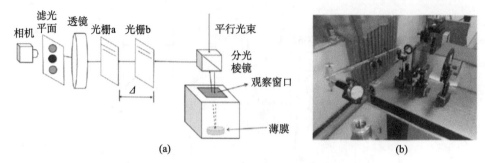

(a)   (b)

图 13.15　低温环境下薄膜曲率测量示意图

（a）光路图；（b）实验装置照片

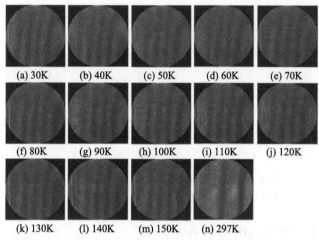

(a) 30K   (b) 40K   (c) 50K   (d) 60K   (e) 70K

(f) 80K   (g) 90K   (h) 100K   (i) 110K   (j) 120K

(k) 130K   (l) 140K   (m) 150K   (n) 297K

图 13.16　YBCO 薄膜对应温度的 x 方向条纹

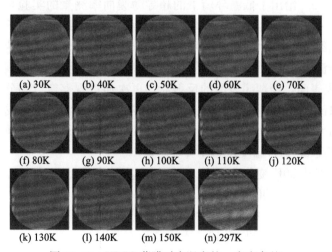

(a) 30K   (b) 40K   (c) 50K   (d) 60K   (e) 70K

(f) 80K   (g) 90K   (h) 100K   (i) 110K   (j) 120K

(k) 130K   (l) 140K   (m) 150K   (n) 297K

图 13.17　YBCO 薄膜对应温度的 y 方向条纹

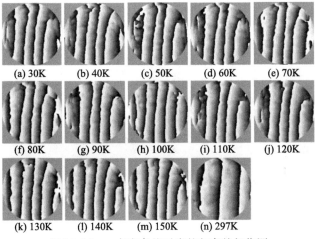

图 13.18　x 方向条纹对应的包裹的相位图

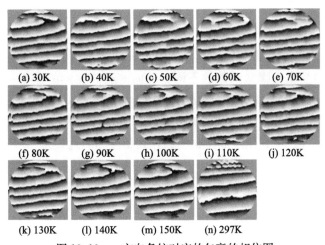

图 13.19　y 方向条纹对应的包裹的相位图

将所得相位解包后，就可得到全场相位，再根据下面的式（13.146）就可得到全场的曲率与扭率的分布：

$$\kappa_{xx} = \frac{\partial^2 f(x,y)}{\partial x^2} = \frac{p}{4\pi\Delta}\frac{\partial \delta^{(x)}(x,y)}{\partial x} \tag{13.146a}$$

$$\kappa_{yy} = \frac{\partial^2 f(x,y)}{\partial x^2} = \frac{p}{4\pi\Delta}\frac{\partial \delta^{(y)}(x,y)}{\partial x} \tag{13.146b}$$

$$\kappa_{xy} = \frac{\partial^2 f(x,y)}{\partial x \partial y} = \frac{p}{4\pi\Delta}\frac{\partial \delta^{(x)}(x,y)}{\partial y} \tag{13.146c}$$

依照上述计算式，如在温度 30K 情形，x 方向的曲率 k_{xx}，y 方向的曲率 k_{yy}，以及关于这类方向的扭率 k_{xy} 的分布分别见如图 13.20（a）～（c）。需要指出的是，这里的热变形是以常温下 297K 时的曲率量为参考值，低温下的薄膜变形曲率是通过相应温度下测得的曲率减去对应的参考曲率值来得到的。

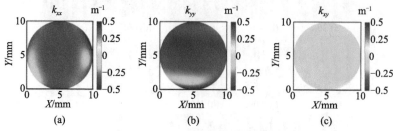

图 13.20　在 $T=30\text{K}$ 时薄膜热变形的曲率分布云图

(a) x 方向的变形曲率；(b) y 方向的变形曲率；(c) 变形扭率

在获得笛卡儿坐标下的薄膜样品热变形曲率与扭率分量后，通过如下的坐标变换式（13.147），不难得到极坐标下的曲率与扭率分量。

$$\begin{bmatrix} k_{rr} \\ k_{r\theta} \\ k_{\theta\theta} \end{bmatrix} = \begin{bmatrix} \cos^2\theta & 2\sin\theta\cos\theta & \sin^2\theta \\ -\sin\theta\cos\theta & \cos^2\theta - \sin^2\theta & \sin\theta\cos\theta \\ \sin^2\theta & -2\sin\theta\cos\theta & \cos^2\theta \end{bmatrix} \begin{bmatrix} k_{xx} \\ k_{yy} \\ k_{zz} \end{bmatrix} \quad (13.147)$$

由于膜层和基底热膨胀系数的不同，进而薄膜热变形的曲率是由两者共同变形相互作用的结果。Feng 等[19] 考虑了非均匀分布温度后导出了用于描述薄膜—基底系统的变形曲率和应力公式，该公式表明局部点的薄膜应力，不仅与局部点的曲率有关，而且还与其他点曲率也相关，其相应的表达式为

$$\sigma_{rr}^{(f)} + \sigma_{\theta\theta}^{(f)} = \frac{E_s h_s^2}{6(1-\nu_s)h_f}\left\{\overline{\kappa_{rr} + \kappa_{\theta\theta}}\right.$$
$$+ \frac{(1+\nu_f)[(1+\nu_s)\alpha_s - 2\alpha_f]}{(1+\nu_s)[(1+\nu_s)\alpha_s - (1+\nu_f)\alpha_f]}(\kappa_{rr} + \kappa_{\theta\theta} - \overline{\kappa_{rr} + \kappa_{\theta\theta}})$$
$$+ \left[\frac{3+\nu_s}{1+\nu_s} - 2\frac{(1+\nu_f)[(1+\nu_s)\alpha_s - 2\alpha_f]}{(1+\nu_s)[(1+\nu_s)\alpha_s - (1+\nu_f)\alpha_f]}\right]$$
$$\left.\times \sum_{m=1}^{\infty}(m+1)\left(\frac{r}{R}\right)^m[C_m\cos(m\theta) + S_m\sin(m\theta)]\right\} \quad (13.148)$$

$$\sigma_{rr}^{(f)} - \sigma_{\theta\theta}^{(f)} = \frac{E_s h_s^2 \alpha_s(1-\nu_f)}{6h_f(1-\nu_s)[(1+\nu_s)\alpha_s - (1+\nu_f)\alpha_f]}\left\{\kappa_{rr} - \kappa_{\theta\theta}\right.$$
$$- \sum_{m=1}^{\infty}(m+1)\left[m\left(\frac{r}{R}\right)^m - (m-1)\left(\frac{r}{R}\right)^{m-2}\right][C_m\cos(m\theta)$$
$$\left. + S_m\sin(m\theta)]\right\} \quad (13.149)$$

$$\sigma_{r\theta}^f = \frac{E_s h_s^2 \alpha_s (1-\nu_f)}{6h_f(1-\nu_s)[(1+\nu_s)\alpha_s - (1+\nu_f)\alpha_f]} \left\{ \kappa_{r\theta} \right.$$

$$+ \frac{1}{2}\sum_{m=1}^{\infty}(m+1)\left[m\left(\frac{r}{R}\right)^m - (m-1)\left(\frac{r}{R}\right)^{m-2}\right][C_m\cos(m\theta)$$

$$\left. - S_m\sin(m\theta)]\right\} \tag{13.150}$$

$$\tau_r = \frac{E_s h_s^2}{6(1-\nu_s^2)}\left\{\frac{\partial}{\partial r}(\kappa_{rr}+\kappa_{\theta\theta})\right.$$

$$\left. - \frac{1-\nu_s}{2R}\sum_{m=1}^{\infty}m(m+1)\left(\frac{r}{R}\right)^{m-1}[C_m\cos(m\theta)+S_m\sin(m\theta)]\right\} \tag{13.151}$$

$$\tau_\theta = \frac{E_s h_s^2}{6(1-\nu_s^2)}\left\{\frac{1}{r}\frac{\partial}{\partial\theta}(\kappa_{rr}+\kappa_{\theta\theta})\right.$$

$$\left. + \frac{1-\nu_s}{2R}\sum_{m=1}^{\infty}m(m+1)\left(\frac{r}{R}\right)^{m-1}[C_m\cos(m\theta)-S_m\sin(m\theta)]\right\} \tag{13.152}$$

其中，h_s 和 h_f 分别表示膜层和基底的厚度，R 为薄膜系统的半径，$\sigma_{rr}^{(f)}$、$\sigma_{\theta\theta}^{(f)}$ 和 $\sigma_{r\theta}^f$ 分别表示膜层的径向应力分量、环向应力分量和剪应力分量，τ_r 和 τ_θ 分别表示界面径向和环向的切应力分量，$\overline{\kappa_{rr}+\kappa_{\theta\theta}} = \frac{1}{\pi R^2}\int_0^{2\pi}\int_0^R(\kappa_{rr}+\kappa_{\theta\theta})r\mathrm{d}r\mathrm{d}\theta$ 表示平均曲率。

类似地，还定义了系数 $C_m = \frac{1}{\pi R^2}\int_0^{2\pi}\int_0^R(\kappa_{rr}+\kappa_{\theta\theta})\left(\frac{\eta}{R}\right)^m\cos(m\varphi)\eta\mathrm{d}\eta\mathrm{d}\varphi$，以及 $S_m = \frac{1}{\pi R^2}\int_0^{2\pi}\int_0^R(\kappa_{rr}+\kappa_{\theta\theta})\left(\frac{\eta}{R}\right)^m\sin(m\varphi)\eta\mathrm{d}\eta\mathrm{d}\varphi$。$E_f$ 和 E_s 分别为膜层材料和基底材料的杨氏模量，ν_s 和 ν_f 分别为膜层材料和基底材料的 Poisson 比，α_s 和 α_f 分别为膜层材料和基底材料的热膨胀系数。在我们的实验中，其相应的各参数见表 13.2。相应的热膨胀系数随温度的变化曲线见图 13.21 所示，数据来源文献 [27]。该图表明，在 30~150K 的温区内，两材料的热膨胀系数均随温度的降低而减小。

表 13.2 薄膜和基底的材料参数

材料参数	厚度/μm	杨氏模量/GPa	Poisson 比
膜层（YBCO）	0.2	123	0.245
基底层（MgO）	500	248	0.251

对应于图 13.21 中所示的热膨胀系数的薄膜与基底材料，开展对应温区的实验测量后，考虑到该图的对应参数后，在将所获得的极坐标形式下的薄膜热变形曲

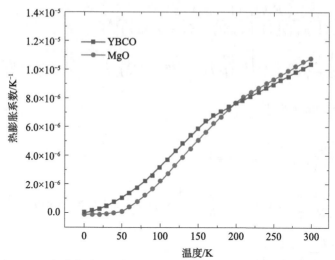

图 13.21　实验中采用的薄膜和基底的热膨胀系数随温度的变化曲线

率分量，以及相应的材料参数代入式（13.148）～式（13.152）中，就可以得到相应的应力分量。如图 13.22 展示了温度为 30K 时的应力分布云图。

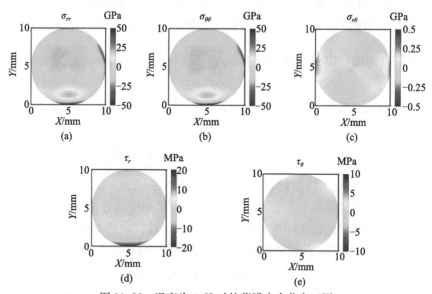

图 13.22　温度为 30K 时的薄膜应力分布云图

（a）径向应力 σ_{rr}；（b）环向应力 $\sigma_{\theta\theta}$；（c）剪应力 $\sigma_{r\theta}$；（d）界面径向切应力 τ_r；（e）界面环向切应力 τ_θ

　　类似地，可以得到不同温度环境下的薄膜中心点处的热应力，进而可以得到它们随温度变化的变换曲线，见图 13.23。由图（a）可见，在所选的实验材料中，薄膜中心处的径向与环向应力均为负值，即表明在该点处，其应力状态为受压；

且随着温度的升高，其压应力大小均上升。如在 30K 时，σ_{rr} 和 $\sigma_{\theta\theta}$ 约为 20GPa（压应力）；而在 150K 时，σ_{rr} 约为 50GPa（压应力），$\sigma_{\theta\theta}$ 约为 90GPa（压应力）。而界面切应力 τ_r 随着温度增加则呈现出波动，其原因可能是由样品系统内的非均匀温度分布所致，而这些却在实验测量与数据处理中均没有进行与考虑。

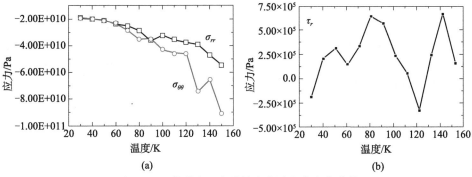

图 13.23　薄膜中心点处热应力随温度变化曲线

（a）径向应力 σ_{rr} 和环向应力 $\sigma_{\theta\theta}$ 随温度的变化曲线；（b）界面切应力 τ_r 随温度变化曲线

13.4.2　准静态磁化过程中的电磁应力分布[24]

为了测量处于超导态的薄膜样品的变形曲率，此时除了热变形部分外，样品还有受到超导电流在外磁场作用下的电磁体力作用所产生的变形部分。而要在超导薄膜内产生超导态的电流，需要外加磁场的激励。这样实验系数中还需要外加的磁场产生装置。为此，我们设计的一种外磁场下低温真空环境的 CGS 系统如图 13.24 所示。

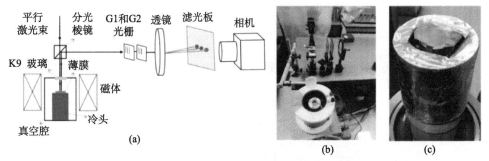

图 13.24　在低温环境下超导薄膜变形测量的 CGS 实验系统

（a）含外加磁体的实验系统示意图；（b）实验装置实物照片图；（c）封装的外形照片图

该系统包括含有倾斜观察窗口的低温真空杜瓦、放置在冷指上的薄膜样品，以及通过 GM 制冷机进行冷却的降温系统和 CGS 测量系统等。这里，CGS 系统中采用的激光波长为 532nm，扩束后经样品表面反射，然后进入一对平行的光栅（线密度为 50 线/mm）发生剪切干涉。为了得到合适的条纹密度，其间距设置为 35mm。实验所采用的样品为钇钡铜氧—钛酸锶基底（YBCO-STO）超导薄膜，膜层和基底层的厚度分别为 500nm 和 500μm。由于试验时需要将自由放置的 YBCO 薄膜冷却致临界温度（～90K）以下才能进入超导态，这给实验带来一新的挑战。主要原因在于样品与冷指间为刚性接触，于是在界面间就存在着很大的接触热阻，进而导致样品在热平衡时和冷指之间存在很大的温差。为了克服这一困难，我们在样品的上方添加了一个额外的倾斜玻璃片（与冷指通过低温胶黏接）来大大降低热辐射，并最终能够成功地将样品实现需要的冷却。其细节安装部分见图 13.24 (c)。

在开展这类试验时，冷指首先通过 GM 制冷机冷却至 30K，测得的样品温度约为 69K。进入测试时，为消除振动对测量的影响关闭了 GM 制冷机。虽然此时冷指会有升温，但其温度仍然低于样品进入超导态的温度。因此，对应超导薄膜的实验可以进行。实测结果表明，在这一操作过程中，样品温度在数分钟内的变化小于 5K，这给 CGS 变形测量留有充足的测量时间。在实验中，通过 Helmholtz 线圈对样品表面以垂直于样品表面的 16mT 磁场强度为间隔施加，测得的相应条纹如图 13.25 所示。

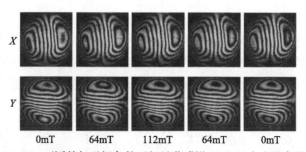

图 13.25　不同外加磁场条件下超导薄膜沿 X 和 Y 方向的条纹图

对所得条纹图采用前面提到的图像处理方法，得到包裹的相位如图 13.26 所示。

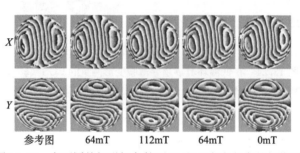

图 13.26　在不同外加磁场条件下 X 和 Y 方向包裹的相位图

再通过对相位求导来获得各曲率分量，然后通过坐标转换就得到了极坐标系下的薄膜变形得各个曲率分量 k_{rr}、$k_{\theta\theta}$ 和 $k_{r\theta}$，如图 13.27 所示。

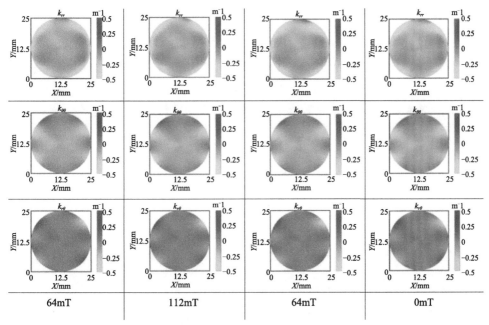

$$64\text{mT}\qquad\qquad 112\text{mT}\qquad\qquad 64\text{mT}\qquad\qquad 0\text{mT}$$

图 13.27　加磁与卸磁过程中不同磁场下 k_{rr}、$k_{\theta\theta}$ 和 $k_{r\theta}$ 的曲率图

在此处，我们采用了 0mT 时的薄膜曲率为参考曲率，即变形曲率由各测量环境条件下，测量的曲率减去参考曲率来给出。将所得结果代入非轴对称薄膜的应力—曲率模型式（13.86）～式（13.88）中进行计算，就得到了超导薄膜的应力分量 σ_{rr}、$\sigma_{\theta\theta}$ 和 $\sigma_{r\theta}$，以及薄膜和基底界面的切应力分量 τ_r，见图 13.28。

对于上述加、卸载磁场过程，将图 13.28 中的膜层应力分量 σ_{rr} 和界面切应力分量 τ_r 沿水平直径方向上的分布画出后，分别画在图 13.29（a）和（b）上。由该图可见，应力或剪切应力的分布在边缘附近区域，并不具有关于薄膜中心的对称性，且应力大小的明显变化主要集中在此边缘区域。当选择其直径上的三个不同特征点即左边 1/4 半径点、中心点和右边 1/4 半径点，将它们位置处的径向应力 σ_{rr} 和界面间的剪切应力 τ_r 随此加、卸磁场过程画出，见图 13.30。

从图 13.30 中可以清晰地看到，薄膜层的应力随外加磁场的变化具有非线性的磁滞特性，这是与超导材料的物理特性相关联的。即在于当磁场增加时，磁场作用在感应电流上的电磁体力增强，进而薄膜应力增大；然后当卸载磁场减小时，磁通涡旋由于钉扎抑制作用阻碍了电磁体力的减小，进而薄膜应力得以维持。

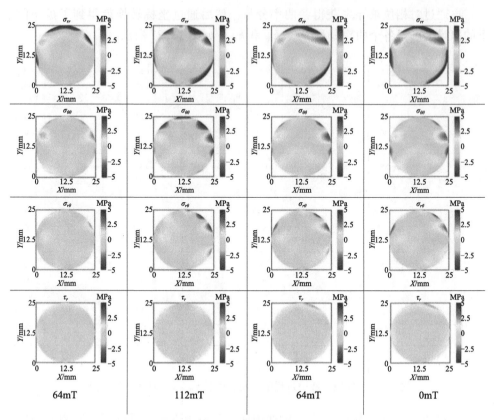

图 13.28　不同外加磁场下 YBCO 超导薄膜内的应力分量与界面径向切应力云图

从上到下，各排分别为 σ_{rr}、$\sigma_{\theta\theta}$、$\sigma_{r\theta}$ 和 τ_r

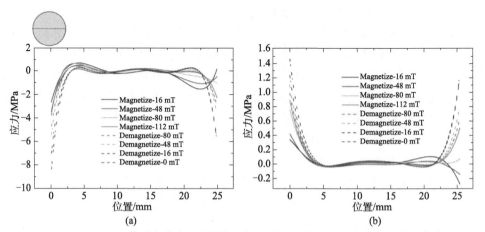

图 13.29　YBCO 薄膜应力在不同外加磁场环境下，沿水平径向分布的特征曲线

（a）径向应力 σ_{rr}；（b）界面切应力 τ_r。图中 "Demagnetize" 表示对应磁场下降过程，其余为上升

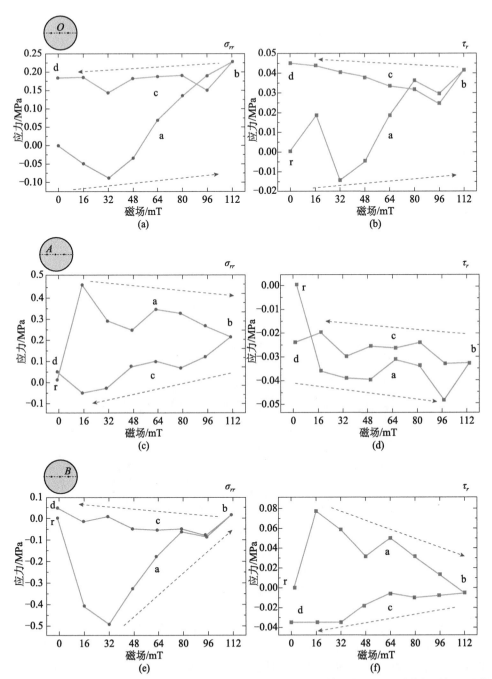

图 13.30 YBCO 薄膜不同特征点处的径向应力 σ_{rr} 和界面间的剪切应力 τ_r，随外加磁场过程的
应力变化曲线

（a）和（b）中心点处；（c）和（d）左边 1/4 半径点处；（e）和（f）右边 1/4 半径点处。各图中标注的
"a~d" 分别对应于图 13.29 中的外加磁场值；蓝色虚线箭头表示加磁过程，遵循 r→a→b→c→d

13.4.3　脉冲场磁化过程中的电磁应力分布[23]

　　超导薄膜在微电子领域的应用过程中，通常会受到脉冲磁场作用。对此情形，我们设计了在脉冲磁场下的薄膜曲率的实验测量系统，与在此基础上的应力数据处理途径。实验测量装置示意图如图 13.31（a）所示，相应的实物照片见图 13.31（b）。

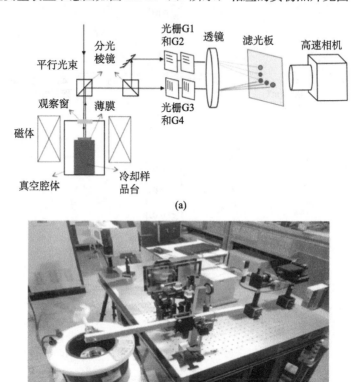

图 13.31　脉冲磁场条件下的 CGS 实验测量系统

（a）测量系统的示意图；（b）实验装置的照片

　　该实验系统主要由 CGS 系统，GM 制冷机的真空低温冷却系统和提供垂直方向脉冲磁场的 Helmholtz 线圈，以及脉冲磁场的电源（型号为 CHANT）组成，其中冷却样品台的温度由铑铁电阻温度传感器实时记录。线圈的磁场分辨率为 0.1mT，外加磁场的大小由 Hall 探头测得。实验时由脉冲电源对 Helmholtz 线圈提供脉宽 10ms 的脉冲磁场，在此期间一束扩束后的平行激光光束（532nm）通过分光棱镜和具有倾斜角度的观察窗口照射到 YBCO 薄膜表面，经表面反射后，首先，通过观察窗口和分光棱镜进入一组平行光栅 G1 和 G2 发生剪切干涉形成 y 方向的条纹；其次，另一束经过分光后进入光栅 G3 和 G4 发生剪切干涉形成 x 方向的条纹。最终的干涉条纹经过滤光孔后，由高速相机（型号为 HX-3）以每秒 1000 帧的速度记录。

从严格意义上来看，超导薄膜在每一磁场脉冲过程中，其上的变形或应力是变化的。当高速相机每帧成像时间远小于脉冲时间时，我们可以抓拍到这一过程。对于实验中所选的高速相机和每一脉冲过程，可以抓拍到 10 帧照片，这对于我们的数据分析处理已经足够。当然在每帧照片的短暂时间段内，为了便于实验结果的分析处理，所得到的结果将是其相应帧照片时间段内的平均值。图 13.32 显示的是 x 方向和 y 方向的一次脉冲过程中实验测得的六组干涉条纹图。

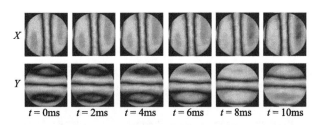

图 13.32 超导薄膜在外加脉冲磁场过程中不同时刻的条纹图

对图 13.32 的条纹图，采用前面介绍过的 Fourier 带通滤波方法，就分别得到了 x 方向与 y 方向的包裹的相位，见图 13.33。

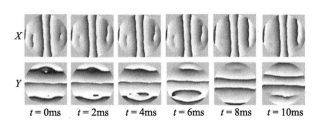

图 13.33 超导薄膜在外加脉冲磁场过程中不同时刻的包裹的相位图

在选取 0ms 时刻的曲率为参考曲率后，变形曲率可以由其他时刻相应曲率减去参考曲率得到。根据式（13.147），进一步可以得到，极坐标下的全场变形曲率分布。由于在这一脉冲磁场的实验中，所选的材料参数与准静态加磁场情形相同，将变形曲率和材料参数代入式（13.86）～式（13.88）中，就可得到相应的应力分布。图 13.34 显示了对应于图 13.32 中，各时刻的薄膜径向和环向应力，以及界面径向切应力分布云图。

为了更加清晰地看出一点的应力随脉冲过程的变化，这里我们选取薄膜的中心点来进行。图 13.35 给出了薄膜中心点处径向与环向的特征应力随脉冲时间的变

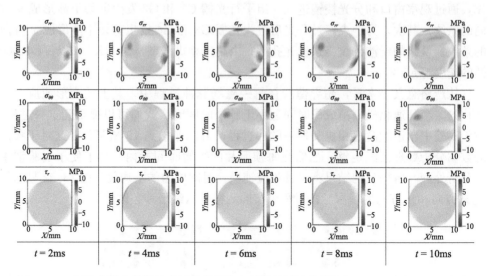

图 13.34　超导薄膜在外加脉冲磁场过程中，不同时刻的薄膜径向、环向应力和界面径向
切应力的分布云图

化曲线。由该图可以看到，超导薄膜的径向应力 σ_{rr}、环向应力 $\sigma_{\theta\theta}$ 与层间应力 τ_r 的大小总体上随脉冲时间上升，而层间环向剪切应力 τ_θ 却始终为零。尤其后者为零的结果，这对于薄膜的受力状态是正确的，进而也展示出本实验方法及其数据处理的有效性。从定量变化上来看，YBCO 超导薄膜的径向应力从 2ms 时的 0.34MPa（拉伸应力），到脉冲结束时的 10ms 时增大到 0.77MPa（拉伸应力），相应的环向应力从 0.02MPa（拉伸应力）变为 1.03MPa（拉伸应力），界面切应力径向分量从 0.06MPa（正向）变为 0.3MPa（正向）。即超导薄膜的各应力值在脉冲结束时总体上均达到最大值。

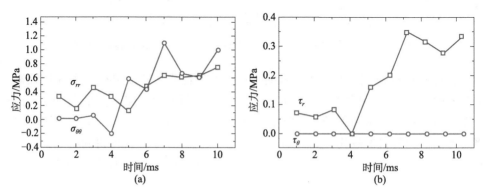

图 13.35　超导薄膜在外加脉冲磁场过程中，薄膜中心点处的各应力分量随时间变化的特征曲线
（a）径向应力 σ_{rr} 和环向应力 $\sigma_{\theta\theta}$；（b）界面切应力 τ_r 和 τ_θ

13.5　本　章　小　结

　　高温超导薄膜系统在滤波器、量子干涉器等微电子领域具有广泛的应用，是高性能新型空间电子技术、射电天文、雷达、通信、无线电导航、电子对抗和电子计算机等高新技术领域的基础，已成为世界发达国家竞相抢占的技术高地之一。由于高温超导薄膜运行工况相对复杂，与传统薄膜系统不同的是其在服役过程中承受电磁体力作用，这些都给实验研究带来挑战。即如何对这类极端使役环境下的超导薄膜再现，或开展原位测量并揭示出相应的力学特征，一直是这类器件研制设计中关注且没有弄清的基础性课题。本章建立的轴对称和非轴对称高温超导薄膜应力与曲率的理论模型，为超导薄膜系统原位实验及其应力研究奠定了基础。在此基础上，针对超导薄膜在极端低温使役的工作环境，提出了新的测量技术与数据处理方法，解决了低温介质折射、观察窗反射等对激光剪切干涉方法测量结果产生影响的困难，构建了极低温、准静态和脉冲磁场等不同环境磁场条件下的超导薄膜曲率测试系统。为了展示这类实验研究的可行性与有效性，在采用标准球冠试样的干涉条纹测量结果所获得曲率的有效验证后，对 YBCO 超导薄膜给出了不同外加环境工况下薄膜应力测量结果，即给出了冷却过程中的超导薄膜内部的热应力、准静态磁化和脉冲场磁化产生的电磁应力分布特性，由此发现了应力磁滞的新现象等。这一实验手段和理论模型为高温超导薄膜的研制设计，以及其功能性实现等的应用研究可提供基础支撑。

参 考 文 献

[1] D. Larbalestier, A. Gurevich, D. Feldmann, A. Polyanskii. Superconductors: pumping up for wire applications. *Nature*, 2001, 414 (6861): 368 - 377.

[2] N. Klein. High-frequency applications of high-temperature superconductor thin films. *Reports on Progress in Physics*, 2002, 65 (10): 1387 - 1425.

[3] R. H. Koch, C. P. Umbach, G. J. Clark, P. Chaudhari, R. B. Laibowitz. Quantum interference devices made from superconducting oxide thin films. *Applied Physics Letters*, 1987, 51 (3): 200 - 202.

[4] D. Kumar, M. Sharon, R. Pinto, P. R. Apte, S. P. Pai, S. C. Purandare, L. C. Gupta, R. Vijayaraghavan. Large critical currents and improved epitaxy of laser ablated Ag-doped $YBa_2Cu_3O_{7-\delta}$ thin films. *Applied Physics Letters*, 1993, 62 (26): 3522 - 3524.

［5］ J. P. Locquet, J. Perret, J. Fompeyrine, E. Maechler, J. W. Seo, G. V. Tendeloo. Doubling the critical temperature of $La_{1.9}Sr_{0.1}CuO_4$ using epitaxial strain. *Nature*, 1998, 394 (6692): 453 – 456.

［6］ X. D. Wu, S. R. Foltyn, P. N. Arendt, W. R. Blumenthal, I. H. Campbell, J. D. Cotton, J. Y. Coulter, W. L. Hults, M. P. Maley, H. F. Safar. Properties of $YBa_2Cu_3O_{7-\delta}$ thick films on flexible buffered metallic substrates. *Applied Physics Letters*, 1995, 67 (16): 2397 – 2399.

［7］ N. Cheggour, J. W. Ekin, Y. -Y. Xie, V. Selvamanickam, C. L. H. Thieme, D. T. Verebelyi. Enhancement of the irreversible axial-strain limit of Y-Ba-Cu-O-coated conductors with the addition of a Cu layer. *Applied Physics Letters*, 2005, 87 (21): 212505.

［8］ P. E. Goa, H. Hauglin, M. Baziljevich, E. Il'yashenko, T. H Johansen. Real-time magneto-optical imaging of vortices in superconducting $NbSe_2$. *Superconductor Science and Technology*, 2001, 14 (9): 729 – 731.

［9］ T. H. Johansen, J. Lothe, H. Bratsberg. Shape distortion by irreversible flux-pinning-induced magnetostriction. *Physical Review Letters*, 1998, 80 (21): 4757 – 4760.

［10］ D. X. Ma, Z. Y. Zhang, S. Matsumoto, R. Teranishi, T. Kiyoshi. Degradation of REBCO conductors caused by the screening current. *Superconductor Science and Technology*, 2013, 26 (10): 105018.

［11］ G. G. Stoney. The tension of metallic films deposited by electrolysis. *Proceedings of the Royal Society A Mathematical Physical and Engineering Sciences*, 1909, 82 (553): 172 – 175.

［12］ Y. Huang, D. Ngo, A. J. Rosakis. Non-uniform, axisymmetric misfit strain: in thin films bonded on plate substrates/substrate systems: the relation between non-uniform film stresses and system curvatures. *Acta Mechanica Sinica*, 2005, 21 (4): 362 – 370.

［13］ Y. Huang, A. J. Rosakis. Extension of Stoney's formula to non-uniform temperature distributions in thin film/substrate systems. The case of radial symmetry. *Journal of the Mechanics and Physics of Solids*, 2005, 53 (11): 2483 – 2500.

［14］ Y. Huang, A. J. Rosakis. Extension of stoney's formula to arbitrary temperature distributions in thin film/substrate systems. *Journal of Applied Mechanics*, 2007, 74 (6): 1225 – 1233.

［15］ D. Ngo, X. Feng, Y. Huang, A. J. Rosakis, M. A. Brown. Thin film/substrate systems featuring arbitrary film thickness and misfit strain distributions. Part I: analysis for obtaining film stress from non-local curvature information. *International Journal of Solids and Structures*, 2007, 44 (6): 1745 – 1754.

［16］ D. Ngo, Y. Huang, A. J. Rosakis, X. Feng. Spatially non-uniform, isotropic misfit strain in thin films bonded on plate substrates: the relation between non-uniform film stresses and system curvatures. *Thin Solid Films*, 2006, 515 (4): 2220 – 2229.

［17］ H. Tippur, S. Krishnaswamy, A. Rosakis. A coherent gradient sensor for crack tip deformation measurements: analysis and experimental results. *International Journal of Fracture*,

1991，48 (3)：193 - 204.

[18] H. Lee，A. J. Rosakis，L. B. Freund. Full-field optical measurement of curvatures in ultra-thin-film-substrate systems in the range of geometrically nonlinear deformations. *Journal of Applied Physics*，2001，89 (11)：6116 - 6129

[19] X. Dong，X. Feng，K. C. Hwang，S. Ma，Q. Ma. Full-field measurement of nonuniform stresses of thin films at high temperature. *Optics Express*，2011，19 (14)：13201 - 13208.

[20] C. Liu，X. Y. Zhang，J. Zhou，Y. H. Zhou. A general coherent gradient sensor for film curvature measurements：error analysis without temperature constraint. *Optics and Lasers in Engineering*，2013，51 (7)：808 - 812.

[21] C. Liu，X. Y. Zhang，J. Zhou，Y. H. Zhou，X. Feng. The coherent gradient sensor for film curvature measurements at cryogenic temperature. *Optics Express*，2013，21 (22)：26352 - 26362.

[22] C. Liu，X. Y. Zhang，J. Zhou，Y. H. Zhou. The coherent gradient sensor for thin film curvature measurements in multiple media. *Optics and Lasers in Engineering*，2015，66：92 - 97.

[23] C. Liu，X. Y. Zhang，M. Liu，Y. H. Zhou. Real-time stress evolution in a high temperature superconducting thin film caused by a pulse magnetic field. *Thin Solid Films*，2017，639 (3)：47 - 55.

[24] C. Liu，X. Y. Zhang，Y. H. Zhou. Non-uniform stresses in thin high temperature superconducting films under electromagnetic force：general models of curvature-stress relations and experimental results. *Journal of Applied Physics*，2019，126 (17)：175302.

[25] C. Jooss，R. Warthmann，A. Forkl，H. Kronmüller. High-resolution magneto-optical imaging of critical currents in $YBa_2Cu_3O_{7-\delta}$ thin films. *Physica C：Superconductivity and its Applications*，1998，299 (3 - 4)：215 - 230.

[26] 刘聪. 极端环境光学测量技术及其在超导材料特性中的应用. 兰州大学博士学位论文，2017.

[27] B. Gu，P. E. Phelan，S. Mei. Coupled heat transfer and thermal stress in high-Tc thin-film superconductor devices. *Cryogenics*，1998，38 (4)：411 - 418.

第十四章　高温超导悬浮动力学

高温超导悬浮系统因其具有独特的自稳定性成为未来高温超导体应用的重要分支。研究超导体与永磁体之间的相互作用力及其在外界激励下悬浮体动态响应特征是悬浮系统安全性与功能性设计的基础。本章主要介绍高温超导悬浮系统在不同环境条件下的静、动态悬浮特征，包括准静态悬浮系统中悬浮力—距离磁滞回线、时间弛豫及悬浮力时间弛豫的抑制；动态悬浮系统中悬浮体在外界振动下的漂移现象，特别是当悬浮系统受到强激励扰动时，悬浮体表面的磁、热变化过程等。

14.1　高温超导磁悬浮系统准静态悬浮力的基础实验

已有大量的研究工作表明，在各种类型的高温超导悬浮系统（单块永磁单块超导、永磁轨道单块超导或者多块超导）中，悬浮力—距离之间存在较显著的磁滞特征（磁滞的大小由超导体临界电流密度决定）[1,2]。一般情况下，悬浮体受到的悬浮力随着悬浮间隙的减小而增大，随着悬浮间隙的增大而减小，在相同位置处，远离过程的悬浮力均低于靠近过程，因此，悬浮力—距离磁滞回线不存在交叉现象[3]。但是研究发现，在一些特殊条件下，如超导体的临界电流密度较高且超导体最大穿透磁场大于永磁体磁场；或者永磁体的运行速度较快等情形，悬浮力—距离磁滞回线会出现交叉现象[4]。本节将详细的介绍悬浮力—距离磁滞回线的交叉并分析其出现的原因。

14.1.1　实验测量系统简介

实验装置是开展实验研究的基础，并直接影响对所研究问题本质规律准确反映的程度。本章中列举的部分研究成果采用高温超导磁悬浮测试系统[4,5]进行测量，该系统为兰州大学提出功能要求后委托西南交通大学应用超导实验室开发研制，具有很多新的测试功能。诸如，悬浮力和导向力的同步测试、悬浮力和导向力弛豫的同步测试、悬浮力和导向力的三维测试，以及超导体内部俘获磁场的三维扫描等。在此基础上，兰州大学对该系统进行了二次开发，比如加入制冷单元，采用制冷机直接冷却样品实现了超导体样品温度的可控测量。我们在原有的准静态测量系统的基础上，研制了高温超导悬浮动态测量系统，该系统采用激振器作为激励单元，对高温超导悬浮系统在外界激励下的动态响应，特别是当悬浮系统中悬浮体进入分岔、混沌等强非线性特征时超导体表面的温度变化进行了测试，发现了一些新的现象的同时，也提出了新的物理机理。

首先介绍准静态高温超导悬浮测试系统的构成。实验装置为四柱式多向移动平台，采用精密的光学平台作为底座，两台贝塞德 Micro150 精密电动平台实现 X-Y 方向的移动，一套电动缸驱动精密滚动直线轴承滑座实现垂直升降，如图 14.1 所示。系统备有上置式筒形和下置式箱形两个低温液氮容器，可以根据不同的需要安装不同的低温容器，进行不同的实验。一般而言，在进行高温超导体最大悬浮力测试的时候使用下置式的杜瓦瓶，这样可以保证永磁和超导体之间的距离尽可能的小；而涉及较大水平位移的测试常使用上置式杜瓦瓶，这时尽管永磁体和超导体之间的距离较远，但是永磁体在面内移动的空间较大，且不用考虑永磁体的温度变化引起的测试误差。实验装置还备有手动夹具，可以夹持最大直径 60mm 的圆柱试件和最大宽度 30mm 的六面体试件，被夹持的高温超导体和永磁体之间可以实现三维空间的相对运动。在运动过程中，两个垂向力和一个水平力传感器自动测试出超导体和永磁体之间的相互作用力。

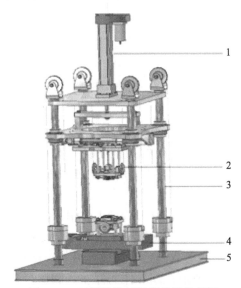

图 14.1　无低温液氮容器的设备总图

1—垂向伺服电机；2—夹具；3—机架；4—X-Y 电动平台；5—光学平台

图 14.2 为高温超导悬浮系统动态测试系统示意图。系统中永磁体 PM 固定在

由铝制悬臂梁的一端，在悬臂梁上布置激光位移传感器可以直接测试出悬臂梁的位移特征。高温超导体 HTS 放置在 Cu 基底上，采用热绝缘材料进行包覆，超导体的振动由一个激振器实现，具体参数参见 14.3.1 节的第三部分。高振动稳定性的 JZK-1 型强力电动式激振器，最大激振力 12N，最大振幅 3mm，频率范围 10Hz～8kHz。JZK-1 型激振器配有 YE2706A 型功率放大器，主要的技术特性为：输出功率，75VArms（3Ω 负载）；频率范围，10Hz～20kHz±0.5dB；输出阻抗，10Hz～5kHz＜0.04Ω；5kHz～20kHz＜0.08Ω；衰减器，0～40dB，每级 10dB。为了获取高精度的信号源，配置了 YB1600P 型函数信号发生器，具有数字频率计、计数器及电压显示和功率输出等功能，可输出频率范围为 0.15Hz～15MHz 的正弦波、方波、三角波以及脉冲波，扫频速率为 5～10ms，测量精度 5 位±1%，分辨率 0.1Hz。该信号发生器由于其优越的性能和稳定性广泛应用于教学、科研、电子实验等领域。当永磁体发生振动时，其振幅采用 LK-086 型激光位移传感器来测量，该激光位移传感器具有同步转换光—压特征，并且输出电压和位移呈现简单的正比关系，非常便于计算。将激光位移传感器测得的电压信号输入 YB4460 型数字存储示波器，通过内置的 MEASURE 功能可以直接获取电压值，进而反算出永磁体的振幅。

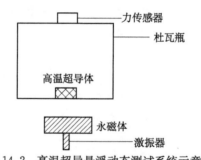

图 14.2　高温超导悬浮动态测试系统示意图

　　下面简单介绍准静态测试系统的控制系统。该系统控制硬件由微机控制系统、数据采集、显示和电源设备组成。所有的硬件都安装在如图 14.3 所示的控制台内。

　　控制台主要设备主要由研华工控机，NI 数据采集卡（16 位精度，200Ksa/S 循环扫描）和运动控制卡（4 轴伺服/步进控制），最大量程 150N 的两个垂向力传感器和量程为 40N 的 HP 水平力传感器构成。另外，还有 Lakeshore 公司研制的磁场测量仪和温度测量仪用来测试超导体的俘获场和运行温度。在控制台的正面，嵌入了数字面板表，可以方便的观察 X、Y、Z 各轴的电机的驱动电流、电源电压。所有的操作通过键盘和鼠标实现，在电脑屏幕中实时显示（见图 14.3），体现了人机交互的特点。

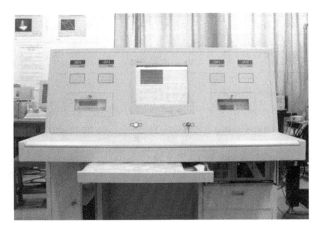

图 14.3 准静态测试系统控制及显示

控制处理软件基于 National 公司的 Labwindows/CVI 软件开发而成。Labwindows/CVI 软件广泛应用于自动控制、数据采集以及通信等领域，可开发出具有较好人机用户界面的应用程序。本系统的控制处理软件主要对 PMAC 卡编程以实现对步进电机运动的控制，对 A/D 转换模块，D/A 转换模块、I/O 模块等进行编程以实现对传感器传送来的数据进行采集、处理、显示及打印等。软件结构主要由初始化模块、数据采集和处理模块、控制模块、主测试模块（包括力—位移测试、力—时间测试、刚度测试、磁场测试以及温度测试等）构成。

表 14.1 列出了高温超导悬浮系统的测试功能和性能指标，以及与国内外同期测试系统的对比，见表 14.2。

表 14.1　高温超导磁悬浮测试系统的性能指标及工作环境

测试功能	性能指标
位置定位精度	0.01mm
力测量精度	1%
磁场测试精度	0.1%
垂向最大位移	150mm
水平最大位移	100mm
位移测试间距	0.1mm
最大超导体（永磁体）	圆柱 60mm、六面体 30mm
供电电源、最大电流	220V（AC）、15A 最大
工作温度	0~50℃
工作湿度	10%~90%

表 14.2　常用高温超导磁悬浮测试系统比较

研制小组	测试对象	常用间距/mm	速度/(mm/s)	功能
美国 Cornell 大学	永磁对超导体	10	0.005~0.1	悬浮力和水平力隔离测试，动态特性测试
挪威 Oslo 大学	永磁对超导体	20	0.0025（单位 mm/step）	悬浮力和水平同步测试
陕西师范大学	永磁对超导体	3~180	0.1~20	相互作用力以及磁场的三维测试
西南交通大学、兰州大学（SCML-01）	永磁体（轨道）对超导体	50~140	1~2	悬浮力导向力隔离测试，三维磁场扫描
西南交通大学（SCML-02）	永磁体（轨道）对超导体	5~50	0.01~20	力同步测试、弛豫同步测试
兰州大学	永磁体对超导体（含温度控制，最低 10K）	5~50	0.01~20	在 SCML-02 的基础上实现了不同温度的悬浮特性测量
兰州大学	永磁体对永磁体，动态测量（含超导体表面温度测量）	1~20	可控	强非线性特征分岔、混沌，温度分布等

注：此表格仅列举了 2008 年以前的部分测试仪器

14.1.2　高温超导悬浮系统悬浮力—距离磁滞回线的交叉现象[4]

　　本节实验中选择两种超导样品，即一个超导性能好的样品 A，直径厚度分别为 30mm 和 18mm；另一个超导性能较差的样品 B（直径 25mm，厚度 13mm）作为比较。永磁体为 NdFeB 材料，直径厚度均为 30mm，表面中心磁场强度 0.5T。实验过程可简单的叙述如下：首先将样品固定于开口杜瓦瓶中进行零场冷却，然后进行不同悬浮高度、不同速度的悬浮力—距离磁滞回线测试。第一组，低速（0.05mm/s）悬浮高度的比较（0.3 和 5mm）。图 14.4 为永磁体运行速度 0.05mm/s，样品 A 的悬浮力—距离磁滞回线，(a) 最小距离 0.3mm；(b) 最小距离 5mm。在同一较低的测试速度下，由图 (a) 可见，对于高临界电流密度的样品 A，当最小悬浮间隙较小的时候，悬浮力—距离磁滞回线中没有出现交叉现象；而在图 (b) 中，当最小悬浮高度较大时，即使永磁体运动速度很小，我们发现了悬浮力—距离磁滞回线中会出现交叉现象。图 14.5 给出了不同测试样品 A 和样品 B 在同一悬浮间距 0.3mm 与同一测试速度 5.0mm/s 情形的结果。由此可以看出，尽管悬浮间隙较小，当永磁体的运行速度较大时，具有高临界电流密度的样品 A 的悬浮力—距离磁滞回线同样会出现交叉现象。对于超导性能较差的样品 B，在同样情形下悬浮力—距离磁滞回线中仍然不会出现交叉现象。

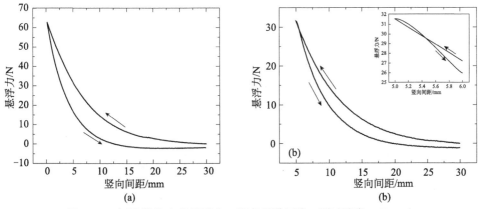

图 14.4   超导样品 A 的悬浮力—距离磁滞回线，测试速度 0.5mm/s

(a) 最小距离 0.3mm；(b) 最小距离 5.0mm

　　从实验结果可以看出，悬浮力—距离磁滞回线出现交叉现象的主要原因是悬浮力没有达到饱和，即超导体表面的外加磁场没有超过其最大穿透场（按照 Bean 模型，圆柱形的单畴超导体最大穿透场正比于其临界电流密度和半径的乘积）。正是由于非饱和的磁场，具有高临界电流密度超导样品的磁滞效应使悬浮力—距离磁滞回线产生交叉现象。

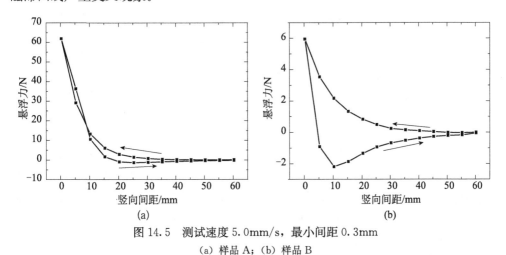

图 14.5   测试速度 5.0mm/s，最小间距 0.3mm

(a) 样品 A；(b) 样品 B

　　同样，我们还测试了零场冷却情形下永磁体水平速度对悬浮系统悬浮力和导向力的影响。这个实验中选用的超导样品和永磁体样品与前面完全一致，唯一差别在于本实验使用上置式的杜瓦瓶测试结构。冷却高度为 30mm，这里冷却高度为杜瓦瓶底面和永磁体的上表面之间的距离。主要结果如图 14.6 所示，图（a）不同横向位移处悬浮力随测试速度的变化；图（b）不同横向位移处导向力随测试速度的变化；图（c）不同速度的悬浮力—距离磁滞回线；图（d）不同速度的导向力—距离磁滞回线。

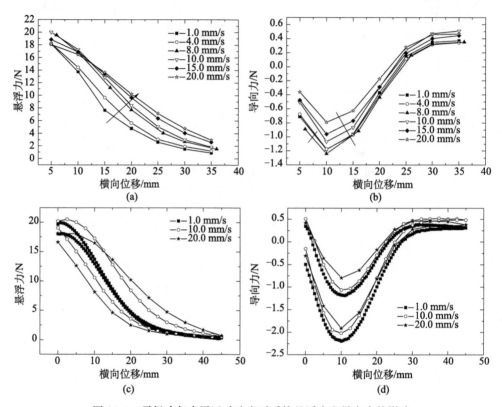

图 14.6   零场冷却水平运动速度对系统悬浮力和导向力的影响

由图 14.6（a）和（b）可知，对于相同横向位移处的悬浮力随着永磁体水平运动速度的增大而增加，导向力的变化比较独特。当导向力为负值时，其绝对值随着测试速度的增加先增加后减小，而当导向力为正值时，其值随速度增大而增大。从图 14.6（c）和（d）可以看出，随着测试速度的增加，悬浮力—距离磁滞回线的包络面积增加，即磁滞特性加强，相对而言，导向力—距离磁滞回线包络面积增幅不明显。

结果表明，不论是性能较好还是较差的超导样品，永磁体的运行速度对悬浮系统悬浮力的影响不大，但是随着运行速度的增加，悬浮系统最大悬浮力总体上呈现减小的趋势。对于零场冷却情形下的非轴对称悬浮系统，水平测试速度对悬浮系统悬浮力和导向力均存在较为显著的影响。其中，悬浮力值不仅随测试速度增大而增大，悬浮力—距离磁滞回线的包络面积也相应地增大，显示出磁滞特性的增强。

14.1.3 不同条件下超导磁悬浮的电磁力特性[5]

所谓静态电磁力特性是指高温超导磁悬浮系统不受到外加激励作用时，系统相互作用力的时间弛豫特性。由于高温超导体磁通蠕动现象是其主要特征之一，开展基于磁通蠕动现象的悬浮力和导向力时间弛豫测试，就是获得悬浮系统静态电磁力特性的主要手段。本节首先讨论悬浮力弛豫抑制的方法，然后对于更加切近实际的非轴对称悬浮系统，重点研究冷却高度对其悬浮力和导向力时间弛豫的影响。

研究人员就如何抑制悬浮力的时间弛豫提出了一些思路，基本上一致认可的方法就是预加载（Pre-Loading），通常是在悬浮力发生弛豫之前给超导体一个额外的磁循环过程，还有就是在悬浮力弛豫之前增加悬浮体的重量[6]。预加载方法的最大优点在于能够有效抑制悬浮力的时间弛豫，但是这种方法最大的缺陷在于有效悬浮力也被抑制。另外，还有一种抑制悬浮力弛豫的方法即"反向运动"，主要的方法是在永磁体即将停止在某个悬浮高度之前，让它反向运动 2~3mm，这样悬浮力的弛豫也得到了有效抑制，但是与预加载方法一样避免不了悬浮力的有效值降低的问题[7]。为了获得既能够抑制悬浮力弛豫，又能够不损失悬浮力的数值，我们先从高温超导悬浮系统的悬浮特点开始，介绍平衡点阶数的概念，然后提出通过寻找高阶平衡点来获得悬浮力弛豫有效抑制的方法。实验中选择的悬浮体重 1N，通过零次、一次、一直到四次永磁体的反向运动，可得待测悬浮系统的零阶、一阶，一直到四阶平衡点，正如图 14.7 中所示的 a~e 点。各个平衡点的坐标分别为 $z_a=15.5$mm，$z_b=1.0$mm，$z_c=8.5$mm，$z_d=5.75$mm 和 $z_e=7.5$mm。在寻找到了各阶平衡点之后，开始各个点的悬浮力弛豫测试，实验过程如表 14.3 所示。

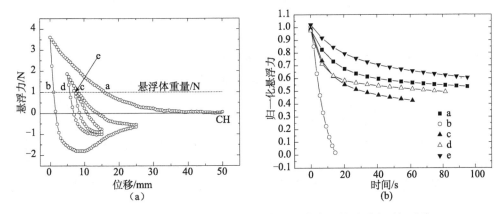

图 14.7 （a）悬浮力距离曲线；（b）各个平衡点上的悬浮力时间弛豫

其中 a~e 分别为零阶、一阶，一直到四阶平衡点

表 14.3　各阶平衡点悬浮力弛豫的测试步骤（单位：mm）

实验 1：$z_{fc} \rightarrow 50 \rightarrow z_a$

实验 2：$z_{fc} \rightarrow 50 \rightarrow 0 \rightarrow z_b$

实验 3：$z_{fc} \rightarrow 50 \rightarrow 0 \rightarrow 25 \rightarrow z_c$

实验 4：$z_{fc} \rightarrow 50 \rightarrow 0 \rightarrow 25 \rightarrow 5 \rightarrow z_d$

实验 5：$z_{fc} \rightarrow 50 \rightarrow 0 \rightarrow 25 \rightarrow 5 \rightarrow 15 \rightarrow z_e$

图 14.7（a）为测试样品的悬浮力距离磁滞回线。各阶平衡点的悬浮力弛豫结果如图 14.7（b）所示。由此可以看出，在平衡位置 e 点悬浮力弛豫被有效抑制，平衡点的阶数越高，悬浮力的弛豫越慢。

通过寻找高温超导悬浮系统高阶平衡位置的方法获得了系统悬浮力的有效弛豫，平衡点阶数越高，悬浮力弛豫越小。这个方法充分应用了高温超导悬浮系统的特性——存在连续稳定的平衡区间，既得到悬浮力的有效弛豫，又不会显著地降低悬浮力[5]。

对于工程实际应用，更一般的悬浮系统不具有轴对称性。例如在悬浮列车系统中，永磁轨道面积远大于超导体面积，而永磁体表面磁场分布一般不具有对称性。非轴对称悬浮系统的最大特点是悬浮力和导向力同时存在，研究它的静态电磁力特性不仅要考虑悬浮力的时间弛豫，还要考虑水平导向力的时间弛豫。获得一个非轴对称悬浮系统的途径有三种：①永磁体和超导体首先轴对称靠近，待到达期望的悬浮高度后，永磁体或者超导体再发生面内移动，即垂向运动优先水平运动；②永磁体或者超导体先发生面内移动，然后永磁体非轴对称的靠近超导体，即水平运动优先垂向运动；③永磁体和超导体同时运动来获得非轴对称系统。受限于测试系统，没有开展第三种方式获得非轴对称系统的实验测量。实验比较了前两种获得非轴对称悬浮系统的方法，即永磁体和超导体运动历史对系统悬浮力和导向力以及它们的时间弛豫的影响。结果显示，对任意的冷却高度，先降后偏的路径要优于先偏后降的方法[8]，所以在以后的有关非轴对称的测试中，我们都采用这个永磁体先轴对称靠近而后超导体再面内移动的方式。

初始冷却高度对高温超导悬浮系统悬浮特征影响显著，最早 Hull 和 Cansiz[9] 实验测试并理论分析了冷却高度对非轴对称悬浮系统中悬浮力和导向力的影响，发现了导向力随着冷却高度的降低存在翻转现象（Transition Phenomenon），即其值从正（排斥）转变到负（吸引），从而使悬浮系统具有了面内稳定性。既然冷却高度对非轴对称悬浮系统的悬浮力和导向力存在较大的影响，那么冷却高度对悬浮系统悬浮力和导向力的弛豫又有怎样的影响呢？这将是本节主要介绍的内容[10]。

实验中冷却高度分别选择 30、10、5 和 2mm，悬浮高度为 2mm，横向运动速度分别 1.0、4.0、8.0、10.0、15.0 和 20.0mm/s。横向位置 $x = 5.0$mm 处悬浮力和导向力随冷却高度和速度的变化曲线如图 14.8（a）和（b）所示。为了比较，图 14.8（c）和（d）画出了横向位置 $x=25\text{mm}$ 处不同冷却高度和测试速度的变化曲线。显然，当横向位移较小的时候，冷却高度对悬浮系统悬浮力影响明显，但是测试速度的影响相对而言就不太明显；而当横向位移较大的时候，冷却高度和测试速度对悬浮系统悬浮力均存在明显的影响。当初始冷却高度为 30mm 时，测试速度增大，系统悬浮力增大；而当初始冷却高度为 2mm 时，随着测试速度的增大，悬浮力先增大后减小。对于系统的导向力所受的影响，横向位移对测试速度的影响均不太显著。接下来，我们研究冷却高度对于非轴对称系统中准静态悬浮力弛豫和导向力弛豫的影响。

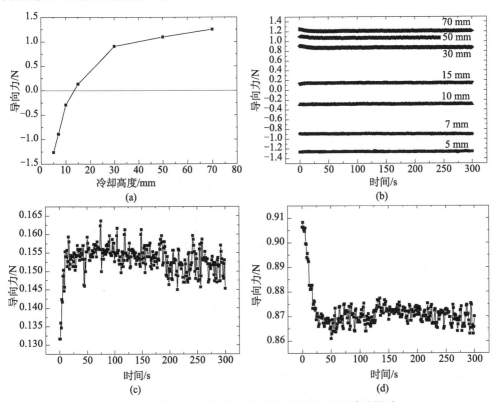

图 14.8 冷却高度对非轴对称悬浮系统导向力弛豫的影响

（a）相同的横向位移和悬浮高度，冷却高度对导向力的影响；（b）不同冷却高度，相同横向位移，导向力的时间弛豫；（c）冷却高度为 15mm，横向位移 5mm 的导向力弛豫；（d）冷却高度为 30mm，横向位移为 5mm 的导向力弛豫

由图 14.8 可知，对于相同横向位移的非轴对称悬浮系统，冷却高度对系统悬浮力的时间弛豫存在明显影响。当然，首先是冷却高度对非轴对称悬浮系统悬浮力的量的影响，这点前面已经讨论，在这里主要是讨论对数衰减率随冷却高度的

变化规律。

图 14.8 为悬浮力弛豫测试同步测得的导向力弛豫结果，其中图（a）显示出导向力的翻转现象。图（b）为横向位移 5mm，不同冷却高度导向力弛豫结果，可以看出，当冷却高度小于等于 10mm 时，导向力随时间的弛豫很小，在测试时间内基本不变。冷却高度为 15mm 时，导向力在 10s 内随着时间增大，然后再缓慢减小，而当冷却高度为 30mm 时，导向力的弛豫效果显然是使导向力的值随时间减小。在 25s 内迅速减小，之后便缓慢衰减。这种导向力随弛豫时间增加或者减小的现象，我们也称其为翻转现象。当冷却高度大于 30mm 时，导向力的弛豫规律与冷却高度为 30mm 时的弛豫一致，都显示出导向力先随时间快速减小，然后再缓慢衰减的过程。

对于高温超导磁悬浮系统悬浮力的弛豫一般都可用线性的对数弛豫率来表征，使用 $(\mathrm{d}F/\mathrm{d}\ln t)/F_0 = S$，$F_0$ 为初始时刻的悬浮力值，t 为时间变量，S 表示弛豫率。一般弛豫率 S 越大，表示悬浮力的衰减越快。由图 14.8（c）可知，随着冷却高度的增加，悬浮力弛豫率变化经历两个过程，即快速的减小而后增大，最后趋于一个恒定值。注意，图 14.8（c）中的弛豫率都是在这个过程，即 $\ln t = 2 \sim 5.7$ 的时间区间内获得。当冷却高度为 7mm 时，弛豫率 $S = 0.0243$，而当冷却高度为 10mm 时，$S = 0.01473$，其值约为冷却高度为 7mm 时弛豫率的一半，可见弛豫率的显著减小过程。而当冷却高度增大至 15mm 时，悬浮力弛豫率又增大为 0.02081。这就是弛豫率的增大过程，最后当冷却高度分别为 30、50 和 70mm 时，弛豫率分别为 0.01818、0.01953 和 0.01888。不同冷却高度悬浮力弛豫率的这种特征是合理的，因为随着冷却高度的增加，系统悬浮力最终将趋于一个恒定值，则它的弛豫过程必然相同，进而弛豫率趋于恒定。

综上可知，在相同的横向位移，不同冷却高度的悬浮力和导向力的弛豫测试中，我们的实验不仅发现了存在导向力行为的翻转，即随着冷却高度的降低，导向力由正值（排斥）转变为负值（吸引）的过程，而且还发现还存在导向力时间弛豫的翻转，即由随时间快速减小到随时间增大的弛豫翻转过程。接下来，我们将给出冷却高度和悬浮高度相同，不同横向位移的悬浮力和导向力弛豫的实验特征。

图 14.9（a）是初始冷却高度为 12mm，悬浮高度为 5mm，不同的横向位移悬浮力和导向力的时间弛豫结果。图 14.9（b）为悬浮力对数弛豫率与横向位移的关系。先看导向力的弛豫规律，显然随着横向位移的增加，导向力的时间弛豫减弱。当横向位移大于等于 15mm 后导向力的弛豫很小、且基本保持不变。而悬浮力随横向位移的变化比较复杂，通过 $\ln t = 2 \sim 5.7$ 的弛豫率随横向位移的变化可以看出，悬浮力的弛豫率先存在一个增加的过程，说明悬浮力的弛豫在横向位移较小的时候比较迅速。随着横向位移的增加，悬浮力的弛豫逐渐减小，当横向位移越过 15mm 之后。弛豫率又开始增加。

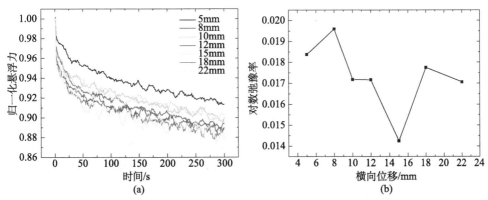

图 14.9　初始冷却高度为 12mm，悬浮高度 5mm，（a）不同横向位移悬浮力的弛豫；
（b）及其对数弛豫率

当初始冷却高度等于悬浮系统悬浮高度时，这里选择 3、5 和 8mm 这三个横向位移，实验结果如图 14.10 所示。先讨论导向力的弛豫，如图（a）所示，显然随着横向位移增大，导向力绝对值增大，但是时间弛豫都比较缓慢。不论横向位移大小，$t=0\mathrm{s}$ 和 $t=300\mathrm{s}$ 导向力的改变不超过 3%。不同横向位移悬浮力的弛豫也可从两个角度分析，其一是悬浮力行为，即悬浮力的正（排斥）、负（吸引）特性；其二是悬浮力随时间增大或者减小的行为。如图（b）所示，当横向位移为 3mm 时，悬浮力为 −0.17N；横向位移为 5mm 时，悬浮力是 −0.134N；而当横向位移增大至 8mm 时，悬浮力为 0.37N。可见随着横向位移的增加，悬浮力由负值变为正值，即悬浮性质由悬挂（吸引）转变为悬浮（排斥）。由悬浮力弛豫的结果看出，当悬浮力为负值时，随着弛豫时间的增长，悬浮力的绝对值渐渐增大，呈现一种吸引强化的趋势；而当悬浮力行为由负值转变为正值后，时间弛豫的结果使悬浮力减小。这个过程我们称为悬浮力行为和弛豫的翻转[11]。

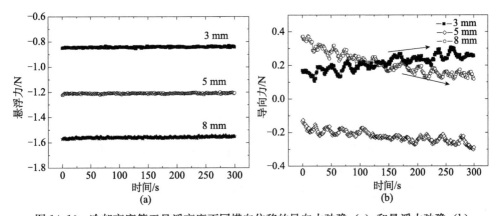

图 14.10　冷却高度等于悬浮高度不同横向位移的导向力弛豫（a）和悬浮力弛豫（b）

14.2　高温超导磁悬浮力特征的准静态理论研究

前面的实验结果表明，高温超导体的初始冷却过程对悬浮系统的悬浮特性包括悬浮力、导向力，以及它们的时间弛豫均能够产生显著的影响，主要表现在非轴对称悬浮系统中，悬浮力和导向力行为的翻转，以及它们时间弛豫的翻转。产生这些现象的根本原因在于高温超导体在冷却过程中的磁通冻结现象，而正是冻结磁通与永磁体磁场的相互作用，才可能导致永磁体和超导体之间存在着排斥或者吸引，进而产生上述的现象。本节中，首先简单讨论已有的冻结镜像模型，然后给出修正模型并与实验结果做比较，最后给非轴对称系统中悬浮力和导向力弛豫翻转现象给出定性的理论解释。

14.2.1　磁通冻结—镜像模型

早在 1998 年，Kordyuk[12] 在将永磁体简化为一等效的磁偶极子，超导体为半无限大平面的基础上，假定永磁体移动时超导体内部磁场不变化，这一假定适合于超导体穿透深度远小于悬浮系统特征尺寸的情形（如：永磁体和超导体之间的最小距离）。在适用于第一类超导体的磁通镜像法中引入冻结镜像磁偶极子（在超导体外，由冻结镜像磁偶极子产生的磁场，与超导体内部冻结磁通产生的磁场相同），建立了场冷却下的磁通冻结—镜像方法，如图 14.11 所示。

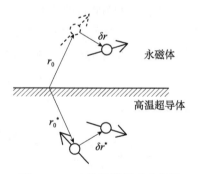

图 14.11　冻结镜像模型示意图

该方法的主要思想为，当永磁体静止在超导体上方时，永磁体在超导体内部将产生一个镜像磁体。在超导体表面，永磁体和镜像磁体产生的磁场法向分量相等，永磁体的镜像磁体跟随永磁体的移动而移动，注意该时刻永磁体与其镜像磁体在超导体边界面上的合磁场为零。这样在超导体内部将会出现两个镜像磁体：

一个镜像磁体在永磁体初始冷却位置，关于超导体边界面的镜像处且保持不动；另一个镜像磁体跟随永磁体的移动而移动。这样在超导体上方的永磁体将受到两个磁场的和作用，若是考虑最简单的垂向运动情形，永磁体受到的悬浮力可解析的表述为

$$F_z(z_1) = 6\mu^2 \left[(2z_1)^{-4} - (z_1 + z_0)^{-4} \right] \tag{14.1}$$

这里，μ 为永磁体磁矩，z_0 为初始冷却高度。

14.2.2 磁通冻结—镜像模型的修正[13-15]

磁通冻结—镜像模型给出的悬浮体，受到的悬浮力和面内力均与初始冷却高度有关，但是不能给出零场冷却下的面内力，以及悬浮力和面内力曲线上的磁滞特性，而这些现象已为实验所证实，因而，修正磁通冻结—镜像模型[13-15] 使其更好反映超导磁悬浮系统的受力特性。

如图 14.12 所示，设所有磁偶极子的方向均与 z 轴平行。取 z 轴正方向为磁偶极子的正方向，将永磁体简化为磁偶极子 m_1，其方向与 z 轴正方向一致，数量为 m_1。将高温超导体视为半无限结构，x 轴所在水平面为超导体边界面。将超导体表面屏蔽电流形成的磁场，简化为抗磁镜像磁偶极子 m_2，m_1 与 m_2 始终关于超导体边界面（即 x 轴）对称，即 m_2 始终跟随 m_1 的移动而移动，m_2 的方向与 m_1 的方向相反，故 m_2 的数量为（$-m_2$）。在高温超导体初始冷却位置上，一旦冷却完成，则形成冻结磁通，简化为冻结镜像磁偶极子 m_3，且 m_3 固定在初始冷却时与永磁体关于 x 轴的对称位置上，其方向与 m_1 相同，数量为 m_3。当永磁体在竖直方向移动时，随着外磁场的增强或减弱，将有部分磁通进出超导体内部，我们将这些俘获磁通在超导体外部形成的磁场，简化为竖向移动镜像磁偶极子 m_4 形成的磁场，m_4 的大小和方向与永磁体竖向移动的情形相关。设永磁体与超导体的最小间距为 z_0，为了分析永磁体受力，认为 m_4 位置始终固定在永磁体与超导体竖向间距最小时关于 x 轴对称的位置处，即其坐标始终为（$0, -z_0$）。m_4 是由于永磁体竖向移动而产生，因此在初始冷却高度处为 0。当永磁体面内移动时，m_4 保持不变。永磁体面内移动时超导体内部磁通的变化，将由面内移动镜像磁偶极子 m_5 来描述，m_5 在永磁体开始面内移动时，有初值 $m_5 = 0$。m_5 的位置也始终固定于 m_4 位置，即（$0, -z_0$）处。m_5 的大小和方向与永磁体面内移动情况有关。

通过对永磁体和镜像磁体进行磁偶极子的等效处理后，永磁体在任意点 $P(x, z)$ 上受到的力，就是抗磁镜像磁偶极子 2、冻结镜像磁偶极子 3、竖向移动镜像磁偶极子 4 和面内移动镜像磁偶极子 5 分别作用在永磁体等效磁偶极子 1 上的力的叠加：

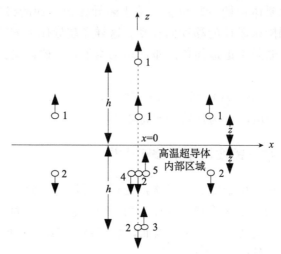

图 14.12　修正后[13] 磁通冻结—镜像模型示意图

1 为永磁体；2 为抗磁镜像；3 为冻结镜像；4 为竖向移动镜像；5 为面内移动镜像

h 为初始冷却高度，$z = z_0$

$$F_x(x,z) = A \left\{ \frac{x^3 - 4x(z+h)^2}{[x^2 + (z+h)^2]^{7/2}} m_3 + \frac{x^3 - 4x(z+z_0)^2}{[x^2 + (z+z_0)^2]^{7/2}} (m_4 + m_5) \right\} \quad (14.2)$$

$$F_z(x,z) = A \left\{ \frac{2}{(2z)^4} m_2 + \frac{3(z+h)x^2 - 2(z+h)^3}{[x^2 + (z+h)^2]^{7/2}} m_3 \right.$$
$$\left. + \frac{3x^2(z+z_0) - 2(z+z_0)^3}{[x^2 + (z+z_0)^2]^{7/2}} (m_4 + m_5) \right\} \quad (14.3)$$

其中，h 为初始冷却高度（CH），永磁体与超导体相对移动过程中始终有 $m_2 = m_3$。当永磁体面内移动时，$z = z_0$。永磁体移动过程中超导体内部的磁通变化由磁偶极子 m_4 和 m_5 来反映。

在式（14.2）和式（14.3）中分别令 $x = 0$，且注意到 $m_5 = 0$，以及 $m_2 = m_3$，得到永磁体与超导体对心竖向往复运动时，永磁体受到的超导体的作用力，此时 $F_x(0,z) = 0$，因此，永磁体只受竖向悬浮力的作用：

$$F_z(0,z) = A \left\{ \left[\frac{2}{(2z)^4} - \frac{2}{(z+h)^4} \right] m_2 - \frac{2}{(z+z_0)^4} m_4 \right\} \quad (14.4)$$

由式（14.4）知，在初始时刻有：$z = h$，$m_4 = 0$，有 $F_z(0,z) = 0$。这就是说，在初始冷却位置悬浮力和面内力均为零。

在修正模型中引入了表征永磁体竖向和面内移动时超导体内部磁通变化的镜像磁偶极子 m_4 和 m_5，判断修改成功与否的关键对悬浮力的预测。对永磁体竖向移动时两种模型所得悬浮力比较，永磁体移动到任意位置 $P(x,z)$ 处时，在超导体边界面（$z = 0$）上，m_1 与 m_2 产生的磁场法向分量的矢量和为 **0**。所以在计算中使

得 $m_1=m_2$ 是合理的。令式（14.4）中 $m_4=0$，即 $a_1=0$、$a_2=0$，或者 $b_1=0$、$b_2=0$，得到由磁通冻结—镜像模型给出的悬浮力表达式。永磁体与超导体间的最小竖向悬浮间距为 $z_0=0.5\text{mm}$。取 $m_1=m_2=m_3=5.0\times10^{-3}\text{A}\cdot\text{m}^2$，由磁通冻结—镜像模型计算得到的悬浮力随竖向间距变化的曲线如图 14.13（a）所示，初始冷却高度 h 分别为 30mm 和 0.5mm，可以看出由磁通冻结—镜像模型得到的悬浮力曲线不能反映磁滞效应。

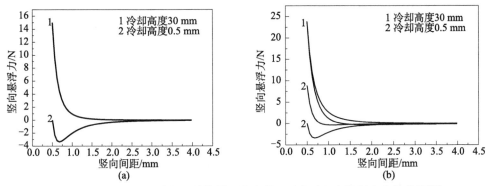

图 14.13 （a）由磁通冻结—镜像模型给出的悬浮力随竖向间距变化的曲线[13]，
（b）由修正磁通冻结—镜像模型式（式（14.4））给出的悬浮力随竖向间距变化的曲线
1：零场冷却下的悬浮力；2：场冷却下的悬浮力

应用本节修正模型推导得到的悬浮力表达式（14.4），计算得到的悬浮力随竖向间距变化的曲线如图 14.13（b）所示。为了比较本书模型所得结果与磁通冻结—镜像模型所得结果的差别，其他参数和上一段完全相同。比较图 14.13（a）和（b）可以看出，当 $h=30\text{mm}$ 时，即典型零场冷却下，由磁通冻结—镜像模型给出的悬浮力最大值比修正模型得到的悬浮力最大值小，这是因为修正模型中引入竖向移动镜像磁偶极子 m_4 而使得悬浮力增大的缘故，且修正模型得到的悬浮力曲线有明显的磁滞特性。当 $h=0.5\text{mm}$ 时，即典型场冷却下，由磁通冻结—镜像模型给出的悬浮力曲线与修正模型给出的悬浮力曲线的下半部分重合，但是磁通冻结—镜像模型不能给出图 14.13（b）中曲线 2 的上半部分，即不能反映悬浮力曲线的磁滞特性。

Yang 等[15,16]关于冷却高度对轴对称的悬浮系统悬浮力的实验发现，悬浮系统的最大悬浮力和吸引力都存在饱和特征。即发现悬浮系统的最大悬浮力和吸引力都存在饱和特征。当初始冷却高度大于 $30\sim40\text{mm}$ 后，最大悬浮力和吸引力都基本保持不变，并且证明最大悬浮力和吸引力与初始冷却高度的关系均满足形如 $F=A+Be^{-z_0/C}$ 的拟合公式，其中，A、B 和 C 均为常数，z 为初始冷却高度。现在我们来考察 Yang 与 Zheng 的模型[13]是否能反映出这个特征，以及如何改进。

如图 14.14 所示，与 Yang 和 Zheng 模型[13] 相比较，我们仅仅调整了垂向运动磁偶极子 m_4 的位置[14]，将原模型中固定在 z_0 处的磁偶极子移动到 h 处固定。通过这一调整，得到的悬浮系统悬浮力的解析表达式为

$$F_z(z) = A\left[\frac{2}{(2z)^4}m_2 - \frac{2}{(z+h)^4}(m_3 + m_4)\right] \tag{14.5}$$

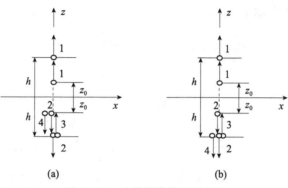

图 14.14　冻结镜像模型示意图

（a）Yang 和 Zheng 模型[13]，m_4 固定在 $-z_0$ 处；（b）本节修正模型[14] 将 m_4 固定在 $-h$ 处

1：磁体；2：抗磁镜像；3：冻结镜像；4：垂向运动磁偶极子，初始冷却高度 h_0 为永磁和
超导体之间的最小距离

现在，我们来验证由式（14.5）表述的悬浮力的饱和性。为此，垂向运动磁偶极子的变化规律，m_2、m_3 和 m_4 的取值，其中 $m_4 = a_1(h - z_0)$，以及参数 a_1 的取值等都与前面的讨论完全一致，结果示于图 14.15。显然可见，修正的模型[14] 受参数影响非常小。在同样的计算参数下，也能反映出最大悬浮力的饱和特性。

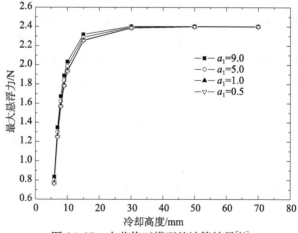

图 14.15　本节修正模型的计算结果[14]

其次，我们来考察修正模型描述悬浮力—距离磁滞特性的能力。为了便于比较，永磁体不论是从初始冷却高度开始下降；还是从初始冷却高度开始上升的情况，垂向运动磁偶极子的数量 m 的变化规律等均与 Yang 和 Zheng 模型[13] 所取完全一致，即有

（a）永磁体从初始冷却高度处开始下降，其下降过程为抗磁过程

$$m_4 = -a_1(h-z) \tag{14.6}$$

而返回过程为顺磁磁化过程为

$$m_4 = -a_1(h-z_0) + a_2(z-z_0) \tag{14.7}$$

其中，正的参数 a_1、a_2 的差表征了超导体磁滞效应的强弱。

（b）永磁体从初始冷却高度处开始上升，其上升过程为顺磁磁化过程 $m_4 = b_1(z-z_0)$

$$m_4 = b_1(z-z_0) \tag{14.8}$$

下降过程为抗磁磁化过程

$$m_4 = b_1(z_m-h) - b_2(z_m-z) \tag{14.9}$$

其中，参数 b_1、b_2 均为正值，同样两者的差表示了超导体磁滞特性的强弱。计算参数也与文献 [13] 中的参数完全一致，计算结果示于图 14.16 中。结果显示，本节给出的修正模型也很好地反映出悬浮力—距离磁滞特性，当然对于冷却高度为 30mm 的情形，即图中的曲线 1，很难看出有明显的磁滞特征，这主要与所有的参数范围有关。

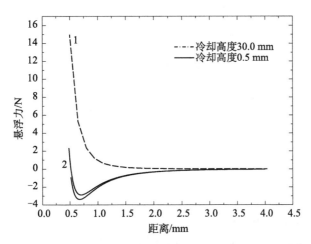

图 14.16　本节修正模型计算的悬浮力—距离磁滞回线[14]

相较 Yang 和 Zheng 模型[13] 可以反映出悬浮力的磁滞特性

14.3　高温超导悬浮振动中心漂移的典型实验特征及其理论研究[17-25]

高温超导悬浮系统悬浮动态响应分析是超导悬浮工程安全设计的基石，是未来高温超导悬浮系统工程应用的基础。当高温超导悬浮系统处于交变的外磁场环境中，或者悬浮体受到外界干扰或持续激励，悬浮系统会产生悬浮漂移[26-28]、分岔、混沌[29-31] 等实验现象，并伴随着磁场和温度场变化。

14.3.1　高温超导悬浮系统的振动中心悬浮漂移实验特征[17-20]

(一) 高温超导悬浮系统的悬浮漂移[17,18]

悬浮系统在交变磁场或永磁体振动的时候会发生悬浮的漂移现象，即悬浮力的漂移和悬浮高度的漂移，那么通过关注悬浮力或者悬浮高度的漂移就能够了解悬浮系统的漂移特征。实验固定在永磁体之上的杜瓦瓶，通过采集永磁体振动时，悬浮系统的悬浮力信号来研究悬浮系统悬浮漂移特征，这样做不仅仅降低了实验成本，而且得到的实验结果更加直观。通过对振动引起的悬浮力的改变的分析，可直接得到诸如外加激励幅值、临界电流密度、悬浮重量、冷却高度等对悬浮系统悬浮力漂移的影响。

现在主要简略地介绍动态测试的过程，将超导体固定于杜瓦瓶之后，置于永磁体上方，杜瓦瓶底与永磁体上表面之间的距离（初始冷却高度）可以调节，添加液氮冷却超导体，移动杜瓦瓶到期望的悬浮高度。然后进行悬浮力的时间弛豫测试，200s 之后永磁体开始垂向振动，时间也为 200s，记录整个悬浮力随时间的变化历程。可以看出在振动刚开始的十几秒内，悬浮系统悬浮力迅速地减小（也有增大情形），然后悬浮力的变化又趋于平缓。如图 14.17 所示为一典型的实验结果。

本节实验选用一个由西北有色金属研究院采用顶部籽晶熔融织构方法制备的YBCO 柱体，直径 25mm，厚度 13mm，磁浮力密度 2N/cm^2 左右。永磁体采用表磁约为 0.4T 的 NdFeB 永磁体，直径 30mm，厚度 20mm，磁化方向沿着轴向。首先，将超导体固定在液氮容器中，添加液氮进行零场冷却。几分钟后，电机驱动液氮容器向永磁体靠近，运动至测试点后停止，进行悬浮力的弛豫测试，弛豫时间为 300s。300s 以后，永磁体开始垂向振动，观察漂移现象，振动时间也为 300s。对于远离过程的测试，首先将液氮容器运动到最低位置，然后返回至待测点。在所有的测试过程中，永磁体和超导体始终保持轴对称状态。

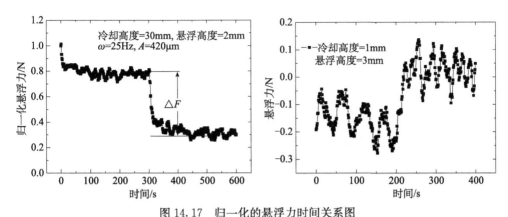

图 14.17 归一化的悬浮力时间关系图

300s 之前永磁体没有振动, 300s 之后开始振动, 图中测试条件为初始冷却高度 30mm, 悬浮高度 2mm,
永磁振动频率 25Hz, 振幅 420m, ΔF 表示悬浮力的漂移量, 即改变量

在悬浮力—距离磁滞回线上选择一些测试点, 在超导体下降过程中选择两个位置, 点 a 和 b, 其距离永磁体表面距离分别为 4 和 1mm。在超导体返回过程中选择三个测试点 c、d 和 e, 距离永磁表面的位置分别为 1、3 和 7mm。图 14.18 (a) 为测试点 a 和 b 的测试结果, 点 c、d 和 e 的测试结果见图 14.18 (b)。由图可见, 振动测试位置不论是处于靠近的悬浮力—距离磁滞回线上, 还是处于远离的过程, 一旦永磁体发生振动, 悬浮系统悬浮力会发生迅速地变化, 下面将单独描述不同测试点位置永磁振动引起的悬浮漂移特征。

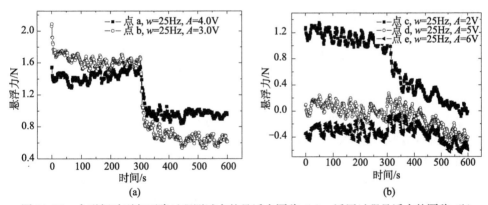

图 14.18 永磁振动引起下降过程测试点的悬浮力漂移 (a), 返回过程悬浮力的漂移 (b)

图中为永磁体振动频率, A 为激振器两端的电压

图 14.18 (a) 显示的是下降过程中的测试点 a 和 b 的测试结果, 可以看出, 一旦永磁体发生振动, 悬浮力将急剧减小, 发生悬浮力减小的下漂移。由于永磁体的振动频率一致, 均为 25Hz, 点 a 激振器两端电压为 4V, 点 b 其值减小到 3V,

但是可见点 b 的悬浮力漂移量 ΔF 大于点 a 悬浮力的改变量，这说明漂移引起的悬浮力的改变与悬浮高度相关，在接下来将讨论悬浮高度对悬浮漂移的影响规律。在图 14.18 (b) 中，我们首先观察到与已有文献 [26] 一致的上漂移现象，即在点 d 和 e 处，永磁体振动引起悬浮力的增大。而令人比较惊奇的是点 c 的测试结果。可以看出，在点 c 永磁振动发生悬浮力的下漂移，随着测试时间的增加，悬浮力并没有和点 a、b 处一样变化缓慢，而是持续不断地减小[17]。

Brandt[32] 在分析高温超导悬浮系统悬浮特征时指出，当超导体表面垂向磁场分量超过了一个临界值 J_c 以后，超导体内部磁通线将能够克服钉扎力的作用而发生自由流动。由于我们的实验样品的较小的临界电流密度，磁通线脱钉的临界磁场值将很容易达到。所以即使在远离永磁体的磁滞回线上，也有可能产生悬浮力减小的下漂移。

现在重点讨论外加激励、悬浮高度、冷却高度，以及悬浮重量等对悬浮系统漂移的作用规律。图 14.19 (a) 两个直径相同样品的悬浮力—距离磁滞回线，在相同的磁场环境中，悬浮力的差别体现出样品内临界电流密度的差。显然，样品 A 的临界电流密度小于样品 B 的临界电流密度。图 14.19 (b) 为超导样品 A 和 B 悬浮高度均为 2mm、永磁体振动频率为 40Hz，悬浮力的漂移量与激振器两端电压的变化关系。显然，随着激振器两端电压的增大，悬浮力的漂移量 ΔF 增大。另外，在相同的外加激励、相同的悬浮高度作用下，悬浮体的漂移量与超导体的临界电流密度有关，临界电流密度越大，悬浮力的漂移量越小。两个样品的悬浮高度对于悬浮漂移的影响规律如图 14.19 (c) 所示，实验中，永磁体的振动频率为 40Hz，激振器两端电压 2.0V。对于样品 A，悬浮高度从 2mm 开始，依次为 2.4mm、3.0mm 和 3.5mm；对于样品 B 第二个测试高度为 2.5mm，其他与样品 A 一样。由结果可知，不论是样品 A 还是样品 B，随着悬浮高度的增大，悬浮力的漂移量减小，并且满足，临界电流密度小的样品悬浮力漂移量的变化大，例如对于样品 A，当悬浮高度为 2mm 时，$\Delta F = 0.7N$，而当悬浮高度增大至 3.5mm 时，$\Delta F = 0.468N$，减小 33.1%。同样的悬浮高度，样品 B 的悬浮力的改变量 ΔF 分别为 0.496N 和 0.382N，减小 22.0%。Teshima[30] 等详细研究了悬浮系统中悬浮体重量对悬浮系统共振频率 (Resonant Frequency) 的影响后发现，悬浮系统共振频率基本不受悬浮体重量的影响。在这里我们主要关心的是永磁振动引起的悬浮力的漂移，那么悬浮体的重量是否对悬浮力的漂移量存在影响，将是我们接下来要讨论的问题。悬浮体重量对悬浮力漂移的影响见图 14.19 (d)，与 Teshima[30] 等的研究方法类似，我们也测试了不同悬浮高度，悬浮体重量对悬浮系统漂移的影响。可见，对于悬浮高度较小的情形，如图中悬浮高度为 2mm 的情形，悬浮重量对悬浮力的漂移有较为明显的影响。当没有外加悬浮重量时，$\Delta F = 0.7N$；超过外加悬浮重量为 2.2N 时，悬浮系统悬浮力的漂移量 $\Delta F = 0.526N$ 约 24.9%。当悬浮高度增大到 3.5mm 时，相同的情形没有附加悬浮重量的悬浮力漂移量，比包含 2.2N 附加重量大约 11.6%。可见，悬浮重量对于悬浮系统悬浮力的漂移存在影响，悬浮高度越小，悬浮重量的影响越显著；相反，悬浮高度越大，影响越小。

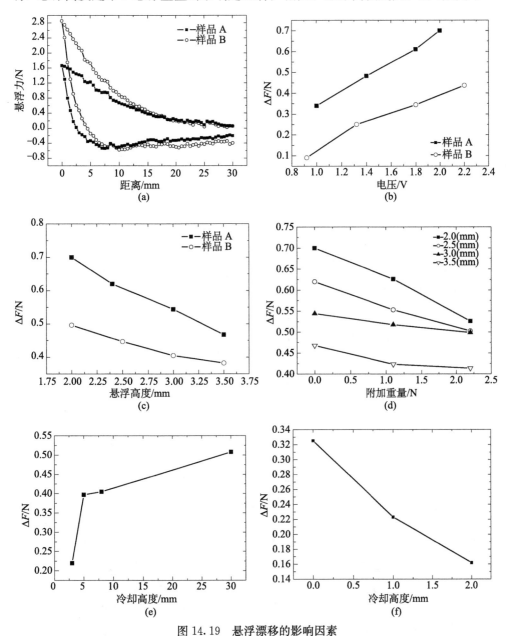

图 14.19 悬浮漂移的影响因素

(a) 悬浮力—距离磁滞回线；(b) 激振器两端电压的影响；(c) 悬浮高度影响；(d) 悬浮体重量的影响；
(e) 冷却高度大于悬浮高度时的影响；(f) 冷却高度小于悬浮高度的影响

　　对于冷却高度对悬浮系统悬浮力漂移量的影响，当初始冷却高度大于悬浮高度的情形，实验结果如图 14.19 (e) 所示；而对悬浮高度大于初始冷却高度的情形，结果可见图 14.19 (f)。对于前一种情形，显然，初始冷却高度越大，悬浮力的漂移量也越大。冷却高度为 30mm 的悬浮力的漂移量 $\Delta F = 0.508$N，是冷却高度为 3mm 的悬浮力漂移量 $\Delta F = 0.219$N 两倍还多，可见，冷却高度对悬浮系统的悬浮漂移的影响之显著。对于这种情形，测试的悬浮高度为 2mm。对于冷却高度小于悬浮高度的情形，其影响较前一种情形特别，主要体现在这时永磁体振动引起悬浮力的上漂移，即永磁体振动导致悬浮系统的悬浮力增加。实验中冷却高度分别为 0、1.0mm 和 2.0mm，测试的悬浮高度为 3.0mm，由结果可知这种情形下，冷却高度增加悬浮力的漂移量又减小，对于我们测试的三个冷却高度，悬浮力漂移量分别为 0.325N、0.223N 和 0.162N。最后，冷却高度对悬浮漂移的影响规律可概括如下，当冷却高度大于悬浮高度时，永磁体振动引起悬浮力的下漂移，冷却高度增大，悬浮力的漂移量增大；反之，永磁振动将使悬浮力产生上漂移，即悬浮力增大，这种情形冷却高度越大，悬浮力漂移量越小。

(二) 高温超导悬浮系统非线性运动特性实验研究[19,20]

　　这里我们主要围绕高温超导悬浮系统动态响应，特别是系统的非线性特征如分岔、混沌等实验现象，同时研究动态响应过程中的磁场和温度场特性。实验中采用测试系统如图 14.20 所示，在图中显示的超导悬浮动态测试系统，自下往上分别是 Cu 层、超导体、热绝缘聚乙烯材料、永磁体、悬臂梁和激光位移传感器。其中 Cu 层的厚度为 1mm，由于 Cu 的热传导系数较高为 377W/m·K，当加入液氮冷却超导体时，Cu 层能起到良好的热传导作用。实验中使用的超导体是由北京有色金属研究院采用顶部籽晶熔融织构方法制备的 YBCO 圆柱体，直径是 30mm，厚度为 18mm，临界电流密度在 1×10^8 A/m² 左右。隔热层采用聚乙烯材料，厚度为 5mm，可以保证在测试过程中超导体表面温度不受到外界液氮的影响。永磁体采用 NdFeB 材料制备而成，表磁场强度为 0.5T，实验中使用了两种尺寸的永磁体，第一种是直径 12mm，厚度 12mm；第二种是直径 30mm，厚度 18mm。悬臂梁是使用 Al 合金材料制备刚性梁，具有硬度高韧性好的特点，属于非铁磁性材料在实验中不会受到磁场的影响。激光位移传感器是具有重复精度 0.5μm 的传感器，能够实现无接触高精度测量位移变化。同时为了实验中测量的可靠性，在悬臂梁上布置应变片测量梁的垂直方向位移，与激光测量的数据进行比较得到更可靠的结果。

　　在本节研究中，我们主要研究悬浮系统的非线性动态响应，其中，实验中的非线性运动包括倍周期分岔运动和混沌运动，这是典型的非线性动态问题，下面分别介绍实验观察到的三种非线性运动：

　　1) 倍周期分岔运动

　　首先研究动态倍周期分岔运动，实验参数如下：永磁体直径 12mm，厚度

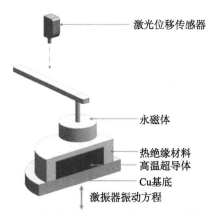

图 14.20 高温超导悬浮含温度响应的动态测试系统[19,20]

12mm，表面磁场强度 500mT，冷却高度 8mm。实验中冷却方式是使用场冷却的方法，首先将永磁体固定在悬臂梁的端部，下方放置装有超导体的杜瓦容器，调节永磁体与超导体之间的距离为 8mm，加入液氮冷却超导体。在达到完全冷却状态后超导体进入超导态，通过激振器施加正弦激励，超导体跟随着激振器发生周期运动，利用激光位移传感器测量悬臂梁在垂直位置上位移。图 14.21（a）为永磁体位移的时间历程图，在时间 $t=2$s 时开始施加外加周期激励振动，频率是 $f=26$Hz，振幅是 $A=1102\mu$m。从图中得到保持外加激励振动不变情况下，在时间 $t=3$s 时永磁体的振动位移突然变大，最大的向上位移达到 5.5mm，之后振动向上位移减小到 4.5mm 左右并保持稳定。图 14.21（b）是根据时间历程图，按照时间间隔为 $t=1/f=1/26$s 来选取相对应的位移点。在图中可以看到，时间 $t=2$s 之前，数据点形成随时间变化的一条连续曲线；时间 $t=2$s 之后，数据点随时间变化分开成两条独立的曲线，上曲线和下曲线分别对应着不同的时间点，并在时间 $t=3$s 之后保持稳定，系统发生了倍周期分岔运动。

图 14.21（c）是对实验的时间历程曲线进行 Fourier 频谱分析，得到实验过程中的主频率是 13Hz，恰好是外加频率的 1/2，这说明了实验过程中发生倍周期分岔运动。图 14.21（d）是永磁体发生倍周期分岔运动相图，从相图得到永磁体的相轨迹图并不是一个完整的圆，局部有不规则的形状，轨迹线在圆上有小幅度摆动形成非单一线型圆。

2）混沌运动

在前一部分内容中介绍了倍周期分岔运动的实验过程，现介绍混沌运动发生的实验过程。Lyapunov 指数[33] 是判断混沌运动的一种可靠的定量方式，它给出了对系统中在相空间任意两条相邻的相轨迹线聚合或者分离的平均变化速率。离散动力系统的 Lyapunov 指数满足：

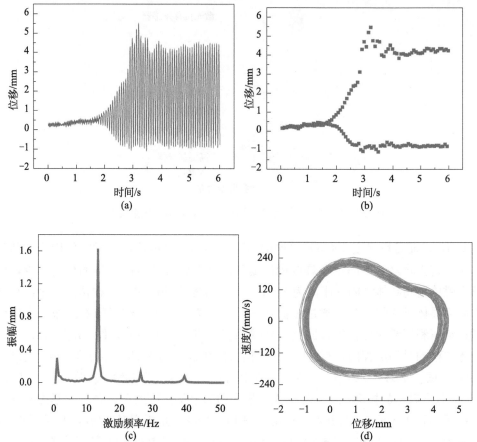

图 14.21　（a）永磁体的位移；（b）分岔图中永磁体位移点分成两条轨迹；
（c）频谱分析主频率为 13Hz；（d）分岔对应的相图

$$\lambda = \frac{1}{n}\ln\left|\prod_{i=0}^{n-1} f'(x_i)\right| = \frac{1}{n}\sum_{i=0}^{n-1}\ln\left|f'(x_i)\right| \tag{14.10}$$

当计算出 Lyapunov 指数是大于零的指数说明该系统具有混沌特性。本部分内容将研究超导悬浮系统的混沌现象，实验参数如下：永磁体直径 12mm，厚度 12mm，表面磁场强度 500mT，场冷却高度为 6mm，外加激励频率 $f=22.8$Hz。

图 14.22（a）是超导悬浮系统的分岔图，实验中在 $t=5$s 时刻增大振幅 $A=876\mu m$，系统突然发生倍周期分岔运动。随后在 $5\sim15$s 这段时间保持外加激励频率和振幅不变，系统保持稳定的分岔运动，此时永磁体振动的频率是 $f=11.4$Hz。在 $t=15$s 时刻保持外加激励的频率不变，增大振幅至 $A=1378\mu m$，这时系统快速由分岔运动转变成混沌运动。从图中可以看到混沌状态下永磁体位移是类似随机发散的运动，没有一定的规律，最大的向上位移达到 5.0mm，是前一时刻倍周期

分岔运动的最大向上位移 2.5mm 的 2 倍，混沌运动发生更剧烈。图 14.22（b）是计算出系统的 Lyapunov 指数，随着时间的增加收敛于一个大于零的数，表明系统是具有混沌特性。图 14.22（c）是悬浮系统发生混沌运动的频谱分析曲线，在 $f=0\sim14$Hz 这段区间频谱区域是连续的，只有在 $f=11.4$Hz 有一个微小的峰值，这可以说明系统没有固定的振动频率，发生了类似随机的非周期运动，也就是混沌运动。图 14.22（d）是悬浮系统发生混沌运动的相图，在图中看到运动轨迹在一定的区域内无序运动，几乎没有重合的轨迹，并形成多层的相轨迹图形。

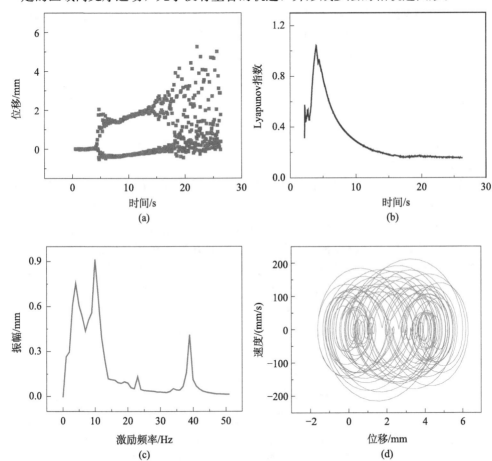

图 14.22 （a）永磁体位移分岔图，在 $t=5$s 时增加振幅至 876μm，发生倍周期分岔运动；在 $t=15$s 时增大振幅至 1378μm，系统发生混沌运动；（b）系统 Lyapunov 指数；
（c）系统运动幅频曲线；（d）系统发生混沌运动的相图

3）多重分岔混沌实验

进一步将研究超导悬浮系统的多重倍周期分岔运动和混沌运动，实验参数如下：永磁体直径为 12mm，厚度为 12mm，表面磁场强度为 500mT，冷却高度为

6mm，外加激励频率 $f=21.7\mathrm{Hz}$。

图 14.23（a）是超导悬浮系统发生倍周期分岔运动和混沌运动的过程，在 $t=$ 6s 时刻从零增加外加激励振幅至 $A=896\mu\mathrm{m}$，系统突然由周期运动进入 2 倍周期运动，永磁体的位移点随时间变化形成两条曲线。在 $t=26\mathrm{s}$ 时刻增大振幅至 $A=$ $1121\mu\mathrm{m}$，此时系统快速由 2 倍周期运动进入 4 倍周期运动，位移点随时间变化的趋势由两条曲线变成四条曲线，并且四条曲线完全独立没有交叉，位移变化的幅值更大。在 $t=40\mathrm{s}$ 时增大振幅至 $A=1365\mu\mathrm{m}$，系统则从 4 倍周期运动转变成混沌运动，系统最大的向上位移达到 4.5mm。图 14.23（b）是超导悬浮系统的频谱分析图，在 $f=0\sim13\mathrm{Hz}$ 这段区间频谱区域是连续的，在 $f=11\mathrm{Hz}$ 有一个较大的峰值，这可以说明系统在整个过程中发生倍周期分岔运动，也发生了类似随机运动的混沌运动。图 14.23（c）表示超导悬浮系统发生 4 倍周期运动的相图，在图中看到在大圆环轨迹中含有三个小圆环轨迹，三个小圆相互与大圆形成交叉，这表明系统发生 4 倍周期运动。图 14.23（d）表示超导悬浮系统发生混沌运动的相图，从图中的相轨迹看到是毫无规律，并且在一定范围内没有相互重复的轨迹曲线，相轨迹是多层曲线。

前面已经叙述过超导材料温度的变化会影响其物理性能如临界电流密度。对于悬浮系统而言，如果超导体处在交变磁场作用下会发生交流损耗，使得超导体温度升高并引起系统中悬浮力的变化。因此，本节重点研究悬浮系统在受外界激励作用时，超导体表面温度的变化过程。实验的方法是在超导体的上表面粘贴两个 PT100 Pt 电阻进行温度测量，Pt 电阻的位置一个选择在超导体圆柱的中心点上，另一个放置在距离中心位置为 L 的位置，如图 14.24（a）所示。图 14.24（b）是薄膜式 Pt 电阻结构。实验参数如下：永磁体直径 30mm，厚度 30mm，表面磁场强度 500mT，冷却高度为 8mm，下面通过四组实验来研究超导悬浮系统中非线性运动对超导体表面温度的影响。

图 14.25（a）是在外加频率为 24Hz，振幅是 $1212\mu\mathrm{m}$ 发生的倍周期分岔运动。图 14.25（b）是实验中超导体表面的温度变化曲线，其中温度探头 PT100 的位置分别布置在中心位置和距离中心 $R/2$ 的位置。图中看到中心位置温度没有明显变化，而在 $R/2$ 位置温度有一个跳跃，温度跳跃幅值达到 91K，发生在倍周期分岔运动温度突变的结果。并且实验中的温度升高幅值已经非常接近临界转变温度 T_c，在此区域内的超导体很可能已经发生失超。

图 14.26（a）是在外加频率为 26Hz，振幅是 $1225\mu\mathrm{m}$ 发生的倍周期分岔运动，之后保持外加激励频率和振幅不变，系统维持稳定分岔运动。在 $t_2=33\mathrm{s}$ 时刻增大振幅至 $1810\mu\mathrm{m}$，永磁体分岔运动发生变化，振动位移的幅值变大，最大向上位移达到 7mm。图 14.26（b）是相对应的温度变化图，其中温度探头 PT100 的位置分别在中心位置和距离中心 $2R/3$ 的位置，图中看到中心位置温度没有明显变化，而

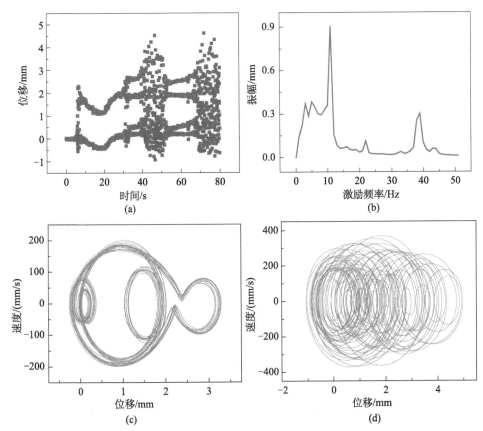

图 14.23 (a) 系统中永磁体位移分岔图，在 $t=6s$ 时增加振幅至 896μm，发生 2 倍周期运动，在 $t=26s$ 时增大振幅至 1121μm，系统发生 4 倍周期运动，$t=40s$ 时增大振幅至 1365μm，系统发生混沌运动；(b) 系统运动的幅频曲线；(c) 系统发生 4 倍周期运动的相图；(d) 系统发生混沌运动的相图

图 14.24 (a) PT100 Pt 电阻在超导体表面的位置；(b) 薄膜式 Pt 电阻结构[34]

在 $2R/3$ 位置温度发生了跳跃，温度跳跃幅值达到 191K，在该区域的温度值已经远远大于临界转变温度 T_c，超导体发生失超并转变到正常态，之后在很短时间内超导体降温到初始温度，重新进入超导态。再次增加外加激励的振幅后，超导体表面温度发生第二次跳跃，跳跃幅值大小是 170K，第二次温度跳跃同样使得超导体发生失超。从这组实验结果分析，温度跳跃不仅仅是在由周期运动转变至倍周

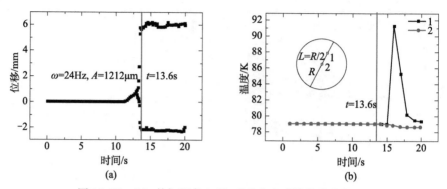

图 14.25　（a）外加频率 24Hz 系统中永磁体位移分岔图；
（b）发生分岔运动的超导体表面的温度变化

期分岔运动初始时刻，在倍周期分岔运动中增大振幅也可以使温度发生二次跳跃，并且两次跳跃的温度幅值都远大于临界转变温度 T_c。

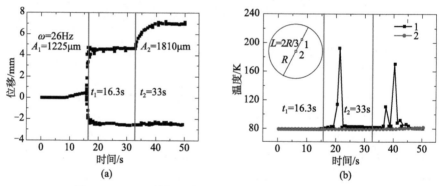

图 14.26　（a）外加频率 26Hz 系统中永磁体位移分岔图；
（b）发生分岔运动的超导体表面的温度变化

　　图 14.27（a）是在外加频率为 26Hz，振幅是 1410μm 发生的倍周期分岔运动。图 14.27（b）是实验中超导体表面温度的变化曲线，温度探头 PT100 的位置分别在中心位置和距离中心 $3R/4$ 的位置，发生非线性运动后中心位置温度没有明显变化，而在 $3R/4$ 位置温度有一个巨大的跳跃，跳跃幅值的大小是 259K，这个温度值已经远远大于临界温度 T_c，达到临界温度的 2.87 倍。这表明在初始倍周期分岔时刻超导体在极短时间内产生了巨大的能量，瞬间使得表面温度升高，这组实验测量的温度升高幅值是在所有实验中的最大值。

　　通过对比这三组超导悬浮系统在倍周期分岔运动中超导体表面发生温度跳跃实验，所选用的外加激励振动的频率分别是 24Hz、26Hz 和 26Hz，初次施加的振幅是 1212μm、1225μm 和 1410μm，测量边缘点距离中心的位置分别是 $R/2$、$2R/3$

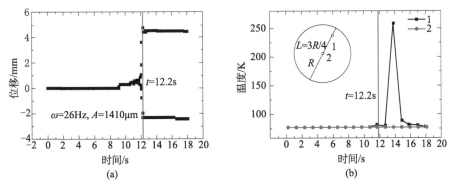

图 14.27 （a）外加频率 26Hz 系统中永磁体位移分岔图；
（b）发生分岔运动的超导体表面的温度变化

和 3R/4，对应的温度跳跃幅值为 91K、191K 和 259K。通过对比分析，发现外加激励振动的频率越高和振幅越大，温度探头布置的点越靠近边缘，所得到温度跳跃幅值则越大[20]。

14.3.2 高温超导悬浮系统非线性响应的数值模型[21-24]

14.3.1 节主要介绍了超导悬浮系统的非线性动态响应和超导体表面温度的变化实验测量，实验中发现悬浮系统的分岔、混沌现象等非线性动力响应。超导体局部表面温度会发生剧烈的变化，最高达到 259K。本节将在研究悬浮系统动力响应特征的基础上，考虑超导体动态响应过程中的磁热现象，建立数值模拟程序，深入研究超导悬浮系统非线性分岔过程，计算出超导体的电场、温度场、磁场及分岔运动过程，分析超导体表面温度发生跳跃的本质原因。

a）多场相互作用的基本方程

在实验中研究超导悬浮系统所采用外加磁场是使用永磁体，永磁体是由铁磁材料 NdFeB 制备而成，磁场在空间分布较为均匀，在计算中把永磁体等效成一个理想的磁体。在求解出超导体与永磁体之间的电磁力之前，首先是要把永磁体在空间的磁场分布计算出来，本节给出计算理想圆柱形永磁体的外磁场分布方法。对于理想的磁体可以假设磁性材料在充磁之后，内部会产生许多均匀的微型环电流，并且宏观上环电流的方向一致并且有序排列，把环电流分为磁体内部环流电流 J_v 和边界电流 J_s。在实际应用中，永磁体在一个方向上充磁之后磁体内部磁畴排序接近均匀，内部环流电流会相互抑制抵消，研究整个磁体时可以只考虑边界电流 J_s 而忽略内部电流 J_v，因此，在计算过程中用磁体的表面电流等效模拟磁场分布，如图 14.28 所示。

在计算永磁体外磁场分布时引入矢量位势函数 A，在圆柱形磁体柱坐标系

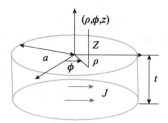

图 14.28　永磁体空间磁场计算

$(\rho,\ \varphi,\ z)$ 下有

$$\boldsymbol{B} = \nabla \times \boldsymbol{A} = -\frac{\partial A_\phi}{\partial z}\mathbf{e}_r + \mathbf{e}_\phi + \frac{1}{\rho}\frac{\partial}{\partial \rho}(\rho A_\phi)\mathbf{e}_k \tag{14.11}$$

根据 Biot-Savart 定律有

$$\boldsymbol{A}_\phi(\rho,z) = \frac{\mu_0 I}{4\pi}\oint_L \frac{1}{r}\mathrm{d}\boldsymbol{l} \tag{14.12}$$

其中，永磁体的半径为 a，环电流为 I 是由永磁体表面等效感应电流，$r = \sqrt{a^2+\rho^2-2a\rho\cos\varphi+z^2}$ 是空间上的场点与永磁体内部的源点之间的距离，永磁体的等效环电流表示为

$$A_\phi(\rho,z) = \frac{\mu_0 Ia}{4\pi}\int_0^{2\pi}\frac{\cos\phi\,\mathrm{d}\phi}{\sqrt{a^2+\rho^2-2a\rho\cos\phi+z^2}} \tag{14.13}$$

永磁体在空间场点产生的磁场可以分成三个分量，分别表示为

$$B_\rho(\rho,z) = \frac{\mu_0 J_s a}{4\pi}\int_0^{2\pi}\mathrm{d}\phi'\cos\phi\int_{-t}^0\frac{z-z'}{[a^2+\rho^2-2a\rho\cos\phi+(z-z')^2]^{3/2}}\mathrm{d}z' \tag{14.14}$$

$$B_\varphi(\rho,z) = 0 \tag{14.15}$$

$$B_z(\rho,z) = \frac{\mu_0 J_s a}{4\pi\rho}\int_0^{2\pi}\mathrm{d}\phi\cos\phi\int_{-t}^0\frac{a^2+(z-z')^2-a\rho\cos\phi}{[a^2+\rho^2-2a\rho\cos\phi+(z-z')^2]^{3/2}}\mathrm{d}z' \tag{14.16}$$

其中，J_s 为面内电流密度，当 $\rho=0$ 时，式（14.16）发生奇异，重新推导得出当 $\rho=0$ 时

$$B_z(z) = \frac{\mu_0}{2}J_s\left(\frac{z+t}{\sqrt{a^2+(z+t)^2}} - \frac{z}{\sqrt{a^2+z^2}}\right) \tag{14.17}$$

计算超导电磁场分布时，可引入矢量位势函数来简化问题，假设没有自由电荷存在，引入电流矢量势函数 $\boldsymbol{T}$，并有

$$\boldsymbol{J} = \nabla \times \boldsymbol{T} \tag{14.18}$$

对矢量势函数的散度给予限制以保证其唯一性，取 Coulomb 规范[35] 为

$$\nabla \cdot \boldsymbol{T} = 0 \tag{14.19}$$

假设有任意矢量场 $\boldsymbol{G}$ 中同时包含散度和旋度，可根据 Helmhotz 定理可得

$$C(P)\boldsymbol{G}(P) = \frac{1}{4\pi}\int_V (\nabla' \cdot \boldsymbol{G}(P')) \, \nabla' \frac{1}{R(P,P')}\mathrm{d}V'$$

$$-\frac{1}{4\pi}\int_S (\boldsymbol{n}' \cdot \boldsymbol{G}(P')) \, \nabla' \frac{1}{R(P,P')}\mathrm{d}S'$$

$$+\frac{1}{4\pi}\int_V (\nabla' \times \boldsymbol{G}(P')) \times \nabla' \frac{1}{R(P,P')}\mathrm{d}V'$$

$$-\frac{1}{4\pi}\int_S (\boldsymbol{n}' \times \boldsymbol{G}(P')) \times \nabla' \frac{1}{R(P,P')}\mathrm{d}S' \qquad (14.20)$$

其中，系数 $C(P)$ 取为

$$C(P) = \begin{cases} 1, & \text{当 } P \in V' \\ 1/2, & \text{当 } P \in S' \\ 0, & \text{其他} \end{cases} \qquad (14.21)$$

将电流矢量势函数 $\boldsymbol{T}$ 代入 Helmhotz 定理规范中可得

$$C(P)\boldsymbol{T}(P) = \frac{1}{4\pi}\int_V (\nabla' \times \boldsymbol{T}(P')) \times \nabla' \frac{1}{R(P,P')}\mathrm{d}V'(P')$$

$$-\frac{1}{4\pi}\int_S (\boldsymbol{n}' \times \boldsymbol{T}(P')) \times \nabla' \frac{1}{R(P,P')}\mathrm{d}S'(P')$$

$$-\frac{1}{4\pi}\int_S (\boldsymbol{n}' \cdot \boldsymbol{T}(P')) \, \nabla' \frac{1}{R(P,P')}\mathrm{d}S'(P') \qquad (14.22)$$

在边界上需保证电流只在面内存在，它的法向分量为零，有

$$\int_S J_n \mathrm{d}S = \int_S \boldsymbol{n}' \cdot (\nabla' \times \boldsymbol{T}') \mathrm{d}S = \int_l \boldsymbol{T} \cdot l \mathrm{d}l = 0 \qquad (14.23)$$

这里，l 是边界上源点 p' 所处在区间上的随机一条曲线，于是可得

$$\boldsymbol{T}//\boldsymbol{n}' \quad \text{或} \quad \boldsymbol{n}' \times \boldsymbol{T} = 0 \qquad (14.24)$$

将边界条件（14.22）代入式（14.24）中，利用 Biot-Savart 定律简化方程，可得

$$\boldsymbol{B}_e(P) = \mu_0 \boldsymbol{T}(P) + \frac{\mu_0}{4\pi}\int_S (\boldsymbol{T}(P') \cdot \boldsymbol{n}') \, \nabla' \frac{1}{R(P,P')}\mathrm{d}S'(P') \qquad (14.25)$$

其中，$\boldsymbol{B}_e$ 为感应电流所激发的感应磁场，在求解超导电磁场中引入虚拟量电导率 σ_s，感应电流可以用 Ohm 定律表示为

$$\boldsymbol{J} = \sigma_s \boldsymbol{E} \qquad (14.26)$$

由式（14.18）和式（14.26）可以得出

$$\nabla \times \frac{1}{\sigma_s}(\nabla \times \boldsymbol{T}) = -\frac{\partial(\boldsymbol{B}_{sc} + \boldsymbol{B}_{ex})}{\partial t} \qquad (14.27)$$

在 Coulomb 规范中边界处电流分量没有法向方向，电流矢量势函数 $\boldsymbol{T}$ 边界条件

$$\boldsymbol{n} \times \boldsymbol{T} = 0 \qquad (14.28)$$

其中，$\boldsymbol{n}$ 为超导体边界法向方向矢量，利用 Helmhotz 定理推导出超导感应磁场强

度 $\boldsymbol{B}_{sc}$ 的表达式

$$\boldsymbol{B}_{sc}(P)=\mu_0\boldsymbol{T}(P)+\frac{\mu_0}{4\pi}\int_S(\boldsymbol{T}\cdot\boldsymbol{n})\,\nabla'\frac{1}{R(P,P')}\mathrm{d}S' \qquad (14.29)$$

将式（14.29）代入式（14.27）得到

$$\nabla\times\frac{1}{\sigma_s}\nabla\times\boldsymbol{T}+\mu_0\frac{\partial\boldsymbol{T}}{\partial t}+\frac{\mu_0}{4\pi}\int_S\frac{\partial(\boldsymbol{T}\cdot\boldsymbol{n})}{\partial t}\,\nabla'\frac{1}{R(P,P')}\mathrm{d}S'+\frac{\partial\boldsymbol{B}_{ex}}{\partial t}=\boldsymbol{0} \qquad (14.30)$$

进而求解超导电磁场的问题就转变成求解电磁微分积分方程。

如图 14.29 中可以看到 YBaCuO 高温超导体的微观组织结构，在实际的应用过程中发现 YBaCuO 高温超导体是各向异性材料，处在超导态时 YBaCuO 中的 CuO 面内临界电流密度是沿轴线方向的三倍。因此，可以把超导体等效成由多层层状结构薄片堆叠在一起块材，问题变为计算 CuO 面内的感应电流密度，将一个三维问题转化成二维问题，方程（14.30）简化成标量形式有

$$\boldsymbol{n}\cdot\nabla\times\frac{1}{\sigma_s}\nabla\times(T\boldsymbol{n})+\mu_0\frac{\partial T}{\partial t}+\frac{\mu_0}{4\pi}\boldsymbol{n}\cdot\int_S\frac{\partial T}{\partial t}\,\nabla'\frac{1}{R(P,P')}\mathrm{d}S'+\boldsymbol{n}\cdot\frac{\partial\boldsymbol{B}_{ex}}{\partial t}=0$$
$$(14.31)$$

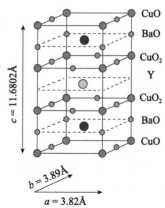

图 14.29　高温超导体微观层状结构[36]

电流矢量势函数 $\boldsymbol{T}$ 可表示为

$$\boldsymbol{T}^e=[N]\{\boldsymbol{T}\}^e \qquad (14.32)$$

其中，形函数为 $[N]$，式（14.31）采用 Galerkin 有限元离散，简化成矩阵形式

$$\boldsymbol{P}(\sigma_s)\{\boldsymbol{T}\}+\boldsymbol{Q}\left\langle\frac{\partial\boldsymbol{T}}{\partial t}\right\rangle=\boldsymbol{R} \qquad (14.33)$$

其中，整体矢量矩阵表示为 $\boldsymbol{P}(\sigma_s)=\sum_e[\boldsymbol{P}(\sigma_s)]^e$，$\boldsymbol{Q}=\sum_e[\boldsymbol{Q}]_1^e+\sum_e[\boldsymbol{Q}]_2^e$，$\boldsymbol{R}=\sum_e\{\boldsymbol{R}\}^e$。这里单元矩阵为

$$[\boldsymbol{P}(\sigma_s)]^e=\int_{S_e}\frac{1}{\sigma_s}[\nabla N]^{\mathrm{T}}[\nabla N]\mathrm{d}S,\quad[\boldsymbol{Q}]_1^e=\int_{S_e}\mu_0[N]^{\mathrm{T}}[N]\mathrm{d}S$$

$$[\boldsymbol{Q}]_2^e = \int_{s_e} [N]^{\mathrm{T}} \left(\frac{\mu_0}{4\pi} \int_s [N] \frac{\partial}{\partial z} \frac{1}{R} \mathrm{d}S \right) \mathrm{d}S, \quad \{\boldsymbol{R}\}^e = -\int_{s_e} \frac{\partial \boldsymbol{B}_{ex}}{\partial t} [N]^{\mathrm{T}} \mathrm{d}S$$

其中，单元矩阵和向量分别用 "$[\cdot]^e$" 和 "$\{\cdot\}^e$" 来表示；整体矩阵和向量则分别用 "$[\cdot]$" 和 "$\{\cdot\}$" 来表示。

求解超导电磁控制方程中，采用加权差分格式 Crank-Nicolson-θ 法对时间项进行处理，可以得到两个相邻时间步的电流矢量势 $\boldsymbol{T}$ 的关系，表示为

$$\left(\frac{\boldsymbol{Q}}{\Delta t} + \theta [\boldsymbol{P}(\sigma_s)] \right) \{\boldsymbol{T}\}_n = \left(\frac{\boldsymbol{Q}}{\Delta t} - (1-\theta)[\boldsymbol{P}(\sigma_s)] \right) \{\boldsymbol{T}\}_{n-1}$$
$$+ \theta \{\boldsymbol{R}\}_n + (1-\theta)\{\boldsymbol{R}\}_{n-1} \quad (14.34)$$

其中，n 表示为时间步，$\theta(0 < \theta \leqslant 1)$ 为加权因子，对时间项的处理进一步把微分方程简化为代数方程。加权因子取值为 $0 \leqslant \theta < 1/2$，差分格式是有条件稳定的；而取值是 $1/2 \leqslant \theta \leqslant 1$，则无条件稳定。

在求解中还会出现奇异项的问题，当场点 p 和源点 p' 处在同一平面时会发生重合，出现奇异项。处理的方法是将有一定厚度的超导薄层分为上表面、中面和下表面，当场点 p 和源点 p' 处在同一积分区域时，把源点 p' 放置在超导薄层的上（下）表面，场点 p 放置在中面。

数值求解出超导电磁场后，下一步开始求解温度场的变化情况。超导悬浮系统中超导体内部磁通会发生运动并产生能量，能量以焦耳热的形式传播出去，这时就必须考虑温度变化对超导体的影响。热源项是由超导内部电场和电流产生的，表示式为

$$Q = \boldsymbol{E} \cdot \boldsymbol{J} \quad (14.35)$$

其中，$\boldsymbol{E}$ 表示电场强度矢量，$\boldsymbol{J}$ 为感应电流密度矢量，在超导体内满足 Fourier 热传导方程

$$c\dot{T} = \nabla \cdot (\kappa \nabla T) - h(T - T_0) + Q \quad (14.36)$$

其中，T 表示温度的标量形式，c 表示单位体积比热系数，κ 表示热传导系数和 h 是热交换系数，临界电流密度 J_c 是温度的函数，可表示为

$$J_c(T) = J_{c0} \frac{1 - \dfrac{T}{T_c}}{1 - \dfrac{T_0}{T_c}}, \quad T \leqslant T_c \quad (14.37)$$

其中，T_0 表示液氮温度，J_{c0} 表示液氮温度下的临界电流密度。当计算出来的温度变化小于 1K 时，对临界电流密度的影响非常有限。而当计算出来的温度很大甚至超过临界转变温度，这时就会对超导体电磁场产生较大影响。失超区域内的感应电流会下降为零，改变超导体整体的感应磁场分布，因此，需考虑温度效应对系统的影响。求解瞬态热传导问题可以采用直接积分的方法，对热传导方程采用 Galerkin 有限元离散，得到的矩阵形式为

$$C\dot{T} + KT = P \tag{14.38}$$

在得到一般矩阵形式后对时间项进行处理，采用加权差分格式 Crank-Nicolson-θ 对时间项进行处理，得到

$$(C/\Delta t + \theta K)T_{n+1} = [C/\Delta t - (1-\theta)K]T_n + (1-\theta)P_n + \theta P_{n+1} \tag{14.39}$$

这样就得到了温度场的前一个时间步和后一个时间步的关系，进一步求解出温度随时间变化的结果。

超导悬浮系统的非线性动态响应是一个复杂的力—磁—电—热耦合过程，计算中要首先考虑动力学运动方程

$$m\frac{d^2 z}{dt^2} + c\left(\frac{dz}{dt}\right) + k \cdot z + \varepsilon k \cdot z^3 - F_{em} + mg = 0 \tag{14.40}$$

求解动态响应过程是首先得到 t 时刻永磁体的位移和速度 $z(t)$，$\dot{z}(t)$，在 t 时刻的基础上假设下一时刻 $(t+\Delta t)$ 时刻的位移和速度 $z(t+\Delta t)$，$\dot{z}(t+\Delta t)$，对应的运动方程变为

$$m\frac{d^2 z(t+\Delta t)}{dt^2} + c\left(\frac{dz(t+\Delta t)}{dt}\right) + k \cdot z(t+\Delta t) + \varepsilon k \cdot z^3(t+\Delta t)$$
$$- F_{em}(t+\Delta t) + mg = 0 \tag{14.41}$$

从该式可以得出，求解出 $(t+\Delta t)$ 时刻的电磁力 $F_{em}(t+\Delta t)$ 后，就能求解出运动方程，电磁力的表示公式可以写成

$$F_{em}(z(t+\Delta t), \dot{z}(t+\Delta t)) = \int_V \boldsymbol{J}(t+\Delta t) \times \boldsymbol{B}(t+\Delta t) dV \tag{14.42}$$

超导电磁场变化情况与永磁体的动态响应是相互耦合的，在动力学运动方程中，求解永磁体的位移则必须先求出电磁力的大小，求解电磁场则首先要得出超导体与永磁体的相对距离和速度，通过假设初始值和迭代进行求解，经过多次迭代收敛后得出位移，进行下一时间步计算。

图 14.30 是增加悬臂梁的永磁体和超导体悬浮系统示意图，在运动过程中考虑非轴对称问题，永磁体水平位移与垂直位移的关系：

$$x = h_0 \sin\left(\frac{3z}{2L}\right) \tag{14.43}$$

由于永磁体在运动中旋转角度非常小，忽略角度变化的影响，认为永磁体一直保持水平。

求解动力运动方程迭代步骤如下：

（1）求出永磁体 t 时刻运动的位移和速度 $z(t)$，$\dot{z}(t)$ 后，假设出 $(t+\Delta t)$ 时刻的 $z(t+\Delta t)$，$\dot{z}(t+\Delta t)$。

（2）根据假设 $(t+\Delta t)$ 时刻的 $z(t+\Delta t)$，$\dot{z}(t+\Delta t)$，按照上述给出求解电磁场和温度场的方法，得到该时刻的电磁力 $F_{em}(t+\Delta t)$。

（3）把所求出的电磁力代入运动方程，对于求解非线性运动问题，采用四阶

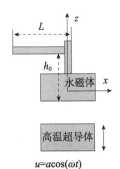

图 14.30 永磁体和超导体悬浮系统示意图[20]

Runge-Kutta 法求解动力运动方程。

如图 14.31 所示,超导悬浮系统非线性动态响应的程序流程图,数值模拟采用 Matlab 程序来进行计算,计算步骤如下:

(1) 由初始时刻已知的位移 z,电流密度 $\boldsymbol{J}$ 和温度 T,假设 $(t+\Delta t)$ 时刻的位移 $z_0(t+\Delta t)$,电流密度 $\boldsymbol{J}_0(t+\Delta t)$ 和温度 $T_0(t+\Delta t)$,并计算出外加磁场 $\boldsymbol{B}$。

(2) 计算出初始电导率 σ_K,根据超导本构方程求解出超导电场 $\boldsymbol{E}$,并计算得到新的电导率 σ_s,判断是否满足 $|\sigma_K - \sigma_s| < \varepsilon_1$,若精度不满足,初始电导率有 $\sigma_K = \sigma_s$,重新求解电磁场。若精度满足转到下一步,其中 K 为迭代次数。

(3) 计算出超导电磁场之后,下一步计算温度变化,由已知的电流密度 $\boldsymbol{J}$ 和电场 $\boldsymbol{E}$,代入热传导方程计算出温度 T_s,判断是否满足 $|T_0 - T_s| < \varepsilon_2$,若精度不满足,初始温度有 $T_0 = T_s$,重新求解温度场。若精度满足转到下一步,其中 L 为迭代次数。

(4) 判断 L 和 K 是否都为 1,若不满足转到步骤 (1)。根据求解出的超导电磁场分布,计算出超导体与永磁体之间的电磁力。

(5) 把求解得出的电磁力代入运动方程中,求解出永磁体的位移 z_s,判断是否满足 $|z_0 - z_s| < \varepsilon_3$,若精度不满足,初始温度有 $z_0 = z_s$,跳到步骤 (1),若精度满足完成该时间步迭代,转到下一时间步求解。

b) 定量分析方法及计算流程

悬浮力 b) 距离小磁滞回线 (Minor Loop) 是超导悬浮系统很典型的现象之一,它反映了超导内部很强的磁通钉扎作用。本节分别采用 Bean 临界态模型和磁通流动与蠕动 (Flux Flow and Creep) 模型,定量模拟了静态悬浮系统准静态运动时的悬浮力-距离小磁滞回线。所选取参数为:超导体直径为 18mm,厚度为 2.5mm;永磁体直径为 25mm,厚度为 22.5mm,表磁强度约为 0.4T。具体计算时选取超导临界电流密度 $J_c = 5.0 \times 10^7 \mathrm{A/m^2}$,永磁体移动速度为 1mm/s。若采用磁通流动与蠕动模型,与之相关的超导材料参数为:$E_c = 1.0 \times 10^{-4}\mathrm{V/m}$,$U_0 =$

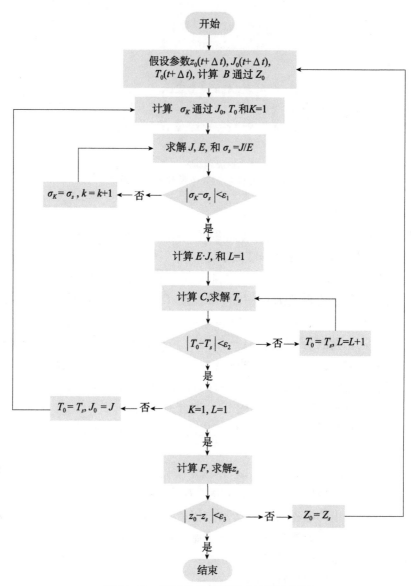

图 14.31　超导悬浮系统运动计算流程图

$0.1\mathrm{eV}$, $\rho_f = 5.0 \times 10^{-10} \Omega \cdot \mathrm{m}$。

图 14.32 和图 14.33 分别为采用 Bean 临界态模型和磁通流动与蠕动模型，计算得到悬浮力—距离大磁滞回线（Major Loop）上若干个小磁滞回线。一是永磁体先是移近而后远离超导体过程中得到的大磁滞回线和小磁滞回线，分别由图 14.32（a）和图 14.33（a）给出；二是永磁体先是远离而后移近超导体过程中得到的大磁滞回线和小磁滞回线，分别由图 14.32（b）和图 14.33（b）给出。

　　计算模拟悬浮力—距离小磁滞回线的过程与实验测试时相同。具体为，当永磁体从零场冷却高度（或场冷却高度）以一定速度缓慢（准静态情形）移近超导体，并达到某一悬浮高度 z 后，在此处作微小位移 Δz 的往复运动，即移动过程为 $z \rightarrow z + \Delta z \rightarrow (z + \Delta z) - \Delta z \rightarrow z$。通过这一往复运动，就可得到永磁体移近超导体过程中，悬浮力—距离大磁滞曲线上悬浮高度 z 处的小磁滞回线。如图 14.32 (a) 中的 a、b 处和图 14.33 (b) 中的 e、f 处的小磁滞回线。若永磁体处于远离超导体过程中的某一悬浮高度 z，在此处亦作微小位移 Δz 的往复运动，移动过程应为 $z \rightarrow z - \Delta z \rightarrow (z - \Delta z) + \Delta z \rightarrow z$。通过这一往复运动，即可得到永磁体远离超导体过程中，悬浮力—距离大磁滞曲线上悬浮高度 z 处的小磁滞回线。如图 14.32 (a) 中的 c~f 处和图 14.33 (b) 中的 a~d 处的小磁滞回线。

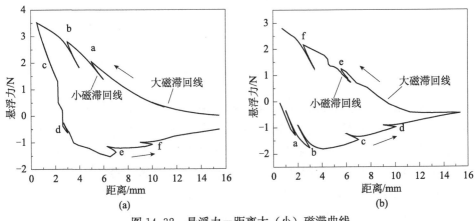

图 14.32　悬浮力—距离大（小）磁滞曲线

$\Delta z = 1\mathrm{mm}$，Bean 模型

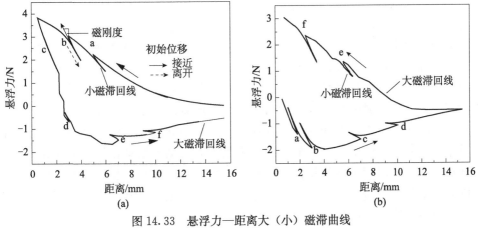

图 14.33　悬浮力—距离大（小）磁滞曲线

$\Delta z = 1\mathrm{mm}$，磁通流动与蠕动

　　由图 14.32 和图 14.33 可看出，分别由 Bean 临界态模型和磁通流动与蠕动模型，计算得到的悬浮力—距离大磁滞回线和小磁滞回线，除过悬浮力数值上略有差别外，曲线形式大体相同。这是因为在静态悬浮系统准静态情形下，超导体内部磁通运动相对较为缓慢，宏观上对系统悬浮力没有明显的影响。因此，采用 Bean 临界态模型与采用磁通流动与蠕动模型计算所得结果区别不是很明显。

　　下面以图 14.32（a）具体说明悬浮力—距离大磁滞回线和小磁滞回线的特点。由图 14.32（a）可以看出，当永磁体与超导体之间距离为 0.5mm 时，悬浮力取得正的最大值 3.5N，当悬浮力为正值时，说明二者之间作用力为斥力；而当永磁体与超导体之间距离为 6.5mm 时，悬浮力取得负的最大值（-1.528N），当悬浮力为负值时，说明二者之间作用力为引力。通常情况下，最大悬浮斥力的绝对数值总是大于最大引力的绝对数值。此外，大磁滞回线上有六个小磁滞回线，有些悬浮点如图 14.32（a）中 a、b、e 和 f 处，小磁滞回线偏离大磁滞回线，曲线形状很明显，说明这些点处磁滞效应较强；而有些悬浮点如图 14.32（a）中 c 和 d 处，小磁滞回线几乎和大磁滞回线重合，小磁滞曲线不甚明显，说明这些点处磁滞效应较弱。

　　在具体模拟时，分别采用磁通流动与蠕动模型、磁通流动模型以及 Bean 临界态模型，以说明不同超导本构模型在模拟系统动态响应上的差别，并通过与实验结果相比较，进一步说明各种超导本构模型，在定量分析超导悬浮系统动态响应方面的合理程度。具体计算时所选用的参数为：超导体直径为 18mm，厚度为 2.5mm，临界电流密度为 $5.0 \times 10^7 \mathrm{A/m^2}$，$E_c$ 为 $1.0 \times 10^{-4} \mathrm{V/m}$，钉扎势 U_0 为 0.1eV，磁通流阻 ρ_f 为 $5.0 \times 10^{-10} \Omega \cdot \mathrm{m}$；永磁体直径为 25mm，厚度为 22.5mm，表磁强度约为 0.4T。初始冷却高度为 15mm，悬浮高度为 3mm。空气阻尼系数 c 为 0.5N·s/m。

　　图 14.34 分别为采用磁通流动与蠕动模型、磁通流动模型以及 Bean 临界态模型，对系统自由振动和外加激励下的动态响应定量模拟的结果。由图 14.34 可看出，无论是自由振动，还是外加激励情形，采用不同本构模型模拟得到的动态响应的频率几乎相同。此外，从图中还可直观发现，在自由振动中，动态响应频率成分比较单一，而外加激励情形下，有不止一种频率成分存在。悬浮体振动中心随时间变化（或永磁体悬浮高度随时间变化，或悬浮体随时间漂移）是超导悬浮系统动态响应过程中出现的一种特殊现象。采用不同超导本构模型所得的悬浮体振动中心随时间变化的特点明显不同：采用磁通流动与蠕动模型所得结果中，悬浮体振动中心随时间下降最快，与之相比，采用磁通流动模型，其悬浮体振动中心随时间下降较为缓慢一些，而且，过了某一时间之后，几乎不再下降，而是在确定的悬浮高度处继续振动。

　　而采用 Bean 临界态模型模拟的结果，其悬浮体振动中心不随时间发生变化，

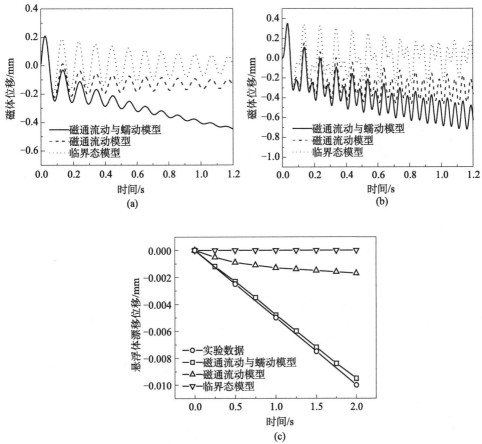

图 14.34 （a）永磁体在自由振动时的动态响应，$z_0=0$，$\dot{z}_0=15\text{mm/s}$；（b）外加激励下永磁体的动态响应，$A=0.1\text{mm}$，$f_a=20\text{Hz}$；（c）数值计算与实验结果的比较（悬浮体振动中心随时间的变化）[22]

仍然维持在原静平衡位置。出现以上现象的主要原因在于，磁通流动与蠕动模型完全考虑了磁通流动和蠕动效应，而磁通流动模型仅考虑了磁通流动效应，至于 Bean 临界态模型，根本就没有考虑超导内部的磁通运动效应。通过本书前面的研究已经知道，在超导动态悬浮系统中，超导内部的磁通运动，尤其是磁通蠕动效应对悬浮特性的影响是很明显的，是超导悬浮特性（悬浮力、悬浮间隙等）随时间变化（Relaxation）的主要原因之一。因此，采用全面考虑（磁通流动与蠕动模型）、部分考虑（磁通流动模型），以及根本就没有考虑（Bean 临界态模型）超导内部磁通流动与蠕动效应影响的超导本构模型，在对系统宏观动态响应特性预测上会有很大的差别。

为了进一步说明不同超导本构模型在定量模拟系统动态响应特性方面，

我们采用以上三种超导本构模型，对超导动态悬浮系统中悬浮体振动中心随时间变化的实验进行了数值模拟。当超导体初始冷却高度 $Z_0 = 10\text{mm}$ 且系统受外加激励 $A\sin(2\pi f_a t)$，其中，$A = 0.05\text{mm}$，$f_a = 50\text{Hz}$ 时，悬浮体在初始条件为 $z_0 = 0$，$\dot{z}_0 = 0$ 情形下，振动中心随时间变化的数值模拟与实验结果的比较由图 14.34 (c) 给出。由图 14.34 (c) 可更为清楚地看到，只有采用磁通流动与蠕动模型所得的结果与实验结果吻合良好。此外，采用磁通流动与蠕动模型所得的悬浮体振动中心随时间一直下降，并且下降速度最快；采用磁通流动模型所得的结果，悬浮体振动中心先是随时间较快地下降，而后，变化趋于平缓；而采用 Bean 临界态模型所得的悬浮体振动中心随时间不发生变化。

悬浮体漂移速度是影响漂移规律的重要因素，选取初始场冷却高度为 15mm，静平衡位置取悬浮高度为 3mm 处，空气阻尼系数始终取 $c = 0.5\text{Ns/m}$。本节通过数值试验发现，外加激励振幅对系统动态响应，尤其是对悬浮体振动漂移的影响规律较为复杂，因此，这里特别地补充了不同外加激励振幅下悬浮体的动态响应，如图 14.35 所示。当外加激励频率较低，小于系统主共振频率（在此组参数下系统主共振频率约为 10Hz）时，其规律表现为，当 $t < 0.5\text{s}$ 时，外加激励幅值越大，永磁体漂移速度也越大；当 $t > 0.5\text{s}$ 时，二者的漂移速度基本相同（如图 (a) 所示）。而当外加激励频率较高，大于系统主共振频率时，无论是 $t < 0.5\text{s}$ 还是 $t > 0.5\text{s}$，其规律总体表现为，外加激励幅值越大，永磁体漂移速度也越大（如图 (b) 所示）。当外加激励频率较低（图 (a)）时，在 $t > 0.5\text{s}$ 之后，其悬浮体基本不发生漂移。由此可见，当外加激励频率小于系统主共振频率时，其幅值大小仅影响初始阶段（$0 \sim 0.5\text{s}$）的漂移速度，对稳定阶段（0.5s 以后）之后的速度几乎没有影响；而外加激励频率大于系统主共振频率（图 14.35 (b)）时，其幅值大小对整个时间过程都有影响，外加激励幅值越大，永磁体漂移幅度也越快。

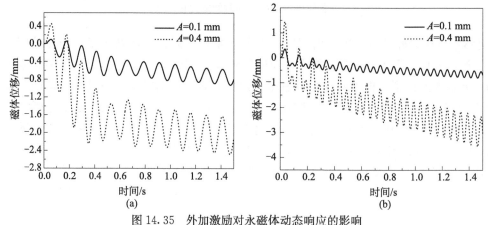

图 14.35　外加激励对永磁体动态响应的影响

(a) 不同激励振幅（$f_a = 8\text{Hz}$）；(b) 不同激励频率（$f_a = 20\text{Hz}$）

通过分析可看出，一方面永磁体动态响应过程中出现漂移现象；另一方面，从永磁体漂移快慢来看，存在有明显差异的两个过程：初始阶段（0～0.5s），漂移速度较快；稳定漂移阶段（0.5s以后），漂移速度稳定且较初始阶段慢。此外，不同的磁通流阻 ρ_f 下，其初始阶段漂移速度明显不同；不同的 E_c 和钉扎势 U_0，其稳定漂移阶段漂移速度明显不同。可见，在初始阶段，超导内部磁通流动效应是其影响漂移速度的主要因素，因此，不妨将这一速度记为 V_{ff}；而在稳定漂移阶段，超导内部磁通蠕动效应则成为影响其漂移速度的主要因素，于是，将这一速度记为 V_{fc}。这样，通过分析，我们将超导悬浮系统动态响应过程中悬浮体的漂移速度因其不同的物理根源划分为两个阶段：初始阶段漂移速度 V_{ff}（与磁通流动密切相关）和稳定阶段漂移速度 V_{fc}（与磁通蠕动密切相关）。此外，还发现初始干扰、外加激励以及超导材料参数是影响超导悬浮系统悬浮漂移的主要因素。

以下进一步从定量上研究各个因素对永磁悬浮体漂移速度的具体影响程度。为了方便，这里统一约定，V_{ff} 为永磁体动态响应过程中，其振动中心在 0～0.5s 初始时间内的平均速度，而 V_{fc} 为振动中心在 0.5～1.5s 初始时间内的平均速度。

外加激励对永磁悬浮体漂移速度的影响由图 14.36 给出。由图 14.36 可看出，当外加激励频率较高（大于系统主共振频率）时，随着外加激励幅值的增大，其漂移速度，不论是 V_{ff} 还是 V_{fc} 均随之明显增大；而当外加激励频率较低（小于系统主共振频率）时，随着外加激励幅值的增大，V_{ff} 随之增大，而对 V_{fc} 几乎没有影响。外加激励频率越大（幅值相对固定）时，不论是 V_{ff} 还是 V_{fc} 也越大。外加激励越强烈，对应于施加于超导体的外部磁场变化也越剧烈，其内部磁通更容易发生运动，因此，宏观表现使得永磁悬浮体漂移速度加快。

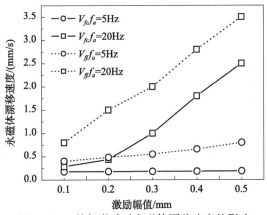

图 14.36　外加激励对永磁体漂移速度的影响

对同一永磁体而言，不同的初始冷却条件，意味着其悬浮高度不同。永磁体漂移速度与悬浮高度的关系由图 14.37 给出。由图 14.37 可看出，在相同的悬浮高度下，V_{ff} 总是大于 V_{fc}；随着悬浮高度的增大，不论是 V_{ff} 还是 V_{fc} 均随之增大；初始速度越大，V_{ff} 也越大，而 V_{fc} 恰好相反，随着初始速度的增大，V_{fc} 略微减小。在同一初始冷却条件下，不同的悬浮高度处，悬浮物重量也不同。永磁体漂移速度与悬浮物重量的关系由图 14.38 给出。由图 14.38 可看出，对于较小重量的悬浮物，无论 V_{ff} 还是 V_{fc}，都大体相等，且数值较小；随着悬浮物重量的增大，不论是 V_{ff} 还是 V_{fc} 均随之增大，而且 V_{ff} 的增长明显快于 V_{fc}，即 V_{ff} 也总是大于 V_{fc}；对相同重量的悬浮物而言，也是初始速度越大，V_{ff} 也越大，而 V_{fc} 规律恰好相反，即随着初始速度的增大，V_{fc} 略微较小，但影响不明显。

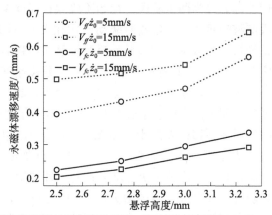

图 14.37　漂移速度随悬浮高度的变化（初始冷却高度 10～30mm，自由振动）

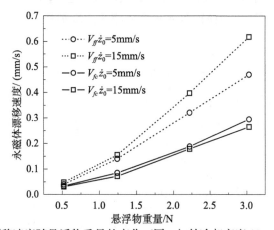

图 14.38　漂移速度随悬浮物重量的变化（同一初始冷却高度 15mm，自由振动）

图 14.39 给出了永磁体漂移速度与超导材料参数的关系。综合考察图 14.39、图 14.48（b）～（d），其规律有相似之处，即在超导材料参数相同的前提下，V_{ff} 总是大于 V_{fc}；此外，悬浮体初始速度越大，V_{ff} 也越大，而对 V_{fc} 影响不明显。

具体到各超导材料参数对永磁体漂移速度的影响，其规律又有所区别。由图 14.39（a）可看出，随着临界电流密度的增大，V_{ff} 随之持续减小，而 V_{fc} 先是迅速减小，而后变化趋于平缓。由图 14.39（b）和（c）可看出，无论 V_{ff} 还是 V_{fc}，随着 E_c 的增大而增大，而随着 U_0 的增大而减小。而磁通流阻 ρ_f 对漂移速度的影响规律略微复杂，结果示于图 14.39（d）。由图 14.39（d）可看出，随着 ρ_f 的增大，V_{ff} 也随之增大，而 V_{fc} 却随之减小。当 ρ_f 较小时，V_{fc} 随之下降较快，当 ρ_f 较大时，V_{fc} 随之变化趋于平缓。以上规律的物理原因解释如下，超导悬浮系统在动态响应过程中，相当于超导体处于交变磁场中。此种情形下，磁通流动效应相比蠕动效应而言，总是主要的。因此，在同等条件下，V_{ff} 总是大于 V_{fc}。超导体临界电流密度越大，超导内部磁通无论是流动效应还是蠕动效应都相对减弱，因此，永磁体漂移速度，无论 V_{ff} 还是 V_{fc} 都相应减小。根据磁通流动与蠕动模型，E_c 越大，钉扎势 U_0 越小，意味着超导体磁通蠕动效应加强，于是，永磁体的漂移速度 V_{fc} 亦会随之加快[23,24]。

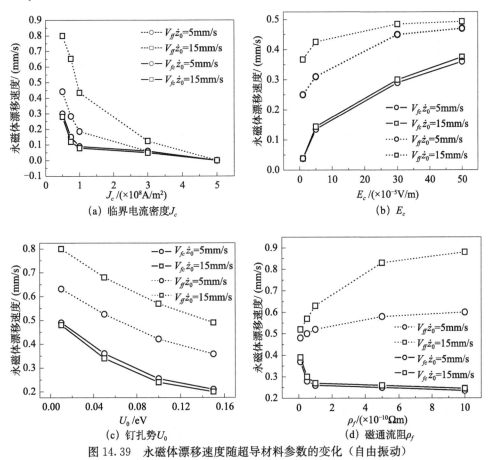

图 14.39 永磁体漂移速度随超导材料参数的变化（自由振动）

（a）临界电流密度 J_c

（b）E_c

（c）钉扎势 U_0

（d）磁通流阻 ρ_f

14.3.3　超导悬浮系统动态响应磁热不稳定计算[20]

本节在研究超导悬浮非线性动态响应的基础上，考虑温度场对超导悬浮系统动态响应的影响，计算超导电磁场变化情况，得出热源项后计算温度场，两者相互耦合。模拟过程中选取本构模型为磁通流动与蠕动模型，数值模拟中选用与实验相近的参数。

模拟参数为：场冷却高度 $d_0 = 8\text{mm}$，超导体半径 $r = 15\text{mm}$，厚度 $d = 18\text{mm}$，永磁体半径 $r = 15\text{mm}$，厚度 $d = 18\text{mm}$，表磁场强度 500mT，外加激励振动频率 $f = 26\text{Hz}$，磁通流阻 $\rho_f = 1.0 \times 10^{-9} \Omega\text{m}$，液氮中超导体初始临界电流密度 $J_{c0} = 1.0 \times 10^9 \text{A/m}^2$，$E_c$ 为 $1.0 \times 10^{-4} \text{V/m}$，钉扎势 $U_0 = 0.1\text{eV}$，热传导系数 $\kappa = 1\text{W} \cdot \text{m}^{-1} \cdot \text{K}^{-1}$，临界温度 $T_c = 92\text{K}$，对流换热系数 $h = 150\text{W/(m}^2 \cdot \text{K)}$，正常电阻率 $\rho_0 = 10 \Omega \cdot \text{m}$，刚度系数 $\varepsilon = 1$，刚度 $K = 1.11 \times 10^3 \text{N/m}$，超导体单位体积比热容系数 $\rho_c = -0.35 + 0.019T - 4.1 \times 10^{-5} T^2 + 2.6 \times 10^{-8} T^3$。

图 14.40（a）表示外加激励振动，振幅从零加到最大值 $A = 1.3\text{mm}$ 经历了 0.1s，并在 0.1s 之后振幅和频率保持不变，这与实验中外加振幅从零加到最大值对应。图 14.40（b）表示永磁体的动态响应，在 0.6s 时刻之前永磁体振动位移很小，不超过 5mm，在 0.6s 之后位移突然增大，向上最大位移达到 15mm，向下位移为 5mm，对应的振动频率减半，这一时刻表明系统进入倍周期分岔运动。图 14.40（b）小图是永磁体时间历程分岔图，对应的在 0.6s 时刻运动位移轨迹变成两条曲线。并在 0.78s 达到最大值，之后位移相对减小，这与实验中得到的分岔位移图是一致的。图 14.40（c）是电磁力的变化图，在图中看到 0.6s 发生分岔之前电磁力变化很小，不超过 20N，当发生分岔运动之后，电磁力跳跃式的变化，在 0.76s 时电磁力达到最大，随后在 0.786s 再次达到一个峰值，分岔运动发生后电磁力变化显著，变化形式是突变的形式。图 14.40（d）红色曲线表示超导体平均电流密度变化，小图中蓝色曲线对应的平均感应磁场，计算中电磁力是由电流和磁场所决定的，因此超导体和永磁体之间的电磁力是由平均电流密度和超导体表面的总磁场决定的，对应的 0.701s 和 0.784s 两个电磁力的峰值中，前者主要是由磁场的增大引起的，后者则主要是由感应电流密度变大引起的。因此，两个电磁力的峰值所对应诱发的主要因素是不同的。系统在 0.701s 时第一次达到电磁力的峰值，永磁体的位移将由初始很小的变化，突然转变到很大的变化，并达到最高的向上位移 15mm。随后在悬臂梁的回复力作用下，逐渐向下加速往超导体的方向运动，计算出的超导体的电磁场分布，得到超导体的感应电流密度变大的结果，因此，永磁体在未达到前一次最低位移时就已经有足够大的电磁力，使永磁体停止向下运动。在超导体倍周期分岔运动发生的动态过程中，电磁力是与超导体和永磁体之间的距离、运动速度相关的，是一个强非线性的物理量，它的非线性变

化引起了系统的非线性运动。

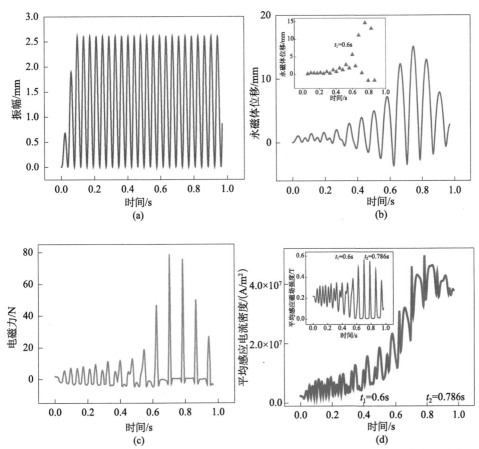

图 14.40　（a）超导体受外加激励振动；（b）永磁的动态响应；（c）运动过程中的电磁力；
（d）超导体平均感应电流密度和平均感应磁场强度

　　在图 14.40 给出了超导磁悬浮系统分岔运动的总体特性，得到了分岔运动的电磁力变化情况，进一步分析超导体面内的电磁场和温度场在分岔时的变化情况，选取中心和边缘点进行局部分析，研究超导体局部变化规律。

　　图 14.41（a）给出了边缘位置点的临界电流密度和感应电流密度随时间变化情况，在 0.6s 分岔运动发生之后，感应电流密度有小的跳跃式变化，对应的临界电流密度几乎不变。在 0.788s 时刻感应电流密度跳跃到更大的值并且超过临界电流密度，根据超导磁通流动与蠕动模型，这时超导体内的磁通将从磁通蠕动状态进入到磁通流动状态，并且产生大量的焦耳热，从图中可看到 0.788s 时刻之后感应电流突然减小到零，这时由于产生的焦耳热使得温度升高超过临界温度，超导体从超导态转变成为正常态，该区域内部不存在超导电流。经过短暂时间后感应

电流缓慢从零开始恢复，这是由于失超区域通过外界液氮的热交换，温度降低到临界温度以下并重新回到超导态。

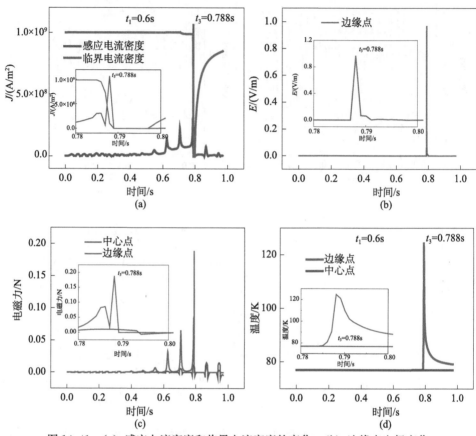

图 14.41　（a）感应电流密度和临界电流密度的变化；（b）边缘点电场变化；
（c）中心点和边缘点电磁力；（d）中心点和边缘点温度变化

　　图 14.41（b）对应的边缘点电压，在时间 $t=0.788\mathrm{s}$ 时刻电压跳跃到最大值，说明该时刻产生较大能量。图 14.41（c）表示超导体面内中心点和边缘点电磁力变化情况，在 $t=0.6\mathrm{s}$ 倍周期分岔运动发生之前电磁力变化很小，在倍周期分岔运动发生之后电磁力变化较大，边缘点的电磁力比中心点的电磁力变化幅值更大，在 $t=0.788\mathrm{s}$ 时刻边缘点的电磁力达到最大值，表明在该区域承受着较大电磁力。电磁力是由感应电流和超导体表面总磁场所决定的，说明此刻区域内有着较大的感应电流密度和磁场。图 14.41（d）表示超导体面内中心点和边缘点温度变化情况，中心点位置的温度在整个过程中几乎没有变化，而边缘点在 $t=0.788\mathrm{s}$ 时刻温度有巨大的升高，温度的跳跃幅值达到 124K，这与实验中观察到系统发生倍周期分岔运动初始时刻超导体表面温度发生跳跃现象是相符合。对应的温度跳跃时刻

0.788s 与初始发生分岔时刻 0.6s 有一个时间差，而在实验中也观察到了这个现象。模拟的结果与实验结果进行对比，进一步说明数值模拟在分析超导悬浮系统非线性运动的合理程度。

图 14.42 对应 t=0.6s、0.786s、0.788s 三个时刻的感应磁场，电磁力和温度场在超导体表面分布情况。首先 t=0.6s 时刻，超导体面内感应磁场、电磁力场和温度场分布较均匀，其中电磁力场和温度场在面内几乎相同。其次在 t=0.786s 时刻宏观上对应运动中电磁力的一个峰值，并且是由感应电流密度变大引起的。同时感应磁场在超导体表面右侧有磁通聚集现象，红色区域表示大量磁通聚集在超导体的边缘位置，对应感应电流密度在该区域较大。电磁力在超导体面内分布非均匀，磁通聚集的地方有较大电磁力，右侧边缘区域温度升高 2K。

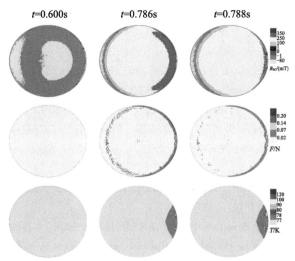

图 14.42　t=0.6s、0.786s、0.788s 时刻的感应磁场，
电磁力和温度场在超导体表面的分布

最后在 t=0.788s 对应着局部温度升高到 124K 时刻，分析超导面内的感应磁场，在边缘右侧有两个黑色区域，黑色的区域内的磁感应强度为零，表明超导体的边缘处已经发生了失超，相应的电磁力分布为零。温度场在该时刻有着较大的变化，红色区域的温度变化达到 124K，已经远大于临界转变温度 T_c，与实验中测量得到边缘区域有温度跳跃现象相对应。

对数值模拟结果进行整体分析，得到了引起倍周期分岔运动发生的主要原因是由于非线性电磁力跳跃式变化，并在超导体内部引起感应磁场和感应电流的快速变化。再分析超导体局部情况，运动过程中边缘位置发生磁通聚集，引起超导体内部的磁通涡旋发生运动并产生能量，能量以焦耳热的形式传播使得温度升高，这个结果已经能够解释实验中观察到的温度跳跃现象，超导表面温度跳跃是由内部磁通运动引起的。

通过数值计算模型得到运动过程中超导体边缘位置发生温度变化，这与实验中多次测量得到温度跳跃相符合，证明了计算模型的准确性。分析分岔运动诱发的原因是非线性电磁力，电磁力在超导体面内是非均匀分布。

参 考 文 献

[1] E. Brandt. Levitation in physics. *Science*, 1989, 243 (4889): 349 – 355.

[2] F. C. Moon. Superconducting Levitation: Applications to Bearing and Magnetic Transportation, New York: Wiley-Interscience, 1994.

[3] F. Moon, M. Yanoviak, R. Ware. Hysteretic levitation forces in superconducting ceramics. *Applied Physics Letters*, 1988, 52 (18): 1534 – 1536.

[4] X. Y. Zhang, Y. H. Zhou, J. Zhou. Experimental observation of a crossing in the force-displacement hysteretic curve of a melt processed YBaCuO bulk superconductor. *Physica C: Superconductivity and its Applications*, 2008, 468 (5): 369 – 373.

[5] X. Y. Zhang, Y. H. Zhou, J. Zhou. Suppression of magnetic force relaxation in a magnet-high T_c superconductor system. *IEEE Transactions on Applied Superconductivity*, 2008, 18 (3): 1687 – 1691.

[6] B. Smolyak, G. Perelshtein, G. Ermakov. Effects of relaxation in levitating superconductors. *Cryogenics*, 2002, 42 (10): 635 – 644.

[7] Y. Komano, E. Ito, K. Sawa, Y. Iwasa, T. Ichihara, N. Sakai, I. Hirabayashi, M. Murakami. Effect of preloading on the relaxation of the levitation force in bulk Y-Ba-Cu-O superconductors. *Physica C: Superconductivity and its Applications*, 2005, 426: 789 – 793.

[8] X. Y. Zhang, Y. H. Zhou, J. Zhou. Effects of magnetic history on the levitation characteristics in a superconducting levitation system. *Physica C: Superconductivity and its Applications*, 2008, 468 (14): 1013 – 1016.

[9] J. R. Hull, A. Cansiz. Vertical and lateral forces between a permanent magnet and a high-temperature superconductor. *Journal of Applied Physics*, 1999, 86 (11): 6396 – 6404.

[10] Y. H. Zhou, X. Y. Zhang, J. Zhou. Relaxation transition due to different cooling processes in a superconducting levitation system. *Journal of Applied Physics*, 2008, 103 (12): 123901.

[11] X. Y. Zhang, J. Zhou, Y. H. Zhou, X. W. Liang. Relaxation properties of magnetic force between a magnet and superconductor in an unsymmetrical levitation system. *Superconductor Science and Technology*, 2009, 22 (2): 025006.

[12] A. A. Kordyuk. Magnetic levitation for hard superconductors. *Journal of Applied Physics*, 1998, 83 (1): 610 – 612.

[13] Y. Yang, X. J. Zheng. Method for solution of the interaction between superconductor and per-

manent magnet. *Journal of Applied Physics*, 2007, 101 (11): 113922.

[14] X. Y. Zhang, Y. H. Zhou, J. Zhou. Modeling of symmetrical levitation force under different field cooling processes. *Physica C: Superconductivity and its Applications*, 2008, 468 (5): 401 - 404.

[15] W. M. Yang, L. Zhou, Y. Feng, P. X. Zhang, C. P. Zhang, R. Nicolsky, R. de Andrade Jr. The effect of different field cooling processes on the levitation force and attractive force of single-domain YBa$_2$Cu$_3$O$_{7-x}$ bulk. *Superconductor Science and Technology*, 2002, 15 (10): 1410 - 1414.

[16] W. M. Yang, L. Zhou, Y. Feng, P. X. Zhang, R. Nicolsky, R. de Andrade Jr. The characterization of levitation force and attractive force of single-domain YBCO bulk under different field cooling process. *Physica C: Superconductivity and its Applications*, 2003, 398 (3 - 4): 141 - 146.

[17] X. Y. Zhang, Y. H. Zhou, J. Zhou. Reconsideration of the levitation drift subject to a vibration of a permanent magnet. *Modern Physics Letters B*, 2008, 22 (27): 2659—2666.

[18] 张兴义. 高温超导悬浮系统在不同条件下的电磁力实验研究. 兰州大学博士学位论文, 2008.

[19] 黄毅. 高温超导悬浮系统非线性动力特性实验与理论研究. 兰州大学博士学位论文, 2016.

[20] Y. Huang, X. Y. Zhang, Y. H. Zhou. Thermal properties of a cylindrical YBa$_2$Cu$_3$O$_x$ superconductor in a levitation system: triggered by nonlinear dynamics. *Superconductor Science and Technology*, 2016, 29 (7): 075009.

[21] 苟晓凡. 高温超导悬浮体的静、动力特性分析. 兰州大学博士学位论文, 2004.

[22] X. J. Zheng, X. F. Gou, Y. H. Zhou. Influence of flux creep on dynamic behavior of magnetic levitation systems with a high-T$_c$ superconductor. *IEEE Transactions on Applied Superconductivity*, 2005, 15 (3): 3856 - 3863.

[23] X. F. Gou, X. J. Zheng, Y. H. Zhou. Drift of levitated/suspended body in high-T$_c$ superconducting levitation systems under vibration—Part I: a criterion based on magnetic force-gap relation for gap varying with time. *IEEE Transactions on Applied Superconductivity*, 2007, 17 (3): 3795 - 3802. (获 IEEE 超导委员会 "the 2007 Van Duzer Prize")

[24] X. F. Gou, X. J. Zheng, Y. H. Zhou. Drift of levitated/suspended body in high-T$_c$ superconducting levitation systems under vibration—Part II: drift velocity for gap varying with time. *IEEE Transactions on Applied Superconductivity*, 2007, 17 (3): 3803 - 3808. (获 IEEE 超导委员会 "the 2007 Van Duzer Prize")

[25] C. G. Huang, Y. H. Zhou. Levitation properties of maglev systems using soft ferromagnets. *Superconductor Science and Technology*, 2015, 28 (3): 035005.

[26] Y. Yoshida. Evaluation of dynamic magnetic force of high T$_c$ superconductor with flux flow and creep. *International Journal of Applied Electromagnetics in Materials*, 1994, 5: 83 - 89.

[27] T. A. Coombs, A. M. Campbell. Gap decay in superconducting magnetic bearings under the

influence of vibrations. *Physica C: Superconductivity and its Applications*, 1996, 256 (3 – 4): 298 – 302.

[28] T. Hikihara, F. C. Moon. Levitation drift of a magnet supported by a high-T$_c$ superconductor under vibration. *Physica C: Superconductivity and its Applications*, 1995, 250 (1 – 2): 121 – 127.

[29] E. V. Postrekhin, S. N. Koscheeva, L. W. Zhou. Oscillation stability of levitated HTSC in inhomogeneous magnetic field. *Physica C: Superconductivity and its Applications*, 1995, 248 (3 – 4): 311 – 316.

[30] H. Teshima, M. Tanaka, K. Miyamoto, K. Nohguchi, K. Hinata. Vibrational properties in superconducting levitation using melt-processed YBaCuO bulk superconductors. *Physica C: Superconductivity and its Applications*, 1996, 256 (1 – 2): 142 – 148.

[31] H. Teshima, M. Tanaka, K. Miyamoto, K. Nohguchi, K. Hinata. Effect of eddy current dampers on the vibrational properties in superconducting levitation using melt-processed YBaCuO bulk superconductors. *Physica C: Superconductivity and its Applications*, 1997, 274 (1 – 2): 17 – 23.

[32] E. Brandt. Friction in levitated superconductors. *Applied Physics Letters*, 1988, 53 (16): 1554 – 1556.

[33] 胡海岩. 应用非线性动力学. 北京: 航空工业出版社, 2000.

[34] https://www.ist-ag.com/en/products/minisens-pt100-class-f01.

[35] 汪映海. 电动力学. 兰州: 兰州大学出版社, 1993.

[36] M. Uesaka, A. Suzuki, N. Takeda, Y. Yoshida, K. Miya. A. C. magnetic properties of YBaCuO bulk superconductor in high T$_c$ superconducting levitation. *Cryogenics*, 1995, 35 (4): 243 – 247.